国家出版基金项目
NATIONAL PUBLICATION FOUNDATION

丛书主编　于康震

动物疫病防控出版工程

动物传染性海绵状脑病

ANIMAL TRANSMISSIBLE

SPONGIFORM ENCEPHALOPATHIES

赵德明 | 主编

U0260971

中国农业出版社

图书在版编目（CIP）数据

动物传染性海绵状脑病/赵德明主编．—北京：
中国农业出版社，2015.10
　（动物疫病防控出版工程/于康震主编）
　ISBN 978-7-109-21014-1

　Ⅰ.①动…　Ⅱ.①赵…　Ⅲ.①动物疾病－传染病－脑
病－防治　Ⅳ.①S855

中国版本图书馆 CIP 数据核字（2015）第 243075 号

中国农业出版社出版
（北京市朝阳区麦子店街 18 号楼）
（邮政编码 100125）
策划编辑　黄向阳　邱利伟
责任编辑　郭永立

北京通州皇家印刷厂印刷　　新华书店北京发行所发行
2015 年 12 月第 1 版　　2015 年 12 月北京第 1 次印刷

开本：700mm×1000mm 1/16　　印张：30
字数：450 千字
定价：110.00 元

（凡本版图书出现印刷、装订错误，请向出版社发行部调换）

本书编写人员

主　编　赵德明

编著者（按姓氏拼音排序）

陈柏安　董小平　马贵平　沈朝建

杨利峰　杨建民　赵德明　周向梅

总　序

近年来，我国动物疫病防控工作取得重要成效，动物源性食品安全水平得到明显提升，公共卫生安全保障水平进一步提高。这得益于国家政策的大力支持，得益于广大动物防疫人员的辛勤工作，更得益于我国兽医科技不断进步所提供的强大支撑。

当前，我国正处于加快建设现代养殖业的历史新阶段，人民生活水平的提高，不仅要求我国保持世界最大规模的养殖总量，以满足动物产品供给；还要求我们不断提高养殖业的整体质量效益，不断提高动物产品的安全水平；更要求我们最大限度地减少养殖业给人类带来的疫病风险和环境压力。要解决这些问题，最根本的出路还是要依靠科技进步。

2012 年 5 月，国务院审议通过了《国家中长期动物疫病防治规划（2012—2020 年）》，这是新中国成立以来，国务院发布的第一个指导全国动物疫病防治工作的综合性规划，具有重要的标志性意义。为配合此规划的实施，及时总结、推广我国最新兽医科技创新成果，同时借鉴国外先进的研究成果和防控经验，我们通过顶层设计规划了《动物疫病防控出版工程》，以期通过系列专著出版，及时将研究成果转化和传播到疫病防控一线，全面提高从业人员素质，提高我国动物疫病防控能力和水平。

本出版工程站在我国动物疫病防控全局的高度，力求权威性、科学性、指导性和实用性相兼容，致力于将动物疫病防控成果整体规划实施，重点把国家优先防治和重点防范的动物疫病、人兽共患病和重大外来动物疫病纳入项目中。全套书共

31 分册，其中原创专著 21 部，是根据我国当前动物疫病防控工作的实际需要而规划，每本书的主编都是编委会反复酝酿选定的、有一定行业公认度的、长期在单个疫病研究领域有较高造诣的专家；同时引进世界兽医名著 10 本，以借鉴世界同行的先进技术，弥补我国在某些领域的不足。

　　本套出版工程得到国家出版基金的大力支持。相信这些专著的出版，将会有力地促进我国动物疫病防控水平的提升，推动我国兽医卫生事业的发展，并对兽医人才培养和兽医学科建设起到积极作用。

农业部副部长

传染性海绵状脑病（Transmissible spongiform encephalopathies，TSE）是一类在多种物种间传播的、100%致死的神经退行性疾病。在动物主要包括牛海绵状脑病、羊痒病、鹿科动物慢性消耗性疾病、传染性水貂脑病、猫科动物和动物园动物海绵状脑病等。世界各国政府都非常重视该类疾病，世界动物卫生组织将该类疾病中的牛海绵状脑病列为 A 类动物疫病，我国政府也将其列为一类传染病。随着全球经济一体化步伐的进一步加快，国际贸易及国际交往的日趋频繁，跨国动物疫病在全球扩散的危险不断增加，形势严峻。世界上已有 20 多个国家和地区发生了牛海绵状脑病，且该病在我国周边国家呈流行趋势，甚至对我国形成了包围态势，严重威胁着我国动物卫生安全。动物海绵状脑病的危害已经从单纯的动物疾病扩展到危及畜牧业可持续发展、食品卫生安全、生物安全、国际贸易、医药卫生，乃至影响到国民经济、社会稳定，甚者成为威胁人类生存的重大问题。

目前，我国广大兽医科学工作者，对各种动物传染性海绵状脑病的流行病学、发生机制、诊断技术和风险控制了解较少或者不够熟悉，为此，系统、详尽地介绍动物海绵状脑病的相关问题尤显必要。

本书的编写集结了国内从事传染性海绵状脑病各个单位和专家的力量，从分子生物学与传染病学、流行病学等多个角度，系统地阐述了动物传染性海绵状脑病的发生、流行、发病的分子机制、诊断预防以及与人类健康的关系等方面的最新研究进展和必要的基础知识。本书共分为八章，包括概述、病原学、流行病学、发病机制、临床症状与病理变化、诊断、流行病学调查与监测、预防与控制等方面的内容。为有计划地控制、净化和消灭严重危害畜牧业生产和人民群众健康安全的动物传染性海绵状脑病提供参考。另外，本书作为一本动物传染性海绵状脑病的专著，在编写过程中我们力求全面地扩展文献来源、充实内容、加大信息量，使全书达到内容详细、具体，可供科学研究单位、大专院校教学单位、畜牧生产单位和广大畜牧兽医工作者参考使用。

由于编著者的专业水平和客观因素所限，书中尚有不足和错误，恳请有关专家和广大读者批评、指正。

赵德明

2015 年 5 月于北京

目录

第一章

概　　述

第一节　动物传染性海绵状脑病的定义

　　传染性海绵状脑病（Transmissible spongiform encephalopathies，TSEs）又称朊病毒病（Prion disease），是一组能够感染人和动物的慢性、致死性、神经退行性传染病。现在普遍认为致病因子是细胞型朊蛋白 PrP^C（cellular prion protein，PrP^C）发生错误折叠后形成的致病型朊蛋白，即 PrP^{Sc}（scrapie prion protein）。PrP^{Sc} 由机体正常朊蛋白在某些因素作用下发生构象改变而形成，PrP^{Sc} 具有自我复制能力，能够诱导 PrP^C 转变成 PrP^{Sc}，PrP^{Sc} 在体内大量聚集后能引起宿主发病。动物传染性海绵状脑病是在动物发生的一类传染性海绵状脑病的统称，主要包括牛海绵状脑病（Bovine spongiform encephalopathy，BSE）、羊痒病（Scrapie）、传染性水貂脑病（Transmissible mink encephalopathy，TME）、猫科动物海绵状脑病（Feline spongiform encephalopathy，FSE）和鹿慢性消耗性疾病（Chronic wasting disease，CWD）等。这类疾病的共同特征是：潜伏期长达数月、数年甚至数十年；机体感染后不发热，不产生炎症，无特异性免疫应答；均可人工传递给易感实验动物，但大多数朊病毒病在自然条件下不能水平传播；临床上呈现进行性共济失调、震颤、肢势不稳、痴呆、知觉过敏、行为反常等神经症状，病程发展缓慢，但全部以死亡告终；组织病理学病变主要出现在中枢神经系统（central nervous system，CNS），以神经元空泡化、灰质海绵状病变、神经元丧失、神经胶质和星状细胞增生、病原因子朊蛋白（PrP^{Sc}）蓄积和淀粉样蛋白斑块为特征，病变通常两侧对称。人也可发生传染性海绵状脑病，主要包括库鲁病（Kuru）、克雅氏病（Creutzfeldt-Jakob，

CJD）、格施谢三氏综合征（Gerstmann-Straussler-Scheinker disease，GSS）和致死性家族失眠症（Fatal familial insomnia，FFI）等，其发病特征相似。

第二节 动物传染性海绵状脑病的流行史

一、羊痒病

动物传染性海绵状脑病的研究最早可追溯到羊痒病，它是最古老的朊蛋白病，系朊蛋白疾病的原型。羊痒病的报道最早可追溯到 18 世纪早期，主要在英国、法国和德国，距今已有 200 多年的历史，它是一种绵羊和山羊中枢神经系统的慢性传染病。感染羊主要表现兴奋、瘙痒、瘫痪等症状，喜欢依靠树或者墙摩擦皮肤，因此称为"瘙痒"病。法语"La tremblante"，指感染动物由于共济失调而震颤，是该病的另一种临床症状。由于痒病病原体在宿主体内繁殖缓慢，做一次动物感染试验往往要用成群的羊、花费几年的时间，并且从感染细胞内分离提纯病毒难度很大，因此，对该病原体的研究工作长期没有取得突破。但是，科学家们仍然坚持不懈地从各个角度研究羊痒病病原体的本性及其致病规律。20 世纪初 Fadyian 曾提出羊痒病可能是由肉孢子目寄生虫引起的。1939 年 Cuille 等发现痒病致病因子能够从病羊传染给其他健康动物，并且用滤膜过滤后仍然具有传染性，因此提出该致病因子本质上是一种滤过性病毒。还有其他一些学者，对该致病因子相继提出了小 DNA 病毒、在膜内可复制的异常多糖、由多糖包裹的核酸、核蛋白复合物等各种各样的假设，但都缺乏确凿的实验证据。1971 年 Diener 首次在植物

体中发现类病毒后，人们又一度认为羊痒病的病原体可能是类病毒。在
人们探索羊痒病等疾病的病因历程中，特别值得一提的是英国放射生物
学家 Alpers 1966 年用能破坏 DNA 和 RNA 的放射性物质处理病羊的感
染组织，发现其仍然保留感染性，随后他大胆推测羊痒病的致病因子没
有核酸，可能是一种蛋白质。1967 年 Griffith 对传染因子提出了三种可
能的机制：一种能够自我转录的蛋白质；一种形状发生改变的蛋白质，
这种蛋白质通过形成像水晶种子一样的低聚物催化正常形状的蛋白质发
生同样的改变；一种能够刺激自身产物的抗体。Griffith 的第二种假说
实质上是现代"唯蛋白质"学说的模型。可惜的是，由于这些假说一定
程度上违背了当时普遍认为的病原体需要有自身的 DNA 或 RNA 的常
识，因而被视为异端邪说而搁置一边，无人问津。在以后相当长的一段
时期内，大多数研究海绵状脑病的科学家致力于分离其病原体，但一直
无获。正如美国生物学家 Marsh 回忆的那样："80 年代，我还在寻找病
毒，但当我用纯化朊病毒的方法纯化感染因子时，我得到了比以前用其
他方法得到的更具感染性的东西。"

二、Gajdusek 与库鲁病及"慢病毒"

1957 年，Gajdusek 首先在新几内亚东部高原福禄地区土著居民中
发现一种医学史上从未记载过的致命性神经系统综合征（库鲁病），当
地语言称之为"Kuru"（意思为因害怕而震颤），其病理改变酷似人的
克雅氏病，不过当时发现的病例多发生于生育年龄的妇女和 15 岁以下
的儿童。而当时这些土著民族有一奇特的习俗，即妇女和儿童要食用已
故亲人的内脏和脑组织，这种文化现象正好与发病病例的人群分布相一
致。1965 年，Gajdusek 将库鲁病患者的脑组织悬液接种至大猩猩脑内，
大约 20 个月之后，大猩猩出现了和库鲁病人一样的症状，初步证实库
鲁病是一种由感染性致病因子引起的疾病。在进一步的临床、病理及流
行病学研究之后，Gajdusek 发现库鲁病的病原体是一种完全不同于人

类以往所知的病原体，它不具有 DNA 和 RNA，即使在电子显微镜下也看不见病毒颗粒，只能见到浆质膜，见不到衣壳和髓核。这种病原体与病毒感染有显著差异，潜伏期特别长，无炎症反应，对任何药物都无反应，病程不能自然缓解。Gajdusek 以这种病原体发病极慢的特点，取名为"慢病毒"。Gajdusek 在医学史上第一个发现了慢病毒及其引起人体疾病（库鲁病）的病因，因而荣膺了 1976 年诺贝尔生理学医学奖。他的工作不仅发现了一种全新类型的致病因子，还为生命科学提出了一大堆包括生命起源在内的理论和实践问题。

三、Prusiner 和朊病毒的发现

Prusiner 是美国加利福尼亚大学旧金山分校医学院神经学、病毒学和生物化学的教授。1968 年，他在宾夕法尼亚大学获得医学博士学位后，曾在美国国立健康研究院心肺研究所做博士后研究。1972 年，当他还是一名青年住院医生的时候，曾眼睁睁地目睹了一位 60 岁的女病人痛苦地死于克雅氏病引起的痴呆症。以后又发现了一类中青年人多发的克雅氏病，被认为是由于食入牛海绵状脑病牛肉引起的。Prusiner 认为，中枢神经系统是医学中最后一块伟大的前沿。为了彻底阐明克雅氏病的病因，并寻找到有效的治疗方法，他开始查阅大量与该病有关的文献资料，踏上了一条探索传染因子的漫长历程。

1974 年，Prusiner 在医学院建立了神经病学基础实验室。他曾通过实验将克雅氏病患者的脑组织接种于黑猩猩，经过一年多的潜伏期，黑猩猩终于发病，并在两年后死亡，病理解剖发现其脑部病理改变与人相似。克雅氏病的传染因子究竟是什么呢？这个问题一直盘旋在 Prusiner 的脑海中。

1976 年，Gajdusek 由于对库鲁病及其致病因子的研究而获得了诺贝尔生理学医学奖，这对 Prusiner 的工作产生了深刻的影响。他考虑到克雅氏病病原很可能与库鲁病病原相同。于是，他虚心地向周围的同

事请教，但别人能告诉他的内容并不多。这是因为 Gajdusek 在库鲁病问题上的突破，在于发现了一种潜伏期很长的置人于死地的脑病，至于引起这种脑病的病因还是未解之谜。可见，Prusiner 当时的科研思路并没有超出 Gajdusek 关于慢病毒的范围。他认为，克雅氏病是由"海绵状脑病传递因子"传递的慢性病毒感染性疾病。然而，他一直未能把这种具有传染性的病原体分离出来。其中一个主要障碍在于这种病的病情发展缓慢，需数月、数年甚至十几年才能看到病症。而传统的分离病原体的方法，必须以检测分离物的致病情况为基础。

后来真正引导 Prusiner 发现朊病毒，是因为他改用羊痒病作为研究对象而突破的。他在研究中发现，羊痒病的致病因子是一种既不同于普通病毒也不同于类病毒的特殊病原体，具有许多独特之处。例如，已知 DNA、RNA 极易为特异性的核酸酶所被坏，导致活性丧失甚至核酸链降解，然而对羊痒病病原体使用多种核酸酶处理，均不能降低其感染力。人们曾怀疑羊痒病病原体的蛋白质内紧裹着极少量的核酸，于是又用补骨脂类药物加以处理，这种药物能穿过病毒的蛋白质外壳，在紫外线辐射下与核酸形成共价键的双聚化合物，从而阻碍核酸的复制，但是专一性地与核酸作用的补骨脂类却不能灭活羊痒病病原体。羟胺一般很容易修饰核酸的结构，在中性 pH 下很易灭活小 RNA 病毒（如脊髓灰质炎病毒），它能使许多动植物病毒和噬菌体失活，但是羟胺浓度虽然高达 0.5mol/L 也不能改变羊痒病病原体的感染能力。Zn^{2+} 能将 RNA完全降解为单核苷酸，也能在相当程度上降解 DNA，但在相同条件下却不能使羊痒病病原体丧失感染能力。此外，羊痒病病原体还对多种物理灭活因素表现出惊人的抗性，核酸易受紫外线辐射、电离辐射、超声等因素破坏，而羊痒病病原体则对它们具有非凡的耐受力。总之，用多种破坏核酸的药物或因素处理，寻找羊痒病病原体是否含有核酸，结果均为阴性。相反，如果使用影响蛋白质的药物或因素（如蛋白酶、化学蚀变剂、蛋白变性剂等）处理羊痒病病原体，均能减弱或灭活该病原体的感染能力。Prusiner 的研究结果还指出，羊痒病病原体单个颗粒的相

对分子质量约为50 000或更小。这说明该病原体比迄今已知最小感染颗
粒的类病毒还要小。根据计算，如果分子质量为50 000的羊痒病病原体
呈球形的话，则颗粒直径应为4～6nm，保护性蛋白外壳厚度不可能大
于1nm，核心应为13～14nm，该容量不可能容纳大于12个核苷酸的聚
合物。根据3：1编码法则，如此小的核酸不可能编码由十几个氨基酸
组成的蛋白质。

　　根据大量的实验结果，Prusiner大胆地认为，人的克雅氏病与羊痒
病类似，同属于海绵状脑病，是由同一种病原体所致，这种病原体是蛋
白质。为了把它与细菌、真菌、病毒及其他已知病原体区别开来，他将
这种蛋白质致病因子定名为朊病毒（Prion）。

四、朊病毒的体外制造

　　Prusiner经过8年的探索，提出了"朊病毒"——一种非核酸的变
构蛋白才是真正的致病元凶的假说。然而，由于缺乏确凿的实验证据，
科学界对这个假说始终存在着极大的争议。其后的几十年里，科学家们
尝试用实验证实这一假说。直到2003年，一个实验室将朊蛋白重组后
经过诱导转变为淀粉样聚合体，在朊蛋白高表达的转基因小鼠体内复制
了"牛海绵状脑病"。遗憾的是，还原疾病的潜伏期长，且不能诱发正
常小鼠发病。他们的实验离真相只差一步，原因在于他们并没有从根本
上证实朊病毒是由正常朊蛋白变构而来。马继延注意到了一个细节，位
于细胞膜上的正常朊蛋白可以被磷脂酶C（phospholipase C）从膜上切
除下来，而致病性朊蛋白却无法被切除。科学家们曾猜测，构象的改变
使得朊蛋白与脂膜发生了新的相互作用，从而使磷脂酶C无法将其从
膜上切除；另外一种说法认为变构的朊蛋白聚集在一起阻碍了酶的作
用。马继延猜测，也许细胞膜上的脂类物质具有改变朊蛋白的作用。于
是，他们另辟蹊径，尝试在体外诱导时加入细胞膜中的脂类成分，结果
成功地诱导出具有致病性和感染性的朊病毒。与其他科学家的方法不

同，他们将重组蛋白注入正常小鼠体内，诱发小鼠脑内更多朊蛋白变构，成为具有传染性和致病性的朊病毒。这是第一次从实验室证实"朊病毒"假说，首次成功重组朊病毒，也是第一次成功构建重组蛋白动物模型。

五、朊病毒发现的理论和实践意义

朊病毒的发现在生命科学界引起了极大的反响，这不仅是因为这项发现具有重要的理论价值，而且具有重大的实践意义。

在基础理论方面，长期以来人们信奉分子生物学中一个关于遗传信息在细胞内生物大分子间流向的基本法则——中心法则，即认为遗传的物质基础是核酸（主要是 DNA，在有些病毒中也可以是 RNA），遗传信息的流动方向是 DNA→RNA→蛋白质。也就是说，蛋白质是在核酸所携带的遗传信息指导下合成的。按照这一经典法则，通常观点认为：传染性疾病是由细菌等微生物所引起的，这些都是有生命的致病因子，它们都有自身的核酸编码的遗传指令；即使像病毒，虽然本身没有细胞结构，必须进入寄主细胞中才能繁殖，但是最低限度每一种病毒需要有自己特有的核酸，正是这种特有的核酸，在寄主细胞内指导合成病毒特有的核酸和蛋白质，病毒才能繁殖。而现在，一种不含核酸的蛋白质分子居然在侵入活细胞后，也能大量复制，并引起传染性疾病。这个"离经叛道"的学说，无疑引起了学术界的极大反响和广泛关注。

现在越来越多的事实证明，朊病毒蛋白是由动物细胞的正常基因编码，在人位于第 20 号染色体短臂，基因称为 *Prnp*。虽然迄今所得实验结果表明，并没有"逆"中心法则的蛋白质合成。但是，在朊病毒研究过程中揭示出来的一些现象，使人们对蛋白质与蛋白质之间大分子相互作用并由此引起的高级结构构象的改变、大分子性质的变化乃至病理状况的出现有了新的认识，从而向人们打开了分子生物学的一个崭新的研究领域。

在实际应用方面，朊病毒的发现解释了牛海绵状脑病的发病机理。20 世纪 80 年代以来，英国报道已有 17 万头以上牛感染牛海绵状脑病，普遍认为是由于牛饲料中添加了羊和牛的肉和骨粉，使羊痒病病原传染给牛，使之发生牛海绵状脑病。已确诊 12 人因食用病牛肉受到传染而发病，这在欧洲引起了极大的震惊和恐慌。

目前已知的人和动物的朊病毒病的病症相似，从病理变化上讲，都是中枢神经系统的致死性慢性退行性疾病，表现为大脑皮层神经元的退化、空泡形成、死亡，被星状胶质细胞取代，形成海绵状，大脑皮层（灰质）变薄而白质相对明显，临床上相应地出现痴呆、共济失调和震颤等症状。对这类神经退行性疾患，目前依然没有治愈良策。阐明致病机理是有效治疗疾病的前提，因此这方面的研究进展很快，一些有争议的问题正在逐步得到论证。国际一流的学术刊物如《科学》《细胞》，几乎每隔几期就有这方面的研究进展报告。可以预期，由于朊病毒的发现及其进一步的深入研究工作，距有效治疗上述顽症的日子不会太遥远。

总之，朊病毒的发现是分子生物学领域一项开拓性的工作，它不仅使人们第一次意识到除细菌、病毒、真菌和寄生虫外，变异蛋白质亦可传播疾病，而且为现代医学了解和掌握与痴呆有关的其他疾病（如阿尔茨海默病）的生物学机制提供了基础，并为今后相关药物开发和新的治疗方法的研究奠定了重要基础。

六、朊病毒发现的启示

朊病毒的发现不仅在分子生物学研究中独辟蹊径，具有重要的理论价值和实践意义，而且这个发现过程本身还给我们不少启示。首先，科学工作者要有不迷信权威，不拘泥于现有理论的条条框框，敢于批判，勇于创新的精神。20 世纪创立的生物遗传学的一个经典观点认为：任何生命的繁殖都必须依赖 DNA 或 RNA。自从 1957 年英国物理学家、DNA 双螺旋结构模型的建立者之一 Crick 提出了分子生物学中一个关于遗传信息在细胞内生物大分子间流向的基本法则（即中心法则）之后，它一直被认为是 20 世纪最伟大的科学发现之一，诺贝尔生理学医学奖曾 17 次颁发给这个领域的佼佼者，中心法则被誉为生命科学中的"圣经"。但是，科学研究中不存在僵硬的"教条"，科学理论并不是固定不变、停滞不前的，而是随着科学实践的深入和人类认识水平的提高而不断得到修正、丰富和发展。正如 Prusiner 所指出的，20 世纪创立的生物遗传学理论确实是伟大的，但也绝非"顶峰"，必将得到发展和完善。他根据科学实践的结果，勇敢地向现有的基因理论和中心法则提出了挑战，大胆地向全世界宣布发现了朊病毒，它是"一类没有 RNA 和 DNA，小得连电子显微镜也看不到的生命物质，它广泛存在于人体内和周围的生物体内，具有较强的传染性，可以引发多种致死性神经系统疾病"。

朊病毒的发现已成为现代生命科学史上的一个新的丰碑，对其奥秘的深入研究，将会给探索生命底蕴提供切实可行的新途径。其次，科学工作者要有持之以恒、矢志不渝的钻研精神，和坚持真理、在学术问题上不怕成为少数者的科学精神。Prusiner 着手从事朊病毒课题的研究，是在他当住院医生时收治了一位克雅氏病人死亡后起步的。在以后长达 20 多年的漫长岁月中，他始终坚持不懈、苦苦追求。正当周围同行因一时找不到羊瘙病病原而纷纷放弃、改换课题，甚至著名的《柳叶刀》杂志编者也认为研究病原分子结构没有多大意义的时候，Prusiner 并没有气馁，他不但写信驳斥这种观点，而且以更加刻苦的劲头努力去证明病原的分子结构，终于把自己的研究工作推向了诺贝尔奖的高峰。尽管当时人们还很难接受 Prusiner 崭新的理论，有些杂志甚至对他进行了尖锐的攻击。但是，Prusiner 是一位极富个性、不肯妥协的人，他坚持走自己实践的道路。如果 Prusiner 没有这种精神，他在这方面的研究也许早就偃旗息鼓了。不难想象，在分子生物学已经如此深入人心的年代，提出并坚持一种无核酸的致病因子的新见解，需要何等的勇气。

再次，科学工作者的成功，除了采用正确的方法、付出艰辛的劳动外，还有一定的机遇。Prusiner 毫无争议地独享了 1997 年度的诺贝尔生理学医学奖，并且在较短的时间内看到了结果，的确与英国及欧洲牛海绵状脑病流行有关。但是，正如伟大的微生物学家巴斯德所说，机遇只偏爱有准备的头脑。Prusiner 自 1979 年起，在不到 20 年时间里发表了有关朊病毒方面的文章 240 余篇，可以想象他为此付出的辛勤劳动。如果没有多年来锲而不舍的追求，就不会有以后的成功和荣誉。

第三节　动物传染性海绵状脑病的危害

动物传染性海绵状脑病作为一类最终以死亡为结局的神经性疾病，在给动物健康带来严重威胁的同时，给人类社会也带来了深刻影响，主要表现在两个方面：一是对社会经济的影响，二是对人体健康的威胁。

一、对社会经济的影响

经济方面的影响不仅仅表现在扑杀消灭这些疾病所造成的直接经济损失，更重要的是由此而引起对整个产业链、甚至国际贸易领域产生的深远影响，在各类动物传染性海绵状脑病中，以牛海绵状脑病的影响尤为显著。

自 1986 年英国确诊首例牛海绵状脑病以来，在短短的十几年里，该病已经从英国传遍整个欧洲大陆，然后从欧洲传至美洲的美国、加拿大，亚洲的日本等许多国家。在过去的 20 多年里，超过 28 万头牛感染牛海绵状脑病，仅欧洲就屠宰 320 万头病牛和与病牛同栏饲养的牛。为遏止这场灾难，欧盟已经花费几十亿欧元，经济损失惨重。

　　牛肉消费市场遭到重创。2000 年时，欧盟的活牛价格平均下降了 17％，牛肉销售量减少了 27％；法国的牛肉消费量下降了 40％；德国两个最大的肉类批发中心的牛肉销售量下降了 80％以上。意大利年牛肉消费量 150 万 t，其中 70 万 t 需从国外进口。在 2000 年，意大利全国牛肉销售量下降了 50％～70％，3 万家肉食店的营业额下降了 3 000 亿里拉。其他欧盟成员国牛肉市场也一蹶不振。

　　饲料工业遭到重击。发生牛海绵状脑病前，欧盟 15 国的肉骨粉年加工量为 300 万 t，每年可为欧盟带来 15 亿欧元（约折合 12.9 亿美元）的收益。发生牛海绵状脑病后各成员国都规定禁止使用掺入肉骨粉的配合饲料，自然就丧失掉了这笔可观的收益。同时欧盟还要为焚烧销毁动物下脚料花费 30 亿欧元（约折合 25.8 亿美元）。

　　控制扑灭疫病所发生的费用。德国为处理牛海绵状脑病危机，联邦政府支付了 21 亿马克，德国全部经济损失在 140 亿马克以上。英国的牛海绵状脑病危机共造成约 200 亿马克的损失，500 万头牛被宰杀焚烧。

　　更为严重的是发生牛海绵状脑病的国家，其牛肉及相关制品的出口受阻，损失巨大。美国在 2003 年确诊发生牛海绵状脑病后，至少有 25 个国家和地区宣布停止进口美国牛肉和肉牛，这些国家和地区的进口额占美国此类产品出口额的 90％左右。而美国每年出口的牛肉和肉牛总价值约 60 亿美元。同年加拿大宣布，在西部艾伯塔省的一个牧场发现一例牛海绵状脑病，美国政府当天就宣布禁止进口加拿大肉牛及牛肉制品。随后，日本、韩国、墨西哥、新西兰、澳大利亚等 20 多个国家也相继宣布禁止进口加拿大牛肉。这对加拿大畜牧业和肉类加工业等行业是巨大的打击。加拿大每年出口约 36 亿加元的牛肉产品，其中 80％出口到美国市场。市场分析人士指出，自从美国宣布禁止进口加拿大肉牛及牛肉产品以来，加拿大每天在这方面的损失高达 2 000 多万加元。目前，许多国家仍然对牛海绵状脑病发生国家实施牛肉及相关制品进口禁令。

二、对人体健康的影响

（一）存在传播给人的风险

当 1986 年英国出现牛海绵状脑病，甚至后来在欧洲及世界其他国家蔓延时，人们并没有把它与人类的健康联系到一起。直到 1996 年 Will 报道在英国发现 10 例与克雅氏病类似的海绵状脑病病例，这些病例的流行病学、临床和病理组织与典型克雅氏病不同，因此被命名为新型克雅氏病，或称变异型克雅氏病。新型克雅氏病主要表现在：①发病年龄不同。新型克雅氏病主要发生于 20～40 岁的青年人，而传统的克雅氏病发生于 50～70 岁的老年人，但近年来发现新型克雅氏病的感染人群有扩展至各个年龄组的趋势。②病程长短不同。新型克雅氏病的病程通常为 9～53 个月，平均 14 个月；传统克雅氏病病程通常 7～22 个月，平均 12 个月。③潜伏期不同。新型克雅氏病的潜伏期一般 5～10 年，而传统克雅氏病的潜伏期为数年、最长可达 30 年。④临床症状不同。新型克雅氏病早期主要是行为改变、感觉异常和共济失调等，且患者的表现较为一致，个体差异极小；而传统的克雅氏病通常表现为痴呆。⑤神经病理学特征不同。新型克雅氏病出现神经元缺损，神经胶质细胞重度增生，大脑皮层海绵样病变，淀粉样斑块形成；而传统的克雅氏病海绵状病变在基底神经节、丘脑最明显，淀粉样斑块分布于大小脑，神经胶质细胞增生在丘脑基底神经节明显。⑥脑电图。新型克雅氏病脑电图检查显示有周期性同步放电，传统克雅氏病全面三相周期性复合波改变。⑦基因。新型克雅氏病病例均不存在与各种遗传性朊病毒病相关的突变，这与传统克雅氏病不相同。

该病发生初期，便有研究人员怀疑该病与牛海绵状脑病有关，因为库鲁病的发生是由于巴布亚新几内亚部落人有食用死者脑组织的风俗习惯引起的，那么新型克雅氏病是否由人误食被含有牛海绵状脑病因子污染的牛肉及相关食品引起的呢？经过几十年的实验，现已初步查明，人的新型克雅氏病与牛海绵状脑病的发生有着密切的关系。其主要依据如下：①流行病学分析发现，人新型克雅氏病与牛海绵状脑病存在着流行时间和流行集中地区的高度一致性，新型克雅氏病于牛海绵状脑病发生和流行后 10 年左右出现，且集中于牛海绵状脑病高发的英国，在时间上和空间上与牛海绵状脑病一致。②新型克雅氏病患者有牛海绵状脑病接触史。③实验动物人工感染试验结果表明，非人灵长类动物对牛海绵状脑病易感，且潜伏期、病程、临床表现及中枢神经系统的组织病理学变化（包括海绵状病变、PrP^{Sc} 的出现及其分布等）与人新型克雅氏病十分相似。④新型克雅氏病普通小鼠和转基因小鼠的传递试验结果与牛海绵状脑病基本一致。给转基因实验鼠体内注入病牛脑组织后，经过 250d 的潜伏期，实验鼠出现了牛海绵状脑病类似的海绵状脑病症状，而且其潜伏期长短与牛海绵状脑病一样。随后又将这些鼠组织注入另一组健康实验鼠，经过同等的潜伏期后，也出现了类似症状。最后又向健康鼠注入人新型克雅氏病患者的组织，结果同样经过 250d 后实验鼠也出现海绵状脑病，而且其大脑受损情况与注射牛海绵状脑病组织的实验鼠相同。⑤两者的免疫印迹图谱相同。⑥体外无组织生化系统实验结果提示，牛海绵状脑病可传染给人，但易感性较低。

在过去的 20 多年里，全世界已报道 250 名新型克雅氏病患者，至 2006 年仅英国就发现 160 例新型克雅氏病，其中 154 例已经死亡，还有数百万人存在与牛海绵状脑病污染的食品接触的风险，这些人或多或少地摄入了这种受污染食品，只是处于潜伏期尚未发病而已。

（二）对食品安全的威胁

民以食为天，动物性食品的比重随着人类生活水平的提高在逐渐增加。而人新型克雅氏病的发生被认为与食入牛海绵状脑病污染的牛肉及相关食品有关，同时牛海绵状脑病的发生也被认为是由于用羊痒病污染的肉骨粉饲喂牛引起的。因此，虽然目前未见报道，感染其他传染性海绵状脑病的动物及食品能够传染给人，但却无法排除其传染的可能性。因为该类疾病的潜伏期很长，一般几年到几十年不等，并且正是由于上述原因，当年英国暴发牛海绵状脑病后，在很长一段时间内污染有牛海绵状脑病致病因子的相关产品被广泛作为食品原料或者添加用于食品生产。在全球一体化进程中，国际贸易流通性的增加又使无数可能受污染的食品广泛地销售到世界各地被人们消费，这不仅包括感染牛海绵状脑病的牛产品还包括患有羊瘙病的羊产品为原料的食品。并且由于其种类繁多、形态各异、生产加工方式不一，难以确切了解这些食品中究竟添加了哪些原料，是否受到传染因子的污染以及受污染的程度。因此，要判断流通领域中牛、羊源性食品的安全性相当复杂。动物不同部位、不同产品的传染强度也不同。根据世界卫生组织（World Health Organization，WHO）危险性评估结果，脑、脊髓、脑脊液、眼球的传染性最强，小肠、肺、肝、肾、脾、胎盘、淋巴结其次，肌肉、乳汁、血、胰脏、脑、心脏、脂肪等部位的传染性相对较低或基本无传染性。以前认为牛奶不具有感染性，现在已经证实患病奶牛的牛奶同样可以使健康牛致病。除食品原料易受到污染外，食品加工过程也影响传染因子的感染传播能力。首先，朊病毒理化性质稳定、耐高温高压，正常高压蒸汽消毒134～138℃18min不能使其完全灭活，通常食品加工工艺的灭菌温度不能有效杀灭其活性；其次，在食品加工过程中常常要使用或添加各种各样的活性成分，如活性乳，这些成分不能经高温处理，否则会破坏其营养价值或者活性而失去添加意义。因此，动物海绵状脑病的发生不仅会影响动物本身，更重要的是其相关产品会给人类的健康带来深远影响。

（三）对药品安全的威胁

许多药品是以动物为原料制造的，如牛黄解毒丸中的天然牛黄、红花消肝十三味丸的牛胆膏、六味壮骨颗粒中的牛骨粉等。药物本来的用途是治病救人，但如果在制备过程中使用含有牛海绵状脑病致病因子的原料，就存在感染新型克雅氏病的风险。2001 年 3 月欧盟药品管理局承认有 860 种药物未能在限期内验明不受牛海绵状脑病病原污染后，尤其是英国报道一例牛源性药物污染感染新型克雅氏病后，在相关国家引起了恐慌与不安，尤其是那些曾经服用过牛源产品药物的患者。

（四）对化妆品安全的威胁

动物源性原料成分在化妆品中应用十分广泛，尤其那些具有美白、保湿、抗皱、祛斑等效果的化妆品，其原料和添加剂大都从牛、羊的内脏、胎盘等器官中提取出来，如胶原蛋白、脑糖、胎盘素、羊水等成分。研究人员认为，朊病毒能够在化妆品中存活，当使用化妆品后，病毒可以通过黏膜、嘴唇、皮肤等进入机体。

（五）对血液及生物制品安全的威胁

与食品、化妆品、药品相比，血液及生物制品传播的风险性更大，由于大部分血液及生物制品通过皮下或者静脉注射直接进入人体，被感染的概率更大。牛、羊源的生物制品包括胸腺肽、免疫核糖核酸等，目前已经报道有 4 例新型克雅氏病患者是由于输血感染的，证实了经血液传播该类疫病的可能性。

从以上可以发现传染性动物海绵状脑病从经济领域到人们的身心健康影响着人类社会的各个方面。当然由于已经认识到这类疫病在食品、药品、化妆品、血液及生物制品等方面对人们的影响，因此自牛海绵状脑病等传染性动物海绵状脑病发生以来，我国以及世界其他国家相继出台各类相关规定，禁止从疫病发生国家进口含有牛羊活性成分的相关产品；并且随着人类对该病致病因子、发病机理等相关问题的认识和理解，必将能够更好地预防和阻止这类疫病对人类社会的影响。

参考文献

Aguzzi A，Sigurdson C J. 2004. Antiprion immunotherapy：to suppress or to stimulate ［J］. Nature，Rev. Immunol，4：725-736 .

Alberti S. 2009. A systematic survey identifies prions and illuminates sequence features of prionogenic proteins ［J］. Cell，137（1）：146-158.

Angers R C. 2010. Prion strain mutation determined by prion protein conformational compatibility and primary structure ［J］. Science，328（5982）：1154-1158.

Armstrong R A，Cairns N J，Ironside J W，et al. 2003. Does the neuropathology of human patients with variant Creutzfeldt-Jakob disease reflect haematogenous spread of the disease? ［J］. Neurosci. Lett，348：37-40.

Aucouturier P，et al. 2001. Infected splenic dendritic cells are sufficient for prion transmission to the CNS in mouse scrapie ［J］. J. Clin. Invest，108：703-708.

Avrahami D and R Gabizon. 2011. Age-related alterations affect the susceptibility of mice to prion infection ［J］. Neurobiol Aging，Nov 32（11）：2006-2015.

Baldauf E，Beekes M & Diringer H. 1997. Evidence for an alternative direct route of access for the scrapie agent to the brain bypassing the spinal cord ［J］. J. Gen. Virol，78：1187-1197.

Banchereau J，et al. 2000. Immunobiology of dendritic cells ［J］. Annu. Rev. Immunol，18：767-811.

Banki Z，et al. 2005. Complement dependent trapping of infectious HIV in human lymphoid tissues ［J］. AIDS，19：481-486.

Barclay G R，Houston E F，Halliday S I，et al. 2002. Comparative analysis of normal prion protein expression on human，rodent，and ruminant blood cells by using a panel of prion antibodies ［J］. Transfusion，42：517-526.

Bartz J C，DeJoia C，Tucker T，et al. 2005. Extraneural prion neuroinvasion without lymphoreticular system infection ［J］. J. Virol，79：11858-11863.

Beekes M & McBride P A. 2002. Early accumulation of pathological PrP in the enteric nervous system and gut-associated lymphoid tissue of hamsters orally infected with scrapie [J]. Neurosci. Lett, 278: 181-184.

Beekes M, Baldauf E & Diringer H. 1996. Sequential appearance and accumulation of pathognomonic markers in the central nervous system of hamsters orally infected with scrapie [J]. J. Gen. Virol, 77: 1925-1934.

Beekes M, McBride P A & Baldauf E. 1998. Cerebral targeting indicates vagal spread of infection in hamsters fed with scrapie [J]. J. Gen. Virol, 79: 601-607.

Beringue V, et al. 2000. Role of spleen macrophages in the clearance of scrapie agent early in pathogenesis [J]. J. Pathol, 190: 495-502.

Berney C, et al. 1999. A member of the dendritic cell family that enters B cell follicles and stimulates primary antibody responses identified by a mannose receptor fusion protein [J]. J. Exp. Med, 190: 851-860.

Blanquet-Grossard F, Thielens N M, Vendrely C, et al. 2005. Complement protein C1q recognizes a conformationally modified form of the prion protein [J]. Biochemistry, 44: 4349-4356.

Blättler T, et al. 1997. PrP-expressing tissue required for transfer of scrapie infectivity from spleen to brain [J]. Nature, 389: 69-73.

Brown K L, et al. 1999. Scrapie replication in lymphoid tissues depends on PrP-expressing follicular dendritic cells [J]. Nature Med, 5: 1308-1312.

Brown P, et al. 1998. The distribution of infectivity in blood components and plasma derivatives in experimental models of transmissible spongiform encephalopathy[J]. Transfusion, 38: 810-816.

Bueler H, et al. 1992. Normal development and behaviour of mice lacking the neuronal cell-surface PrP protein [J]. Nature, 356: 577-582.

Burton G F, Brandon F K, Estes J D, et al. 2002. Follicular dendritic cell contributions to HIV pathogenesis [J]. Sem. Immunol, 14: 275-284.

Cancellotti E. 2007. The role of host PrP in Transmissible Spongiform Encephalopathies [J]. Biochim Biophys Acta, 1772 (6): 673-680.

Carp R I & Callahan S M. 1982. Effect of mouse peritoneal macrophages on scrapie infectivity during extended in vitro incubation [J]. Intervirology, 17: 201-207.

Carp R I &. Callahan S M. 1981. In vitro interaction of scrapie agent and mouse peritoneal macrophages [J]. Intervirology, 16: 8-13.

Castilla J, 2005. In vitro generation of infectious scrapie prions [J]. Cell, 121 (2): 195-206.

Caughey B W, et al. 1991. Secondary structure analysis of the scrapie-associated protein PrP 27-30 in water by infrared spectroscopy [J]. Biochemistry, 30: 7672-7680.

Colby D W, et al. 2009. Design and construction of diverse mammalian prion strains [J]. Proc Natl Acad Sci U S A, 106 (48): 20417-20422.

Collinge J, A R. Clarke. 2007. A general model of prion strains and their pathogenicity [J]. Science, 318 (5852): 930-936.

Collinge J. Medicine. 2010. Prion strain mutation and selection [J]. Science, 328 (5982): 1111-1112.

Cunningham C, Wilcockson D. C, Boche D, et al. 2005 Comparison of inflammatory and acute-phase responses in the brain and peripheral organs of the ME7 model of prion disease [J]. J. Virol, 79: 5174-5184.

Seeger H, et al. 2005. Coincident scrapie infection and nephritis lead to urinary prion excretion [J]. Science, 310: 324-326.

Shortman K &. Liu Y-J. 2002. Mouse and human dendritic cell subtypes [J]. Nature Rev. Immunol, 2: 151-161.

Sigurdson C J, Spraker T R, Miller M W, et al. 2001. PrPCWD in the myenteric plexus, vagosympathetic trunk and endocrine glands of deer with chronic wasting disease [J]. J. Gen. Virol, 82: 2327-2334.

Silveira J R, et al. 2005. The most infectious prion particles [J]. Nature, 437: 257-261.

Stahl N, Borchelt D R, Hsiao K, et al. 1987. Scrapie prion protein contains a phosphatidylinositol glycolipid [J]. Cell, 51: 229-240.

Thackray A M, McKenzie A N, Klein M A, et al. 2004. Accelerated prion disease in the absence of interleukin-10 [J]. J. Virol, 78: 13697-13707.

Théry C, Zitvogel L &. Amigorena S. 2002. Exosomes: composition, biogenesis and function [J]. Nature Rev. Immunol, 2 (8): 569-579.

Tobler I, et al. 1996. Altered circadian activity rythyms and sleep in mice devoid of prion protein [J]. Nature, 380: 639-642.

Van den Berg T K, Yoshida K & Dijkstra C D. 1995. Mechanisms of immune complex trapping by follicular dendritic cells [J]. Curr. Top. Microbiol. Immunol, 201: 49-63.

Van Keulen L J, Schreuder B E, Vromans M E, et al. 2000. Pathogenesis of natural scrapie in sheep [J]. Arch. Virol. Suppl, 16: 57-71.

Wadsworth J D F, et al. 2004. Human prion protein with valine 129 prevents expression of variant CJD phenotype [J]. Science, 306: 1793-1796.

Wang F. 2010. Generating a prion with bacterially expressed recombinant prion protein [J]. Science, 327 (5969): 1132-1135.

Wasmer C. 2008. Amyloid fibrils of the HET-s (218-289) prion form a beta solenoid with a triangular hydrophobic core [J]. Science, 319 (5869): 1523-1526.

Wykes M, Pombo A, Jenkins C, et al. 1998. Dendritic cells interact directly with naive B lymphocytes to transfer antigen and initiate class switching in a primary T-dependent response [J]. J. Immunol, 161: 1313-1319.

Yoshida K, van den Berg T K & Dijkstra C D. 1993. Two functionally different follicular dendritic cells in secondary lymphoid follicles of mouse spleen, as revealed by CR1/2 and FcRγII-mediated immune-complex trapping [J]. Immunology, 80: 34-39.

Young. 2009. The prion or the related Shadoo protein is required for early mouse embryogenesis [J]. FEBS Lett, 583 (19): 3296-3300.

Yu P, et al. 2002. B cells control the migration of a subset of dendritic cells into B cell follicles via CXC chemokine ligand 13 in a lymphotoxin-dependent fashion [J]. J. Immunol, 168: 5117-5123.

第二章

病 原 学

 **第一节 分类和命名**

传染性海绵状脑病（Transmissible spongiform encephalopathies，TSEs）又称朊蛋白疾病（Prion diseases），是一组能够感染人和动物的慢性、致死性、神经退行性传染病。现在普遍认为致病因子是细胞型朊蛋白 PrP^C（cellular prion protein，PrP^C）发生错误折叠后形成的致病型朊蛋白，即 PrP^{Sc}（scrapie prion protein）。PrP^{Sc} 是由机体正常的朊蛋白在某些因素作用下发生构象改变而形成的，PrP^{Sc} 具有自我复制能力，能够诱导 PrP^C 转变成 PrP^{Sc}，PrP^{Sc} 在体内大量聚集后能引起宿主发病。

一、动物传染性海绵状脑病

发生于动物的一类传染性海绵状脑病的统称，主要分为如下几种。

1. 牛海绵状脑病（Bovine spongiform encephalopathy，BSE）　俗称疯牛病。是动物传染性海绵状脑病的一种，以潜伏期长、病情逐渐加重及中枢神经系统退化、最终死亡为主要特征，是一种慢性、食源性、传染性、致死性的人兽共患病。1985 年 4 月，牛海绵状脑病首次在英国南部阿什福镇被发现，医学专家开始对这一世界始发病例进行组织病理学检查。于 1986 年 11 月将该病定名为 BSE，并在英国报刊上报道。此后，该病迅速在英国牛群中蔓延，到 1995 年 5 月，英国已发现 148 200 头牛感染该病。目前，该病已传播到整个欧洲、美洲。最近几年，亚洲也发现该病，日本和韩国已相继报道有确诊病例。截至目前，已有多个国家和地区发生了牛海绵状脑病。

2. 羊痒病（Scrapie）　又称慢性传染性脑炎、驴跑病（Traberkzankheit）、瘙痒病（Scratchie）、震颤病（La tremblante）、摩擦病（Rubbers，Reiberkrankheit）或摇摆病（Shaking），是由朊病毒引起的成年绵羊和山羊的一种慢性发展的中枢神经系统变性疾病。主要表现为高度发痒，进行性运动失调、衰弱和麻痹。通常经过数月而死亡，因此很少见于18月龄以下的羊只。羊痒病历史悠久，迄今已有260多年的记载，是最早所知的传染性海绵状脑病，多发于绵羊和山羊，目前在世界许多地方流行。典型的绵羊痒病作为传染性海绵状脑病的模型，最早于1732年在英国的大不列颠被发现。非典型的羊痒病于1998年在挪威被确认，但是在此之前在英国和其他地区已经有报道，英国的非典型病例最早可以追溯到1987年。

3. 传染性水貂脑病（Transmissible mink encephalopathy，TME）又名水貂脑病。是人工饲养水貂罕见的神经变性病变。传染性水貂脑病与其他传染性海绵状脑病相似，即神经进行性退行性疾病。水貂感染后表现为过度兴奋，尾巴弯曲于背上，最终发展为共济失调。该病1947年秋首次在美国威斯康星州 Brown 县的一个养貂场和明尼苏达州 Winona 县的一个养貂场报道。14年后，威斯康星州 Sheboygan、Calumet 和 Manitowe 三县的6个养貂场几乎同时发生该病，这些县彼此毗邻，各场饲料来源相同。1963年，爱达荷州东南部一个养貂场和威斯康星州的两个养貂场（分别位于 Sawyer 和 Eauclair 县）及加拿大安大略省的一个养貂场发生传染性水貂脑病。随后芬兰和前东德也报告有该病的暴发。1965年，Hartsough 和 Burger 才把它作为一种新病报道，并较详细地阐明了该病的特殊性质。该病的第一批研究者几乎立即注意到此病与绵羊痒病十分类似。最近一次报道是1985年，威斯康星州 Stetsoonville 一个养貂场暴发传染性水貂脑病。此后再无此病暴发的报道。

4. 猫科动物海绵状脑病（Feline spongiform encephalopathy，FSE）亦称猫科动物海绵状退行性脑病、狂猫症和疯猫病。是传染性海绵状脑病的一种表现形式，其临床和组织病理学特征是精神失常、共济失调、感觉过敏和中枢神经系统灰质的空泡病变。暴发牛海绵状脑病之后几年内，猫科动物海绵状脑病在英国首次被发现。随后，在其他猫科动物如非洲猎豹、虎猫、美洲狮、虎和狮等均发现了猫科动物海绵状脑病。猫科动物海绵状脑病感染小鼠后发现，其致病因子与牛海绵状脑病相同。猫科动物海绵状脑病在免疫印迹中的蛋白条带分布与牛海绵状脑病和新型克雅氏病的蛋白条带分布相一致。这表明猫科动物通过食物链感染，与牛海绵状脑病的致病因子相关。目前普遍认为猫科动物海绵状脑病是由于猫科动物食用了感染牛海绵状脑病朊病毒的食物所致。由于伴侣猫科动物（家养的多品种猫）、娱乐猫科动物（如马戏团、动物园内的虎、狮和豹等）和野生猫科动物（野生虎、狮、猎豹和虎猫等），这三类猫科动物不但与人的关系密切，而且均为牛海绵状脑病朊病毒自然感染的宿主，加之这些自然宿主对人体健康具有潜在的威胁，因而对猫科动物海绵状脑病的研究具有重要的公共卫生意义。

5. 动物园动物及野生动物海绵状脑病　主要集中在非驯养牛科动物（Bovidae）、猫科动物（Felidae）、灵长类狐猴科（Eulemur）和猕猴科（Macaca）动物。

早在 BSE 流行之前，Jeffrey 和 Wells 最先于动物园的林羚（*Tragelaphus angasi*）发现牛的海绵状脑病。随后，在野生牛科动物包括好望角大羚羊（*Oryx gazelle*）、阿拉伯羚羊（*Oryx leucoryx*）、弯角羚（*Oryx dammah*）、大角斑羚（*Taurotragus oryx*）、大捻（*Taurotragus strepsiceros*）、北美野牛（*Bison bison*）等动物中也检测到 BSE。最近发生的一例家养牛科动物海绵状脑病，为 2006 年在瑞士巴塞尔市公园内的一头瘤牛（*Bos indicus*），这是该物种发现的第一例也是唯一一例海绵状脑病。随后，通过研究证实，家养牛科动物多是食入 BSE 因子感染的饲料后引起。

伴随着牛海绵状脑病的流行，在动物园的野生猫科动物中也检测出 FSE。被感染的猫科动物包括美洲狮、猎豹、虎豹、孟加拉虎、非洲狮、金猫。其中金猫为最近发现的物种，2003 年在澳大利亚墨尔本公园发现一只金猫死亡，经过组织学检查确诊为朊病毒相关的传染性海绵状脑病。通过研究证实，猫科动物海绵状脑病与牛海绵状脑病的关系为：猫科动物的日粮被牛海绵状脑病病牛的牛源蛋白和骨头污染，猫科动物食入后导致感染。

同时，在一些灵长类动物中也发现了与牛海绵状脑病有关的海绵状脑病存在。感染的灵长类动物包括马特约褐狐猴（*Eulemur fulvus mayottensis*）、白颈褐狐猴（*Eulemur fulvus albifrons*）、獴狐猴（*Eulemur mongoz*）和恒河猴（*Macaca mulatta*）。据报道，在法国的 Montepellier 动物园有一只恒河猴和两只狐猴死于海绵状脑病，出现了抗蛋白酶朊蛋白。因此，Noelle Bons 等对法国 3 个不同灵长类动物中心（Montpellier、Besancon 和 Strasbourg）饲喂牛肉蛋白的 20 只狐猴进行调查，表明这些狐猴组织中 PrP^{Sc} 的分布与饲喂 BSE 感染脑组织的两只实验狐猴的 PrP^{Sc} 分布相似。实验狐猴分为口服牛海绵状脑病病原组和对照组。对 3 只对照狐猴以及 2 只感染而未出现症状的狐猴在感染后 5 个月宰杀，进行抗蛋白酶朊蛋白免疫组织化学检测。对照组织阴性，而感染动物的淋巴结、胃肠道和相关淋巴组织以及脾可以检测到 PrP^{Sc}。而且，可以在颈部脊髓腹索和背索检测到 PrP^{Sc}。同样的 PrP 免疫反应性可以在法国 3 个不同灵长类动物中心的 2 只表现出症状和 18 只表现健康的狐猴观察到，给这些动物饲喂的是由一家英国公司生产的添加牛肉蛋白的日粮，并已经按规定在其产品中停止添加牛肉。所观察到的试验感染动物与动物原有症状和无症状灵长类动物同样的神经病理学和 PrP 免疫染色形态说明，动物园的污染远比所认识的要广泛。

二、人体发生的传染性海绵状脑病

主要分为如下几种。

1. 库鲁病（Kuru） 1957 年，Gajdusek 首先在新几内亚东部高原福禄地区土著居民中发现一种医学史上从未记载过的致命性神经系统综合征（库鲁病），按当地语言称之为"Kuru"（意思为因害怕而震颤），其病理改变酷似人的克雅氏病。不过当时发现的病例多发生于生育年龄的妇女和15岁以下的儿童，而当时这些土著民族有一奇特的习俗，即妇女和儿童要食用已故亲人的内脏和脑组织，这种文化现象正好与发病病例的人群分布相一致。1965年，Gajdusek将库鲁病患者的脑组织悬液接种至大猩猩脑内，大约20个月之后，大猩猩出现了和库鲁病人一样的症状，初步证实库鲁病是一种由感染性致病因子引起的疾病。在进一步进行临床、病理及流行病学研究之后，Gajdusek发现库鲁病的病原体是一种完全不同于人类以往所知的病原体，它不具有DNA和RNA，即使在电子显微镜下也看不见病毒颗粒，只能见到浆质膜，见不到衣壳和髓核。这种病原体和病毒感染也有显著差异，潜伏期特别长，无炎症反应，对任何药物都无反应，病程不能自然缓解。Gajdusek以这种病原体发病极慢的特点，取名为"慢病毒"。Gajdusek在医学史上第一个发现了慢病毒及其引起人体疾病（库鲁病）的病因，因而荣膺了1976年诺贝尔生理学医学奖。他的研究不仅发现了一种全新类型的致病因子，还为生命科学提出了一大堆包括生命起源在内的理论和实践问题。

2. 克雅氏病（Creutzfeldt-Jakob，CJD） 是可传播的致命性中枢神经系统疾病，以快速进展性痴呆及大脑皮质、基底节和脊髓局灶性病变为特征，是常见的人朊蛋白病，又称为皮质—纹状体—脊髓变性。患者多隐袭起病、缓慢进展，临床分为三期：初期表现为疲劳，注意力不集中；中期表现进行性痴呆；晚期出现尿失禁，去皮质强直状态。

3. 格施谢三氏综合征（Gerstmann-Straussler-Scheinker disease，GSS）简称格氏病，是由Gerstmann Straussler于1936年首先发现，故称为Gerstmann-Straussler综合征（GSS），又称Gerstmann-Straussler-Scheinker综合征，属于人传递性海绵状脑病之一。格氏病为较罕见的家族性神经系统变性疾病。临床主要表现为小脑性共济失调、智力障碍、锥体束症和下肢肌肉萎缩。病理改变为小脑海绵状变性、神经细胞脱失、星形胶质细胞增生以及散在的淀粉样斑块。为常染色体显性遗传疾病。该病发病年龄为 19～66 岁、平均 40 岁，男女差别不大。一个家系中可以高达三代人发病，一般多为两代。但是，散发病例亦不罕见。该病发病缓慢，进展也比较缓慢，经过中可出现共济失调、记忆障碍、痴呆、轻瘫，特别是两下肢痉挛性轻截瘫以及肌肉萎缩等。

4. 致死性家族失眠症（Fatal familial insomnia，FFI） 属于罕见的朊蛋白病，于 1986 年 Lugaresi 首先报告一 53 岁男性病人，以进行性睡眠障碍和植物神经失调为主要症状，呈常染色体显性遗传。剖检证实丘脑神经细胞大量丧失，命名为致死性家族性失眠症。目前，已报道有意大利人、法国人、英籍美国人、德籍美国人、丹麦人、爱尔兰人和日本人中有该病患者，中国尚未见报道。

人的传染性海绵状脑病与动物传染性海绵状脑病相比，有着共同的疾病特征：潜伏期长达数月至数年、甚至数十年；机体感染后不发热，不产生炎症，无特异性免疫应答；均可人工传递给易感实验动物，但大多数朊病毒病在自然条件下不能水平传播；临床呈现进行性共济失调、震颤、肢势不稳、痴呆、知觉过敏、行为反常等神经症状，病程发展缓慢，但全部以死亡告终；组织病理学病变主要出现在中枢神经系统，以神经元空泡化、灰质海绵状病变、神经元丧失、神经胶质和星状细胞增生、病原因子朊蛋白（PrP^{Sc}）蓄积和淀粉样蛋白斑块为特征，病变通常两侧对称。

第二节　基因结构和化学组成

一、朊蛋白基因的结构和表达

朊蛋白是由单拷贝染色体基因的单一外显子所编码，人的 PrP 基

因位于 20 号染色体的短臂上，小鼠的 PrP 基因位于 2 号染色体的同源
区域，牛的 PrP 基因位于 13 号染色体上，说明 PrP 基因在哺乳动物分
化之前已存在。序列比较发现，人 PrP 基因中有 5 个 8 肽重复体插入
（图 2-1），开放阅读框中有 4 个保守区域（H1-H4），A、B、C 序列形
成 3 个 α 螺旋结构，S1、S2 序列形成 2 条 β 折叠。病人的 PrP 基因常
发生突变，如家族性克雅氏病病人 PrP 基因中 Asp178 的密码子变为
Asn，Glu200 的密码子变为 Lys；家族性格氏病病人 PrP 基因中
Pro102、Ala117 和 Phe198 的密码子变为 Leu、Val 及 Ser。不同种类
动物 PrP 基因只是某些密码子不同，如 Phe108 在小鼠中为 Leu，
Gln171 在绵羊中为 Arg。在金黄仓鼠（Ha）的 PrP 基因中含 2 个外显
子，被一个 10kb 的内含子分开，外显子 1 编码 5′末端非翻译区的引导
序列，外显子 2 编码 PrP 及 3′末端非翻译区。小鼠（Mo）PrP 基因含
3 个外显子，外显子 1 和 2 类似 HaPrP 外显子 1，外显子 3 类似 HaPrP
外显子 2。这两种 PrP 基因的启动子中都富含鸟嘌呤胞嘧啶（GC）多
拷贝序列，可能是转录因子 Sp1 的结合位点。

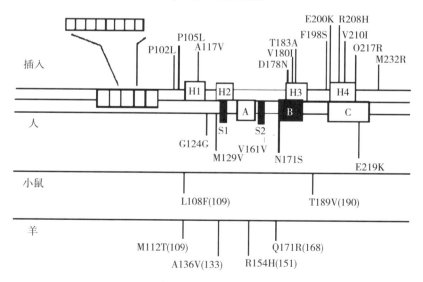

图 2-1　朊病毒的基因结构和基因多态性

（线上方为基因突变，下方为基因多态性，括号内数字是与人 PrP 基因对应的密码子位置）

　　PrP^{C}和 PrP^{Sc}都由同一基因编码，其氨基酸序列完全相同，因此
PrP^{Sc}的形成是一种转录后修饰的过程。采用分子模式对 PrP^{C}与 PrP^{Sc}的
三维结构进行预测，认为 PrP^{C}是一个含有 4 个 α 螺旋（H1-H4）的球
形蛋白，在 PrP^{Sc}中有 2 个螺旋 H1 和 H2 形成 4 个 β 折叠链，一个二硫
键将 H3 和 H4 连接在一起，稳定 PrP^{C}和 PrP^{Sc}的结构。在所有已知的
PrP 氨基酸序列中，113~128 位残基是最保守的，有人认为这段残基
是在新生 PrP^{Sc}产生过程中 PrP^{C}和 PrP^{Sc}结合的中心结构域。

　　PrP 基因的开放阅读框包含在一个完整的外显子内，因此基因表
达不可能由于 RNA 剪接出现问题，但不能排除 RNA 编辑或翻译后
加工过程出错。在成熟动物脑中，PrP mRNA 不断得到表达，该
mRNA 与乙酰胆碱转移酶是平行合成的，且在神经元中的浓度最高。
目前发现 MoPrP 基因序列中有 30% 与乙酰胆碱受体基因序列一致。
所有的 PrP 分子都是经过翻译后修饰形成，通过糖基磷脂酰肌醇
（glycosyl phosphatidyl inositol，GPI）位点将 PrP 分子锚定在细胞膜上
（图 2-2）。

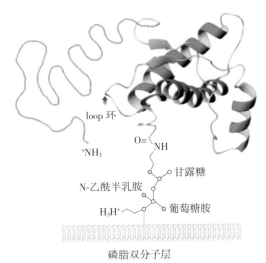

图 2-2　朊蛋白（PrP^C）高级结构模式图
（引自 Aguzzi，2006）

PrP^C 在人和其他多种哺乳动物体内都有分布，主要分布于中枢神经系统和外周神经系统中，在外周免疫系统（脾脏、淋巴结、扁桃体等）、生殖系统（卵巢、子宫、睾丸和附睾等）、其他组织器官（如肺、肾、胃、肠和肌肉等）和体液（血液、尿液和脑脊液等）中也有分布。

二、朊蛋白的结构与生物合成

哺乳动物的朊蛋白是由大约 250 个氨基酸组成的蛋白质，其中含有几个特征性的区域，包括 N 末端的信号肽、5 个八肽重复序列、蛋白质中央高度保守的疏水区、C 末端的疏水区。另外，它的 C 末端还有疏水的糖基化磷脂酰肌醇链（GPI 锚链），它将朊蛋白的 C 末端固定在细胞膜上。朊蛋白与其他膜蛋白一样是由粗面内质网合成并经由高尔基体到达细胞表面的。朊蛋白在生物合成过程中要经过一系列的翻译后的修饰过程，包括切割掉 N 末端的信号肽、连接寡聚糖链、产生一个二硫键以及 C 末端连接 GPI 锚链。N 末端所连接的信号肽最初是在高尔基体中被加到朊蛋白上的，GPI 锚链是在 C 末端的疏水片断被裂解之后在高尔基体中被加上的。GPI 锚链与其他的糖脂类蛋白一样有一个核心结构，有一个乙醇胺残基同朊蛋白 C 末端的氨基酸相连接，有三个甘露糖残基，一个不含乙酰基的葡萄糖胺残基，一个被脂质双分子层所包被的磷脂酰肌醇分子。正常朊蛋白和异常朊蛋白的 GPI 锚链与其他蛋白质都是不相同的，其 GPI 分子核心中都含有硅酸残基。正常朊蛋白在其构象形成过程中具有内在的向异常朊蛋白构象转变的倾向，但是 N 末端的糖链阻止了这种转变，不同种属的朊蛋白其糖基化形式不同。

PrP 基因表达的正常产物为 $33\sim35kD$ 的蛋白质，对蛋白酶敏感，称 PrP^C；疾病型 PrP 是形态改变的 PrP^C 异构体，只有 $27\sim30kD$，称 PrP^{Sc}，即朊病毒；由于其具有很强的抗蛋白水解酶的特性，又称

PrP^res。对无 PrP^C 基因对照鼠的研究发现：在一项研究中这些鼠的剖检特征和行为均正常，只是每天的活动规律和睡眠习惯发生改变；在另一项研究中这些鼠的蒲肯野细胞选择性地丧失。成熟的 PrP^C 由靠近 N 末端的 67 个氨基酸及组成蛋白酶抗性中心的 141 个氨基酸构成。而 PrP^Sc 只由组成蛋白酶抗性中心的 141 个氨基酸构成。可能是 PrP 基因表达翻译后加工出错而造成结构缺失，导致 PrP^Sc 分子量只有 27～30kD。

三、朊蛋白的一级结构

自从提出朊病毒是引起海绵状脑病的病原以后，人们对朊病毒进行了广泛深入的研究。用蛋白酶对痒病因子进行有限水解后，剩下的核心是分子量为 27～30kD 的蛋白质，被称为朊病毒蛋白（prion protein，PrP）。许多证据表明 PrP 27～30 是引起羊痒病所必需的成分，它可以用生物化学方法与痒病因子共纯化，其浓度与传染能力呈正相关；PrP 27～30 的分解动力学与传染性相同；亲和层析纯化的 PrP 27～30 具有传染性；用中和抗体中和 PrP 27～30，其传染性消失。把纯化后的 PrP 27～30 进行氨基末端的氨基酸序列分析，其序列为 MW SDW GLC。

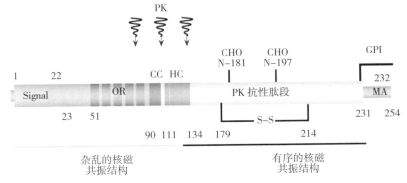

图 2-3 PrP^C 功能结构模式图

（引自 Aguzzi，2006）

用该序列推测出的寡核苷酸作为探针，与来源于宿主细胞的 cDNA 进行杂交，发现 PrP 是由染色体基因编码的，而不是来自痒病因子中的核酸。同时还注意到无论感染痒病因子与否，其宿主中的 PrP mRNA 水平无变化，说明 PrP 是细胞组成型基因表达的产物。该蛋白的分子量为 33~35 kD，约由 250 个氨基酸组成，其 N 键和 C 键末端分别有 22 和 23 信号序列，成熟的蛋白约有 209 个氨基酸，其中含有两个二硫键和两个糖基化位点（图 2-3）。

四、朊病毒高级结构

比较正常细胞所表达的 PrP（PrP^C）和具有传染性的 PrP（PrP^{Sc}）时显示，二者的一级结构相同、共价键也无变化，但不同物种间的 PrP 氨基酸序列是不一致的。用光谱学技术研究表明，高级结构 PrP^C 主要为 α 螺旋（42%），β 折叠仅占 3%；而具有传染性的 PrP^{Sc} 具有较高比率的 β 折叠（43%），多个 β 折叠使之溶解度降低，抗蛋白酶水解能力增强。

为了验证 PrP^C 是否来自 PrP^{Sc}，Prusiner 及其同事用 PrP 的合成肽诱导能表达 PrP^C 的细胞，结果使该细胞获得传染性痒病的特性。另外，将 PrP^C 的 cDNA 在大肠杆菌中大量表达，在还原条件下纯化得到了具有丰富 β 折叠的 PrP，与从痒病中提取出的 PrP^{Sc} 相似。在研究转基因小鼠表达外源 PrP 时发现，在新的 PrP^{Sc} 产生过程中，PrP^C 与 PrP^{Sc} 形成复合体。根据以上实验结果，他们推测羊痒病细胞中的 PrP^{Sc} 来自细胞的 PrP^C。在检测 33 个物种的 PrP 时发现，该蛋白的 4 个 α 螺旋区域具有 19% 的氨基酸变异，特别是在 129 位有氨基酸替换（Met-Val）时易受 PrP^{Sc} 感染。所以认为 PrP 在形成二级结构过程中，该区域很容易发生变异。PrP^{Sc} 是在翻译后的加工过程形成的，而不是蛋白内共价键的修饰形成（图 2-4）。

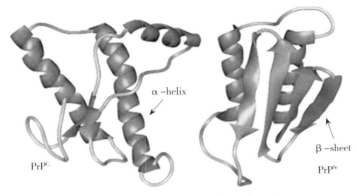

图 2-4 PrP^C 和 PrP^Sc 高级结构模式图

(引自 Aguzzi，2006)

五、朊蛋白结构域（121～231）的三维结构

朊蛋白结构存在两种不同的构象。一种是正常的 PrP^C 结构，另一种是有感染能力的"羊痒病"的 PrP^Sc 形式。三维结构是了解 PrP^C 如何变成 PrP^Sc 的基础，用核磁共振技术测定了自发折叠的 PrP^C 结构域（由 121～231 位氨基酸残基构成）的三维结构，它包括 2 条反平行的 β 片层折叠和 3 个 α 螺旋，在两个 α 螺旋之间有二硫键。这段结构域中包括了许多人类家族病突变的位点。用核磁共振方法分析后发现，这些突变直接或间接地影响了 PrP^C 结构域的二级结构。PrP^C 蛋白的结构域中有 β 片层结构，但以前人们认为 PrP^C 全是 α 螺旋结构，β 片层结构可能是由 PrP^C 变到 PrP^Sc 过程中起关键作用的结构。Riek 等分析了种属阻碍和遗传性朊病毒疾病突变位点、糖基化位点在三级结构中的位置。朊病毒感染的种属阻碍的形成可能是由于改变了 PrP^C 中与 PrP^Sc 的结合位点而引起的。这些位点在 96～167 位氨基酸残基，在这段区间内小鼠和人的 PrP^C 一级结构有八处序列不同，其中五处在 121～231 位氨基酸残基，四处在 121～231 位氨基酸残基的第一个螺旋之中或附近。这很可能是 PrP^Sc 的一个结合位点。Riek 等又分析了 PrP^C 这个结构域的表面

带电状况，推测糖基化位点和 PrP^{Sc} 的结合位点可能在 PrP^{C} 极性的带有正电和负电荷的表面（见图 2-4）。

第三节　生物学特性和理化特性

朊蛋白的理化特性

PrP^{Sc} 与 PrP^{C} 在蛋白质构象上不同，前者富含 β 折叠，多个 β 折叠使 PrP^{Sc} 的抗蛋白酶 K 水解能力增强。用 SDS-PAGE 分析时其分子量为 $27 \sim 30$kD。PrP^{Sc} 对紫外照射、电离辐射和冷冻干燥有抗性；经 $138℃$ 高压灭菌 60min，在有 SDS 或 β-二巯基乙醇情况下煮沸以及经 2mol/L 的 NaOH 处理 120min 后均不能或不完全使其灭活。而患牛海绵状脑病的牛脑匀浆经次氯酸钠处理 120min 或用含有氯的 SDS 处理后未测出感染性。

（一）朊蛋白的化学性质

朊蛋白是由人和多种动物的高度保守的朊蛋白基因编码的一种糖蛋白，在多种细胞中都有表达，但在神经元细胞中表达量最大。朊蛋白锚定于细胞膜上，可能具有神经信号传导和金属离子转运的作用，但其真正的生理功能尚不完全清楚。完全缺失朊蛋白基因的小鼠（$Prnp0/0$）仍能正常生活和发育，但锌/铜依赖性的超氧化物歧化酶（SOD）活性下降。经加工成熟的细胞朊蛋白含有 210 个氨基酸残基，相对分子质量约为 23 000，具有 2 个天冬酰胺糖基化位点，组氨酸残基 179 和 214 之间有二硫键连接，N 端至少有 4 个结合 Cu^{2+} 的八肽重复区和 C 端的一个糖基磷脂酰肌醇锚链（GPI），GPI 锚链使朊蛋白结合在细胞膜外侧。研究发现，朊蛋白至少有两种基本形式：一种是细胞内正常的朊蛋白 PrP^C，另一种是与致病相关的异常形式 PrP^{Sc}。PrP^{Sc} 是 PrP^C 的同源异构体，二者在 mRNA 和氨基酸水平上无差异，但在理化特性和高级结构上显著不同；PrP^C 能被蛋白酶 K 完全消化，但朊蛋白的致病形式 PrP^{Sc} 只能被蛋白酶 K 消解 N 端的 67 个氨基酸，产生的 PrP 27～30 和 PrP^{Sc} 一样具有感染性；在温和（非变性）的清洁剂溶液中 PrP^C 可溶，主要以单体或二聚体的形式存在，而 PrP^{Sc} 不溶，形成羊痒病相关纤维（SAF）或短杆状结构的聚合体；核磁共振研究表明，未糖基化的朊蛋白具有高的分辨结构而自然致病形式的朊蛋白是不溶的非晶体结构，只能进行很低的构象分析。这可以说明朊蛋白的两种形式 PrP^C 和 PrP^{Sc} 主要的不同是构象和聚合态，与其共价修饰关系不大。

（二）PrP^C 的代谢

如同其他细胞表面蛋白一样，当 PrP 在膜结合的核糖体上被合成后，进入内质网，经切除信号肽、N 糖基化、形成二硫键和糖脂锚等翻译后的加工过程，PrP 折叠并成熟，被释放到细胞质中。在其被进一步分泌到细胞表面之前，以细胞质 PrP（cyPrP）的形式存在并受到细胞内的质量控制系统的调控。图 2-5 为假设的 cyPrP 在体内从蛋白质合成到成熟的过程。cyPrP 可能是许多细胞内过程的核心，延长它在细胞质环境中的存在时间明显增加了 PrP 的错误折叠和聚合趋势。因此，cyPrP 可能是导致 PrP 自身聚合、发生构象变化、形成 PrP^{Sc} 细胞死亡等事件的元凶。但这些事件到底是否发生？是如何发生的？后果又如何？这些问题尚需进一步研究。

Ma 和 Linquest 等将朊蛋白的生物学研究与蛋白质代谢和细胞内的质量控制系统联系起来，强调蛋白酶体对 cyPrP 的作用。他们发现，如果强制 PrP 在转基因小鼠细胞质内过量表达，使 PrP 在细胞质中积累时，能导致神经毒性和神经退行性症状，并且 cyPrP 的毒性只在神经元中表现，在心脏和骨骼肌中过量表达 cyPrP 并不引起病症。在培养的细胞中，也观察到过量表达 cyPrP 只在神经突触细胞系中诱导细胞凋亡，在非神经细胞中无此影响。这个结果与已观察到的朊病毒病的病兆多出现在神经元附近一致。应用抑制剂抑制蛋白酶体的活性，可以导致 cyPrP 在细胞内的积累增加。尽管对 PrP^C 向 PrP^{Sc} 的转化是在细胞内还是在细胞表面发生有着不同的看法，但是这些研究证明蛋白酶体具有保护细胞、抑制细胞毒性蛋白质积累的作用。因此，朊病毒病的治疗与 PrP 在体内的代谢和运输密切相关。病理学和药物学的研究不仅要考虑 PrP^C 和 PrP^{Sc} 两者性质的差异和相互转化，还要注意其与体内代谢和运输系统的联系，为这类疾病的检测和治疗提出新的思路。此外，此研究暗示增加蛋白酶体的活性，将有利于迅速清除细胞内错误折叠的蛋白质，减少它们在细胞内的积累，防止进一步引起病兆。这可能对治疗由于蛋白质错误折叠引起的疾病具有普遍意义（图 2-5）。

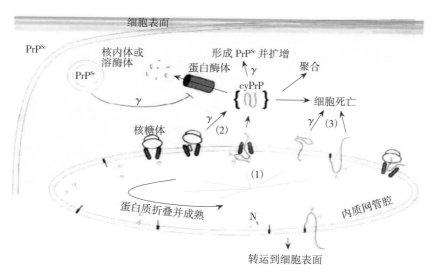

图 2-5　假设以细胞质 PrP 为朊病毒病核心的模型
（引自 Hegde R S，2003）

　　在此模型中显示多数新合成的朊蛋白被转移进入内质网管腔，经翻译后的修饰正确折叠并被分泌到细胞表面。但少数 PrP 可能被反向转移到细胞质中成为 cyPrP。正常情况下，cyPrP 只能在细胞质中短暂停留，很快被蛋白酶体降解而清除。但若 cyPrP 在细胞质内存留时间延长并积累，就可能导致 cyPrP 自身聚合、形成 PrP^{Sc} 并扩增等与引起朊病毒相关的疾病过程。

第四节 毒株分类

自从发现牛海绵状脑病和人类疾病之间的联系后，牛海绵状脑病对人类社会的影响已经不再是单纯的经济损失，更多考虑的是对人类公共卫生安全方面的威胁。

在许多传染性海绵状脑病的特征里，有一个很有趣的现象，就是同一种朊病毒往往具有多种毒株。人们观察发现，患病动物往往会出现不同的病理变化，朊病毒病临床变化和生化结果会在啮齿类模型动物间连续传代后保留下来。与其他传染性病原出现的情况相比后，这种情况的出现归因于毒株的不同。由其他传染性的病原类推，这些变种被界定为不同的毒株。一个经典的关于毒株的定义，和疾病相关的遗传变异或者传染性病原的亚型有关，可是这个概念在病毒上并不是很适用，不能衍生到朊病毒。早些年，不同毒株存在的现象是反对唯蛋白假说的一个有力证据。人们推断，在动物间发现的不同表现型主要是由于传染性海绵状脑病病原包含的不同遗传信息所致。然而，现在普遍接受的理论认为，不同朊病毒毒株的主要区别是源于不同构象的 PrP^{Sc} 能够在动物个体间稳定不变地复制、传播。

朊病毒的不同毒株可以按照不同的参数加以分类。潜伏时间、组织病理学损伤、临床症状能够用于区别不同类型的毒株。最常用到的是潜伏时间，潜伏时间是指接种病原后到动物表现出临床症状的一段时间。

朊病毒在种内个体间接种的重复性很强。不同朊病毒毒株制剂接种后出现不同的、可重复的潜伏时间。组织学研究表明接种不同的毒株后会出现重要的区别，主要表现在 PrP^{Sc} 的分布、沉积的特点以及特定脑组织的空泡化程度。为了在这方面有一个量化的指标用于进行评价，有科研工作者已经制订出了一个很好的标准化的操作程序，用于小鼠脑损伤后的空泡化评分（损伤形状）。这个操作程序主要是根据病变程度，选择脑的 6 个灰质、3 个白质区域进行分析、打分。通过这样的方法，有着相同潜伏时间的朊病毒毒株，如 ME7 和 79A 往往能够被鉴别出来。使用相同的方法，PrP^{Sc} 蓄积图也用于追踪传染性物质的起源。最后，在鉴定毒株的时候临床表现也是很有用的一个特征。例如，感染传染性海绵状脑病仓鼠的临床特征甚至是相对的，这是因为传染性海绵状脑病有两种毒株，沉郁型 Drowsy（DY）和亢奋型 Hype（HY）。不幸的是，临床症状不会一直作为有效的鉴别毒株的指标。以小鼠为例，许多毒株的临床表现相似。不同的脑损伤模式已经出现，其与临床症状的不同有关。对疾病行为的研究会带给科研工作者一些特殊的信息，这些信息和不同朊病毒分离株产生的脑损伤类型有关。

此外，相对于体内试验的不同，每个毒株的传染性蛋白都有特别的生化特性。在这些生化特性中最重要的就是被蛋白酶 K 消化后蛋白质的电泳迁移率、糖基的样式、蛋白酶 K 抗性的程度、用促溶剂变性时的沉降作用和抗性。近来，也有报道描述了不同毒株对铜离子的结合力。不同形式克雅氏病的 PrP^{Sc} 生化特征是不同的（图 2-6）。Western blotting 图显示了不同来源的人的 PrP^{Sc} 经过蛋白酶 K 消化后的糖基模式和电泳迁移率存在着多样性。应用傅里叶变换红外光谱学研究不同的 PrP^{Sc} 毒株，应用构象依赖免疫监测法和原子力显微法证实了一个假说，朊病毒毒株间的区别存在于 PrP^{Sc} 结构的多样性，而这种 PrP^{Sc} 结构是可以获得的。但 PrP^{Sc} 毒株间区别的结构本质仍未见确凿的证据。

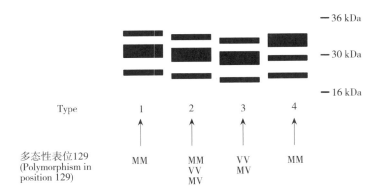

图 2-6　人不同朊病毒株 PrP^Sc 的 Western blotting 图

（Rodrigo Morales，2006）

用蛋白酶 K 消化后的人 PrP^Sc 的类型，特别是 129 位的多态性主要和 PrP^Sc 特殊的模式有关，1、2 主要和 sCJD 有关，3 主要和 iCJD 有关，4 主要在 vCJD 见到。

一、种间屏障和新毒株的产生

毒株多样性的来源主要是与种间感染有关。毒株在不同动物间传播时会存在种间屏障，种间屏障的存在使得潜伏时间延长。

朊病毒的序列不同会导致构象的不同，能用于解释种间屏障和 PrP^Sc 构象的多样性。有些品种动物 PrP^C 的构象不容许其他来源朊病毒进行转换。如兔不被不同来源的朊病毒感染。但是这种种间屏障也不是绝对的。有学者利用 PMCA 技术将兔的脑匀浆作为底物，多种其他动物的 PrP^Sc 作为种子，在体外产生了可以感染兔的朊病毒，但潜伏期为两年左右。因此，认为兔、犬等动物对朊病毒具有低易感性，可能更为恰当。

牛和人之间的种间屏障或许更多地与公共卫生有关。人们普遍认为，食入牛海绵状脑病感染食物是人发生 vCJD 的原因。vCJD 表现出与以往人朊病毒毒株不同的临床表现。vCJD 和 sCJD 之间的不同包括了主要的临床变化、脑组织的损伤以及 PrP^Sc 的生化特征。英国牛海绵状脑病的流行表明了朊病毒病的危害性。目前为止，牛海绵状脑病是唯一传染给人的非人类朊病毒毒株。尽管人们已经食用羊肉制品超过几百年，这些羊肉制品有可能受到痒病的污染，但是，没有明确的证据表明CJD病人的发病和食用痒病病羊有关。

牛海绵状脑病不仅传染人，使用大量的奶牛来源的病料饲喂猫科动物如虎和猎豹，也会使其发病，并产生新的疾病，但不能使家猫发病。牛海绵状脑病在这些动物间的传播制造出了许多新的毒株，每种都有特定的生化和生物学特征，因此，又成为了人类健康潜在的威胁。已经有报道，牛海绵状脑病可以在猪之间或者表达猪PrP的转基因小鼠间传播。因为猪肉及其制品的消费很广泛，所以推测的"疯猪病"将会增加朊病毒传染给人的动物性疾病事件。幸运的是，牛海绵状脑病在猪间的传播仅仅是在严格的实验室条件下实现的，自然发生是不可能的。更恐怖的是牛海绵状脑病已经传染给了绵羊和山羊。研究表明，这种传播有可能、实际上相对容易，令人恐惧的是其可能产生一种和羊痒病临床症状相似的疾病。牛源的新痒病使新毒株传染给人成为可能。一些实验室已经在用感染牛海绵状脑病的病羊脑匀浆接种表达人PrP的转基因动物模型。需要重点注意的是，所有实验室条件以及自然条件下接种感染牛海绵状脑病产生病料的病例，都会表现出与原始接种物相同的生化反应。这个现象表明，这些新生的传染性病原或许对人有威胁。牛海绵状脑病的最初来源仍然是个谜。不过，大量证据表明牛海绵状脑病是由于给牛饲喂了被痒病病原污染的饲料而引发的。这也表明牛的PrP^{Sc}或许是绵羊PrP^{Sc}和人PrP^{C}的中间构象。

比较有意思的朊病毒病是鹿慢性消耗性疾病，该病的起源以及传染给人的潜力仍然未知。鹿慢性消耗性疾病逐渐成为美国一些地方的一种地方性疾病，而且病鹿的数量逐渐增加。这一现象很令人烦恼，人们推测许多美国的猎人在接触或者消费患病鹿肉。更多的注意力已经放在了病鹿的清除工作，人们推测这些病鹿曾经感染过高浓度的鹿科动物朊病毒病，导致了许多新毒株的出现。幸运的是，浣熊感染鹿慢性消耗性疾病的实验室结果为阴性。牛海绵状脑病等传染性的偶发事件会导致突变事件，通过一个很危险的途径在人群中传播疾病。尚无鹿慢性消耗性疾病感染人和与克雅氏病有联系的临床证据，不过给松鼠猴接种鹿慢性消耗性疾病病原也能使其发病。虽然如此，通过实验可知，人与鹿科动物之间的种间屏障要比人与牛之间的屏障更坚固。最后，意识到鹿慢性消耗性疾病对其他动物有感染性，其中间构象的形成会加速对人的感染这点是很重要的。目前，研究中提到的主要毒株如表 2-1 所示。

表 2-1　啮齿类动物中实验性朊病毒毒株的来源和分化

(Vincent，2008)

名称	来源	中介的物种	宿主
ME7	Sheep scrapie[a]	No	Mouse（$Prn\text{-}a$）
87A	Sheep scrapie[a]	No	Mouse（$Prn\text{-}a$）
221C	Sheep scrapie[a]	No	Mouse（$Prn\text{-}a$）
87V	Sheep scrapie[a] SSBP/1[b]	No, goats[c]	Mouse（$Prn\text{-}b$）
79A	SSBP/1[b]	goats[c]	Mouse（$Prn\text{-}a$）
79V	SSBP/1[b]	goats[c]	Mouse（$Prn\text{-}b$）
139A[d]	SSBP/1[b]	goats[c]	Mouse（$Prn\text{-}a$）
22C	SSBP/1[b]	No, goats[e]	Mouse（$Prn\text{-}a$）
22H	Uncloned 22C	No, goats[e]	Mouse（$Prn\text{-}b$）
22L	SSBP/1[b]	No	Mouse（$Prn\text{-}a$）
22A	SSBP/1[b]	No	Mouse（$Prn\text{-}b$）
22F	Cloned 22A	No	Mouse（$Prn\text{-}a$）
301C[f]	BSE	Direct or not	Mouse（$Prn\text{-}a$）
301V	BSE	Direct or not	Mouse（$Prn\text{-}b$）
139H	Cloned 139A	No	Syrian hamster
263K[g]	SSBP/1[b]	goats[c], mice, rats	Syrian hamster
ME7-H	Cloned ME7	No	Syrian hamster
HY[h]	TME[i]	No	Syrian hamster
DY	TME[i]	No	Syrian hamster

二、使用实验动物用于朊病毒毒株的研究

应用不同品种的动物来研究毒株的多样性是一个很好的途径。在实

验动物中小鼠是一个比较理想的常用的实验动物模型，大约已经分离到
20多种表型不同的毒株。应用有稳定生化背景的传染性朊病毒在同一
种动物连续传代，对于稳定和明确一个毒株是很有必要的。

　　小鼠来源的痒病毒毒株 PrP^{Sc}，如 RML、ME7、139A 和 79A 经过
蛋白酶 K 消化后表现出相似的电泳特征，即不同糖基化模式。尽管缺
乏生化方面的差别，这些毒株可以通过接种小鼠并观察小鼠的潜伏期和
脑损伤加以区分。其他一些小鼠接种牛海绵状脑病和散发性克雅氏病的
朊病毒后会分别产生 301C 和 Fukuoka 两种毒株。牛海绵状脑病病原感
染小鼠后产生两种不同表型：一种代表了 PrP^{Sc} 的蛋白酶 K 抗性特点，
另一种却缺乏这样的特点。只有具有蛋白酶 K 抗性特点的表现型，可
以在小鼠连续传代两次后得以保存。蛋白酶 K 敏感传染性物质（称为
sPrP^{Sc}）的存在，在人其他朊病毒疾病中也有提及。

　　感染痒病和牛海绵状脑病小鼠产生的朊病毒毒株不同。例如，小
鼠脑内接种 RML 株，在接种 150d 后开始出现症状；而 301C 株却在
接种 200d 后发病。给同种动物腹腔内接种 RML 株和 301C 株后潜伏
期差别很大，分别是 200d 和 300d，在脑受影响的区域也不同。正如
以前提到的，RML 的蛋白酶 K 消化图表现出 21kD 的非糖基化蛋白
的电泳迁移条带，单糖基化成分很丰富。相对的，301C 毒株显示了
一个不同的电泳图，非糖基化部分大约为 19kD，糖基化成分更多的
是双糖基化蛋白。

　　对不同的 PrP^{Sc} 如何诱导同一种宿主朊蛋白稳定的构象改变仍然未
知。有趣的是，单一一种来源的 PrP^{Sc} 在接种给同一种动物后，能够分
离到不同的朊病毒毒株。最有代表性的实例是给叙利亚仓鼠接种传染性水
貂脑病病原后分别得到了 DY 和 HY 分离株（图 2-7）。

　　HY 和 DY 朊病毒毒株是叙利亚金黄地鼠接种传染性水貂脑病病原
后，经过多次连续传代生成的。最初传代导致了很长的潜伏期，出现明
显不同的两种临床表现、神经病理学变化、生化和传染力特性。HY 和 DY
仓鼠株是毒株具有多样性、但氨基酸序列没有变化的标准代表(表2-2)。

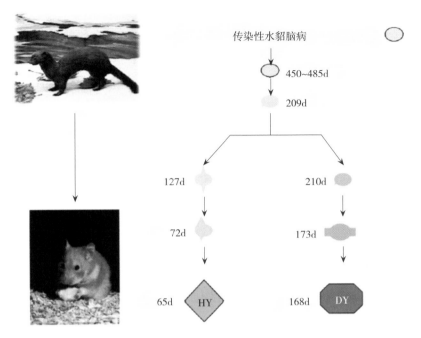

传染性水貂脑病

450~485d

209d

127d

72d

210d

173d

65d HY

168d DY

图 2-7　仓鼠的 HY 和 DY 朊病毒毒株的起源和特性
(Rodrigo Morales，2006)

表 2-2　叙利亚金黄地鼠 HY 和 DY 毒株的特性
(Rodrigo Morales，2006)

临床症状	亢奋型	沉郁型
PrP^{Sc}沉积形式	弥散分布	形成淀粉样聚合物
PrP^{Sc}电泳迁移效率	21kD 非糖基化条带	19kD 非糖基化条带
PrP^{Sc}的 PK 抗性	高度颉颃	轻微颉颃
外周的感染性	有	无
对水貂的感染力（记忆力）	无	有

　　这种朊病毒间的种间传播代表了种间屏障预期的特点：第一次传代的潜伏期较长，经过几次连续接种传代，潜伏期变短。有着不同临床变化的两个不同组间的潜伏期变得稳定：潜伏期在 150d 左右的临床表现昏睡的特点；潜伏期在 60d 左右的临床表现为亢奋型。两种仓鼠源病原引发的疾病，病理组织学分析发现在不同脑区域空泡化的分布不同。

DY 和 HY 经蛋白酶 K 处理，电泳后表现出的不同和 301C 与 RML 间一致：DY 的非糖基化条带为 19kD，HY 的非糖基化条带却是 21kD。这是表明两种毒株构象不同的最直接证据。为了支持这一假设，使用傅里叶变换红外光谱学技术检测到了叙利亚仓鼠适应的两种传染性水貂脑病病毒株结构间的区别。另外一个生化特征的不同是两者对蛋白酶 K 消化的抗性有差异（表 2-2）。

三、朊蛋白多态性和朊病毒毒株

朊蛋白的多态性以及它们在朊病毒毒株中的作用在朊蛋白假说发展之前并不是直接描述的。朊病毒疾病病理学的差异被发现，而且，在绵羊和小鼠的病理变化得到了广泛的描述。传染性病原在绵羊、山羊、牛、小鼠的传播导致了许多新的朊病毒毒株的产生。多态性的存在使得潜伏期延长，就像在种间屏障中提到的那样。朊蛋白的多态性支持毒株的分化。在分离到朊蛋白基因后，确认了 *sinc* 基因和 *prnp* 基因是同一种。动物不同时段潜伏期的分析显示了预期的 *Prnp* 的多态性。这些发现强有力地支持了朊蛋白假说，因为就像观察到的种间屏障现象一样，序列的不同广泛地影响着传染性病原的传播和毒株特点。按照新命名方法，原来的 *sincs*7 重命名为 *prnpa*，*sincp*7 则命名为 *prnpb*，新发现的小鼠的一组基因命名为 *prnpc*（表 2-3）。

表 2-3　与小鼠朊病毒毒株多样性有关的氨基酸多态性

（Rodrigo Morales，2006）

小鼠的基因型	小鼠品系	朊病毒毒株	相关的多态性位点
*prnpa/sincs*7	C57	RML-ME7-	Leu-108
	RIII	139A-301C	Thr-189
	Swiss	22C-79A-	
	NZW	87A-	
	SJL		
*prnpb/sincp*7	VM	301V-22A-	Phe-108

（续）

小鼠的基因型	小鼠品系	朊病毒毒株	相关的多态性位点
	IM	87V-79V-	Val-189
prnpc	Main/Pas		Phe-108
	C57 MAI-Prnp		Thr-189

　　PrP 的多态性并不仅在小鼠出现，实际上，许多种动物的朊蛋白都存在多态性。绵羊种内杂交育种以获得良好的遗传品质和较高的生产性能，这一过程产生了大量的 Prnp 的多态性变种。然而，只有五种 PrP 的等位基因明显地呈现组合出 15 种可能的 PrP 基因型。这五种普遍的多态性等位基因是 ARQ、ARR、AHQ、ARH 和 VRQ。发现痒病的许多种毒株都和一种特殊的等位基因组有关，等位基因组和特定的动物品种有关。当然，就如同前面提到的，朊蛋白的多样性会存在于相同序列的朊蛋白。近来，一个新的命名为 Nor98 的毒株存在于有着不同痒病抗性基因型 AHQ/AHQ、AHQ/ARQ 的绵羊。这个例子中，"经典的易感性"等位基因看起来对这类朊病毒有抗性。这些信息提出了一个问题：自然条件下的痒病是如何发生的呢？

　　人朊蛋白基因 129 位点存在多态性，ATG 或者 GTG 分别编码 Met 或者 Val。大量证据表明，这种多态性在朊蛋白基因单独或者联合变异都会调节人对传染性海绵状脑病的易感性和表型。正常人群中约有 40％的人 129 位点是 Met 纯合子，而在散发性、医源性及变异型克雅氏病患者中 Met 纯合子分别约占 78％、50％和 100％。这些数据说明 129Met 的存在能够表明朊蛋白更易于转化成致病性结构。这个多态性也在改变神经病理损害样式、PrP^{Sc} 的糖基化形式以及疾病的潜伏期和严重程度的研究中提到。例如，对 300 多位病人调查后发现，Met 纯合子病人的潜伏期更短，约 4.5 个月；而 Met 杂合子病人和 Val 纯合子病人的潜伏期较长，分别为 14.3 个月和 16.9 个月。

　　129 位氨基酸多态性在疾病的易感性和发病机制中有着明显的重要性，但这种作用的分子机制还不是很清楚。通过试验和计算机模型人们并没有发现 PrP 在 129 位的多态性结构的三维结构存在明显的不同。同时，体外热力学稳定性试验也没有发现带有 Met 和 Val 的重组 PrP 有什么不同。

四、不同朊病毒毒株间的相同特征

朊病毒间的生物学和传染性特点与其他传染性病原相比很不一样。这些区别在朊病毒的一些相同或者未曾有过的特征中得到了证实。例如，毒株的适应性和记忆性，毒株间的共存和竞争。在这一部分，将主要叙述一些有趣的现象。

（一）朊病毒毒株的适应性

朊病毒的种间传播产生了至少一种具有不同毒株特征的传染性病原。例如，DY 和 HY 的产生就是这样的。在种间传播的时候，新生的毒株需要在新的宿主体内进行多次连续传代后才能稳定下来。例如，传染性水貂脑病病毒在仓鼠间传播时，新的毒株需要至少 4 次连续传代才能稳定。第一次传代是以较长的潜伏期和 19kD 的条带为主。在 1/3 的传代里，小鼠适应传染性水貂脑病后 HY 或 DY 的临床特征不典型。这种现象是由于两种毒株同时复制的组合效应产生的。随后，一旦某一种毒株在一些动物体内适应下来，那么很快，这种毒株就会稳定地连续在体内增殖，并且其特征得以保留下来。两种毒株在体外表现出了不同的转化动态，DY 较慢，HY 较快。

（二）朊病毒毒株的共存

如上所述，自然发生的传染性海绵状脑病病例中，两种和多种朊蛋白株可以共存。在克雅氏病的散发病例中就存在着毒株共存的现象。分析多例散发性克雅氏病病人组织后发现，在同一病人的不同脑组织内发现了不同 PrP^Sc 的生化形式。主要研究了 129 位杂合子病人中毒株的共存现象，约 50％的杂合子病人脑内出现了不同的 PrP^{Sc}，而纯合子病人只有 9％共存的现象。这个观察或许能够解释为什么克雅氏病病人的临床表现那么多样。仓鼠在感染仓鼠适应的传染性水貂脑病后，也检测到了 HY 和 DY 的共存。

（三）朊病毒毒株间的竞争

在一些特殊的实验条件下，共感染的一些朊病毒毒株能够突破其特定的潜伏时间。长潜伏期的毒株会增加"较快"毒株的潜伏期。朊病毒毒株间的竞争现象已经在仓鼠和小鼠间开展。小鼠 22A 株和 22C 株的竞争在 1975 年就有报道。22A 株和 22C 株分别有 550d 和 230d 的潜伏期。小鼠腹膜内接种 22A 100d、200d 和 300d 后，腹膜内接种 22C，结果发现小鼠的潜伏期和损伤图更符合 22A 株，表明 22C 株降解或者被分泌出去。

动物试验表明 HY 能够感染中枢神经。而 DY 通过坐骨神经接种后 134d，试验组仓鼠脊髓和对照组都没有出现海绵状变性、胶质细胞增多现象，DY PrP^{Sc}的分布仅仅局限于接种神经的同侧脊髓神经元（图 2-8）；DY 感染出现临床症状的仓鼠脊髓出现了海绵状变性、胶质细胞增多、小

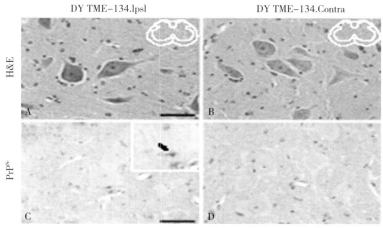

图 2-8　接种 134d 后仓鼠脊髓病理变化

（Shikiya，2010）

胶质细胞增多和 PrP^{Sc} 沉积现象（图 2-9）。

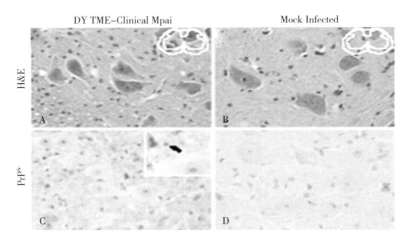

图 2-9　出现临床症状后仓鼠脊髓病理变化

(Shikiya，2010)

体外进行仓鼠适应后的 HY 和 DY 的混合蛋白错误折叠循环扩增（PMCA）时，随着种子中 HY 的减少，PMCA 产物中 HY 的量也减少至没有，而以 DY 为主（表 2-4）。

表 2-4　Hy 和 DY 体外 PMCA 结果示意

(Shikiya，2010)

PMCA 循环	原始 PMCA 样品中反应成分							
	500μg eq. HY TME	500μg eq. DY TME	Mock	500μg eq. HY TME＋500 μg eq. DY TME	50μg eq. HY TME＋500 μg eq. DY TME	5μg eq. HY TME＋500 μg eq. DY TME	5×10^{-1}μg eq. HY TME＋500 μg eq. DY TME	5×10^{-2}μg eq. HY TME＋500 μg eq. DY TME	5×10^{-3}μg eq. HY TME＋500 μg eq. DY TME
1	HY	DY	—	HY/DY	DY	DY	DY	DY	DY
2	HY	DY	—	HY	HY	DY	DY	DY	DY
3	HY	DY	—	HY	HY	DY	DY	DY	DY
4	HY	DY	—	HY	HY	HY	HY	DY	DY
5	HY	DY	—	HY	HY	HY	HY	DY	DY
6	HY	DY	—	ND[4]	ND	ND	ND	DY	DY
7	HY	DY	—	ND	ND	ND	ND	DY	DY
8	HY	DY	—	ND	ND	ND	ND	DY	DY
9	HY	DY	—	ND	ND	ND	ND	HY	DY
10	HY	DY	—	ND	ND	ND	ND	HY	DY

　　通常来说，对于一个成功的竞争需要观察的主要变量是传染的路线、注射间隔、毒株类型以及注射剂量。延长传染性海绵状脑病潜伏期的时间是有治疗意义的，为了达到这个目的可以采用一些对策，如使用抗体、破坏 β 折叠以及其他的一些化学成分的使用。以上提到的一些试验结果也说明为了达到这个目的，朊蛋白将会很有用。例如，为了阻止朊病毒病在牛或者人的传播，有着比动物生命都长的潜伏期的朊病毒毒株或许会用以减缓牛海绵状脑病或变异型克雅氏病的复制过程。

　　一个传染性病原由不同毒株组成的奇怪事实一直是朊病毒研究领域中最令人困惑的问题。原本就很难理解一个蛋白怎么会有两种稳定、不同折叠的结构存在，而且一个能够把另外一个转化成自己。让人不能明白的还有，折叠后的结构会采用多种具有不同特性的构象存在。令人注目的科学证据支持了这样的观点，朊病毒能够采用多种折叠形式，保守地复制并引起不同类型的疾病。不同朊病毒毒株现象的存在不仅仅是一个科学上的挑战，也严重地威胁着公共安全。

第五节　朊蛋白的生物学功能

　　朊蛋白在神经元、神经胶质细胞、小胶质细胞、肌细胞、白细胞等多种细胞中表达。关于 PrP^c 生理功能的研究进展较为缓慢，目前发现其可能在神经系统、T 细胞信号转导及核酸代谢等方面发挥一定作用。正常朊蛋白通过糖基磷脂酰肌醇部分嵌在神经元和胶质细胞膜上，有以下几种功能。

一、参与维持神经系统的功能

在所有细胞类型中，以神经元表达 PrP^C 水平最高，且 PrP^C 高度富集于突触处（终板处也有富集），这提示 PrP^C 对神经系统有特殊的重要性。PrP^C 敲除试验表明，PrP^C 缺失虽不引起肉眼可见的行为和发育障碍，但在整体动物水平来看可导致与昼夜节律有关的行为异常。在神经系统水平，PrP^C 缺失可导致电生理参数方面的改变。有证据表明，生理温度下在 PrP^C 缺陷鼠脑切片中有 GABA-型抑制电流和 LTP 等参数的异常。另有研究表明，PrP^C 缺陷鼠还表现出对外源性铜和过氧化氢等应激诱导剂应答方面的改变。在细胞水平，PrP^C 缺陷鼠的神经元在培养时存活能力下降，且对铜和阿拉伯糖胞苷等所导致的氧化损伤和毒性的敏感性增加；星形胶质细胞在摄取谷氨酸方面有异常；小胶质细胞对兴奋物质的反应性下降；在突触形成中有结构改变。由此可见，PrP^C 可能在一定程度上参与神经系统功能的维持。

成人体内的 PrP^C 水平可能与人体活力、焦虑和平衡的改变有关。Khosravani 等指出 PrP^C 在体外和体内可通过 N 端甲基天冬氨酸受体包括 NR2D 亚单位来降解谷氨酸兴奋性中毒。这些结果也与 PrP^C 在突触功能中的重要作用是一致的。因此一般认为，天然 PrP^C 通过抑制 NR2D 亚单位从而起重要的神经保护作用。

最近几年有许多研究也发现，PrP^C 同阿尔茨海默病（Alzheimer's disease，AD）的发展有相互关系，淀粉样蛋白质1（amyloid precursor-like protein 1，APLP1）以及淀粉样前体蛋白（amyloid precursor protein，APP）都是与阿尔茨海默病相关的重要前体蛋白质。目前的研究发现，PrP^C 能与 APLP1 及 APP 相互作用并对疾病产生影响，但是具体通过什么途径起作用目前还不清楚。

Sakaguchi 等发现丧失 PrP^C 突变的小鼠在 70 周后，出现进行性运动不协调，在运动时后腿颤抖、步幅变小，而且不能走直线。剖检小鼠的脑部，发现有严重的萎缩，只有对照组重量的 68％。由于小脑主要起运动协调的作用，因此，小脑萎缩会引起四肢运动的不协调，破坏平衡和减弱肌肉的协调。PrP^C 突变丧失的小鼠小脑切片检查发现，蒲肯野细胞大量丢失和分子层变窄，分子层变窄是因为蒲肯野细胞的树突减少。蒲肯野细胞是唯一的小脑皮层输出细胞，正常情况下应表达大量的PrP^C，若用氨基丁酸（gamma aminobutyric acid，GABA）作为递质而产生效应，PrP^C 的表达可能是 GABA 依赖的突触功能的完整所必需。Sakaguchi 等怀疑这可能是由于 GABA 缺失引起蒲肯野细胞过度兴奋而引起动物死亡。GABA 可能在细胞上长期存在，起调节突触功能的重要作用。

二、通过抗氧化途径保护神经系统细胞免受氧化损伤

PrP^C 通过与铜原子形成复合物而发挥抗氧化活性。PrP^C 借其八肽重复区最多可结合 4 个铜原子，结合后形成的复合物具有抗氧化活性，从而保护细胞免受氧化损伤。首先，从细胞水平看，PrP^C 可增加细胞对氧化应激的抵抗力，PrP^C 基因敲除鼠的神经元和星形胶质细胞对超氧化物毒性的敏感性增加。体外研究发现 PrP^{Sc} 的毒性与氧化应激有关，因为抗氧化剂可阻断模拟 PrP^{Sc} 的神经毒性肽的毒性。PrP^C 不仅可增加细胞对氧化应激的抵抗力，而且可增加细胞对铜毒性的抵抗力。基于PrP^C 八肽重复区的肽段可阻断由氧化应激或外源性铜导致的毒性，这样，氧化应激和铜毒性就被联系在一起。铜可催化多种活性氧成分的互变或从水直接产生羟基自由基。因此，对氧化损伤敏感的细胞，采取隔离铜的措施具有立即保护效应。其次，从蛋白质水平看，PrP^C-铜复合物具有类似超氧化物歧化酶（SOD）的活性，提示 PrP^C 的作用是解除超氧化物的毒性，从而阻止氧化应激的发生，结合 4 个铜原子的 PrP^{C}较结合 2 个铜原子的活性高。试验表明复合物的 SOD 活性是酶促性的，因为缺失了八肽重复区的突变，PrP^C 结合铜后不能赋予蛋白质抗氧化

活性。复合物参与解除超氧化物毒性的机制可能有两方面：一是通过形成过氧化氢而去除超氧化物的额外电子，二是通过 PrP^C 中甲硫氨酸的快速氧化而去除电子。

三、PrP^C 在免疫系统中的功能

免疫系统的主要生物学功能是抵御传染性微生物。免疫系统包括细胞的和可溶性的成分，他们具有专业的分工。有两种免疫反应参与抵御外来微生物：一种是发生在数小时内的急性反应，另一种是发生在数天内的延迟反应。急性反应是由先天免疫系统介导的，先天免疫反应是常规的；而延迟免疫反应的激活是由获得性免疫系统引起，其有多个优点：免疫学反应是相对特定的，形成免疫记忆，这是一种基于多次暴露于一种特殊的病原下改进的免疫效果。尽管两种系统包含不同的细胞类型，他们在功能上是相互弥补的。

首先介绍 PrP^C 在固有免疫系统中的作用。有报道 PrP^C 在抗原呈递细胞（antigen presenting cell，APC）中以组成型表达，包括树突状细胞（dendritic cell，DC）和单核细胞。在新鲜分离的小鼠真皮树突状细胞、胸腺和脾脏的郎罕氏细胞及树突状细胞中有低到中量的 PrP^C 表达。相反成熟的树突状细胞与主要组织相容性复合体 II（MHCII）以及共同刺激分子 CD40 和 CD86 作用后表达大量 PrP^C。缺失 PrP^C 的树突状细胞会减少同种异型的 T 细胞反应，缺失 PrP^C 的 T 细胞不会影响其反应。体外研究显示，PrP^C 似乎是在树突状细胞上起作用而并不是 T 细胞。一体外研究显示，在 PrP^C 缺失小鼠体内酵母聚糖粒子的吞噬作用强于野生型小鼠，此外白细胞在基因缺失小鼠体内受到抑制。研究在巨噬细胞上通过 PrP 的融合来抑制下游通路，其中包括 ERK-1/-2 an 和 Akt 激酶的磷酸化显示，在磷酸化的 ERK-1/-2 an 和 Akt 激酶可以诱导巨噬细胞发生许多生物学反应，其中包括吞噬作用、迁移和细胞因子的产生。

PrP^{C}在获得性免疫系统中也起到相应的作用。PrP^{C}已经在人的 T 淋巴细胞中检测到，CD8$^+$ T 细胞较 CD4$^+$ T 表达量高。PrP^C 表达在 CD45RO$^+$高于幼稚的 CD45RA$^+$T 淋巴细胞。最近一些体外研究认为，PrP^{C}在 T 淋巴细胞的发育方面可能发挥作用，尤其是 $\alpha\beta$T 淋巴细胞的发育和 $\gamma\delta$T 淋巴细胞的膨胀方面。与 WT 小鼠相比较，PrP^C 缺失小鼠对外源凝集素表现出异常的增殖。PrP^{C}抗体也表现出减少 T 淋巴细胞对 ConA 增殖性的反应。另外研究显示，对 PrP^{C}缺失的脾脏细胞转染表达 PrP^{C}的质粒会导致 T 淋巴细胞的增殖，可能是因为提高了 IL-2 的表达。此外，有报道 PrP^{C}与泽塔链相关蛋白-70（ZAP-70）相互作用，对于 T 淋巴细胞的活化和增殖起信号转导，以及在 T 淋巴细胞活化方面与微畴组成多分子信号复合体。在人外周血白细胞中 CD 19＋B 淋巴细胞的 PrP^{C}表达是正向的。

体外数据显示 PrP^{C}在免疫系统存在潜在的作用，尤其是在 T 淋巴细胞活化方面。在特异性细胞免疫中，其中一步就是 T 淋巴细胞识别抗原。在 APC 表面抗原位于表达的 MHC 复合体中间。当抗原被 T 细胞受体（TCR）识别，一系列细胞内信号途径被激活。TCR 活化后的其中一个生物学事件就是淋巴细胞蛋白酪氨酸激酶和 ZAP-70 的激活。随后 ZAP-70 磷酸化肾素血管紧张素系统（Ras），鸟苷酸酶（GTPase）激活 Raf 并且引起磷酸二氢铵（MAP）激酶串联。最后磷酸化细胞外信号调节激酶 1（ERK1）或者细胞外信号调节激酶 2（ERK2），之后 ERK1/ERK2 活化各种转录因子，包括细胞核的 NF-κB。根据已经发表的数据，细胞朊蛋白可能在信号途径上发挥调节作用。

在朊病毒病的早期和终生过程中，PrP^{Sc}被确定作为一种感染因子。后来，很多的研究表明，在中枢神经系统非朊病毒病中朊蛋白基因的多态性可能是非常重要的疾病调节器，同时可以改变健康个体认知下降的速度。对 PrP^{C}的生物学功能不是很清楚，但是 PrP^{C}在中枢神经系统和淋巴器官中高度表达。因此，有关 PrP^{C}在神经发育和神经保护方面作用的证据不断积累并不惊奇。PrP^{C}在免疫系统作用的研究刚刚开始。

目前，没有充足的数据确定 PrP^C 是否增加中枢神经系统和外周的免疫反应，或者它在免疫反应中的主要功能是否是一种免疫调节剂。充分理解 PrP^C 的生物学功能有可能最终使其成为药物介入的靶位。

四、参与淋巴细胞信号转导

研究表明，PrP^C 可高水平表达于人 T、B 淋巴细胞及单核细胞、树突状细胞，但不表达于红细胞。人外周血单核细胞（peripheral blood moncuclear cells，PBMC）所表达的 PrP^C 在糖链形状和 N-连接糖链中糖的组成方面，都与脑或成神经细胞瘤细胞的 PrP^C 不同。在人外周血单核细胞和成神经细胞瘤细胞系中，PrP^C 的 N 端部分对蛋白质酶消化作用高度敏感，提示增殖活跃细胞表面的 PrP^C 的 N 端缺乏二级结构。研究还发现，随着人 T 细胞的活化，细胞表面 PrP^C 的表达上调。记忆 T 细胞比天然 T 细胞的 PrP^C 表达水平高。另外，由抗 CD3 单抗诱导的人 T 细胞增殖反应可被抗 PrP^C 单抗所抑制。这些结果说明：PrP^C 可能参与了人 T 淋巴细胞的信号转导。

五、参与核酸代谢

研究发现，PrP^C 可在体外和核酸结合，且与逆转录病毒颗粒相联系。小鼠瘙痒病的感染过程可因鼠白血病病毒的复制而加速。这些现象促使人们进一步研究 PrP^C 与核酸之间的相互作用，并将 PrP^C 与逆转录病毒核衣壳蛋白（nucleocapsid protein，NC）相比较。在逆转录病毒的核衣壳中，作为主要核酸结合蛋白质的 NC 与病毒基因组 RNA 紧密联系在一起，其作用是作为经逆转录合成前病毒 DNA 过程中的伴侣分子。研究发现，人 PrP^C 在功能上具有艾滋病病毒核衣壳蛋白 P7（HIVNCp7）的特性，这两种蛋白质都可通过结合 DNA 而形成大的核蛋白复合物。在负链和正链 DNA 转移过程（该转移过程是形成 TLR 所需要的）中，这两种蛋白质可加速 cDNA 链与 RNA 链的杂交，并作为病毒 DNA 合成的伴侣分子。人 PrP^C 的 DNA 结合特性和链转移特性可能与 N 末端 23～44 位氨基酸残基片段有关，而 C 端结构域无此活性。综合这些结果提示，PrP^C 可能在体内参与了核酸代谢。

六、调节内钙的功能

1995 年 Whatley 等发现，PrP^C 可以调节细胞内自由钙的浓度。若将细菌体表达提纯的人的 PrP^C（浓度为 20～100mg/mL）加入到突触体中，发现有浓度依赖性的内自由钙水平的升高，这种内钙的升高与细胞外钙的浓度有关。用电压敏感的钙通道阻断剂氯化钆可以阻断内钙的升高。当用去极化激活钙通道时，加入 PrP^C 的单克隆抗体 200～320ng/mL IgG 将会以浓度依赖的形式降低内钙的浓度，若用 PrP^C 去竞争抗体，这种效应又会减弱。这些结果显示，PrP^C 与内钙的调节有关，而且是通过与电压敏感的钙通道相互作用的。

七、与昼夜节律和学习、记忆相关的功能

Tobler 等发现 PrP^C 缺失的小鼠昼夜节律与对照小鼠有所不同。在亮暗各 12h 情况下训练 19d 后，放在全黑暗的实验环境中，发现对照小鼠进入全黑暗后昼夜节律开始变化、不稳定，而后稳定在 23.3h；而 PrP^C 缺失小鼠昼夜节律仍然与亮暗训练时相同，接近 24h，平均为 (23.9 ± 0.02) h，而且进入全黑暗后稳定不变。转基因鼠高表达 PrP^C 可以部分弥补这种效应，更接近于对照组。PrP^C 缺失小鼠和对照小鼠对睡眠剥夺后的反应不同，PrP^C 缺失小鼠非快速动眼相睡眠明显减少，睡眠间断比对照小鼠明显要多。昼夜节律是由下丘脑的上交叉核（SCN）所调节的，尽管对其具体的机制还不清楚，但 GABA 受体亚基在此区内有很高的表达，催化谷氨酸转变成 GABA 的谷氨酸脱羧酶在

此区域有很高的表达。所以 PrP^C 影响昼夜节律可能也是通过与 GABA 系统的相互作用而产生的。PrP^C 缺失还会引起长期势差现象（long term potentiation，LTP）的减弱，从而影响学习记忆。

第六节　朊蛋白在细胞内的转运和生物学功能

一、PrP^{C}的细胞定位

PrP^C 在动物机体的中枢神经和外周组织中均有表达，越来越多的证据表明，外周器官尤其是免疫系统的各器官在 PrP^{Sc} 复制和感染过程中起着重要的作用，这种作用的物质基础就是机体自身表达的 PrP^C。PrP^{Sc} 的神经毒性是由于改变了介导细胞重要生理功能的 PrP^C 基因的表达水平引起的，可能的作用途径是 PrP^{Sc} 与神经细胞膜的相互作用导致细胞膜功能的改变，这种改变启动了细胞的自我保护功能，减少了某些蛋白尤其是某些膜蛋白（如朊蛋白）的生物合成。这也许是 PrP^{Sc} 启动神经细胞发生凋亡的重要原因。由于 PrP^{Sc} 的神经毒性作用和传染性必须依赖于内源性 PrP^C 的存在，所以 PrP^C 的表达、在细胞上的定位以及转运机制是研究传染性海绵状脑病的出发点，也是近年来研究的热点问题之一。PrP^C 生物合成的特点是需要一系列翻译同步修饰和翻译后修饰过程，包括将新生肽链转运到内质网（endoplasmic reticulum，ER），以及将两个 N-连接的多聚糖核心、二硫键和糖基磷脂酰基醇（glycosyl phosphatidyl inositol，GPI）锚定位点连接起来。当多聚糖在高尔基体中形成复杂结构之后，PrP^C 就被定位到细胞膜外侧。PrP^C 可以形成多种拓扑结构，包括完全易位型（SecPrP）、两种具有反相拓扑结构的跨膜型(NtmPrP、CtmPrP)和胞内可溶型(CytPrP)。Chakrabarti 和 Hegde 报道,CytPrP 与 CtmPrP 会抑制 Mahogunine(一种 E3 泛素酶)的活性,这为神经功能障碍及神经性疾病提供了一个合理的解释。在培养的转基因小鼠的小脑颗粒层神经细胞中发现,CtmPrP 在高尔基体中浓度很高,而不是像转染细胞系一样在内质网中含量很高。共聚焦扫描荧光分析表明,PrP^C 在具有肿瘤坏死因子(tumor necrosis factor,TNF)抗性的 MCF7 细胞系的高尔基体中高度表达。而且,具有 TNF 抗性的 MCF7 细胞系对磷酸肌醇磷脂酶 C(phosphoinositol phospholipase C,PIPLC)很敏感,证明 PrP^C 在这些肿瘤细胞表面过表达。

在生物合成过程中,PrP 以分泌的方式产出,经修饰糖基化和添加 GPI 位点后,转运入细胞膜的脂筏区。PrP^C 并不停留在细胞表面,而是在膜表面和内吞泡之间循环。通过培养的神经母细胞瘤可以观察到,朊蛋白大约每小时循环一次,每次损失 $1\% \sim 5\%$。在这一转化过程中,朊蛋白可以作为受体转运某些外源物质(如铜离子),并存在向 PrP^{Sc} 转化的可能。在内吞的过程中 PrP^C 转化成 PrP^{Sc},且水不溶性的脂筏在参与 PrP^{Sc} 的形成。

二、朊病毒的复制机制

Prusiner 提出一种极有创意的假设来解释朊病毒的复制机制——PrP^{Sc} 通过诱导细胞中与其序列相同但结构不同的正常的 PrP^C 发生构型改变而致病。正常的 PrP^C 只含有 α 螺旋,但病变的 PrP^{Sc} 却含有约 43% 的 β 折叠。Nguyen 等早期对 PrP^C 中易形成 α 螺旋的 4 个肽段进行研究,发现在一定条件下它们可转化为 β 折叠,证明其二级结构具有易变性,支持了 Prusiner 的假说。1994 年 Kocisko 等创建了无细胞的耐蛋白酶 PrP 的复制系统,学者们从此可以更深入地研究 PrP^{Sc} 与 PrP^C 之间的作用机理。Chabry 等构建了一系列对应仓鼠 PrP 的短肽,发现对应于其 PrP 中部 106~141 位氨基酸的短肽能完全抑制 PrP^{Sc} 诱导的 PrP^C

的转化，进一步的研究发现对应 119～136 位氨基酸的更短的肽不仅在无细胞系统中可抑制 PrP^C 的转化，在感染的鼠神经母细胞瘤细胞 ScN2a 也同样可以，提示该区域在 PrP^{Sc} 与 PrP^C 相互作用中扮演重要角色。Herrmann 等用二硫键的变性剂处理 PrP^C 或 PrP^{Sc}，均导致 PrP^C 不能转变为 PrP^{Sc}，提示 PrP^C 与 PrP^{Sc} 的结合位点应该是构象依赖性的。但在体外无细胞复制系统中，仅仅将 PrP^{Sc} 与 PrP^C 混合虽能使 PrP^C 发生构象改变而抗蛋白酶消化，但产生的蛋白颗粒却没有传染性。Telling 等发现，表达人 PrP^C 的转基因小鼠不能感染人类朊病毒，而表达人-鼠嵌合 PrP^C 的转基因小鼠则能被感染。据此他们认为，仅 PrP^{Sc} 本身还不足以诱导 PrP^C 的构象改变，还需要一种辅助因子，他们称之为"蛋白 X"。Kaneko 等将人-鼠嵌合 PrP^C 基因转入细胞 ScN2a，通过对鼠 PrP^C 分子的部分氨基酸进行置换的方法发现，PrP^C 分子的部分残基和突出侧链构成一个不连续的蛋白 X 结合表位，这些关键残基的置换能阻止 PrP^{Sc} 的形成。他们的工作证明，在 PrP^{Sc} 诱变 PrP^C 的过程中还需要一些分子的协助。

目前外周的众多途径都已经证明能够传播朊病毒病，比如腹腔注射、静脉内外注射、神经注射、皮肤刺破、眼球灌注以及经口感染等。在这些感染途径中，归根结底最终通过的途径为消化道途径、外周神经或者组织途径、血液途径三种。当 PrP^{Sc} 污染过的饲料经口感染后，由肠道进入机体内环境，首先穿越单层肠上皮细胞构成的屏障。有研究表明，在朊病毒疾病感染早期 PrP^{Sc} 主要聚集在肠道神经组织及肠道相关淋巴组织中。目前认为 PrP^{Sc} 在肠道神经组织和 GALT 之间的转运过程与肠黏膜上皮细胞（M 细胞）相关。另外，树突状细胞可以从血管游走到肠管的内表面并在肠管中将抗原捕获，然后再将这些抗原运送到附近的淋巴系统包括肠系膜淋巴结或者可能更远的位点（其他的组织器官）。这个过程能将 PrP^{Sc} 由内脏直接传播到淋巴系统，并通过淋巴系统向不同的组织器官扩散，因此树突状细胞也可能是 PrP^{Sc} 在外周组织器官间传播的重要载体。除了树突状细胞以外，淋巴细胞和巨噬细胞等也可能是最初 PrP^{Sc} 感染传播到淋巴器官的重要细胞受体。在这一类细胞的作用下，PrP^{Sc} 会传播到外周不同的组织器官中去。目前发现 PrP^{Sc} 主要集中在某些特定的位置，比如在回肠远端、脾脏、淋巴结、扁桃体以及外周神经组织。

三、朊病毒的转运机制

通常情况下，朊病毒不是直接感染中枢神经系统的，对它从外周到中枢的过程一直存在着很多假设，主要是经淋巴网状内皮细胞系统和脊髓扩散与血源性扩散两种。

（一）经淋巴网状内皮细胞系统和神经脊髓扩散

脊椎动物感染朊病毒后都有一段很长的无症状潜伏期，人们因此很早就怀疑中枢神经系统以外存在病毒的储存库。Mcbride 等用免疫组化方法证实感染克雅氏病小鼠的脾脏、淋巴结和肠道集合淋巴结中朊病毒染色阳性的细胞是滤泡树突状细胞（follicular dendritic cell，FDC），胸腺的指突状细胞、皮质上皮细胞以及胰腺郎罕氏细胞的病毒染色也呈阳性。其他学者用蛋白印迹法、免疫金电镜法等同样证实淋巴网状内皮细胞系统为朊病毒在外周的主要储存和复制场所。在淋巴网状内皮细胞系统中 FDC 是最受人们瞩目的。Brown 等同时构建了移植有 PrP$^+$ 小鼠骨髓的 PrP$^-$ 转基因小鼠和反向移植的小鼠，从而建成 FDC 和其他免疫细胞朊蛋白表达性状不同的嵌合鼠，来研究不同免疫细胞在朊病毒感染中的作用。他们发现朊病毒在脾脏中的复制只依赖于表达朊蛋白的FDC，而与淋巴细胞或其他骨髓起源的细胞是否表达朊蛋白无关。由于FDC 的维持需要 B 细胞分泌的淋巴毒素 β，Montrasio 等将淋巴毒素 β 的可溶性受体注入小鼠消耗淋巴毒素 β，以导致 FDC 的短暂失活，发现感染小鼠的脾脏无法检出 PrP^{Sc}，小鼠的发病也分别延迟了 $60\sim340d$。但对于病毒如何从淋巴网状内皮细胞到中枢神经系统这一步还知之甚少。Beekes 等用朊病毒 263K 株感染仓鼠，观察到中枢神经系统的感染从 T7 和 T9 脊髓开始，再逐渐向上下节段扩散，显示了脊髓是朊病毒从外周向脑部扩散的重要通道。Bencsik 等仔细研究了脾脏的交感神经分布，这些神经纤维源于肠系膜神经节，用双重免疫标记的方法，他们证实这些交感神经末端与有 PrP^{Sc} 聚集的细胞是相邻的。Glatzel 等用免疫或化学方法破坏交感神经纤维，发现能延缓或防止小鼠发病；而一种淋巴组织中交感神经分布特别密集的转基因鼠的发病潜伏期则缩短，脾脏的病毒滴度明显增高。这些结果提示，交感神经纤维在朊病毒从淋巴网状内皮细胞系统到中枢神经系统的过程中扮演了重要的角色。

（二）神经轴突输送链

Bensik、Glatzel、Beekes 等研究证明，淋巴网状内皮细胞系统中的 PrP^{Sc}，可以通过肠系膜神经节和与网状内皮细胞相邻的交感神经末梢纤维（如脾交感神经纤维）传到脊髓 T7～T9 段，再沿着神经细胞的轴突逐渐向上、向下节段扩散开，直至脑部。从而形成"肠系膜神经节→交感神经纤维→脊髓→脑"的扩散输送链。但该领域的研究报告还较少，故其确切途径尚待进一步证实。

（三）血源性扩散

Houston 等将感染了朊病毒的绵羊全血输给健康绵羊，导致健康绵羊发病。提出朊病毒可通过血液传播。Fischer 等发现人和小鼠血中的纤溶酶原能通过其赖氨酸结合位点 1 特异地与 PrP^{Sc} 结合，证明血浆有传播朊病毒的可能性。

传染性海绵状脑病起始于正常的 PrP^C 发生错误折叠，形成富含 β 片层的、抗蛋白酶水解的 PrP^{Sc}。错误折叠的 PrP^{Sc} 有很强的聚合倾向，先形成淀粉样的小纤维，成为形成淀粉样斑块的前体，进一步聚合形成淀粉样斑块，最后发展为可被临床诊断的大脑海绵状退化变性病变。

PrP^{Sc}的出现是病变的开始，因此它成为传染性海绵状脑病的标志性事件。研究传染性海绵状脑病的形成机制成为探索病因和寻找治疗方法的重要方面。

第七节 朊蛋白基因的突变

一、朊蛋白基因的突变

基因突变是指基因组 DNA 分子发生的突然的可遗传的变异。从分子水平上看，基因突变是指基因在结构上发生碱基对组成或排列顺序的改变。基因虽然十分稳定，能在细胞分裂时精确地复制自己，但这种稳定性是相对的。在一定的条件下基因也可以从原来的存在形式突然改变成另一种新的存在形式，就是在一个位点上，突然出现了一个新基因代替了原有基因，这个基因叫做突变基因。于是后代的表现中也就突然地出现祖先从未有的新性状。

朊蛋白基因的突变将影响其致病性，从而导致同种动物和不同动物之间对传染性海绵状脑病易感性的不同。

编码绵羊 PrP 的基因位于 13 号染色体，由三个外显子和两个内含子组成。绵羊 PrP 的开放阅读框位于第三个外显子，由 768 个碱基组成，编码 256 个氨基酸，突变通常发生在 PrP 基因当中的 13 个密码子。绵羊 PrP 氨基酸多态性位点通常发生在密码子 136（A/V）、154（R/H）、171（R/H/Q）位，且这三个位点被认为与绵羊对羊痒病的易感性或抗性相关。绵羊所携带的 PrP 的基因型分别是 $A_{136}R_{154}R_{171}$、$V_{136}R_{154}Q_{171}$ 等。研究表明，PrP 基因密码子 136 位是 A、171 位是 R 的绵羊具有羊痒病抗性，而密码子 136 位是 V、171 位是 Q 的绵羊对羊痒病非常易感，密码子 154 位的氨基酸组成对于绵羊对痒病的易感性作用不大。因此，基因型是 ARR、ARR 重合子的绵羊对痒病具有高度抗性，而 VRQ/VRQ 基因型的羊对痒病高度易感。另有研究发现，绵羊对痒病的易感程度与品种有关，抗性基因的形式依赖于痒病毒株，如 AHQ 型绵羊对 Nor98 毒株易感。20 世纪 90 年代人们就发现了绵羊对痒病的遗传抗性的典型基因型，促进了绵羊育种计划的制定，在一些特定品种的羊群中培育抗羊痒病的 ARR 型动物。另外，由于绵羊痒病和牛海绵状脑病的发生存在一定的联系，于是欧盟决定在各成员国实施培育抗羊痒病的绵羊品种。

人正常朊蛋白基因位于第 20 号染色体上，该基因非常保守，不同种属间差异不大。正常朊蛋白全长为 250 多个氨基酸，其中人 PrP 基因（PRNP）第 129 位氨基酸密码子有两种存在形式：分别编码 Met 和 Val。目前已知的 100 多例变异型克雅氏病患者中，129 位氨基酸都是 Met 的纯合子，说明第 129 位氨基酸多态性与人传染性海绵状脑病关系密切。比较这种纯合子在正常白种人群中所占的比例（37.0%）及在散发性克雅氏病患者中所占的比例（79.0%）不难发现，129Met 纯合子似乎对牛海绵状脑病感染因子特别敏感。据文献报道，在患格氏病（GSS）的病人中，已发现在其 PrP 序列中有 12 个氨基酸残基位置发生点突变，而且在 3 个位置发生氨基酸残基的多态性变化，这些突变都是非保守性替代，它们同人的散发性、遗传性朊病毒疾病相关。现已经证明，大多数克雅氏病和一部分格氏病与 PRNP 序列中某些位置的氨基酸残基如 Pro102Leu、Met129Val、Asn171Ser 和 Glu219Lys 等的多态性有关，发现所有的格氏病病人都含有此突变。

研究还发现，非人灵长类动物和其他哺乳动物的朊蛋白基因密码子90～130 位对于朊病毒疾病在物种之间的传播具有潜在的作用。对人朊病毒高度敏感的黑猩猩、蜘蛛猴、松鼠猴的朊蛋白基因 90～130 位的氨基酸序列完全相同。相反，猕猴和卷尾猴则对人朊病毒不敏感。氨基酸替代位点 112 位（M-V）被认为是正常朊蛋白转化为致病性朊蛋白的关键位点。人们认为，牛传染性海绵状脑病、羊痒病可以传染给猕猴，这是因为牛、羊、猕猴朊蛋白基因密码子 101～143 位相同，特别是密码子 108 位、109 位和 112 位。非人灵长类动物朊蛋白基因的多态性不同于人朊蛋白基因，因此不会发生在密码子 129 位和 219 位。

二、绵羊痒病 PrP 基因的多态性

羊痒病是绵羊和山羊的一种致死性神经退行性疾病，是哺乳动物传染性海绵状脑病的一种。传染性海绵状脑病还包括人的克雅氏病（CJD）、牛海绵状脑病（BSE）、传染性水貂脑病（TME）、鹿慢性消耗性疾病（CWD）和猫科动物传染性海绵状脑病（FSE）。羊痒病的病原是一种绵羊朊蛋白的异常形式，这种异常的蛋白对蛋白酶 K 具有抗性，而且这种蛋白来源于内源性的、对蛋白酶敏感的一种前体。PrP^{Sc} 分子是疾病传播的主要成分。PrP 开放阅读框的一些多态性与朊蛋白显性表达的差异有关，如接种期、病理变化和临床症状。绵羊和山羊与人的传染性海绵状脑病的易感性/抗性与朊蛋白基因的多态性有关。

已报道绵羊 PRNP 基因有 10 个基因多态性，主要出现在密码子 112（Met 到 Thr）、136（Ala 到 Val）、137（Met 到 Thr）、138（Ser 到 Asn）、141（Leu 到 Phe）、151（Arg 到 Cys）、154（Arg 到 His）、171（Gln 到 Arg 或 Gln 到 His）、176（Asn 到 Lys）和 211 位（Arg 到 Gln）。在这些密码子中，只有 3 个密码子 136（A 到 V）、154（R 到 H）、171 位（Q 到 R、H）对该疾病易感性的影响最大，而 137、211 和 112 位很少发生多态性。在自然条件和试验感染条件下，171 位的密码子对羊痒病的影响较大。VRQ 等位基因对羊痒病非常易感，其多态性与绵羊对羊痒病的易感性和绵羊感染了羊痒病病原后的短的存活期有关；而 ARR 等位基因与自然和试验性感染羊痒病与牛海绵状脑病的抗性有关；AHQ 等位基因在绵羊品种中很少出现；ARQ 和 ARH 与疾病

的发生率无关。因此，把五类等位基因分成三个等位基因组：R 代表抗性，包括 ARR 或 AHQ；S 代表易感性，包括 ARQ 或 ARH；H 代表高度易感，包括 VRQ，这五种基因型代表了绵羊中可能出现的 15 种 PrP 基因型。一些品种中，VRQ 等位基因很少或没有，野生型的 ARQ 可以增加对羊痒病的易感性。对于人，PRNP 的 129 位密码子的多态性与散发、医源性或新型克雅氏病的易感性有关。而且 PRNP 的点突变和插入突变的数目逐渐增加与克雅氏病、格氏病和致死性家族失眠症的家族形式有关。不同的等位基因对羊痒病易感性的影响机制还不是很清楚。

通过对自然暴发的羊痒病研究表明，密码子 136、154 和 171 位对于试验和自然痒病的发生和潜伏期的控制尤为重要。关于痒病的危害性，目前虽然潜在有多个等位基因组合，但通过对不同品种绵羊的研究发现，只有 5 个不同的等位基因是主要的。Dawson 等研究发现在绵羊品种之间等位基因的分布有大量的变异。在密码子 136、154 和 171 位分别编码不同的氨基酸，用代表特定氨基酸的字母来表示，如 A 表示丙氨酸、H 表示组氨酸、Q 表示谷氨酰胺、K 表示赖氨酸、V 表示缬氨酸。如果一只绵羊的 PrP 基因型表示为 ARQ/AHQ，意思是密码子 136 位编码的两个氨基酸是丙氨酸，密码子 154 位编码的两个氨基酸分别是精氨酸和组氨酸，密码子 171 位编码的两个氨基酸都是谷氨酰胺。现在可以通过简单快速的血液试验对于不同个体的绵羊进行 PrP 基因分型，不同品种的绵羊对于痒病的易感性不同。但必须强调指出，血液试验不是对于感染痒病的绵羊进行的，仅仅能够提示绵羊对于痒病的易感性。在一些品种中，VRQ 等位基因很少或没有，野生型的 ARQ 等位基因与对羊痒病的易感性增加有关。根据绵羊对羊痒病的易感性和抗性进行品种选择，选择有抗性基因的绵羊品种可以预防和控制羊痒病的发生，这对控制该病的发生是一种很有用的方法，并且欧盟鼓励成员国研究欧洲绵羊的各种基因型出现的频率。在一些欧盟成员国曾经流行过羊痒病并且已经得到证实，直到今天还没有明显的关于羊痒病传染到人的临床症状或流行病学数据；然而有数据显示，绵羊可以通过试验感染牛海绵状脑病，这就出现了可能性：说明该病可能会传染给一些品种。这就引起了公众健康问题，与羊痒病相比，牛海绵状脑病直接与新型克雅氏病相关，而且羊痒病、牛海绵状脑病可以通过自然途径传播并呈流行趋势。这些促使欧盟实行一系列的羊痒病监督计划。在荷兰，针对羊痒病的消除计划就是基于选择遗传上易感性相对小的等位基因 ARR/ARR。在一些品种中，在 136 位，A 被 V 代替后对羊痒病的易感性增加。尽管 154 位的密码子对羊痒病的影响还不是很清楚，但是有证据表明在一些品种中 154 位组氨酸的替代增加了对羊痒病的抗性。据报道在萨福克羊品种中，136 位的 V 非常稀少或没有，认为对羊痒病感染的抗性主要是由 171 位的多态性影响的，通常认为动物在 171 位密码子处的精氨酸对感染的抗性起重要的作用，然而，这种关系不是绝对的。在苏格兰，在 171 位是 QR 基因型的动物对羊痒病呈阳性，在日本诊断出 1 只 171 位 RR 型动物患有羊痒病，并且最近在美国一只 171 位 QR 型萨福克羊被诊断为羊痒病。在实验室进行的一些研究可以进一步了解绵羊对痒病毒株的易感性，研究绵羊的基因型对于研究易感性和抗性很重要。VRQ/VRQ 基因型绵羊对羊痒病最易感，但是，不是所有品种的绵羊都有 VRQ 型 PrP 等位基因，编码 VRQ 型等位基因的品种有切维厄特绵羊和 Swaledale 绵羊；没有 VRQ 基因的绵羊是萨福克羊，在感染的萨福克绵羊群中，尽管不是每一只具有该基因型的动物都会发病，但具有 ARQ/ARQ 基因型的绵羊是最易感的，这可能与绵羊的品种差异有关。英国正在培育具有抗性基因的绵羊品种，主要培育 ARR/ARR 基因型的绵羊。

用感染过羊痒病病原的绵羊进行传统的遗传学研究，表明羊痒病的易感性是由单一的常染色体基因控制的。所有已知的哺乳动物和禽类 PrP 基因残基的开放阅读框（ORF）在一个单一的外显子内，小鼠、绵羊、牛和老鼠 PrP 基因含有 3 个外显子，绵羊的 PrP 基因长度在 20kb 以上，包含 3 个外显子，开放阅读框包括在第 3 外显子内。绵羊 PrP 基因在编码区的多态性与试验性和自然出现的羊痒病的发生有关。在许多品种中，PrP 基因在 136 位密码子处是缬氨酸，此氨基酸在接触羊痒病病原时发生羊痒病的危险性高，但在英国和美国萨福克羊中很少出现V136，并且其在日本萨福克羊中出现的频率也很低。在萨福克和其他一些品种的羊中编码子 171 位与羊痒病的易感性有关，在密码子 171 位已证实有 3 个氨基酸（Q、R、H）存在。以前的研究中，羊痒病阳性的萨福克羊密码子 171 位是谷氨酰胺的纯合子（QQ171），绵羊的纯合子（RR171）或杂合子（QR171）若自然感染或试验性感染则不能发展为羊痒病。这些研究在绵羊 PrP QQ171 基因型与羊痒病的易感性之间建立了一种关系。

以前的研究认为，对羊痒病的抗性和易感性与绵羊 PrP 基因有关，不同品种的绵羊基因型不同就引起对抗性和易感性的不同。绵羊VV136 基因型试验感染时表明接种期短，AV136 基因型具有长的接种期，而 AA136 基因型对感染具有抗性。在萨福克羊痒病羊中，AA136基因型很高而 V136 基因型很少出现，因此，AA136 与抗性无关。对于萨福克羊，含有 QQ171 的基因型对羊痒病高度易感，处于羊痒病感染的羊群或用羊痒病病原试验性感染具有 QQ171 基因型的羊，羊痒病的发生率高。目前的研究中，63％的萨福克羊后代具有 QQ171 基因型，表明此羊的后代若用羊痒病病原感染很容易发展为羊痒病，但实际其后代中没有一个发展为羊痒病，包括一些来自羊痒病阳性羊所产的羊羔。

尽管在欧洲羊痒病有 250 年的历史，但在美国 1947 年才第一次诊断出羊痒病。在美国所有的羊痒病病例中有 86.4％是萨福克羊品种，从 1947 年诊断出第一例羊痒病到 2001 年，大约有 1 600 只绵羊和 7 只山羊诊断出患有羊痒病，并且每年的经济损失可达 2 000 万美元。

三、山羊 PrP 基因的变异

Goldmann 等对杂交山羊的 PrP 基因分析后发现了几个不同的等位

基因。四个不同的 PrP 蛋白是推断出来的，其中三个是山羊所特有的，另外一个是绵羊所共有的。试验中用牛海绵状脑病 CH1641 毒株和经绵羊传代的 ME7 痒病毒株攻毒以后，双倍性的密码子 142 引起了潜伏期的增加。后来 Goldmann 等发现并鉴定了不同山羊的已知最短 PrP 基因。与绵羊、牛、人有五个或六个八肽的重复体的 PrP 基因相比，山羊只有三个八肽重复体。人八肽的重复数目变化较大，有 4 个或更多，这些变化虽然不常见，但有时与传染性海绵状脑病的发生有关。111 只山羊中有 15 只带有三个八肽重复的等位基因。试验中用 SSBP/1 经大脑内对 1 只杂交山羊和 4 只纯种山羊攻毒以后，纯种山羊的潜伏期为 620d，杂交山羊的潜伏期为 968d。这些研究表明，采用传染性海绵状脑病病毒株给山羊试验接种以后，山羊的 PrP 基因发生了改变，至少对于与长潜伏期相关的等位基因是如此。没有证据表明这些已经鉴定出的等位基因具有致病性，即没有感染时就引起痒病。Goldmann 等认为 PrP 可能是一个铜转运蛋白，因为 Cu^{2+} 能够与八肽重复序列结合。

在山羊，PrP 基因的多态性发生在 21、23、49、142、143、154、168、220、240 位点。迄今为止，仅发现一对与羊痒病有关。142 位点密码子的多态性（I-M）与山羊痒病潜伏期的改变有关。143 位点密码子的多态性（H-R）与羊痒病的发生有关。在希腊，15 例自然羊痒病中有 13 例是 HH，另外两例是 HR，没有临床症状和组织学变化。在这些病例羊的脑部都检测到了 PrP^{Sc}。在同一羊群中，154 位点是具有痒病抗性的 H，与绵羊 154 位点的 R 作用相似。用 TSE 病原进行试验感染表明，山羊是易感的，接种期可以通过 PrP 基因的多态性来控制。用绵羊痒病病原接种山羊，结果显示山羊较老鼠的发病率高，且羊痒病是山羊的一种自然病。因此，山羊是一种更适合研究传染性海绵状脑病生物学特性的模型。理论上认为：像牛一样，英国山羊可以通过污染的饲料感染牛海绵状脑病病原，因此，牛海绵状脑病病原在山羊上的生物学特性值得研究。

研究发现，在自然感染羊痒病的绵羊和试验性感染羊痒病的山羊体内，不同组织的易感性也存在差异。在自然感染痒病的绵羊体内，易感性最高的组织是脑和脊髓，易感性中等的组织是淋巴结、脾、扁桃体、回肠、盲肠以及外周神经，易感性较低的组织是脑脊液、坐骨神经、脑垂体、鼻腔黏膜、肾上腺、胰腺、肝、骨髓、胸腺和乳腺淋巴结等，没有受到感染的组织和器官有腮腺、颌下腺、舌下腺、甲状腺、心脏、肺、肾、骨骼肌、乳腺和睾丸。在试验性感染痒病的山羊体内（脑内和皮下接种），易感性最高的组织和器官是脑和脊髓，易感性中等的组织和器官是咽喉淋巴结、肩前淋巴结、股前淋巴结、脾、扁桃体和肾上腺，易感性较低的组织和器官是脑脊液、坐骨神经、脑垂体、鼻腔黏膜、回肠、盲肠、结肠、肝等，没有受到感染的组织和器官是唾液腺、甲状腺、心、肺、肾、骨骼肌、骨髓和胰腺等。

四、痒病 PrP 序列的多态性

依据目前的研究，绵羊 PrP 基因密码子 136、154 和 171 位具有多态性。密码子 136 位（VaL 或 ALa）和 171 位（Arg 或 GLn）与绵羊痒病的易感性有关。PrP-VaL 和 PrP-ALa，分别与 Sip sA 和 Sip pA 连锁，PrP 和 Sip 基因可能是同一基因。试验证明阳性系雪维特绵羊具有 VaL 等位基因，其纯合子和杂合子对皮下接种 SSBP/1 痒病分离物 100% 发病。潜伏期（VaL/VaL）136×（GLn/GLn）171 基因型羊最短（170d±16d），（VaL/ALa）136×（GLn/GLn）171 基因型羊次之（260d±15d），（VaL/ALa）136×（GLn/Arg）171 基因型羊最长（364d±17d）。两密码子纯合子与两密码子杂合子的平均潜伏期相差达 190d。由此可见，绵羊对 SSBP/1 的易感性主要由密码子 136 位决定，Val 纯合子和杂合子均易感，前者易感性更高，ALa136 纯合子不感染。Arg171 对潜伏期有一定修饰作用（延长）。VaL136 已被发现于很多品种的痒病羊。在法国罗曼诺夫和法兰西岛绵羊中，痒病羊具有 VaL136 的频率显著高于同群的健康羊。斯韦尔达尔羊的研究结果也相同，用痒病朊病毒毒株攻击选育出的 81 头易感性低的羊全部有 ALa136，且 89％ 为纯合子；而来自不同羊群的 53 头患痒病的斯韦尔达尔羊则 95％ 为 VaL136 携带者，其中 70％ 为杂合子，25％ 为纯合子，仅 5％ 是 ALa136 纯合子。在试验感染痒病朊病毒毒株 CH1641 时，易感性则主要由密码子 171 位决定，和感染 SSBP/1 的情形正好相反。无论是皮下还是脑内感染，发病的绵羊都是（GLn/GLn）Ⅲ 纯合子，杂合子和 Arg171 纯合子不发病。

以上试验证明，PrP 密码子 136 位和 171 位控制着绵羊痒病的发病率和修饰其潜伏期，而且这些密码子的机能效应因感染朊病毒毒株（或分离物）的不同而不同。传染病遗传学中表现型取决于宿主基因型和病原体毒株这一基本原则，也适用于自然宿主的传染性海绵状脑病。对于选育能抗痒病的绵羊品种来说这一试验结果也很重要，因为选育对某株病原因子易感性低的基因型绵羊会无意中富集对另一株病原因子易感性高的基因型绵羊。

在许多品种如切维厄特绵羊和 Swaledale 绵羊中，羊痒病的易感性与 136 位密码子的缬氨酸有关，VRQ/VRQ 纯合子是最易感的基因型。在其他品种如萨福克羊中，很少出现 VRQ PrP 等位基因，而以 ARQ/ARQ 基因型的绵羊对羊痒病具有最高的危险性，尽管不是所有携带此基因型的羊都会发病。一定的 PrP 等位基因具有一定的保护效果，如 ARR；尽管处于易感的实验条件下，但携带有 VRQ/ARR 基因的羊很少会发展为羊痒病，ARR/ARR 纯合子对羊痒病具有抗性。基因型与易感性存在很大的关系，尤其是在欧洲，携带 VRQ/VRQ 的羊发生羊痒病的频率很高，以至于导致了一些说法，认为羊痒病是一种遗传病而不是一种传染性疾病。新西兰和澳大利亚是完全没有羊痒病的国家，分析这两个国家绵羊 PrP 基因的基因型表明，羊痒病易感基因型出现的频率较高；另外，美国（曾经感染羊痒病的畜群）从新西兰进口的 20 只萨福克绵羊，其中有 2 只死于该病。这些发现表明，在新西兰和澳大利亚没有出现羊痒病的原因是这些国家没有传染源。但因为从新西兰进口到美国的萨福克羊没有详细的 PrP 基因型和接种期，因此也存在其他的可能性，新西兰和澳大利亚在选择绵羊品种的过程中选择了对羊痒病具有抗性的品种。

五、朊病毒基因多态性的生物学意义

PrP 基因结构和其编码蛋白的序列是高度保守的。人、仓鼠、小鼠、绵羊、牛、水貂之间 PrP 的同源性均高于 80%。已被测定的 25 种非人灵长类动物和人 PrP 基因氨基酸同源性为 92.9%～99.6%。发生替代的位置是对 PrP 二级和三级结构提供特殊信息的位置。已发现人 PrP 基因 11 种点突变和遗传性朊病毒病有关。5 种突变出现于许多家族，其数量已足以确定遗传连锁。11 种点突变中的 10 种位于 4 个 α 螺旋内或其附近，聚集在 PrP 结构稳定性所必需的中央核心区。

研究者最早观察到格氏病以常染色体遗传的方式发病，之后发现羊瘙痒因子侵染鼠后发病的潜伏期长短，与 PrP 基因在 108 位和 187 位密码子处氨基酸之间存在遗传连锁。这使得他们认为 PrP 基因发生突变可能是造成遗传性朊病毒疾病的原因。约 10% 克雅氏病是家族性发生，这也说明克雅氏病具有一定的遗传基础。人 PrP 基因 102 位残基的点突变 P102L 的发生，被证明同格氏病存在遗传连锁，后来发现所有的格氏病病人都含有此突变。现已证明人遗传性朊病毒疾病的分子基础是 PrP 基因的突变。转基因研究也证明 PrP 基因的突变能引起神经退化性疾病。将格氏病 P102L 突变基因导入鼠中，表达出大量突变蛋白，结果使 5 个株系的鼠表现出中枢神经系统退化性疾病。这也说明朊病毒可由 PrP 基因突变后从头产生。进一步在 PrP 基因中引入点突变 A 113V、A 115V 和 A 117V，也造成病变。而且经脑内接种可以将此病传染给表达地鼠——嵌合基因的转基因鼠。

已发现在 PrP 序列的 53～90 位密码子区插入一段 144bp 的八肽重复序列同 4 个家族的克雅氏病病人相连锁，而且这些家族起源于一个共同的祖先。有人也证明在 53 位残基处插入 2～9 个八肽重复序列均可引发朊病毒疾病。

第八节　**朊病毒的受体**

一、PrP^C 的胞吐和内陷

PrP^C 能够被内陷到细胞质膜内，关于 PrP^C 内陷到细胞膜的途径和机制依然存在争议。对细胞膜穴样内陷/筏和依赖网格蛋白的过程都已经有过报道。尤其有趣的是，证明了 PrP^C 与 Fyn 在小窝蛋白 1 上的功能性相互作用与在细胞上的一样，都能活化酪氨酸激酶活性。最近，Sunyach 和他的同事们发现，在实验条件下故意阻断人的细胞内吞作用也可以阻止 PrP^C 的内陷，同时也会阻止由 PrP^C 介导的具有 p53 依赖性的半胱天冬酶-3 的激活。因此，可以推断在人细胞系中 PrP^C 触发依赖 p53 的半胱天冬酶-3 的激活直接取决于细胞的内吞作用。PrP^C 是通过网格蛋白的内陷小窝来实现内吞的，在内陷之前需要离开类脂筏，因为类脂筏的坚硬结构不能调节内陷小窝的弯曲。这种现象发生于铜与嗅觉受体（olfactory receptor，OR）结合之后，但是对其生理学意义还不清楚。锌也可以通过网格蛋白的内陷小窝来诱导 PrP^C 的内吞。PrP^C 可以与细胞的一些膜蛋白相结合，包括大豆胰蛋白酶抑制剂 1（soybean trypsin inhibitor，STI1）、神经细胞黏附因子（neural cell adhesion molecule，N-CAM）、37 kD/67 kD 层黏蛋白受体等。在这些蛋白中只有 37 kD/67 kD 层黏蛋白受体与 PrP^C 的内陷有直接关系，但它只与 25%～50% 的膜结合重组 PrP^C 的内陷有关。然后由低密度脂蛋白受体相关蛋白 1（lipoprotein receptor-related protein 1，LRP1）控制着 PrP^C 的生物合成、内吞和转运。

二、朊病毒受体研究进展

受体是指存在于细胞表面或内部可以与特定配体结合并引发相关细胞内反应的蛋白结构。受体一个最基本的功能就是参与细胞外分子或蛋白的内化途径，这一过程也被称为受体介导的内化途径。受体介导的内化途径对于机体各种必需物质维持其稳态具有重要意义，如细胞组分胆固醇是由低密度脂蛋白及受体介导的内化途径，而铁离子则是由转铁蛋白受体介导的内化过程。

受体同样是信号转导途径中的核心成分，它控制着细胞的发育和存活。一个最为典型的信号受体例子是 p75 神经营养因子受体，它对于细胞存活前及凋亡前的信号具有重要意义。病原体如病毒、寄生虫和细菌，也同样通过特定的细胞表面受体进入他们各自的靶细胞。一般，糖脂类或糖蛋白通常被当作入侵宿主细胞的受体。多数情况下，病原受体与病原颗粒发生相互作用时，病原受体蛋白会发生功能演变、缺失或失调。比如，人免疫缺陷病毒（HIV）蛋白可以与淋巴细胞表面的 CD-4 分子进行相互作用，最终诱导 L-选择蛋白和 Fas 的表达量上调，导致细胞凋亡。

朊蛋白受体这一概念最早由 David Harris 提出。最初的观点指出朊蛋白受体通过网格蛋白内陷小窝（clathrin coated pits）参与致病性朊病毒颗粒的复制过程。David Harris 及他的同事们相信，GPI 锚定的细胞型蛋白一般需要一个跨膜蛋白方能到达细胞内，而且他们猜想细胞型朊蛋白转化为朊病毒及朊病毒的内化可能共用一个蛋白或者受体分子。

近些年来，众多的科学家致力于寻找与朊病毒或朊蛋白相关的细胞型伴侣蛋白，并取得了一些成绩。然而，考虑到朊蛋白的转运及转化过程较为复杂，朊蛋白受体这一概念应该具有严格的使用意义，可能的机制是多组分的大分子复合物通过亚细胞结构参与朊病毒感染。

朊病毒的内化及自我复制过程中，关键蛋白"X"的发现首先需要确定可与朊蛋白相互作用的蛋白质，因为后者是有效感染持续进行的前提。更重要的是，了解朊蛋白与受体之间的相互作用及这种作用对于细胞生理功能的影响，以便进一步全面了解病原的致病过程。

美国加州大学 Stanley Prusiner 曾提出著名学说，即在朊蛋白构象转化过程中，存在细胞伴侣蛋白或中间蛋白，也称为蛋白质 X，但对其具体特性还不了解。热休克蛋白 Hsp60 被认为是有助于 $PrP^C - PrP^{Sc}$ 转化过程的复合体中重要的一个组分，因为细菌型伴侣蛋白 GroEL 等同于真核细胞 Hsp60 蛋白，可以催化 PrP^C 的聚集。近来的研究表明，正常朊蛋白 PrP^C 与核酸可发生相互作用，而且他们之间的这种作用可调控蛋白或核酸的结构。

值得注意的是氨基葡聚糖（GAG）可以结合 PrP^C，而且可以在无细胞体系中刺激朊病毒的形成。这些结果支持这样一个观点：即在 PrP^C-PrP^{Sc} 转化过程中，GAGs 黏附于细胞跨膜蛋白或细胞外基质组分是非常重要的。事实上，GAGs 可与 67kD 层黏蛋白多体及细胞外基质分子，如层黏蛋白（laminin）之间相互作用，而这些蛋白也同样可与 PrP^C 相互作用。因此，总结起来，这些结果说明存在于细胞膜及细胞外基质的蛋白复合体可能与朊蛋白的转化有关。另外，据表明 PrP^{Sc} 还可与细胞外间隙的纤溶酶原（plasminogen）相互作用，重组 apo-PrP^C 可以诱导纤溶酶原的活性。尽管对纤溶酶原在朊病毒感染过程中的作用还不清楚，但其早已被用于相关诊断技术中。

细胞表面蛋白质中，与朊蛋白相互作用的蛋白质有 N-CAM 和 Aplp，关于他们的生理功能目前为止还不清楚。另外，据报道，跨膜蛋白 67 kD 层黏蛋白受体，可与细胞表面的朊蛋白 PrP^C 相互作用并调节后续的内化过程，这个内化过程直接作用于通过网格蛋白内陷小窝而形成的复合体。但不可思议的是，人朊蛋白与 67 kD 层黏蛋白受体结合的位点为 PrP 144～179 氨基酸片段，与以往报道的参与朊蛋白内化的功能位点不尽相同。

另外一个重要的 PrP^C 相关膜蛋白为压力诱导蛋白（stress inducible protein，STI1），该蛋白通过与朊蛋白的相互作用，经 cAMP/PKA 信号通路调控神经保护功能。抗 STI1 抗体可以阻断朊蛋白毒性多肽 PrP 106～126 的神经毒性功能，说明 STI1 可能参与朊蛋白内化过程。值得注意的是，PrP^C 与 STI1 的结合位点位于朊蛋白高度保守的疏水区，氨基酸 113～129 片段，而这一片段恰好位于导致朊病毒形成的细胞间作用区域氨基酸 106～141 片段。目前关于 STI1 在朊蛋白的构象转化中的功能尚在进一步研究中。需要注意的是，由 STI1 调节的神经保护功能的缺失可能与 STI1 参与朊病毒相互作用有关。

另外，也确定了一些存在于细胞内囊泡或者细胞膜穴样凹陷结构（caveolae-like domains）中可与朊蛋白相互作用的蛋白，如 Synapsin、Grb-2、Pint 1、p75、Caveolin 和酪蛋白激酶 2，但他们在朊蛋白的内化及构象转化过程中的作用还不清楚。有意思的是，PrP^C 与 Caveolin 或蛋白激酶 2 相互作用是通过 Fyn 激酶或通过酪蛋白激酶 2α 的转磷酸酶活性来诱导细胞信号通路。

内质网蛋白（Bip），据表明可与朊蛋白相互作用，并在突变型格氏病中使得朊病毒在内质网的停留时间延长。朊蛋白与 Bip 结合后可被蛋白酶体降解，从而阻止朊蛋白聚合物的形成，说明在朊蛋白 PrP^C 成熟过程中，Bip 作为质量控制的伴侣蛋白而存在。

小胶质细胞，作为中枢神经系统中的巨噬细胞，在阿尔兹海默病（AD）等神经退行性疾病中发病前期的主要作用是吞噬清除淀粉样斑块从而保护神经元。小胶质细胞被激活后一个显著的特征是具有吞噬和清除能力。在阿尔茨海默病患者脑中小胶质细胞不仅可以吞噬细胞残骸，还具有吞噬清除 Aβ 聚合物的作用。激活的小胶质细胞表面表达大量的受体，可以介导细胞黏着和胞饮作用。Aβ 纤维可以通过与清道夫受体（scavenger receptor，SR）SR-A、SR-B1 以及 CD36 结合而被吞噬。最近在《自然》杂志上发表的一篇文章表明，一个特定受体——SCARA1

的缺乏会加快与"阿尔茨海默氏症"相关的斑块在脑中的积累。与此同时，诸多研究表明，病原因子 PrP^{Sc} 和淀粉样蛋白斑块蓄积是朊病毒病的特征性病理改变之一。清道夫受体家族成员 SCARA1 与 PrP^{Sc} 和淀粉样蛋白斑块清除作用的关系尚不清楚。

RAGE 蛋白是由 404 个氨基酸组成的细胞表面一种跨膜蛋白，结构类似于免疫球蛋白超家族成员，由 VC1 和 C2 组成，同时包含一段细胞内肽段。RAGE 结合 β 折叠的纤维物质无论是 β 淀粉样肽段、Aβ、amylin、serum amyloid A 和朊病毒来源的肽段，还是淀粉样物质的沉积均可导致 RAGE 的表达增加。如在患有阿尔兹海默病的脑组织，RAGE 在神经元和小胶质细胞中的表达增加。Aβ 结合 RAGE 引起的作用在神经元和小胶质细胞中是不同的。尽管 Aβ-RAGE 相互作用可引起小胶质细胞的激活，主要表现为细胞的移动性和细胞因子的表达增加，但是 RAGE 介导的神经元激活的早期阶段在后期被细胞毒性取代。在淀粉样变性疾病中，RAGE 与病理性 Aβ 的相互作用为调节早期脉管系统和神经元的功能提供了有力的事实，同时这种相互作用明显地通过单核吞噬细胞系统的作用为宿主免疫机制做准备。先前的研究表明，在大量的淀粉样变性物质沉积时，RAGE 的介导扩大了 Aβ 的作用效果，当用抑制剂阻断受体与 Aβ 的相互作用时，抑制了 Aβ 诱导血管的收缩以及降低了淀粉样变性多肽通过血脑屏障的转移。研究表明，RAGE 与 Aβ 相互作用的早期阶段是受体依赖性介导的细胞功能紊乱，但后期是通过非受体依赖介导的非特异性神经元或细胞毒性作用，这可能与大量 Aβ 的聚集有关。

另外，还有一些细胞型蛋白，比如，GFAP、Bcl-2 已经确定与 PrP^{C} 可以相互结合，但具体机制尚待进一步澄清。

三、朊病毒受体 37kD/67kD LRP/LR 与朊病毒复制的关系

众多的可与朊蛋白或朊病毒相互作用的伴侣蛋白中，尤以 37kD/67kD LRP/LR 对其作用最为显著。通过酵母双杂交，体内及体外的试

验证实 67kD 膜蛋白可与 PrP^C 结合，且可能就是细胞型朊蛋白受体。然而，另外一组研究人员得出同样分子量大小的蛋白质可以与 PrP^C 进行结合，但其是压力诱导蛋白（STI1），在神经突触生长和神经功能保护方面具有重要意义。与此平行的试验研究显示，37kD 层黏蛋白受体为 67kD 的前体蛋白，也为朊蛋白的伴侣蛋白。进一步的体外试验表明，神经及非神经细胞基础上的结果显示，两种形式的层黏蛋白即 37kD 层黏蛋白受体和 67kD 层黏蛋白受体作为朊蛋白受体，对朊蛋白均具有较高的结合特性。利用酵母双杂交方法，已经确定朊蛋白与 37kD/67kD LRP/LR 的结合位点。LRP/LR 受体主要通过直接和间接两种方式与朊蛋白发生相互作用，其直接作用位点位于氨基酸 161～179 片段，间接结合位点位于氨基酸 180～285 片段，而间接结合位点依赖于 HSPG 的存在。

37kD LRP 为 67kD LR 的前体，由于与层黏蛋白的结合力较高，首次分离于黑色素瘤细胞。该受体蛋白存在于细胞外基质当中，调节细胞间附着、运动、分化和生长。尽管 LRP 是由跨膜结构构成，但主要定位在胞质中。哺乳动物细胞中，已经证实这两种分子量的层黏蛋白受体同时存在于细胞膜组分中。对 37kD 是如何形成 67kD 的具体机制不甚清楚。与膜结合的 67kD 表明 LRP 的酰化作用参与受体蛋白加工成熟过程，且一般认为成熟的 67kD 是由 LRP 的同质二聚体经过脂肪酸链的修饰而形成。后来的研究得出相反的结论，即成熟的 67kD 是由 LRP 的异源二聚体经过脂肪酸链的修饰而形成。另外，有趣的是哺乳动物基因组含有多拷贝的 LRP 基因，鼠有 6 个拷贝，人则多达 26 个拷贝。相关的测序结果表明超过 50％的 37kD LRP 基因拷贝是假基因，这可能是由于细胞长期进化过程中存活的一种有益机制。

目前的研究发现，37kD/67kD LRP/LR 担负着多种功能，参与蛋白翻译过程，同时已证实其为 p40 核糖体相关蛋白。细胞核中也发现了 LRP，这可能与细胞核结构有关，同时 LRP 可通过组蛋白 H2A、H2B 和 H4 与 DNA 进行结合。此外，37kD/67kD LRP/LR 已发现是层黏蛋

白、弹力蛋白（elastin）、碳水化合物（carbohydrate）及多种病毒的受
体，主要有委内瑞拉马脑炎病毒（Venezuelan equine encephalitis
virus，VEE）、辛斯比斯病毒（Sindbis virus）、登革热病毒（Dengue
virus）。最新的研究发现，LRP/LR 同样也是血清型为 8、2 和 3 的腺
伴随病毒（Adeno-associated virus）受体。由于 LRP/LR 与朊蛋白同
时共定位于哺乳动物细胞表面，因此人们起初猜想 LRP/LR 可能与朊
蛋白结合并参与其内化途径。细胞结合试验显示，朊蛋白 PrP^c 内化过
程受 LRP/LR 的调控。随着多种 LRP/LR 亚型的发现，人们开始确定
中枢神经系统中存在可以结合朊蛋白 PrP 的 LRP/LR 亚型。利用免疫
组织化学发现了成熟小鼠中枢神经系统中 LRP/LR 的细胞分布模式，
该结果表明 67kD LR 是主要的形式，且 67kD LR 在多数神经元的细胞
质及细胞膜和部分亚型胶质细胞均有表达。比较而言，只有少量的
37kD LRP 在中枢神经系统表达，而且大多表达局限于皮质中间神经元
的亚类中。此外，近来的研究结果表明，LRP/LR 不仅参与 PrP^c 的代
谢过程，同时在朊病毒蛋白的复制过程中起着重要作用。针对 LRP 基
因的反义 RNA、小 RNA 干扰作用和抗 LRP/LR 抗体可以降低 LRP/
LR 的表达量，并由此阻断朊病毒在神经细胞的聚集。基于 Caco-2/
TC7 细胞模型，近来的研究也说明，人小肠细胞的牛 PrP^{Sc} 粒子内化过
程依赖于 LRP/LR 调控。对小肠细胞的研究发现，在同一细胞组分中
也发现了 LRP/LR 的共定位，同时抗 LRP 抗体 W3 可以阻断 PrP BSE
的内化过程，也从一定程度说明朊蛋白在小肠细胞的内化也依赖于
LRP/LR 的调控。另外，研究也显示，GAGs、特别是硫酸乙酰肝素在
朊病毒的复制入侵过程中也起着重要作用。

　　朊病毒感染机体过程中，受体 LRP/LR 的表达究竟发生了怎样的
变化？先前的痒病感染小鼠和金黄地鼠的研究发现，与对照组相比，在
感染动物的脑、脾和胰腺中该受体表达量明显上调。人们猜测 LRP/
LR 参与 PrP 正常生理及朊病毒致病机理的调控。后续的细胞痒病感染
试验证实，LRP/LR 表达对于 PrP^{Sc} 的形成是必需的。最近的研究结果

表明 LRP/LR 与 PrP^{Sc} 之间相互作用，调控外源朊病毒 PrP^{res} 进入肠道
细胞和幼仓鼠肾细胞，暗示 LRP/LR 在感染的早期起一定作用。缺失
跨膜区的重组分泌型 LRP/LR 蛋白在痒病感染细胞中表达时，可破坏
PrP^{res} 的形成，该项研究结果可能对未来朊病毒病的治疗具有一定意义。
未来 LRP/LR 基因敲除动物的发展，将有助于更好地阐明该受体蛋白
在朊病毒病致病机理中的确切作用。

在朊蛋白的生物循环中，朊蛋白通过细胞穴样凹陷或网格蛋白内陷
小窝完成内化过程，在此过程中 LRP/LR 可能参与整个内化过程。令
人新奇的是，网格蛋白内陷小窝参与朊蛋白的内化过程。一般具有 GPI
锚的蛋白质如 PrP^C，根本没有可直接与细胞内的内陷小窝组分相结合
的胞浆区结构。

参考文献

Akache B，Grimm D，Pandey K，et al. 2006. The 37/67-kilodalton laminin receptor
is a receptor for adeno-associated virus serotypes 8，2，3，and 9［J］. J Virol，80
（19）：9831-9836.

Bader M. 2000. Transgenic animal models for neuropharmacology［J］. Rev
Neurosci，11（1）：27-36.

Bainbridge J，Walker K B. 2005. The normal cellular form of prion protein modulates
T cell responses［J］. Immunol Lett，96（1）：147-150.

Ballerini C，Gourdain P，Bachy V，et al. 2006. Functional implication of cellular
prion protein in antigen-driven interactions between T cells and dendritic cells［J］. J
Immunol，176（12）：7254-7262.

Baron G S，Wehrly K，Dorward D W，et al. 2002. Conversion of raft associated
prion protein to the protease-resistant state requires insertion of PrP-res（PrP^{Sc}）
into contiguous membranes［J］. EMBO J，21（5）：1031-1040.

Baylis M，Goldmann W，Houston F，et al. 2002. Scrapie epidemic in a fully PrPgenotyped sheep flock [J]. J Gen Virol, 83 (Pt 11): 2907-2914.

Billinis C, Psychas V, Leontides L, et al. 2004. Prion protein gene polymorphisms in healthy and scrapie-affected sheep in Greece [J]. J Gen Virol, 85 (Pt 2): 547-554.

Bounhar Y, Zhang Y, Goodyer C G, et al. 2001. Prion protein protects human neurons against Bax-mediated apoptosis [J]. J Biol Chem, 276 (42): 39145-39149.

Brown D R, Qin K, Herms J W, et al. 1997. The cellular prion protein binds copper in vivo [J]. Nature, 390 (6661): 684-687.

Bueler H, Aguzzi A, Sailer A, et al. 1993. Mice devoid of PrP are resistant to scrapie [J]. Cell, 73 (7): 1339-1347.

Bueler H, Fischer M, Lang Y, et al. 1992. Normal development and behaviour of mice lacking the neuronal cell-surface PrP protein [J]. Nature, 356 (6370): 577-582.

Burthem J, Urban B, Pain A, et al. 2001. The normal cellular prion protein is strongly expressed by myeloid dendritic cells [J]. Blood, 98 (13): 3733-3738.

Chakrabarti O, Hegde R S. 2009. Functional depletion of mahogunin by cytosolically exposed prion protein contributes to neurodegeneration [J]. Cell, 137 (6): 1136-1147.

Chen S, Mange A, Dong L, et al. 2003. Prion protein as trans-interacting partner for neurons is involved in neurite outgrowth and neuronal survival [J]. Mol Cell Neurosci, 22 (2): 227-233.

Chiarini L B, Freitas A R, Zanata S M, et al. 2002. Cellular prion protein transduces neuroprotective signals [J]. EMBO J, 21 (13): 3317-3326.

Cloyd M W, Chen J J, Adeqboyega P, et al. 2001. How does HIV cause depletion of CD4 lymphocytes? A mechanism involving virus signaling through its cellular receptors [J]. Curr Mol Med, 1 (5): 545-550.

Dawson M, Hoinville L J, Hosie B D, et al. 1998. Guidance on the use of PrP genotyping as an aid to the control of clinical scrapie. Scrapie Information Group [J]. Vet Rec, 142 (23): 623-625.

de Almeida C J, Chiarini L B, Da S J, et al. 2005. The cellular prion protein modulates phagocytosis and inflammatory response [J]. J Leukoc Biol, 77 (2): 238-246.

Della-Bianca V, Rossi F, Armato U, et al. 2001. Neurotrophin p75 receptor is involved in neuronal damage by prion peptide- (106-126) [J]. J Biol Chem, 276 (42): 38929-38933.

DeSilva U, Guo X, Kupfer D M, et al. 2003. Allelic variants of ovine prion protein gene (PRNP) in Oklahoma sheep [J]. Cytogenet Genome Res, 102 (1-4): 89-94.

Diaz C, Vitezica Z G, Rupp R, et al. 2005. Polygenic variation and transmission factors involved in the resistance/susceptibility to scrapie in a Romanov flock [J]. J Gen Virol, 86 (Pt 3): 849-857.

Didonna A. 2013. Prion protein and its role in signal transduction [J]. Cell Mol Biol Lett, 18 (2): 209-230.

Dubois M A, Sabatier P, Durand B, et al. 2002. Multiplicative genetic effects in scrapie disease susceptibility [J]. C R Biol, 325 (5): 565-570.

Ellis V, Daniels M, Misra R, et al. 2002. Plasminogen activation is stimulated by prion protein and regulated in a copper-dependent manner [J]. Biochemistry, 41 (22): 6891-6896.

Fischer M B, Roeckl C, Parizek P, et al. 2000. Binding of disease-associated prion protein to plasminogen [J]. Nature, 408 (6811): 479-483.

Francesca Chianini, Natalia Fernández-Borges, Enric Vidal, et al. 2012. Rabbits are not resistant to prion infection [J]. PNAS, March 27: 5080-5085.

Frenkel D, Wilkinson K, Zhao L, et al. 2013. Scara1 deficiency impairs clearance of soluble amyloid-beta by mononuclear phagocytes and accelerates Alzheimer's-like disease progression [J]. Nat Commun, 4: 2030.

Gauczynski S, Peyrin J M, Haik S, et al. 2001. The 37-kDa/67-kDa laminin receptor acts as the cell-surface receptor for the cellular prion protein [J]. EMBO J, 20 (21): 5863-5875.

Grove L M, Southern B D, Jin T H, et al. 2014. Urokinase-type plasminogen activator receptor (uPAR) ligation induces a raft-localized integrin signaling switch that mediates the hypermotile phenotype of fibrotic fibroblasts [J]. J Biol Chem, 289 (18): 12791-12804.

Hegde R S, Mastrianni J A, Scott M R, et al. 1998. A transmembrane form of the prion protein in neurodegenerative disease [J]. Science, 279 (5352): 827-834.

Hickman S E, El K J. 2013. The neuroimmune system in Alzheimer's disease: the glass is half full [J]. J Alzheimers Dis, 33 Suppl 1: S295-S302.

Hickman S E, Kingery N D, Ohsumi T K, et al. 2013. The microglial sensome revealed by direct RNA sequencing [J]. Nat Neurosci, 16 (12): 1896-1905.

Hijazi N, Kariv-Inbal Z, Gasset M, et al. 2005. PrPSc incorporation to cells requires endogenous glycosaminoglycan expression [J]. J Biol Chem, 280 (17): 17057-17061.

Holscher C, Bach U C, Dobberstein B. 2001. Prion protein contains a second endoplasmic reticulum targeting signal sequence located at its C terminus [J]. J Biol Chem, 276 (16): 13388-13394.

Hooper N M, Taylor D R, Watt N T. 2008. Mechanism of the metal-mediated endocytosis of the prion protein [J]. Biochem Soc Trans, 36 (Pt 6): 1272-1276.

Horonchik L, Tzaban S, Ben-Zaken O, et al. 2005. Heparan sulfate is a cellular receptor for purified infectious prions [J]. J Biol Chem, 280 (17): 17062-17067.

Hundt C, Peyrin J M, Haik S, et al. 2001. Identification of interaction domains of the prion protein with its 37-kDa/67-kDa laminin receptor [J]. EMBO J, 20 (21): 5876-5886.

Hunter N. 2003. Scrapie and experimental BSE in sheep [J]. Br Med Bull, 66: 171-183.

Joensen L, Borda E, Kohout T, et al. 2003. Trypanosoma cruzi antigen that interacts with the beta1-adrenergic receptor and modifies myocardial contractile activity [J]. Mol Biochem Parasitol, 127 (2): 169-177.

Jouvin-Marche E, Attuil-Audenis V, Aude-Garcia C, et al. 2006. Overexpression of cellular prion protein induces an antioxidant environment altering T cell development in the thymus [J]. J Immunol, 176 (6): 3490-3497.

Kuwahara C, Takeuchi A M, Nishimura T, et al. 1999. Prions prevent neuronal cell-line death [J]. Nature, 400 (6741): 225-226.

Leucht C, Simoneau S, Rey C, et al. 2003. The 37 kDa/67 kDa laminin receptor is required for PrP (Sc) propagation in scrapie-infected neuronal cells [J]. EMBO Rep, 4 (3): 290-295.

Li R, Liu D, Zanusso G, et al. 2001. The expression and potential function of cellular prion protein in human lymphocytes [J]. Cell Immunol, 207 (1): 49-58.

Linden R, Martins V R, Prado M A, et al. 2008. Physiology of the prion protein [J]. Physiol Rev, 88 (2): 673-728.

Mabbott N A, Brown K L, Manson J, et al. 1997. T-lymphocyte activation and the cellular form of the prion protein [J]. Immunology, 92 (2): 161-165.

Marcelo A Barria, Abhisek Mukherjee, Claudio Soto, et al. 2009. De Novo Generation of Infectious Prions In Vitro Produces a New Disease Phenotype [J]. Plos Pathogens, May; 5 (5): e1000421

Mange A, Milhavet O, Umlauf D, et al. 2002. PrP-dependent cell adhesion in N2a neuroblastoma cells [J]. FEBS Lett, 514 (2-3): 159-162.

Martinou J C, Green D R. 2001. Breaking the mitochondrial barrier [J]. Nat Rev Mol Cell Biol, 2 (1): 63-67.

Martins V R, Graner E, Garcia-Abreu J, et al. 1997. Complementary hydropathy identifies a cellular prion protein receptor [J]. Nat Med, 3 (12): 1376-1382.

Mattei V, Garofalo T, Misasi R, et al. 2004. Prion protein is a component of the multimolecular signaling complex involved in T cell activation [J]. FEBS Lett, 560 (1-3): 14-18.

McLennan N F, Rennison K A, Bell J E, et al. 2001. In situ hybridization analysis of PrP mRNA in human CNS tissues [J]. Neuropathol Appl Neurobiol, 27 (5): 373-383.

Meggio F, Negro A, Sarno S, et al. 2000. Bovine prion protein as a modulator of protein kinase CK2 [J]. Biochem J, 352 Pt 1: 191-196.

Meslin F, Hamai A, Gao P, et al. 2007. Silencing of prion protein sensitizes breast adriamycin-resistant carcinoma cells to TRAIL-mediated cell death ［J］. Cancer Res，67（22）：10910-10919.

Morel E，Andrieu T，Casagrande F，et al. 2005. Bovine prion is endocytosed by human enterocytes via the 37 kDa/67 kDa laminin receptor ［J］. Am J Pathol，167（4）：1033-1042.

Mouillet-Richard S，Ermonval M，Chebassier C，et al. 2000. Signal transduction through prion protein ［J］. Science，289（5486）：1925-1928.

Orge L，Galo A，Machado C，et al. 2004. Identification of putative atypical scrapie in sheep in Portugal ［J］. J Gen Virol，85（Pt 11）：3487-3491.

Petraroli R，Vaccari G，Pocchiari M. 2000. A rapid and efficient method for the detection of point mutations of the human prion protein gene（PRNP）by directsequencing ［J］. J Neurosci Methods，99（1-2）：59-63.

Politopoulou G，Seebach J D，Schmugge M，et al. 2000. Age-related expression of the cellular prion protein in human peripheral blood leukocytes ［J］. Haematologica，85（6）：580-587.

Prado M A，Alves-Silva J，Magalhaes A C，et al. 2004. PrPc on the road：trafficking of the cellular prion protein ［J］. J Neurochem，88（4）：769-781.

Raeber A J，Race R E，Brandner S，et al. 1997. Astrocyte-specific expression of hamster prion protein（PrP）renders PrP knockout mice susceptible to hamster scrapie ［J］. EMBO J，16（20）：6057-6065.

Ramirez-Ortiz Z G，Pendergraft W R，Prasad A，et al. 2013. The scavenger receptor SCARF1 mediates the clearance of apoptotic cells and prevents autoimmunity ［J］. Nat Immunol，14（9）：917-926.

Rossi D，Cozzio A，Flechsig E，et al. 2001. Onset of ataxia and Purkinje cell loss in PrP null mice inversely correlated with Dpl level in brain ［J］. EMBO J，20（4）：694-702.

Roucou X，Gains M，LeBlanc A C. 2004. Neuroprotective functions of prion protein ［J］. J Neurosci Res，75（2）：153-161.

Sabuncu E，Petit S，Le Dur A，et al. 2003. PrP polymorphisms tightly control sheep prion replication in cultured cells ［J］. J Virol，77（4）：2696-2700.

Sakaguchi S, Katamine S, Nishida N, et al. 1996. Loss of cerebellar Purkinje cells in aged mice homozygous for a disrupted PrP gene [J]. Nature, 380 (6574): 528-531.

Schmitt-Ulms G, Legname G, Baldwin M A, et al. 2001. Binding of neural cell adhesion molecules (N-CAMs) to the cellular prionprotein [J]. J Mol Biol, 314 (5): 1209-1225.

Simonic T, Duga S, Strumbo B, et al. 2000. cDNA cloning of turtle prion protein [J]. FEBS Lett, 469 (1): 33-38.

Somerville R A, Hamilton S, Fernie K. 2005. Transmissible spongiform encephalopathy strain, PrP genotype and brain region all affect the degree of glycosylation of PrPSc [J]. J Gen Virol, 86 (Pt 1): 241-246.

Spielhaupter C, Schatzl H M. 2001. PrPC directly interacts with proteins involved in signaling pathways [J]. J Biol Chem, 276 (48): 44604-44612.

Stewart R S, Harris D A. 2003. Mutational analysis of topological determinants in prion protein (PrP) and measurement of transmembrane and cytosolic PrP during prion infection [J]. J Biol Chem, 278 (46): 45960-45968.

Telling G C, Scott M, Mastrianni J, et al. 1995. Prion propagation in mice expressing human and chimeric PrP transgenes implicates the interaction of cellular PrP with another protein [J]. Cell, 83 (1): 79-90.

Vaccari G, Conte M, Morelli L, et al. 2004. Primer extension assay for prion protein genotype determination in sheep [J]. Mol Cell Probes, 18 (1): 33-37.

Weissmann C, Flechsig E. 2003. PrP knock-out and PrP transgenic mice in prion research [J]. Br Med Bull, 66: 43-60.

Wilkinson K, El K J. 2012. Microglial scavenger receptors and their roles in the pathogenesis of Alzheimer's disease [J]. Int J Alzheimers Dis, 5: 489456.

Wong C, Xiong L W, Horiuchi M, et al. 2001. Sulfated glycans and elevated temperature stimulate PrP (Sc) -dependent cell-free formation of protease-resistant prion protein [J]. EMBO J, 20 (3): 377-386.

Yamagishi S, Matsui T, Nakamura K, et al. 2008. Olmesartan blocks advanced glycation end products (AGEs) -induced angiogenesis in vitro by suppressing receptor for AGEs (RAGE) expression [J]. Microvasc Res，75 (1)：130-134.

Yan S D，Chen X，Fu J，et al. 1996. RAGE and amyloid-beta peptide neurotoxicity in Alzheimer's disease [J]. Nature，382 (6593)：685-691.

Yehiely F，Bamborough P，Da C M，et al. 1997. Identification of candidate proteins binding to prion protein [J]. Neurobiol Dis，3 (4)：339-355.

Zhang L，Li N，Wang Q G，et al. 2002. Cloning and sequencing of quail and pigeon prion genes [J]. Anim Biotechnol，13 (1)：159-162.

Zuber C，Knackmuss S，Rey C，et al. 2008. Single chain Fv antibodies directed against the 37 kDa/67 kDa laminin receptor as therapeutic tools in prion diseases [J]. Mol Immunol，45 (1)：144-151.

第三章

流行病学

第一节　**牛海绵状脑病**

一、牛海绵状脑病的发生与发展

牛海绵状脑病（Bovine spongiform encephalopathy，BSE）俗称疯牛病（Mad cow disease），是传染性海绵状脑病的一种，属于牛的慢性消耗性致死性传染病。该病的主要特征是牛大脑呈海绵状病变，引起牛大脑功能退化、精神状态失常、共济失调、感觉过敏和中枢神经系统（central nervous system，CNS）灰质空泡化，牛染病后通常在 14～90d 内死亡。

1985 年 4 月 25 日，英国普仑顿庄园农场一头乳牛发病，原本安静的牛病后却变得有攻击性，撞击其他母牛，很难控制。病牛身体协调性变差，被驱赶时会摔倒，后腿尤其不稳，迈步东倒西歪。根据母牛的攻击性行为和花痴现象，兽医开始诊断为卵巢囊肿。初步治疗很成功，但隔了数周母牛步履不稳和摔倒的情况越发严重。兽医又考虑到可能是由于饲料中缺乏镁元素。补充镁后，病牛病情不见改善，最后死亡。接下来 18 个月，普仑顿庄园又有 7 头母牛生病死亡。到 1986 年，英格兰西南部三郡，有 3 个养牛场也各发现了 3 起类似的病例。消息很快传开，由于传染病通常都有一个初发的疫点，然而病情分布在距离很远的好几个郡，令人十分意外。另外，牛群各为封闭的小团体，互不接触，也没有夹杂进口牛只。那么，这种病怎么可能从英国的一端跑到另一端去呢？而且其病情与过去已知的任何牛的疾病都不一样。1986 年 10 月，英国《兽医记录》期刊上发表了第一份简短的报告，把这种新的牛病定义为牛脑部海绵化病，亦即所谓的牛海绵状脑病。英国剑桥国家兽医中心实验室首次将这种病确诊为一种新型的疾病，兽医专家对病牛的大脑进行剖检时发现的主要病理变化是病牛脑组织呈海绵状变性。稍后，通过电镜观察到了痒病相关纤维（Scrapie associate fibrils，SAF）。1987 年，Wells 等首次公开对该病进行了报道。1987 年底，牛海绵状脑病蔓延到英格兰与威尔士各地的牛群，只有苏格兰幸免，此时确认的病例共有420 例。更可怕的是，病例每个月都在增加。从 1989 年，每月至少有900 例确诊病例，到 1995 年 2 月时已累积至143 109 例确诊的病例。到2001 年 6 月，全英国已确诊病牛177 962 头，涉及35 181 个农场。截至2014 年 5 月，世界动物卫生组织统计表明，全英国共发生牛海绵状脑病184 624 例（表 3-1）。

表 3-1　每年全英国报道的牛海绵状脑病病例数

年份	奥尔德尼岛	大不列颠	根西岛	曼岛	泽西岛	北爱尔兰岛	全英国
1987 及以前	0	442	4	0	0	0	446
1988	0	2 469	34	6	1	4	2 514
1989	0	7 137	52	6	4	29	7 228
1990	0	14 181	83	22	8	113	14 407
1991	0	25 032	75	67	15	170	25 359
1992	0	36 682	92	109	23	374	37 280
1993	0	34 370	115	111	35	459	35 090
1994	2	23 945	69	55	22	345	24 438
1995	0	14 302	44	33	10	173	14 562
1996	0	8 016	36	11	12	74	8 149
1997	0	4 312	44	9	5	23	4 393
1998	0	3 179	25	5	8	18	3 235
1999	0	2 274	11	3	6	7	2 301
2000	0	1 355	13	0	0	75	1 443

（续）

年份	奥尔德尼岛	大不列颠	根西岛	曼岛	泽西岛	北爱尔兰岛	全英国
2001	0	1 113	2	0	0	87	1 202
2002	0	1 044	1	0	1	98	1 144
2003	0	549	0	0	0	62	611
2004	0	309	0	0	0	34	343
2005	0	203	0	0	0	22	225
2006	0	104	0	0	0	10	114
2007	0	53	0	0	0	14	67
2008	0	33	0	0	0	4	37
2009	0	9	0	0	0	3	12
2010	0	11	0	0	0	0	11
2011	0	5	0	0	0	2	7
2012	0	2	0	0	0	1	3
2013	0	3	0	0	0	0	3
2014[1]	0	0	0	0	0	0	0
总计	2	18 113	700	437	150	2 201	184 624

[1] 时间截止到 2014 年 6 月 30 日。

　　除英国外，瑞士、葡萄牙、法国、爱尔兰、比利时、卢森堡、丹麦、荷兰、列支敦士登、加拿大、阿曼、马尔维纳斯群岛也相继发生了牛海绵状脑病。2001 年末和 2002 年初，新一轮牛海绵状脑病再次暴发，德国、西班牙、奥地利、芬兰、希腊、斯洛文尼亚、捷克、斯洛伐克、以色列、波兰及意大利的本地牛也发生了牛海绵状脑病，日本也在 2001 年报告了亚洲首例牛海绵状脑病。这表明牛海绵状脑病已向西欧以外的国家蔓延。2003 年，科技医疗水平都居世界前列的美国最终也未能抵挡住牛海绵状脑病的侵袭。牛海绵状脑病已经扩散到欧洲、美洲和亚洲的几十个国家和地区。尽管近几年在世界各国的共同努力下，全球牛海绵状脑病的发病率开始以每年 50％ 的速度下降。然而 2006 年，美国、日本、加拿大、奥地利、葡萄牙又相继多次发现了新的牛海绵状脑病病例，就连兽医管理体制非常完善的瑞典也发现了首例牛海绵状脑病。牛海绵状脑病蔓延的势头仍然未得到有效遏制，造成了巨大的经济损失和严重的社会恐慌（图 3-1、图 3-2），再次引起了世界范围内的广泛关注。

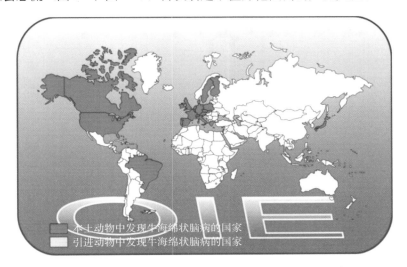

图 3-1 1989—2014 年牛海绵状脑病发生国家和地区分布图
（来源：OIE 网站）

图 3-2 2014 年以来牛海绵状脑病威胁的 OIE 成员
（来源：OIE 网站）

目前，世界范围内（英国除外）已证实的牛海绵状脑病发病国家及发病数见表 3-2 和图 3-3。

表3-2　世界范围内（英国除外）已证实牛海绵状脑病发病国家及发病数

国家	1989	1990	1991	1992	1993	1994	1995	1996	1997	1998	1999	2000	2001	2002	2003	2004	2005	2006	2007	2008	2009	2010	2011	2012	2013	2014
澳大利亚	0	0	0	0	0	0	0	0	0	0	0	0	1	0	0	0	2	2	1	0	0	2	0	0	0	
比利时	0	0	0	0	0	0	0	0	1	6	3	9	46	38	15	11	2	2	0	0	0	0	0	0	0	
巴西	0	0	0	0	0	0	0	0	0	0	0	0	0	0	0	0	0	0	0	0	0	0	0	1	0	1
加拿大	0	0	0	0	1	0	0	0	0	0	0	0	0	0	2	1	1	5	3	4	1	1	1	0	0	
捷克	0	0	0	0	0	0	0	0	0	0	0	0	2	2	4	7	8	3	2	0	2	1	0	0	0	
丹麦	0	0	0	1	0	0	0	0	0	0	0	1	6	3	2	1	1	0	0	0	1	0	0	0	0	
芬兰	0	0	0	0	0	0	0	0	0	0	0	0	1	0	0	0	0	0	0	0	0	0	0	0	0	
法国	0	0	5	1	1	4	3	12	6	18	31	161	274	239	137	54	31	8	9	8	10	5	3	1	2	
德国	0	0	0	1	0	3	0	0	2	0	0	7	125	106	54	65	32	16	4	2	2	0	0	0	0	
希腊	0	0	0	0	0	0	0	0	0	0	0	0	1	0	0	0	0	0	0	0	0	0	0	0	0	
爱尔兰	15	14	17	18	16	19	16	73	80	83	91	149	246	333	183	126	69	41	25	23	9	2	3	3	1	
以色列	0	0	0	0	0	0	0	0	0	0	0	0	0	1	0	0	0	0	0	0	0	0	0	0	0	
意大利	0	0	0	0	0	0	0	0	0	0	0	0	48	38	29	7	8	7	2	1	2	0	0	0	0	2
日本	0	0	0	0	0	0	0	0	0	0	0	0	3	2	4	5	7	10	3	1	1	0	0	0	0	

（续）

国家	1989	1990	1991	1992	1993	1994	1995	1996	1997	1998	1999	2000	2001	2002	2003	2004	2005	2006	2007	2008	2009	2010	2011	2012	2013	2014
列支敦士登	0	0	0	0	0	0	0	0	0	2	0	0	0	0	0	0	0	0	0	0	0	0	0	0	0	
卢森堡	0	0	0	0	0	0	0	0	1	0	0	0	0	0	0	0	0	0	0	0	0	0	0	0	0	0
荷兰	0	0	0	0	0	0	0	0	2	2	2	2	20	1	19	6	1	2	2	1	0	2	1	0	0	
波兰	0	0	0	0	0	0	0	0	0	0	0	0	0	24	5	11	3	10	9	5	4	2	1	3	1	
葡萄牙	0	1	1	1	3	12	15	31	30	127	159	149	110	86	133	92	46	33	14	18	8	6	5	2	0	
罗马尼亚	0	0	0	0	0	0	0	0	0	0	0	0	0	0	0	0	0	0	0	0	0	0	0	0	0	1
斯洛伐克	0	0	0	0	0	0	0	0	0	0	0	0	5	6	2	7	0	0	1	0	0	1	0	0	0	
斯洛文尼亚	0	0	0	0	0	0	0	0	0	0	0	0	1	1	1	2	3	1	1	0	0	0	0	0	0	
西班牙	0	0	0	0	0	0	0	0	0	0	0	2	82	127	167	137	98	68	36	25	18	13	6	6	0	
瑞典	0	0	0	0	0	0	0	0	0	0	0	0	0	0	0	0	0	1	0	0	0	0	0	0	0	
瑞士	0	2	8	15	29	64	68	45	38	14	50	33	42	24	21	3	3	5	0	0	0	0	2	1	0	
美国	0	0	0	0	0	0	0	0	0	0	0	0	0	0	1	0	0	1	0	0	0	0	0	1	0	
总计	15	17	31	36	50	102	102	161	160	252	336	513	1 013	1 035	779	535	336	215	112	88	58	34	22	18	4	4

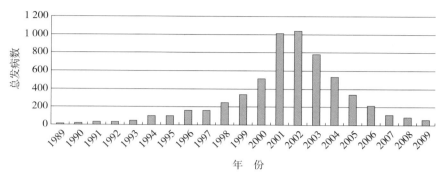

图 3-3 每年牛海绵状脑病报道总病例数

　　1995 年报道了两例罕见的少年克雅氏病病例，在随后的数月内又发现了 8 例相似的患者。这 10 例病人的临床表现、病程、年龄、脑电图和影像学、病理学特征都与传统的克雅氏病不同，因此命名这种克雅氏病为"新型克雅氏病"。截至 2011 年 3 月，全球新型克雅氏病病例英国 172 例、法国 25 例、西班牙 5 例、爱尔兰共和国 4 例，另外，意大利、美国、加拿大、葡萄牙等国家也有发生（小于 4 例）（数据来源于 The National Creutzfeldt-Jakob Disease Research & Surveillance Unit）。病人发病年龄为 16～52 岁（平均 28 岁），但在英国发现 1 例 75 岁的新型克雅氏病患者，使这一疾病的感染年龄范围扩展到整个年龄组。研究发现，患者脑部组织呈海绵状空洞，导致记忆力丧失、身体功能失调、精神错乱，最终死亡。新型克雅氏病患者以年轻人为主，发病时间平均为 14 个月。截至 2011 年 4 月 4 日已证实或疑似新型克雅氏病在英国有 175 例，死亡 171 例（数据来源于 The National Creutzfeldt-Jakob Disease Research & Surveillance Unit）。人们普遍的看法是动物的传染性海绵状脑病不能感染人，但 1996 年 3 月英国宣布：人的新型克雅氏病可能是由于食用被牛海绵状脑病病原污染的牛肉所致。从此，许多国家投入巨资开展传染性脑病（特别是牛海绵状脑病）的研究（诊断试剂和方法、发病机理、流行病学等）和检测。

　　牛海绵状脑病等传染性海绵状脑病类疾病与其他疾病病原不同，它并非由病毒、细菌、真菌或其他微生物引起。真正元凶目前认为是以错误方式折叠的朊蛋白。牛海绵状脑病的病原是一种蛋白质侵染因子，即朊病毒，在电镜下可观察到朊病毒聚集而形成的棒状体，大小为 50～200nm，其核心部分是 4nm 的细小纤维状物质，传染性颗粒为痒病相关纤维（scrapie associate fibrils，SAF）。至今未确定该病原含有核酸。该病原比一般的细菌和病毒抵抗力强，对甲醛溶液、紫外线不敏感，对强酸强碱有很强的抵抗力，用 2％的次氯酸钠或 90％的石炭酸经 4h 以上才可被灭活，在 121℃中能耐热 30min 以上。对理化因素如热、电离和紫外线等具有很强的抵抗力，这就是朊病毒病的致病因子不因肉骨粉的炼制而灭活的原因。在 37℃以 200mL/L 的甲醛处理 18h 或 3.5mL/L 的甲醛处理 3 个月不能使其灭活，室温下在 100～200mL/L 的甲醛溶液中可存活 28 个月；对戊二醛、β-丙内酯、EDTA、核酸酶（核糖核酸酶 A 和 Ⅲ，脱氧核糖核酸酶）、高温（高压蒸气消毒 134～138℃ 18min 不完全灭活）有非凡的抵抗力；对紫外线、离子辐射、超声波等也具有很强的抵抗力。

科学家们对于海绵状脑病的发病机制仍然知之甚少。就目前所知，牛海绵状脑病等传染性海绵状脑病不仅能在牛之间相互传播，而且还能传染给猫、鹿等多种动物；但兔、马和犬等动物似乎对此类疾病有天生的抵抗能力，但其机制如何，尚有待于人们做进一步的探索。关于人也能感染牛海绵状脑病这一消息在一些国家引发了食用牛肉是否安全的恐慌，并使欧盟的牛肉产品在世界各地的销售受阻。包括活牛、牛的精液、胚胎以及所有来自牛的衍生医药和美容产品，使英国经济遭受巨大损失，甚至一度造成英国政府的政治危机、国际关系危机、经济危机和环境保护等问题。

从英国发生首例牛海绵状脑病至今已近 30 年了，全世界共发现患病牛190 592头，宰杀牛百万头以上，有近 200 人因感染牛海绵状脑病而死亡，造成的直接经济损失达数百亿美元。英国牛海绵状脑病大量增加始于 1990 年，为14 407例；高峰期是 1992 年，有37 280例；1996 年开始病例数明显下降，1995 年为14 562例，2000 年为1 443例，2005 年为 225 例，2010 年为 11 例。牛海绵状脑病一直受到国际社会的高度重视，各国采取多种措施进行防制，但是，该病传播的步伐几乎从未停止，已经从 1 个国家发展到 25 个国家、从 1 个洲扩展到 3 个洲。自英国 1985 年发现牛海绵状脑病以来，该病的流行呈现出一些加强态势，不仅在欧洲的传播范围继续扩大，而且进入了亚洲的日本。通过分析牛海绵状脑病在英国和欧洲其他国家的流行情况，可以勾勒出该病在日本及亚洲的发展趋势，有助于我们进一步认识牛海绵状脑病和提高实施措施的自觉性。

2001 年牛海绵状脑病流行的两个新特点：①流行的地域出现两次历史性突破，从西欧进入东欧、从欧洲进入亚洲。1985 年英国发现牛海绵状脑病，1989 年爱尔兰就报告了 29 个病例，至 1996 年有 8 个西欧国家发现了该病，其中 3 个国家的病牛是进口的。至 2000 年发现有牛海绵状脑病的国家达 12 个，其中只有 1 个国家的病牛来自进口。2001 年牛海绵状脑病已蔓延到世界 20 个国家，其中包括 3 个东欧国家和一个亚洲国家，并且都是本土牛海绵状脑病。②英国牛海绵状脑病病例数持续下降而其他国家的病例数继续上升。英国在 1985—1987 年确认了 446 例，1992 年是发现病例最多的一年，达37 280 例。1990—1995 年高峰期发现117 584个病例，占 16 年间全部181 864个病例的65％。2001 年报告了1 202个病例，为 14 年来的最低点。与英国的情况相反，欧洲其他国家从 1989 年发现牛海绵状脑病开始病例数一直上升，2001 年报告了1 010例，达到高峰，以后才开始下降。仅从病例数量上比较，比英国的最低点还要低，但它是在各国政府采取了严密的防范措施和彻底的处理措施后出现的。

上述情况说明了以下几点：①牛海绵状脑病病原体在英国的分布相当广泛，英国所采取的措施是有效的；防止牛海绵状脑病在其他国家扩散的措施有漏洞，牛海绵状脑病可能还有不为人们所知的传播方式和途径。②牛海绵状脑病在日本发生不完全是偶然，分析其中原因发现了一定的必然性。世界粮农组织（FAO）和世界卫生组织（WHO）的官员发出警告，有 100 多个国家面临牛海绵状脑病的威胁，其根据是 1986—1996 年这些国家从西欧进口活牛以及含有动物肉骨粉的饲料。2001 年欧盟的一个专家小组对欧盟 15 国以外的 48 个国家发生牛海绵状脑病的可能性进行了评估，把日本列为最危险的国家。日本政府当时虽然坚决拒绝了这个评估结论，不幸的是 3 个月后日本就发现并由英国实验室证实首例牛海绵状脑病。实际上日本牛海绵状脑病和欧洲牛海绵状脑病有密切联系，日本曾从英国、意大利、丹麦、荷兰进口过大量肉骨粉饲料和用于饲料的油脂，还进口过活牛和可能污染了牛海绵状脑病病原体的牛肉。有专家推测，日本可能 1991 年就有了牛海绵状脑病。日本政府在发现牛海绵状脑病后立即着手调查其来源，还派员赴荷兰调查进口油脂的情况，同时采取一系列措施控制其蔓延。日本发生牛海绵状脑病不能认为采取的预防措施没用，可能是采取措施晚了一步或者措施不完善以及执行不力。可以说，如果不是各国及时采取防范措施，牛海绵状脑病肯定会进入更多国家。有人提出控制和消灭牛海绵状脑病的最有效办法是扑杀烧毁所有的牛，实际上这个办法在各国都是行不通的。现在的每一个病例都是原始病例，其所在的牛群以前从未发生过牛海绵状脑病。由此看来切断物流路径绝不是容易做到的，在一个国家内部尚且如此，在世界范围内其难度更可想而知。③在日本及亚洲各地区牛海绵状脑病出现后的一段时间里病例不算很多，因为病原体容易最先感染那些最敏感的个体，若干年后会达到高峰，之后会趋于下降。日本牛海绵状脑病在亚洲会传播多远，取决于亚洲各国和地区是否从日本进口过感染了牛海绵状脑病病原体的牛肉、动物源性饲料及相关产品，取决于他们的处理方式是否安全。根据日本与亚洲国家、地区的经贸方式和规模以及畜牧经营方式和饲料结构推测，牛海绵状脑病在亚洲的传播范围会明显小于欧洲，可能不会超过 10 个国家。同时也应该看到，由于经济、政治、历史、民俗、宗教、体制等种种原因，发现和报告牛海绵状脑病可能受到比欧洲更多的干扰和阻力，这对于控制牛海绵状脑病传播显然是不利的。

牛海绵状脑病传播近年来表现为：英国的病例数持续下降和其他国家的病例数首次出现下降。英国的病例在 1992 年达到最高峰的 37 280 例，之后一直处于下降趋势，2002 年降至 1 144 例，比上一年减少 58 例，2007 年为 67 例，2010 年仅 11 例。除英国以外的其他国家 2003 年共发现 652 例牛海绵状脑病，比 2002 年减少了 384 例（37.1％），这是自 1990 年统计以来，第一次有统计意义的明显的下降，确实是一件盼望已久的大好事。从 2004—2010 年 OIE 统计数据来看，新发生牛海绵状脑病的国家还在增多，如 2006 年瑞士发生该病；已发生牛海绵状脑病国家每年报道病例减少。牛海绵状脑病传播的态势是：总量在减少、地域在扩大。说明由于采取了有效的控制措施，牛海绵状脑病传播的总体趋势正在弱化，但是控制措施可能还有漏洞或者还没有完全到位。为此，联合国粮农组织在美国发现牛海绵状脑病后再次提醒各国政府必须继续加强对牛海绵状脑病的监督、控制和检测，继续采取有效措施，防止牛海绵状脑病的传播和蔓延。

一项关于 1996 年以后出生的牛牛海绵状脑病流行病学研究调查表明，在英国实施强有力的法律措施减少牛海绵状脑病的发生以后，2008 年 12 月 3 日检查了 164 头 1996 年后出生的牛，发现它们发生牛海绵状脑病的概率远小于 1996 年以前出生的牛。说明英国制定的关于控制牛海绵状脑病发生、传播的法律起到了作用。

联合国粮农组织曾警告，所有曾经进口肉类和肉骨粉的国家，都有潜在人型牛海绵状脑病的风险，除了西欧和日本外，东欧、中东、北非国家和印度最有可能暴发牛海绵状脑病。联合国的一位官员称，全世界有 100 多个国家面临牛海绵状脑病的危险。目前，许多国家和地区纷纷将美国的牛肉及相关制品拒之门外。

我国也加强了对牛海绵状脑病的检验，从进出口检疫和国内大规模普查两方面入手试图截住牛海绵状脑病的洪流，经过十几年的监控，至今为止中国大陆还没有发现牛海绵状脑病。但我国台湾已有 30 例牛海绵状脑病，引起岛内极大的恐慌。而我国台湾的牛海绵状脑病有可能是从英国输入的，因为台湾曾经进口过英国的牛产品及其制品。近 10 年来台湾曾出现过 3 例克雅氏病，估计 100 万人中会有 1 人患克雅氏病。据台湾卫生署清查的结果显示，台湾岛内所有的化妆品都是通过基因工程制造的，与牛体直接萃取并无关联，但部分业者会私下招揽民众使用牛胚胎制品，台湾卫生署表示这些产品的安全性则不能保证。

二、牛海绵状脑病的分布

1985 年 4 月，在英格兰发现了第一例牛海绵状脑病。1986 年 11 月，英国的剑桥中央兽医实验室对其做了脑组织学检查，诊断为痒病样海绵状脑病。1987 年，Wells 等首次公开报道了该病。1989 年，牛海绵状脑病攻破了英国近邻爱尔兰的大门。尽管欧洲各国纷纷采取预防措施，但是瑞士和法国 1990 年也各自发现了第一例牛海绵状脑病。到 1997 年 11 月，葡萄牙、丹麦、德国、荷兰、比利时也相继出现该病。1998 年牛海绵状脑病又跨出欧洲，来到南美洲的厄瓜多尔。2000 年后，西班牙、瑞典、捷克、希腊、斯洛伐克、芬兰、奥地利先后"沦陷"。2001 年 3 月，蒙古国西部科布多省暴发了牛海绵状脑病，在该省的社特、曼许等 6 个县发现了该病。2001 年 10 月，日本也发现了 1 头牛海绵状脑病病例。2002 年，以色列和波兰相继出现了国内首例牛海绵状脑病。2003 年 5 月，加拿大发现一例牛海绵状脑病，为北美大陆发现的首个病例。2003 年 12 月，美国发现首例牛海绵状脑病。2006 年，瑞典也发现了首例牛海绵状脑病。虽然我国尚未发现牛海绵状脑病病例，但潜在发生的危险依然存在，应引起我们的高度重视。

近年来，各国对于牛海绵状脑病高度重视，制定相关法律法规预防其发生和传播；大力投入科研经费来研究牛海绵状脑病，为预防、治疗牛海绵状脑病和公共卫生提供相应保障。可喜的是，英国牛海绵状脑病近十年来连续下降，至 2010 年时只发生了 11 例，2011 年发生 7 例，

2012 年和 2013 年各发生 3 例，2014 年还未有报道。根据每年已经报道
的牛海绵状脑病病例数，可以得到英国与其他国家发生牛海绵状脑病的
状况比较示意图，见图 3-4。

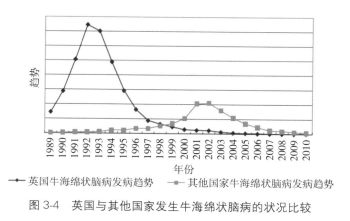

图 3-4　英国与其他国家发生牛海绵状脑病的状况比较

三、传染源

　　英国早期的流行病学调查发现，出现最初几个牛海绵状脑病病例后
不久，许多地方都有牛海绵状脑病病例发现，1～2 年内迅速波及英国
广大地区。这说明牛海绵状脑病的流行不是由一个疫点向外扩散，而是
由广泛存在于英国各地的一个共同传染源所引起。在排除输入动物或畜
产品、使用疫苗、药物和农药及与痒病羊直接接触等因素后，所有病例
唯一可能的共同传染源是被污染的市售精饲料——肉骨粉和脂肪。肉骨
粉是从绵羊、牛、鸡的下水经高温化制生产的。英国绵羊饲养量大，且
痒病患病率达 0.2%，致使大量痒病朊病毒进入化制厂。同时由于 20
世纪 70 年代至 80 年代初为了降低生产成本，肉骨粉生产工艺逐步由碳
氢化合物溶剂提取的批次法改为连续法，致使痒病朊病毒未被完全灭
活，残存于肉骨粉中。另一重要因素是英国 80 年代动物性饲料中肉骨
粉含量由 1% 猛增到 12%，以代替鱼粉和大豆的含量。此外，英国奶牛

的饲养方法也促使了牛海绵状脑病的发生和流行。英国奶牛的牛犊 3～4 日龄即开始用代乳品喂养，直到 3～4 周龄。代乳品蛋白含量约为 16％，大部分为肉骨粉，而美国、日本等国则主要用植物蛋白。目前普遍认为造成牛海绵状脑病大规模暴发的主要原因是由于牛食用了含有羊痒病朊病毒的肉骨粉所致。

四、传播途径

朊病毒对理化因素有极强的抵抗力，一旦污染环境将在较长时期维持传染状况，并可借助多种途径造成动物之间的传播。动物试验表明朊病毒感染存在着高剂量依赖性，非肠道途径比口服途径更易传播，暴露于脑或其他高滴度组织或不寻常饮食史等多个环境辅助因子时，更易感染该病。其中外伤手术、内科病或肠道线虫感染均可视为感染因素。

牛海绵状脑病的主要传播途径有以下几种：

1. 食物链传播 牛海绵状脑病病原主要存在于病牛和病羊的尸体。自 1980 年后英国允许使用牛、羊尸体作为饲料饲喂动物；后来，英国的肉骨粉加工者改变了肉骨粉加工工艺，降低了加工过程中温度和萃取有机溶剂的使用，从而使牛海绵状脑病病原体不能被破坏而保留，为牛海绵状脑病通过食物链传播创造了条件。牛海绵状脑病流行的主要途径是通过消化道感染，经饲料途径可使小鼠、山羊和绵羊人工感染牛海绵状脑病。据报道，在发现牛海绵状脑病之前，每年英国出口到其他欧盟国家的肉骨粉达 10 万 t 以上，并广泛用作饲料和肥料，这也可能是牛海绵状脑病席卷欧洲各国的一个主要原因。

2. 垂直传播 指从父母代传染给子代。最近研究发现，牛海绵状脑病能经母源传播，主要发生于潜伏晚期，但概率较低，只靠此方式不足以使该病持续流行。对健康公牛后代与患病公牛后代的牛海绵状脑病发生率进行比较，未发现二者之间有差异。有研究已证实牛精液不会传染牛海绵状脑病。

3. 水平传播　指动物个体之间的传播。蜱（螨）类等吸血昆虫可能造成动物间的水平传播。

4. 其他途径　英国有研究表明，牛海绵状脑病牛的粪便、口水、鼻液等分泌物也可能传播牛海绵状脑病。在病区淘汰患病牛种群后引入健康牛仍可使健康牛发病，可能与病牛分泌物污染环境有关。

五、潜伏期

牛海绵状脑病的潜伏期为 2～8 年，平均为 4～5 年。牛开始发病的年龄通常为 3～5 岁，2 岁以下罕见，迄今见到最年幼的病牛是 22 月龄，年龄最大的是 17 岁。调查表明，大多数病牛是出生后 1 年内被感染的。小牛感染的危险性是成年牛的 30 倍，这可能与小牛肠道生理机能和非特异免疫未发育完全等因素有关。

六、易感动物

牛海绵状脑病朊病毒的自然感染和试验感染的宿主范围很广。牛科动物（包括家牛、大羚羊、野牛等）易感。奶牛多发，因奶牛饲养时间比肉牛长，且肉骨粉用量大。猫科动物（包括家猫、虎、豹、貂、狮等）也易感，实验动物和其他食肉动物亦有一定易感性，如小鼠、绵羊、山羊、猪、猫、羚羊、金丝猴等动物皆可表现典型的海绵状脑病病变，但牛海绵状脑病感染因子不感染仓鼠和鸡。牛海绵状脑病感染与性别、品种和遗传因素无关。

七、流行特征

被感染牛具有如下的发病特点：感染潜伏期长；不引起宿主免疫应

答，不破坏宿主 B 细胞和 T 细胞的免疫功能；无炎症反应；慢性、退行性病理变化，不形成包涵体；不诱生干扰素，对干扰素不敏感；免疫抑制剂、免疫增强剂等不能改变潜伏期和病程；患该病后不会康复或减轻，最终结果是死亡。

传染性 PrP^Sc 为羊瘙痒病的病原体，在其他动物间的传播必须克服生物间种属屏障，这取决于两种生物间朊蛋白序列的同源性、相似性，感染率约 10%；感染过程中由于受到宿主免疫压力和相互适应的影响可能造成基因序列和空间构型的改变，以适应生物间传播并保证其自然感染状态。患病动物死亡后 PrP^Sc 扩散到环境中，受自然界理化因素的作用和影响可能使 PrP 出现基因序列变化，空间构型出现扭曲、旋转方向发生改变。这可能影响 PrP^Sc 的致病力和传染性。

该病流行具有动物源性、自然疫源性疾病的特性，不需外界输入传染源而形成原始自然疫源地；PrP 突变或构型改变可通过遗传、环境、种属屏障等因素的影响所致；亦可通过食物链、吸血节肢动物和某些途径在小范围内维持感染的自然循环。某些易使传染源扩散的高危因素可造成暴发流行，而消除了高危因素后流行可终止，但目前使用敏感、简捷、经济的方法检测传染源、确定疫源地范围的问题仍未解决，某些传播途径、机理和环节仍不确定，因而消除传染源、疫源地、治疗患者的对策仍在探索中。

八、牛海绵状脑病与公共卫生的关系

（一）牛海绵状脑病与人传染性脑病的关系

人的朊病毒病主要包括克雅氏病、格斯特曼氏综合征、库鲁病和致死性家庭性失眠症，以及近年来发生的人变异型克雅氏病（vCJD）。克雅氏病（CJD）是最常见的人朊病毒病，呈全球性分布，包括散发性克雅氏病（spCJD）、家族性克雅氏病（fCJD）和医源性克雅氏病

（iCJD）。vCJD 是一种新型的人朊病毒病，于牛海绵状脑病发生和流行后约 10 年出现，集中分布于英国，在时间和空间上与牛海绵状脑病一致。1996 年有研究报道，给 3 只长尾猴脑内接种牛海绵状脑病分离物后约 3 年发病，临床表现、中枢神经组织病理学变化（海绵状病变、PrP 斑块和 PrP 沉淀的形态和分布）与 CJD 十分相似；而以相同方法接种 spCJD 分离物的长尾猴临床和中枢神经组织病理学变化则类似 spCJD，这些长尾猴 PrP 基因 129 密码子都是 M 纯合子。

PrP vCJD 和 PrP BSE 的蛋白免疫印迹图谱（生化指纹）相同。根据双糖基化、单糖基化和未糖化 PrP 条带的大小、强度和糖型比，各型 CJD 病人的 PrP^{Sc} 的免疫印迹图谱可分为 4 型。1 型见于 129MM 基因型的 spCJD，2 型见于 129MM、MV 和 VV 基因型的 spCJD，外周感染的 129MV 和 VV 基因型的 iCJD 为 3 型，外周和中枢感染的 129MM 基因型 iCJD 分别为 1 型和 2 型，唯独 vCJD 为 4 型。这种特性经实验动物传代后一般不改变，糖型比尤为稳定。牛海绵状脑病病牛、自然感染牛海绵状脑病的猫、感染牛海绵状脑病的长尾猴和小鼠 PrP^{Sc} 的免疫印迹图谱与 vCJD 基本相同，而和 CJD 不同。

vCJD 和牛海绵状脑病小鼠传递试验结果基本一致。Bruce 等报道，RⅢ小鼠脑内感染 vCJD（3 例）的潜伏期和脑病损伤图与试验感染牛海绵状脑病的同一品系小鼠基本相同，而和 spCJD（6 例）感染病例显著不同。Hib 等同时以只表达人 PrP（HuPrP＋/＋/Prnp0/0）的转基因小鼠和非转基因小鼠（FVB）做试验，结果也类同。17 例各型 CJD 接种的转基因鼠几乎 100％发病，潜伏期也较短（187～337d）；而接种相同接种物的 FVB 小鼠则只有个别发病，潜伏期也长（257～569d）。牛海绵状脑病接种 FVB 小鼠 24 只，21 只发病，潜伏期（446＋26）d；接种转基因鼠 26 只，10 只发病，潜伏期（602＋50）d。6 例 vCJD 接种物的结果则与 CJD 相反而与牛海绵状脑病相似。vCJD 接种的 FVB 小鼠大部分发病（33/43），只是潜伏期较长，平均（317＋l7）d；被接种的转基因小鼠则近半数发病（25/56），平均潜伏期（228d＋15）d。

接种 vCJD 和牛海绵状脑病的部分转基因小鼠均有持续后退症状，接种 CJD 的小鼠则全部无此症状。此外，无论是转基因还是非转基因小鼠，牛海绵状脑病和 vJCD 所引起的 PrP^{Sc} 沉积模式也都十分相似。

Raymond 等以体外无细胞生化系统分析了各种动物 PrP^{Sc} 分子间的相互作用，证实牛源 PrP^{Sc} 可使牛、绵羊、小鼠的 PrP^{C} 部分转变为抗蛋白酶的 PrP，不能使仓鼠 PrP^{C} 转变为抗蛋白酶的 PrP，而对人 PrP^{C} 则仅可使之少量转变为抗蛋白酶的 PrP。这提示牛海绵状脑病可传给人，但人的易感性较其他动物易感性低。另外，在 PrP^{C} 的中心区牛和人的同源性比绵羊和人的同源性大。

2000 年美国 Scott 等发表了一项研究结果，表明引起牛海绵状脑病的传染性蛋白可导致变异性克雅氏病。在研究中，研究人员培育出可合成正常牛朊蛋白的转基因小鼠：第一组小鼠在接种了从牛海绵状脑病病牛中提取的朊蛋白 250d 后，表现出神经系统症状；第二组小鼠在接种了从 vCJD 病患者体内提取的朊蛋白 250d 后，表现出神经系统疾病症状；将从患病小鼠体内提取的朊病毒注射到第三组健康小鼠体内后，该组小鼠表现出同样的疾病症状。组织学检查显示，患病小鼠的脑损伤与人海绵状脑病相同。该研究提示，在可合成牛朊蛋白的转基因小鼠中产生了牛海绵状脑病朊蛋白，牛海绵状脑病的传染性蛋白可导致 vCJD 病。也有专家指出，虽然此研究支持牛海绵状脑病与人海绵状脑病有关，但要确定牛海绵状脑病可传染给人还需要更直接的证据。

目前，大量针对牛海绵状脑病与人 vCJD 感染因子的分析对比证实，人 vCJD 与牛海绵状脑病的暴发密切相关。首先，牛海绵状脑病与人 vCJD 在流行病学上具有高度的时空吻合性；其次，实验动物牛海绵状脑病和 vCJD 感染因子在发病潜伏期、临床病程、朊蛋白在脑组织中的分布一致；另外，对牛海绵状脑病感染因子和 vCJD 感染因子进行电泳分析的结果表明，两者的电泳图谱相同。

以上研究结果从不同侧面提示 vCJD 与牛海绵状脑病相关。1996

年，英国学者根据 10 例变异性克雅氏病的既往病史，分析其遗传因素，并尽量探讨可能的原因，依据现有的资料推断这些病例与暴露于牛海绵状脑病有关；同年，英国卫生部、农渔食品部和有关专家顾问委员会分析认为，人 vCJD 与牛海绵状脑病的传染有关，这是首次明确牛海绵状脑病与人类疾病之间的关系。2000 年 10 月 26 日英国发表的《牛海绵状脑病调查报告》确认 vCJD 是感染牛海绵状脑病引起，进一步肯定了牛海绵状脑病感染人这一重要基本问题。

鉴于下列因素，英国大规模流行 vCJD 的可能性似乎不大。这些因素是：英国已采取了种种预防措施，人对牛海绵状脑病的易感性不高；经口感染所需感染剂量大而一般牛肉制品即使有感染性滴度也不高；1985—1995 年虽有 70 多万人食用牛海绵状脑病潜伏感染的牛，但只占屠宰总数的 3％，且多在 30 月龄以下（潜伏期未过半），中枢神经组织有高度感染性的可能性不大；近年新出现的 CJD 病例不多。但人感染牛海绵状脑病的可能性不能完全排除，因为在 1989 年 11 月英国禁止人食用指定牛下水前，牛脑匀浆一直作为黏合剂用于生产汉堡包、香肠、酥饼等食品。

直至今天，克雅氏病的传播途径与方式尚未完全清楚。已经发现，克雅氏病 1％可通过医源性传播，多为神经外科手术后或接受垂体提取激素治疗、应用硬膜电极者，移植人尸体硬脑膜、用硬脑膜制品栓塞颅外动脉、肝移植、角膜移植甚至胃肠内窥镜检查，均有传染 CJD 的危险因素。有家族遗传性（10％～15％），余下的 85％为散发性病例。虽然没有人直接垂直传播的证据，但在动物试验中证明 CJD 可通过胎盘传播。

（二）朊病毒病在人群间的传播途径

PrP 在人群的传播可能来自不同的机制，该病主要存在以下几种传播途径。

1. 消化道途径　经口感染为主要途径。一般通过食用感染或污染的牛、羊肉及制品，其次为使用动物脂肪、明胶制造的糖果、食品等。在巴布亚新几内亚东部地区举行吃食人脑的宗教仪式中，接触患者脑组织可传播人的传染性海绵状脑病。英国以前用牛脑和脊髓匀浆作黏合剂生产汉堡包、香肠、酥饼等食品，朊病毒因而进入食物链。

2. 通过破损皮肤、黏膜传播　使用牛、羊组织（器官）生产化妆品（口红、羊胎素、嫩肤霜等），经手涂抹到口、鼻、眼结膜、黏膜从而进入人体内；在屠宰加工牛、羊肉的过程中亦存在感染危险。朊病毒进入血循环系统，感染血细胞或淋巴细胞，再进一步感染大脑神经系统；朊病毒感染外周神经系统，如胃肠中的神经末梢，进入外周神经，通过逆行传递，沿着外周神经系统感染至中枢神经系统。

3. 血液途径　使用或接种牛血清、牛肉浸膏生产的疫苗，用人、动物组织（垂体、胸腺）生产的胸腺肽、生长激素等，有可能使人遭受感染。人可以经输血感染牛海绵状脑病致病因子。英国卫生大臣曾宣布，该国的一名病人 1996 年 3 月曾经接受输血，于 2003 年秋天患牛海绵状脑病而死亡。经查实，供血者是一名已证实的牛海绵状脑病感染者，也已死亡，他在当年献血时并没有表现出任何疾病症状。尽管还需要做很多工作才能最终确定，但是不得不承认这是全球首次出现疑似血液感染牛海绵状脑病的病例。在此之前，牛海绵状脑病的感染途径主要是喂食朊病毒污染的饲料、食用污染的牛肉、牛的垂直传播、罕见的手术感染等。美国曾禁止在英国生活 6 个月以上的人献血，这在当时只是一项防范措施，如今却得到了实例证明。现在，医学界将面临一个难题：如何在牛海绵状脑病患者还没有任何症状的时候就发现其携带的朊病毒，以保证患者的用血安全，避免出现与患者愿望相反的致命伤害，也避免医疗机构为此承担的责任。

4. 医源性传播　使用污染的器械、组织移植（角膜、硬脑膜等）、脑部电极植入、肌肉注射污染的生长因子等造成人感染传染性海绵状脑病疾病。有报道称发生的 100 多例 CJD 与此途径有关。

（三）牛海绵状脑病与化妆品

首先应该明确，牛海绵状脑病是可传播性的疾病，某些化妆品传播牛海绵状脑病的可能性在 1990 年首次被提出，虽然当时认为这种危险十分遥远，但随着 vCJD 的出现也日益受到重视。如果化妆品中含有牛海绵状脑病感染因子，按照目前的提取处理方法很难做到彻底灭活。虽然没有证据显示长期皮肤接触感染因子可以传播牛海绵状脑病，但皮肤黏膜小伤口接触感染、眼睛接触的眼球感染、接触唇膏引起的消化道感染在理论上仍具有危险性。许多欧美国家制定了一系列的法规和安全措施，包括禁止使用脑组织、脊髓等"高危"组织，并列出了详细的禁止使用的组织名单，明确了一些专业机构和组织监控化妆品安全的职能和责任。

但要注意并不是所有的进口化妆品都会传播牛海绵状脑病，必须是来自国外牛海绵状脑病疫区用动物源性原料成分生产的化妆品，或国外非牛海绵状脑病疫区使用了来自牛海绵状脑病疫区的动物源性原料成分生产的化妆品，才能传播牛海绵状脑病。来自牛海绵状脑病疫区的化妆品最有可能含牛、羊等动物源性原料成分的是抗皱、抗衰老及具有生物活性的高级护肤美容制品。而香水类化妆品没有问题，它的主要原料是香精和酒精，可以说是安全的。

我国对来自国外牛海绵状脑病疫区用动物源性原料成分生产的化妆品，或国外牛海绵状脑病疫区使用了来自牛海绵状脑病疫区的动物源性原料成分生产的化妆品是绝对禁止进口的。为防止牛海绵状脑病传入我国，保护我国人民的身体健康，根据《中华人民共和国进出境动植物检疫法》《中华人民共和国进出口商品检验法》和《化妆品卫生监督条例》的规定，卫生部、国家质量监督检验检疫总局于 2002 年 3 月 4 日发布第 1 号公告，卫生部于 2002 年 3 月 4 日发布第 2 号公告。为进一步规范进口化妆品的管理，国家质量监督检验检疫总局、卫生部决定对从牛海绵状脑病疫区进口化妆品的管理措施进行调整，

2007 年 7 月 30 日发布了 2007 年第 116 号公告，并于 2007 年 8 月 31
日实施，同时废止原中华人民共和国卫生部与国家质量监督检验检疫
总局联合发布的 2002 年 1 号公告。现行公告的主要内容包括：①禁
止含有本公告附件所列来自牛海绵状脑病疫区的高风险物质的化妆品
及化妆品原料进口。来自牛海绵状脑病疫区的高风险物质清单由卫生
部和国家质量监督检验检疫总局根据风险分析结果进行调整并公布。
②进口商在向国务院卫生行政主管部门申报办理卫生许可批件（或备
案证书）和向出入境检验检疫机构报检时，不再提供由牛海绵状脑病
疫区国家主管部门或其授权机构出具的"化妆品证书"。③进口含本
公告附件所列牛海绵状脑病疫区高风险物质化妆品和化妆品原料的将
依法进行处理。

　　化妆品中禁限用的来自牛海绵状脑病疫区的高风险物质清单，见本
节后所附内容。

　　2002 年 2 号公告：自 2002 年 3 月 14 日起，凡从牛海绵状脑病发
生国家或地区进口的化妆品，向卫生部申报时，申报单位需提供生产国
或地区出具的官方检疫证书，证明该化妆品不含有发生牛海绵状脑病国
家或地区牛、羊的脑及神经组织、内脏、胎盘和血液（含提取物）等动
物源性原料成分。

　　有关部门一直严把进口关，严禁从牛海绵状脑病疫区进口化妆品
等。有关专家认为，市民在购买和使用进口化妆品时，还是应该多加小
心。选用化妆品时要注意以下几点：①弄清楚该品牌的产品是否来自牛
海绵状脑病疫区；②是否能提供输出国或地区官方出具的动物检疫证
书、产品中文标签；③检查化妆品说明书是否含有牛、羊的脑及神经组
织、内脏、胎盘、血液等动物源性成分，如果含有，则要看是否来自牛
海绵状脑病疫区；④检查化妆品是否经有关部门检验检疫，有无检验检
疫部门的检验标志等。使用美白、抗皱、抗衰老及绵羊油、牛、羊胎膜
等美容护肤用品要谨慎，因为合资企业及国内一些企业生产的含动物源
性的化妆品中大部分原料依赖进口，有的口红成分是从牛的内脏中提取

的，涂在唇上危害性更大，应特别注意。

（四）BSE 与生物化学试剂、医疗用品

牛海绵状脑病的病原因子是一种蛋白质侵染因子即朊病毒，在电镜下可观察到大小为 50～200nm，其核心部分是 4nm 的细小纤维状物质，传染性颗粒痒病相关纤维至今未确定该病原含有核酸，但该病原对常见的生物化学试剂、物理因素如热、紫外线等比一般的细菌和病毒抵抗力强。牛海绵状脑病病原因子在 37℃以 200mL/L 的甲醛处理 18h 或 3.5mL/L 的甲醛处理 3 个月不能使其灭活，室温下在 100～200mL/L 的甲醛溶液中可存活 28 个月；用 2%的次氯酸钠或 90%的石炭酸经 24h 以上才可灭活病原；对戊二醇、β-丙内酯、EDTA、多种核酸酶（核糖核酸酶 A 和Ⅲ、脱氧核糖核酸酶）、高温（高压蒸汽消毒 134～138℃18min 不完全灭活）有非凡的抵抗力；对离子辐射（γ 射线）、超声波等也具有很强的抵抗力；对紫外线（波长 254nm）照射的抵抗力较一般病毒高 40～200 倍，比马铃薯纺锤形块茎病毒高 10 倍，对 250nm 和 280nm 紫外线的抵抗力比对 237nm 紫外线强；动物组织中的病原经过油脂提炼后仍有部分存活，病原在土壤中可存活 3 年。

在生产过程中使用牛源材料的医药产品在临床上早已被广泛使用，主要包括以下三大类。

（1）直接的牛源成分 如牛源组织细胞、牛源蛋白、牛源组织提取物、牛源激素类。这类产品中包括了一些从高危组织制备的生物活性成分，而且在制备过程中为了保持其生物学活性，不能进行严格的高温、高压消毒。这些产品大部分是通过肌肉注射、静脉注射或蛛网膜下腔注射等方式用于人体，因此一旦有污染就很有可能造成感染。

（2）以牛源组织为原材料制备的医疗产品 主要为外科手术时使用的肠线，其原材料为牛肠，其中可能含有大量的淋巴组织，是中度危险物质。在生产过程中虽然经过一定程度的消毒灭菌处理，但很难保证彻底灭活牛海绵状脑病感染因子。同时在使用时直接植入病人体内，最终被机体吸收，因此一旦有污染也不能排除造成感染的可能性。

（3）在生产过程中使用过牛源物质的产品　这类产品主要包括各种疫苗。其中利用真核细胞（哺乳动物细胞、昆虫细胞）生产各种疫苗的过程中必须使用大量的牛血清，利用原核细胞生产各种疫苗的过程中使用牛肉浸膏或提取物。虽然血液属于极低或无感染性组织，但最近英国的一项研究显示，试验感染牛海绵状脑病牛脑组织的羊，其潜伏期血液可引起被接种羊发病。所以，不能忽视牛血液传染牛海绵状脑病的危险性。

（五）牛海绵状脑病与肉骨粉

牛海绵状脑病的传染源至今为止还没有确切的证据，尽管其他的传播形式还没有被排除，受到污染的肉骨粉目前被认为是最有可能的疾病载体。肉骨粉是指牲畜屠宰后其骨骸、内脏、毛发等非食用组织经粉碎和高温处理后制成的一种动物蛋白饲料。因为牛海绵状脑病感染因子对于常规的消毒灭菌手段有很强的耐受性，使得患有牛海绵状脑病和羊痒病的牛、羊等动物的肉和骨头制成的肉骨粉喂养动物可能导致牛海绵状脑病和羊痒病的传播。

自从发生牛海绵状脑病后，相应政策的改变对动物产品的生产产生很大影响。1986 年，英国发生首例牛海绵状脑病，从 1988 年开始禁止利用肉骨粉饲喂牲畜，严格防止动物源性产品进入易感动物食物链。1996 年证实牛海绵状脑病可以传染给人。之后对 30 月龄以上的牛进行严格的检疫和对感染动物进行宰杀。从 1989—2005 年欧盟相继制定了一系列法律、法规禁止动物源性蛋白饲料的使用（表 3-3）。日本采取了与欧盟相似的管理办法来管理动物源性的饲料生产，以防范牛海绵状脑病（表 3-4，刘贤等，2008）。

表 3-3　欧盟关于动物源性饲料的使用规定

原料来源	反刍动物	猪	家禽	鱼
反刍动物	永久禁止 2001/999/EC	暂时禁止 2003/1234/EC	暂时禁止 2003/1234/EC	暂时禁止 2003/1234/EC
猪	永久禁止 2001/999/EC	永久禁止 2002/1774/EC	暂时禁止 2003/1234/EC	暂时禁止 2003/1234/EC
家禽	暂时禁止 2003/1234/EC	暂时禁止 2003/1234/EC	永久禁止 2002/1774/EC	禁止 2003/1234/EC
鱼	暂时禁止 2003/1234/EC	允许	允许	永久禁止 2002/1774/EC

表 3-4　日本关于动物源性饲料的使用规定

饲　料	来　源	反刍动物	猪	鸡	鱼
凝胶，胶原质	哺乳动物	○	○	○	○
奶制品	哺乳动物	○	○	○	○
血粉、血浆	反刍动物	×	×	×	×
	猪，马，鸡	×	○	○	○
鱼粉	鱼，贝，甲壳类	×	○	○	○
鸡肉，羽毛粉	鸡	×	○	○	○
水解蛋白，蒸汽骨粉	鸡	×	○	○	○
	猪	×	○	○	○
肉骨粉，水解蛋白，蒸汽骨粉	猪鸡混合	×	○	○	○
	反刍	×	×	×	×
含动物蛋白的食品工业废弃物	哺乳动物，鸡，鱼，贝，甲壳类	×	○	○	×

备注：○表示允许使用；×表示禁止使用

　　牛海绵状脑病和羊痒病的致病因子都是朊蛋白。肉骨粉等动物性饲料的安全性问题已引起世界各国的高度重视，我国国家质量监督检验检疫总局等部委曾多次联合发布通告，禁止从发生牛海绵状脑病和羊痒病的国家进口含有牛源性成分和羊源性成分的肉骨粉等动物性饲料。绵羊和山羊都可以患羊痒病，而国外养殖的绵羊数量又远远高于山羊，肉骨粉中主要含绵羊成分，可见检测绵羊成分比检测山羊成分更为重要。目前，质检系统采用优化的 PCR 方法对进口动物源性饲料中牛羊源性成分进行检测，这为抵御牛海绵状脑病和羊痒病传入我国发挥了重要作用。我国利用该方法对进口的牛肉骨粉进行了检测，从 14 批、5 456t、价值 138 万美元的进口美国和加拿大肉骨粉中连续检测出羊源性成分，按照国家质量监督检验检疫总局的规定，这些肉骨粉已经和正在被退运出境。切实把好国门检疫关，是防止牛海绵状脑病和羊痒病进入我国的关键环节。

目前，动物源性饲料成分的检测方法中显微镜检测技术相对可靠，也是欧盟官方唯一认定的可用于仲裁检测的标准方法，主要是采用光学显微镜根据动物源性饲料各种组织的结构特征和细胞特征进行分析。动物源性饲料的显微镜检测方法首先由欧盟标准 EC/88/1998 给出，后来修订为 EC/126/2003，最新修订为 EC/152/2009。这种方法可以检测出低于 0.1% 的肉骨粉含量，几乎不存在假阴性。

（六）牛海绵状脑病与饲料工业

英国牛羊养殖业比较发达，因此，与之相关的屠宰业及肉制品业也比较发达。在屠宰厂内产生的牛羊内脏、骨头、脂肪和血液等下脚料也较丰富，这些蛋白资源的利用引起了饲料加工业的有关人士注意，将这些下脚料经过消毒处理，制成富含蛋白质的混合饲料，无疑有较大的经济效益。20 世纪 70 年代以后，英国的饲料加工业在还没有关于牛海绵状脑病知识的情况下，采用了牛羊屠宰后的下脚料，经过长时间的低温消毒，加工成动物蛋白，混合在牛羊等饲料内，既降低了饲料成本，还利用了宝贵的动物蛋白资源，并有利于环境保护工作。但是，事与愿违，牛羊下脚料制成的饲料却成了牛海绵状脑病的传播源。英国政府在 1988 年 7 月立即根据有关专家的建议，禁止采用动物下脚料作加工牛羊饲料的原料；1996 年英国政府又宣布在猪饲料中也适用这一禁令。

饲料加工业的概念本来是将各种饲料原料按不同饲养对象、不同营养要求、不同生产目的生产出不同品种、规格、等级产品的工业。饲料加工业以饲料产品为载体将营养物质供给养殖对象，但是它也可成为供给有害物质（如蛋白感染素）的载体，使养殖对象得病致死。英国的牛海绵状脑病正说明这一问题。我国的饲料产量位居世界各国前列，目前年产量已达 4 000 余万 t。从英国的牛海绵状脑病事件中，应得到启示和有益的借鉴。虽然国家已采取了动植物检疫的严格控制措施，但从饲料行业本身来说，不应仅仅局限于就事论事。

（1）从观念上把饲料提高到关系到食品质量的高度　饲料是动物的粮食，有些人将发霉、变质的原料用于饲料中。实际上，动物不健康或患病，同样会把有害物质带到人体中。英国牛海绵状脑病事件、日本水俣病事件，都是动物体内有害物质向人体转移的事例。

（2）对瘟疫事件不要姑息　英国的牛海绵状脑病事件就是英国政府对此不重视、不坚决果断处理，以致酿成大患。我国幅员辽阔，养殖品种众多，即使未发生牛海绵状脑病，也要考虑其他物种的瘟疫。如对虾的病毒灾害等是波及全国的大事件，当我国还是一方净土时，国外或境外早有发生，而我国的一些养虾业者为图高利从国外空运感染病毒的虾种苗在国内养殖，使病毒在国内迅速传播开来，造成重大损失。这些都与牛海绵状脑病一样，应引以为鉴，不要姑息以致瘟疫蔓延。

（3）利用动物下脚料要有科学的消毒程序　英国利用动物下脚料的消毒手段，仅仅是用低温处理，是不科学的。据我国专家近年来在虾病上所做的研究与观察，长时间低温处理并不能将病毒灭活，而高温处理才有效。实验室试验表明，只需将病毒置于 55～70℃下 1h 即可将大部分病毒灭活。灭活病毒的手段很多，并不仅仅是温度处理一种，其他物理、化学手段也可运用。要重视研究有针对性的灭活病毒的方法，采用科学的消毒程序。

（4）加速饲料科研步伐，开展边缘学科交流工作　我国饲料工业起步晚，需要进一步加快科研步伐，杜绝类似"牛海绵状脑病"的事件在我国发生。饲料加工业又是跨部门、跨学科的产业，因此，开展跨学科的研究交流工作，进行共同攻关是十分必要的。

（5）尽快为饲料立法　有鉴于"牛海绵状脑病"事件在英国的发生，饲料工业行业的立法工作更加紧迫，要尽快颁布饲料工业行业的管理法规，以规范饲料工业健康发展，并有益于人体健康。

附：化妆品中禁限用的来自牛海绵状脑病疫区的高风险物质清单

一、禁用物质清单

（一）牛源性物质：脑、眼、脊髓、头骨、脊椎骨（不包括尾椎骨）、脊柱、扁桃体、回肠末端、背根神经节、三叉神经节、血液和血液制品、舌（指舌肌，含有杯状乳突）。

（二）羊源性物质：头骨（包括脑、神经节和眼）、脊柱（包括神经节和脊髓）、扁桃体、胸腺、脾脏、小肠、肾上腺、胰腺、肝脏以及这些组织制备的蛋白制品，血液和血液制品,舌(指舌肌,含有杯状乳突)。

二、限用物质清单

（一）限用牛源性物质：骨制明胶和胶原、含蛋白的牛油脂和磷酸二钙、含蛋白的牛油脂衍生物。

（二）限用牛源性物质需满足的加工条件。

1. 骨制明胶和胶原

原料骨（不包括头骨和椎骨）需经以下程序进行加工处理：

（1）高压冲洗（脱脂）；

（2）酸洗软化，去除矿物质；

（3）长时间碱处理；

（4）过滤；

（5）138℃以上至少灭菌消毒 4s，或使用可降低感染性的其他等效方法。

2. 含蛋白的牛油脂和磷酸二钙

来源于经过宰前和宰后检验的牛，并剔除了脑、眼、脊髓、脊柱、扁桃体、回肠末端等特殊风险物质。

3. 含蛋白的牛油脂衍生物

需经高温、高压的水解、皂化和酯交换方法生产。

第二节 羊痒病

痒病历史悠久，迄今已有 260 多年的记载，是最早所知的传染性海绵状脑病，多发于绵羊和山羊，目前在世界许多地方流行。典型的绵羊痒病作为传染性海绵状脑病的模型，最早于 1732 年在英国的大不列颠被发现。非典型的羊痒病于 1998 年在挪威被确认，但是在此之前在英国和其他地区已经有报道，英国的非典型病例最早可以追溯到 1987 年。

1732 年，欧洲英格兰的绵羊发生了一种怪病，这种病能引起绵羊和山羊发生一种缓慢发展的致死性中枢神经系统疾病，主要临床症状表现为患病羊只出现共济失调、麻痹、衰弱和严重的皮肤瘙痒，病畜死亡率 100%，该病被人们命名为羊痒病（Scrapie）。自此，羊痒病开始广泛传播。在法国，第一例疑似病例发生在 1883 年，但是没有发现脑部的空泡变化。1936 年，科学家们将患病绵羊的脑脊液通过细菌滤器除菌处理后经眼内接种健康绵羊，经过 14～22 个月的潜伏期后发生了羊痒病，以此证明了羊痒病具有传染性。1939 年，英国因福尔马林灭活的羊跳跃病疫苗被羊痒病致病因子污染而导致大批羊发生痒病。1946 年，在使用羊脑组织灭活苗（甲醛灭活）预防羊跳跃病时，由于未察觉出制苗用的绵羊为痒病患畜，这批疫苗注射后 2 年有 1 500 只绵羊死于痒病，引起世界震惊。这种带痒病病原的疫苗可能是造成羊痒病大量发生的一种原因。1755 年，羊痒病的广泛传播成为当时苏格兰、英格兰、冰岛、法国、德国等国家的一个严重的问题。美国 1947 年发现羊痒病，曾投入大量的精力和财力设法予以根除，但至今仍有发生。

痒病又称慢性传染性脑炎、驴跑病（Traberkzankheit）、瘙痒病（Scratchie）、震颤病（La tremblante）、摩擦病（Rubbers, reiberkrankheit）或摇摆病（Shaking），其是由朊病毒引起的成年绵羊和山羊的一种慢性发展的中枢神经系统变性疾病。主要表现为高度发痒，进行性运动失调、衰弱和麻痹，通常经过数月而死亡，因此很少见于 18 月龄以下的羊只。

一、痒病在世界各国的分布

痒病已经存在两个半世纪以上，分布相当广泛。痒病原是欧洲国家的地方病，特别是在西欧国家很流行，最早的病例来源于 18—19 世纪的英国和德国，尽管有证据表明 18 世纪之前在北欧和奥匈地区就有痒病存在。历史上关于痒病的记录，英国是在 1732 年，德国是在 1759 年。18—19 世纪期间，痒病在英国和欧洲大陆的很多羊群中都存在。后来随着人们对羊毛产量的极大需求和羊群的频繁运输，疫病蔓延到了全世界范围（表 3-5）。

表 3-5　由于运输病羊导致发生羊痒病的国家

时间	国家	时间	国家
1878	冰岛	1958	挪威
1938	加拿大	1961	印度
1947	美国	1963	比利时
1952	新西兰	1964	匈牙利
1952	澳大利亚	1966	南非

（续）

时间	国家	时间	国家
1970	肯尼亚	1979	也门
1973	德国	1988	瑞典
1976	意大利	1988	塞浦路斯
1977	巴西	1990	日本

在 20 世纪 20—50 年代，羊痒病成为英国萨福克羊的主要疾病，造成了巨大的经济损失。瑞典 2004 年有该病发生的报道，加拿大、美国、巴西、埃塞俄比亚、日本都有该病存在，以色列从 1993 年就有该病发生，20 世纪 50 年代，澳大利亚和新西兰有该病的报道，然而这些国家通过严格的健康措施，现在已经是"无痒病"国家。南非上一次报道痒病的发生在 1972 年，至今没有类似的报道。很多国家没有痒病发生，一些国家这方面的信息不完整，因此不同国家组织调查活动的强度和有效性有很大的区别。

根据 OIE 公布的疫情资料和有关资料，目前全世界已有 30 多个国家曾发生过羊痒病。我国 1983 年从进口的羊中发现痒病，并迅速进行了扑杀和销毁处理，再没有发病的报道。

图 3-5 至图 3-16 为 2008—2013 年世界范围内羊痒病分布图。数据来源于 OIE 官方网站。

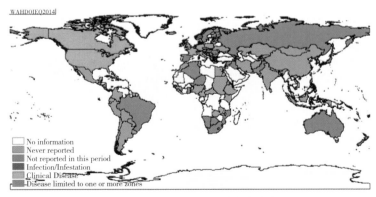

图 3-5　2013. 1—2013. 6 羊痒病分布图

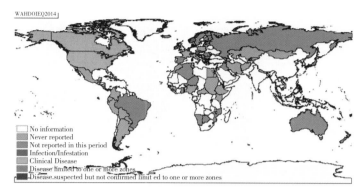

图 3-6　2013. 7—2013. 12 羊痒病分布图

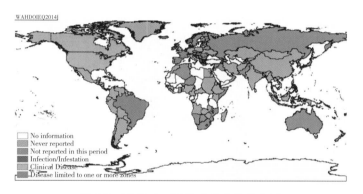

图 3-7　2012. 1—2012. 6 羊痒病分布图

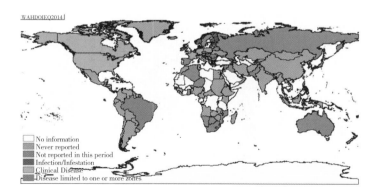

图 3-8　2012. 7—2012. 12 羊痒病分布图

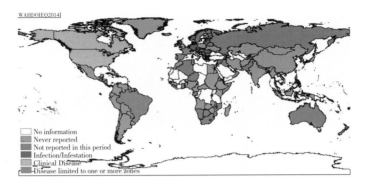

图 3-9   2011. 1—2011. 6 羊痒病分布图

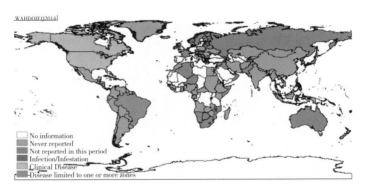

图 3-10   2011. 7—2011. 12 羊痒病分布图

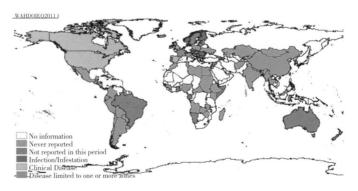

图 3-11   2010. 1—2010. 6 羊痒病分布图

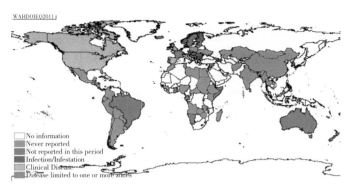

图 3-12 2010. 7—2010. 12 羊痒病分布图

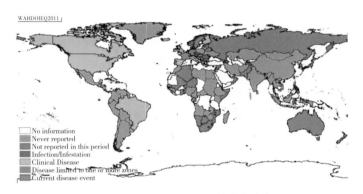

图 3-13 2009. 1—2009. 6 羊痒病分布图

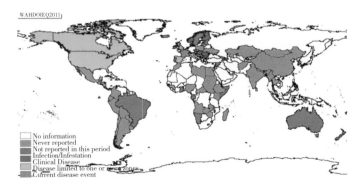

图 3-14 2009. 7—2009. 12 羊痒病分布图

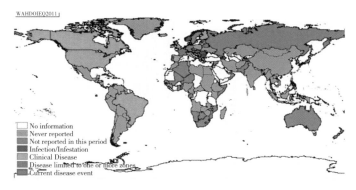

图 3-15　2008.1—2008.6 羊痒病分布图

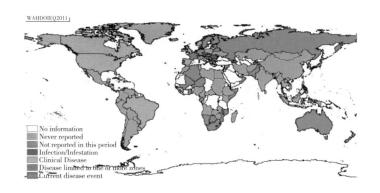

图 3-16　2008.7—2008.12 羊痒病分布图

图 3-5 至图 3-16 图例说明:

存在疑似病例但未确诊

确实有感染但没有临床症状

确实有临床感染

确实有感染但是局限在特定区域

确实有感染但是不局限在特定区域

疑似有感染但是不能确定是否局限在特定区域

2005 年以来世界范围内羊痒病发生情况见表 3-6。

表 3-6　2005 年以来世界范围内羊痒病发生情况

国家和地区	2005 年		2006 年		2007 年		2008 年		2009 年		2010 年		2011 年		2012 年		2013 年	
	1-6	7-12	1-6	7-12	1-6	7-12	1-6	7-12	1-6	7-12	1-6	7-12	1-6	7-12	1-6	7-12	1-6	7-12
阿富汗（Afghanistan）																		
阿尔巴尼亚（Albania）																		
阿尔及利亚（Algeria）																		
安道尔（Andorra）																		
安哥拉（Angola）																		
阿根廷（Argentina）																		
亚美尼亚（Armenia）																		
阿鲁巴岛（Aruba）																		
澳大利亚（Australia）																		
奥地利（Austria）																		
阿塞拜疆（Azerbaijan）																		

（续）

国家和地区	2005 年		2006 年		2007 年		2008 年		2009 年		2010 年		2011 年		2012 年		2013 年	
	1-6	7-12	1-6	7-12	1-6	7-12	1-6	7-12	1-6	7-12	1-6	7-12	1-6	7-12	1-6	7-12	1-6	7-12
巴林 (Bahrain)																		
孟加拉国 (Bangladesh)																		
巴巴多斯 (Barbados)																		
白俄罗斯 (Belarus)																		
比利时 (Belgium)																		
伯利兹 (Belize)																		
贝宁 (Benin)																		
不丹 (Bhutan)																		
玻利维亚 (Bolivia)																		
波斯尼亚和黑塞哥维那 (简称波黑) (Bosnia and Herzegovina)																		

（续）

国家和地区	2005年		2006年		2007年		2008年		2009年		2010年		2011年		2012年		2013年	
	1-6	7-12	1-6	7-12	1-6	7-12	1-6	7-12	1-6	7-12	1-6	7-12	1-6	7-12	1-6	7-12	1-6	7-12
博茨瓦纳（Botswana）																		
巴西（Brazil）																		
文莱 Brunei Darussalam																		
保加利亚 Bulgaria																		
布基纳法索 Burkina Faso																		
布隆迪 Burundi																		
柬埔寨 Cambodia																		
喀麦隆 Cameroon																		
加拿大 Canada																		
佛得角 Cape Verde																		
开曼群岛 Cayman Islands																		

（续）

国家和地区	2005 年		2006 年		2007 年		2008 年		2009 年		2010 年		2011 年		2012 年		2013 年	
	1-6	7-12	1-6	7-12	1-6	7-12	1-6	7-12	1-6	7-12	1-6	7-12	1-6	7-12	1-6	7-12	1-6	7-12
中非 Central African Republic																		
乍得 Chad																		
智利 Chile																		
中国 China (People's Rep. of)																		
中国台湾 Chinese Taipei																		
哥伦比亚 Colombia																		
科摩罗 Comoros																		
刚果（金）Congo (Dem. Rep. of the)																		

（续）

国家和地区	2005 年		2006 年		2007 年		2008 年		2009 年		2010 年		2011 年		2012 年		2013 年	
	1-6	7-12	1-6	7-12	1-6	7-12	1-6	7-12	1-6	7-12	1-6	7-12	1-6	7-12	1-6	7-12	1-6	7-12
刚果（布） Congo (Rep. of the)																		
哥斯达黎加 Costa Rica																		
科特迪瓦 Cote D'Ivoire																		
克罗地亚 Croatia																		
古巴 Cuba																		
塞浦路斯 Cyprus																		
斯洛伐克 Czech Republic																		
丹麦 Denmark																		
吉布提 Djibouti																		
多米尼加 Dominica																		

（续）

国家和地区	2005 年		2006 年		2007 年		2008 年		2009 年		2010 年		2011 年		2012 年		2013 年	
	1-6	7-12	1-6	7-12	1-6	7-12	1-6	7-12	1-6	7-12	1-6	7-12	1-6	7-12	1-6	7-12	1-6	7-12
厄瓜多尔 Ecuador																		
埃及 Egypt																		
萨尔瓦多 El Salvador																		
赤道几内亚 Equatorial Guinea																		
厄立特里亚国 Eritrea																		
爱沙尼亚 Estonia																		
埃塞俄比亚 Ethiopia																		
福克兰群岛（马尔维纳斯）Falkland Islands (Malvinas)																		
斐济 Fiji																		

（续）

国家和地区	2005年		2006年		2007年		2008年		2009年		2010年		2011年		2012年		2013年	
	1-6	7-12	1-6	7-12	1-6	7-12	1-6	7-12	1-6	7-12	1-6	7-12	1-6	7-12	1-6	7-12	1-6	7-12
芬兰 Finland																		
马其顿共和国 Former Yug. Rep. of Macedonia																		
法国 France																		
法属圭亚那 French Guiana																		
法属玻里尼西亚 French Polynesia																		
加蓬 Gabon																		
冈比亚 Gambia																		
格鲁吉亚 Georgia																		
德国 Germany																		
加纳 Ghana																		

（续）

国家和地区	2005 年		2006 年		2007 年		2008 年		2009 年		2010 年		2011 年		2012 年		2013 年	
	1-6	7-12	1-6	7-12	1-6	7-12	1-6	7-12	1-6	7-12	1-6	7-12	1-6	7-12	1-6	7-12	1-6	7-12
希腊 Greece																		
格陵兰 Greenland																		
格林纳达 Grenada																		
瓜德罗普岛（法属）Guadeloupe(France)																		
危地马拉 Guatemala																		
几内亚 Guinea																		
几内亚-比绍 Guinea-Bissau																		
圭亚那 Guyana																		
海地 Haiti																		
洪都拉斯 Honduras																		

（续）

国家和地区	2005 年		2006 年		2007 年		2008 年		2009 年		2010 年		2011 年		2012 年		2013 年	
	1-6	7-12	1-6	7-12	1-6	7-12	1-6	7-12	1-6	7-12	1-6	7-12	1-6	7-12	1-6	7-12	1-6	7-12
中国香港 Hong Kong (SAR-PRC)																		
匈牙利 Hungary																		
冰岛 Iceland																		
印度 India																		
印度尼西亚 Indonesia																		
伊朗 Iran																		
伊拉克 Iraq																		
爱尔兰 Ireland																		
以色列 Israel																		
意大利 Italy																		

（续）

国家和地区	2005年		2006年		2007年		2008年		2009年		2010年		2011年		2012年		2013年	
	1-6	7-12	1-6	7-12	1-6	7-12	1-6	7-12	1-6	7-12	1-6	7-12	1-6	7-12	1-6	7-12	1-6	7-12
牙买加 Jamaica																		
日本 Japan																		
约旦 Jordan																		
哈萨克斯坦 Kazakhstan																		
肯尼亚 Kenya																		
基里巴斯 Kiribati																		
朝鲜 Korea (Dem. People's Rep.)																		
韩国 Korea (Rep. of)																		
科威特 Kuwait																		
吉尔吉斯斯坦 Kyrgyzstan																		

国家和地区	2005 年		2006 年		2007 年		2008 年		2009 年		2010 年		2011 年		2012 年		2013 年	
	1-6	7-12	1-6	7-12	1-6	7-12	1-6	7-12	1-6	7-12	1-6	7-12	1-6	7-12	1-6	7-12	1-6	7-12
老挝 Laos																		
拉脱维亚 Latvia																		
黎巴嫩 Lebanon																		
莱索托 Lesotho																		
利比亚 Libya																		
列支敦士登 Liechtenstein																		
立陶宛 Lithuania																		
卢森堡 Luxembourg																		
马达加斯加 Madagascar																		
马拉维 Malawi																		
马来西亚 Malaysia																		

（续）

国家和地区	2005 年		2006 年		2007 年		2008 年		2009 年		2010 年		2011 年		2012 年		2013 年	
	1-6	7-12	1-6	7-12	1-6	7-12	1-6	7-12	1-6	7-12	1-6	7-12	1-6	7-12	1-6	7-12	1-6	7-12
马尔代夫 Maldives																		
马里 Mali																		
马耳他 Malta																		
马提尼克 Martinique (France)																		
毛里塔尼亚 Mauritania																		
毛里求斯 Mauritius																		
墨西哥 Mexico																		
密克罗尼西亚（联邦） Micronesia (Federated States)																		
摩尔多瓦 Moldova																		
蒙古 Mongolia																		

（续）

国家和地区	2005年		2006年		2007年		2008年		2009年		2010年		2011年		2012年		2013年	
	1-6	7-12	1-6	7-12	1-6	7-12	1-6	7-12	1-6	7-12	1-6	7-12	1-6	7-12	1-6	7-12	1-6	7-12
黑山共和国 Montenegro																		
摩洛哥 Morocco																		
莫桑比克 Mozambique																		
缅甸 Myanmar																		
纳米比亚 Namibia																		
尼泊尔 Nepal																		
荷兰 Netherlands																		
新喀里多尼亚 New Caledonia																		
新西兰 New Zealand																		
尼加拉瓜 Nicaragua																		
尼日尔 Niger																		

（续）

国家和地区	2005 年		2006 年		2007 年		2008 年		2009 年		2010 年		2011 年		2012 年		2013 年	
	1-6	7-12	1-6	7-12	1-6	7-12	1-6	7-12	1-6	7-12	1-6	7-12	1-6	7-12	1-6	7-12	1-6	7-12
尼日利亚 Nigeria																		
挪威 Norway																		
阿曼 Oman																		
巴基斯坦 Pakistan																		
巴勒斯坦 Palestinian Auton.																		
巴勒斯坦自治领土 Territories																		
巴拿马 Panama																		
巴布亚新几内亚 Papua New Guinea																		
巴拉圭 Paraguay																		
秘鲁 Peru																		
菲律宾 Philippines																		

（续）

国家和地区	2005年		2006年		2007年		2008年		2009年		2010年		2011年		2012年		2013年	
	1-6	7-12	1-6	7-12	1-6	7-12	1-6	7-12	1-6	7-12	1-6	7-12	1-6	7-12	1-6	7-12	1-6	7-12
波兰 Poland																		NA
葡萄牙 Portugal																		
卡塔尔 Qatar																		
留尼汪岛（法属） Reunion (France)																		
罗马尼亚 Romania																		
俄罗斯 Russia																		
卢旺达 Rwanda																		
萨摩亚 Samoa																		
圣马利诺 San Marino																		

（续）

国家和地区	2005 年		2006 年		2007 年		2008 年		2009 年		2010 年		2011 年		2012 年		2013 年	
	1-6	7-12	1-6	7-12	1-6	7-12	1-6	7-12	1-6	7-12	1-6	7-12	1-6	7-12	1-6	7-12	1-6	7-12
圣多美与普林希比 Sao Tome and Principe																		
沙特阿拉伯 Saudi Arabia																		
塞内加尔 Senegal																		
塞尔维亚 Serbia																		
塞尔维亚和黑山（简称塞黑）Serbia and Montenegro																		
塞舌尔 Seychelles																		
塞拉利昂 Sierra Leone																		
新加坡 Singapore																		

（续）

国家和地区	2005 年		2006 年		2007 年		2008 年		2009 年		2010 年		2011 年		2012 年		2013 年	
	1-6	7-12	1-6	7-12	1-6	7-12	1-6	7-12	1-6	7-12	1-6	7-12	1-6	7-12	1-6	7-12	1-6	7-12
斯洛伐克 Slovakia																		
斯洛文尼亚 Slovenia																		
所罗门群岛 Solomon Islands																		
索马里 Somalia																		
南非 South Africa																		
西班牙 Spain																		
斯里兰卡 Sri Lanka																		
圣基茨和尼维斯 St. Kitts and Nevis																		
圣文森特和格林纳丁斯 St. Vincent and the Grenadines																		

（续）

国家和地区	2005 年		2006 年		2007 年		2008 年		2009 年		2010 年		2011 年		2012 年		2013 年	
	1-6	7-12	1-6	7-12	1-6	7-12	1-6	7-12	1-6	7-12	1-6	7-12	1-6	7-12	1-6	7-12	1-6	7-12
苏丹 Sudan																		
苏里兰 Suriname																		
斯威士兰 Swaziland																		
瑞典 Sweden																		
瑞士 Switzerland																		
叙利亚 Syria																		
塔吉克斯坦 Tajikistan																		
坦桑尼亚 Tanzania																		
泰国 Thailand																		
多哥 Togo																		

（续）

国家和地区	2005 年		2006 年		2007 年		2008 年		2009 年		2010 年		2011 年		2012 年		2013 年	
	1-6	7-12	1-6	7-12	1-6	7-12	1-6	7-12	1-6	7-12	1-6	7-12	1-6	7-12	1-6	7-12	1-6	7-12
汤加 Tonga																		
特立尼达和多巴哥 Trinidad and Tobago																		
突尼斯 Tunisia																		
土耳其 Turkey																		
土库曼斯坦 Turkmenistan																		
图瓦卢 Tuvalu																		
乌干达 Uganda																		
乌克兰 Ukraine																		
阿拉伯联合酋长国 United Arab Emirates																		

（续）

国家和地区	2005 年		2006 年		2007 年		2008 年		2009 年		2010 年		2011 年		2012 年		2013 年	
	1-6	7-12	1-6	7-12	1-6	7-12	1-6	7-12	1-6	7-12	1-6	7-12	1-6	7-12	1-6	7-12	1-6	7-12
英国 United Kingdom																		
美国 United States of America																		
乌拉圭 Uruguay																		
乌兹别克斯坦 Uzbekistan																		
瓦努阿图 Vanuatu																		
委内瑞拉 Venezuela																		
越南 Vietnam																		

注：□ 没有信息。　□ 从未报道。　□ 在报道期间没有发生。　□ 存在疑似病例但未确诊。　■ 确实有感染但没有临床症状。　■ 确实有感染但是不能确定是否局限在特定区域。

■ 临床感染。　■ 确实有感染但是局限于特定区域。　■ 确实有感染但是不局限在特定区域。　■ 疑似有感染但是不能确定是否局限在特定区域。　■ 确实有感染但局限在特定区域。

分为两部分的，上半部分代表养殖动物，下半部分代表野生动物。

　　参照 OIE 官方网站的数据和资料，总结出世界范围内羊瘙病状况表，其中包括从未发生疫病的国家、在报道期间未发生疫病的国家、感染存在但是没有临床症状、存在临床感染和疫病局限在特定区域内的国家和地区名单（表 3-7 至表 3-11）。

表 3-7　从未发生羊瘙病的国家和地区

国家和地区	最新报道日期	监　测
阿富汗	2010 年 7—12 月	无特定监测
安道尔	2007 年 7—12 月	无特定监测
安哥拉	2010 年 7—12 月	无特定监测
阿根廷	2010 年 1—6 月	大体监测
巴林	2009 年 7—12 月	无特定监测
孟加拉国	2010 年 1—6 月	无特定监测
巴巴多斯岛	2007 年 7—12 月	无特定监测
伯利兹城	2010 年 7—12 月	大体监测
不丹	2010 年 1—6 月	无特定监测
玻利维亚	2010 年 1—6 月	无特定监测
波斯尼亚和黑塞哥维那	2010 年 7—12 月	无特定监测
喀麦隆	2009 年 7—12 月	无特定监测
开曼群岛	2006 年 7—12 月	大体监测
中非共和国	2010 年 7—12 月	无特定监测
智利	2010 年 7—12 月	无特定监测
中国	2010 年 1—6 月	大体和靶向监测
中国台湾	2010 年 1—6 月	靶向监测
哥伦比亚	2010 年 1—6 月	无特定监测
科索罗	2009 年 7—12 月	无特定监测
哥斯达黎加	2010 年 7—12 月	无特定监测
克罗地亚	2010 年 1—6 月	无特定监测
古巴	2010 年 1—6 月	无特定监测
丹麦	2010 年 7—12 月	大体和靶向监测
吉布提	2010 年 7—12 月	无特定监测

（续）

国家和地区	最新报道日期	监　测
多米尼加	2010 年 1—6 月	大体监测
厄瓜多尔	2010 年 1—6 月	无特定监测
埃及	2010 年 7—12 月	无特定监测
萨尔瓦多	2010 年 1—6 月	无特定监测
爱沙尼亚	2010 年 7—12 月	靶向监测
埃塞俄比亚	2010 年 7—12 月	大体监测
斐济	2008 年 7—12 月	无特定监测
马其顿	2010 年 7—12 月	大体监测
法属波利尼西亚	2010 年 7—12 月	无特定监测
格鲁吉亚	2010 年 7—12 月	无特定监测
格陵兰	2009 年 7—12 月	无特定监测
瓜德罗普岛	2010 年 7—12 月	大体和靶向监测
危地马拉	2010 年 1—6 月	无特定监测
几内亚	2010 年 7—12 月	无特定监测
圭亚那	2010 年 1—6 月	大体监测
海地	2010 年 7—12 月	无特定监测
洪都拉斯	2010 年 1—6 月	无特定监测
中国香港	2010 年 1—6 月	无特定监测
印度	2010 年 1—6 月	大体监测
印度尼西亚	2009 年 7—12 月	无特定监测
伊朗	2009 年 7—12 月	无特定监测
伊拉克	2008 年 7—12 月	无特定监测
牙买加	2010 年 1—6 月	无特定监测
约旦	2010 年 1—6 月	无特定监测
哈萨克斯坦	2010 年 7—12 月	无特定监测
肯尼亚	2010 年 1—6 月	大体和靶向监测
科威特	2010 年 1—6 月	无特定监测
吉尔吉斯斯坦	2008 年 1—6 月	大体和靶向监测
老挝	2009 年 7—12 月	无特定监测

（续）

国家和地区	最新报道日期	监 测
拉脱维亚	2010 年 7—12 月	大体监测
黎巴嫩	2010 年 1—6 月	无特定监测
莱索托	2010 年 7—12 月	无特定监测
利比亚	2010 年 1—6 月	无特定监测
立陶宛	2010 年 7—12 月	大体监测
马达加斯加	2010 年 1—6 月	无特定监测
马拉维	2010 年 7—12 月	无特定监测
马来西亚	2010 年 7—12 月	大体监测
马尔代夫	2010 年 7—12 月	无特定监测
马耳他	2008 年 7—12 月	无特定监测
毛里求斯	2010 年 1—6 月	无特定监测
墨西哥	2010 年 1—6 月	靶向监测
密克罗尼西亚	2009 年 7—12 月	无特定监测
摩尔达维亚	2010 年 7—12 月	大体监测
蒙古	2010 年 1—6 月	大体监测
摩洛哥	2010 年 1—6 月	无特定监测
缅甸	2010 年 1—6 月	无特定监测
尼泊尔	2010 年 1—6 月	无特定监测
新喀里多尼亚	2010 年 7—12 月	无特定监测
尼加拉瓜	2010 年 7—12 月	无特定监测
尼日利亚	2010 年 1—6 月	大体监测
巴拿马	2010 年 7—12 月	无特定监测
巴拉圭	2010 年 1—6 月	无特定监测
秘鲁	2010 年 1—6 月	无特定监测
菲律宾	2009 年 7—12 月	无特定监测
波兰	2010 年 1—6 月	大体和靶向监测
萨摩亚群岛	2010 年 1—6 月	大体监测
圣马力诺	2010 年 7—12 月	无特定监测
塞舌尔	2010 年 7—12 月	大体监测

（续）

国家和地区	最新报道日期	监 测
新加坡	2010 年 7—12 月	无特定监测
斯里兰卡	2010 年 1—6 月	无特定监测
圣文森和格林纳丁斯	2010 年 7—12 月	无特定监测
苏丹	2010 年 7—12 月	无特定监测
苏里南	2008 年 7—12 月	无特定监测
斯威士兰	2010 年 7—12 月	大体监测
泰国	2010 年 1—6 月	无特定监测
多哥	2010 年 7—12 月	无特定监测
特立尼达和多巴哥	2008 年 1—6 月	无特定监测
突尼斯	2010 年 1—6 月	大体监测
乌克兰	2010 年 1—6 月	大体监测
沙特阿拉伯	2009 年 7—12 月	无特定监测
乌拉圭	2010 年 7—12 月	大体和靶向监测
乌兹别克斯坦	2008 年 1—6 月	无特定监测
瓦努阿图	2009 年 7—12 月	无特定监测
委内瑞拉	2009 年 7—12 月	无特定监测
越南	2009 年 7—12 月	大体监测
沃利斯和富图纳群岛	2007 年 7—12 月	大体监测
赞比亚	2010 年 1—6 月	无特定监测
津巴布韦	2010 年 1—6 月	无特定监测

表 3-8 在报道期间未发生疫病的国家和地区

国家和地区	最新报告日期	家养动物		野生动物	
		监测状况	最后出现的日期	监测状况	最后出现的日期
澳大利亚	2010 年 1—6 月	大体和靶向监测	1952 年	大体和靶向监测	1952 年
奥地利	2010 年 1—6 月	无特定监测	2000 年	无特定监测	—
阿塞拜疆	2010 年 7—12 月	无特定监测	—	无特定监测	—
巴西	2010 年 1—6 月	大体监测	2009 年 12 月	大体监测	—
保加利亚	2010 年 7—12 月	无特定监测	2010 年 6 月	无特定监测	—

（续）

国家和地区	最新报告日期	家养动物		野生动物	
		监测状况	最后出现的日期	监测状况	最后出现的日期
捷克	2010 年 7—12 月	靶向监测	2008 年	无特定监测	—
加蓬	2010 年 7—12 月	无特定监测	—	无特定监测	—
加纳	2010 年 7—12 月	无特定监测	—	无特定监测	—
以色列	2010 年 1—6 月	大体监测	2008 年	无特定监测	—
日本	2009 年 7—12 月	大体和靶向监测	2005 年 4 月	无特定监测	—
朝鲜	2010 年 1—6 月	无特定监测	—	无特定监测	—
列支敦士登	2010 年 7—12 月	大体监测	—	大体监测	—
黑山共和国	2010 年 7—12 月	无特定监测	—	无特定监测	—
纳米比亚	2010 年 7—12 月	无特定监测	—	无特定监测	—
新西兰	2010 年 7—12 月	大体和靶向监测	1954 年	大体和靶向监测	1954 年
巴勒斯坦	2010 年 7—12 月	无特定监测	2009 年 12 月	无特定监测	—
卡塔尔	2010 年 1—6 月	无特定监测	—	无特定监测	—
塞尔维亚	2010 年 7—12 月	无特定监测	—	无特定监测	—
斯洛文尼亚	2010 年 7—12 月	无特定监测	2010 年 6 月	无特定监测	—
索马里	2010 年 7—12 月	无特定监测	—	无特定监测	—
南非	2009 年 7—12 月	大体监测	1972 年	大体监测	1972 年
瑞典	2010 年 1—6 月	大体监测	1986 年	无特定监测	—
瑞士	2010 年 7—12 月	大体监测	2005 年 5 月	大体监测	—
叙利亚	2010 年 7—12 月	大体监测	—	无特定监测	—

表 3-9　有痒病感染病例存在但是没有临床症状的国家和地区

国家和地区	最新报道日期	家养	野生
芬兰	2010 年 7—12 月	√	×
德国	2010 年 7—12 月	√	×
爱尔兰	2010 年 7—12 月	√	×
挪威	2010 年 7—12 月	√	×
罗马尼亚	2010 年 1—6 月	√	×
斯洛伐克	2010 年 7—12 月	√	×

表 3-10　存在痒病临床感染病例的国家和地区

国家和地区	最新报道日期	家养	野生
加拿大	2010 年 7—12 月	√	×
塞浦路斯	2010 年 1—6 月	√	×
希腊	2009 年 7—12 月	√	×
冰岛	2010 年 7—12 月	√	×
意大利	2010 年 1—6 月	√	×
荷兰	2010 年 1—6 月	√	×
西班牙	2010 年 1—6 月	√	×
大不列颠	2010 年 1—6 月	√	×
美国	2010 年 1—6 月	√	×

表 3-11　疫病局限在特定区域内的国家和地区

国家和地区	最新报道日期	家养	野生
法国	2010 年 1—6 月	√	×
匈牙利	2010 年 1—6 月	√	×
葡萄牙	2010 年 7—12 月	√	×

　　世界各国对于羊痒病的控制措施包括法定疫病级别（notifiable
disease）、监测级别（monitoring）、大体监测（general surveillance）
和靶向监测（targeted surveillance）等级别。图 3-17 至图 3-20 为不同
级别的分布图。

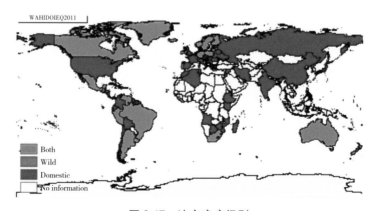

图 3-17　法定疫病级别

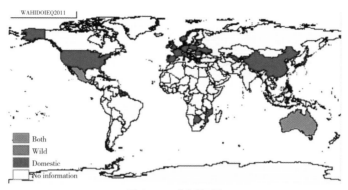

图 3-18　监测级别

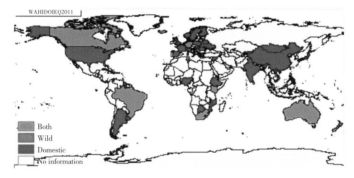

图 3-19　大体监测级别

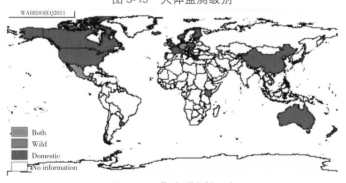

图 3-20　靶向监测级别

图 3-17 至图 3-20 图例说明：

两者都有
野生动物
家养动物
没有报道

二、我国痒病研究情况

从 2002 年起，我国着手进行针对动物海绵状脑病的 P3 实验室和相关检测实验室的建设和改造。中国农业大学国家动物海绵状脑病检测实验室及其他实验室连续 7 年承担了我国牛海绵状脑病和羊痒病的监测任务，对我国羊群进行了广泛的流行病学调查研究，做了大量的实验室工作，在我国首次发现痒病疑似病例，并取得突破性的进展，于 2003 年 10 月第 209 次香山科学会议（朊病毒与人畜构象病的研究进展及对策）进行了汇报、交流，得到 7 位院士的肯定和高度重视。相关实验室每年都进行 BSE 和羊痒病的病理组织学和分子病理学的筛查工作，迄今为止，未有羊痒病阳性病例发现的报道。

三、非典型性羊痒病

经典羊痒病（Classical scrapie，CS）又被称为典型性的羊痒病，是感染小反刍动物的慢性传染性神经退行性疾病，其病理表现为脑部空泡化和具有蛋白酶抗性的蛋白物质沉着，同牛海绵状脑病以及克雅氏病一样，属于传染性海绵状脑病范畴，这种疾病以渐进性的方式贯穿于整个病程，最终导致神经系统的退行性变化。全世界范围内除了澳大利亚和新西兰以外，几乎都有经典的羊痒病分布。欧洲的羊群也极有可能被暴露在牛海绵状脑病感染的环境中。不能排除自然条件下发生的羊痒病是由于接触牛海绵状脑病的感染物质而引起的可能性。在实验条件下，牛海绵状脑病感染物质可以在羊群中水平传播，如果在常规的饲养模式下发生这种传播，牛海绵状脑病感染因子就可能长期存在于羊群中，对公众健康和安全产生极大的威胁（表 3-12）。

表 3-12 非典型羊痒病与经典羊痒病的区别

比较项目	非典型性羊痒病	经典羊痒病
传染性	在自然条件下，完全暴露在感染环境下，只有低传染性或者不具有传染性；科学家认为非典型性病例的发生是由于随机性的正常蛋白构象改变引起的（类似于散发性）	属传染性疾病，在自然感染条件下，能够传染给其他山羊或者绵羊
分布	在很多国家都有发生，这些国家都采用敏感方法进行精细监测。在不同的羊群中都有发现，具有较强的随机性	在非典型病例发生的一些国家，没有发现典型性病例。经典型病例通常呈片状或者束状发生
在某个羊群中的感染数量	在一个羊群中，很少有多于 1 个病例同时发生。如果同群中有两个病例发生，羊群通常大于 500 只	经典的羊痒病通常感染同群中 2 只以上的羊
临床发病动物的平均年龄	临床症状记录很少，通常在屠宰时发现，通常大于 5 岁	3～5 岁是羊发病的高峰期
临床症状	临床记录极少被报道。另外，瘙痒等症状基本没有出现过	频繁瘙痒，神经症状
对抗疾病的基因型变异	没有发现极有保护性的基因型	有的羊具有经典羊痒病抗性的基因型，但是有可能发生非典型痒病

　　非典型性羊痒病（Atypical scrapie）存在了相当长的时间，但直到 1998 年在挪威的羊群中才确诊发现了这种新的传染性海绵状脑病类型，被称为 Nor98 羊痒病，又被称为非经典型的羊痒病（Nonclassical scrapie）。从 1998 年起，在欧洲的每一个国家都几乎发生过相似的病例，澳大利亚、加拿大、马尔维纳斯群岛、新西兰和美国的一些国家和地区有发生。非经典的和经典痒病一样，都不会对人体健康产生很大的威胁。欧盟引进了主动监测体系，并从 2002 年开始用于针对性地检测快速增长的非经典型的羊痒病病例。在某些采用 OIE 推荐方法无效的地区，在采用不同快速诊断方法检测 PrP^{Sc} 时，发现非典型性的病例检测结果具有差异性。区别之一就是发现脑部的病理学变化和 PrP^{Sc} 的沉积部位，与经典型病例相比，非典型性的 PrP^{Sc} 更多地沉积在小脑和皮质区而不是脑干部位，而且在外周组织中没有发现 PrP^{Sc}。具有 AHQ

或者 AF141RQ 基因的羊群可能与这种疾病的发生相关。2005 年，欧洲食品安全部门提出了区分典型性和非典型性羊痒病的方法，经典羊痒病的检测方法为 Bio-Rad TeSeE（test A）、Bio-Rad TeSeE Sheep/Goat（test G）、IDEXX Herd-Check BSE-Scrapie Antigen Test Kit（test F）、Enfer TSE Test v.2.0（test C）、InPro CDI-5、Institut Pourquier Scrapie Test、Prionics Check LIA Small Ruminants（test D）、Prionics Check WB Small Ruminants（test B），检测样品取自于脑干部位。检测非典型性羊痒病的方法同上，test D 用以检测小脑样品，tests A、FandG 用于检测脑干样品。

经典和非经典羊痒病是完全不同的两种疾病，各自具有独特的特征。2009 年，OIE 鉴于各实验室的发现，建议将非典型性羊痒病作为独立的疾病。这就意味着非典型性痒病是一种不必向 OIE 报告的疾病，而且不纳入到贸易的检测范畴。

如果发现非典型性羊痒病病例或者追溯到某个农场的某个羊群，必须采取相应的手段进行控制。农场主需要寻求政府或者国家兽医的帮助。①确诊阳性动物。②告知农场主关于羊痒病的资料以及控制措施。③检查阳性动物是不是在本群内所生或者有否生育后代，如果有的话，兽医需要协助国家动物安全部门，在确诊之前保证阳性动物不被转移；帮助农场制定长达 5 年的羊群监测计划；在确诊之前，将同群的其他羊只进行打耳标处理。④确诊为阳性的动物将归类于低风险暴露动物，允许农场主进行转移处理或者买卖。

（一）传染源

研究认为，出现临床症状前的羊可能是传染源，但尚不清楚某些动物是否成为携带者，即已经感染、携带病原但还没有出现临床症状。最近的大多数研究表明，小鼠携带了仓鼠的 263K 痒病病原，大约在 1 年内没有病原复制的现象、也没有 PrP^{Sc} 出现，然后进入病原适应和复制期。在大多数病例中，在病原活性期也没有检测到 PrP^{Sc}，因此在根除痒病的育种计划中，确定是否有病原耐受和适应情况非常重要。

1. 易感动物　　羊痒病多发生于绵羊和山羊。绵羊与山羊间可以接触传播。病羊的脑脊髓悬液经脑内接种甚至皮下注射，均可引起易感羊发病。将易感的脑组织经肠道注射（或经口服）于小鼠、大鼠、仓鼠、水貂和猴都可引起试验性痒病。小鼠和仓鼠是痒病最主要的实验动物。脑内、腹腔内、皮下、皮内、肌内、眼内和经口接种都可感染成功，脑内接种最有效。

新大陆卷尾猴、普通松鼠猴、黑掌蜘蛛猴和旧大陆长尾猴、恒河猴对痒病也易感。

2. 潜伏期和发病年龄　　痒病的潜伏期常在 1 年以上，最长可达 8 年，但是在一些商业性羊场由于养殖的时间较短，因此一般检测不到。痒病病程变化很大，从几周到数月，个体、品种和地区的差异很大。尽管该病常发生于老年母羊、公羊和阉割羊中，但发病高峰期多为 2～5 岁（图 3-21）。脑内接种实验动物的潜伏期和发病后的存活期试验表明，长尾猴为 27～73 个月和 2～8 个月，普通松鼠猴为 24～35 个月（小鼠适应毒为 14 个月）和 1～3 个月，黑掌蜘蛛猴为 24～38 个月和 3～10.5 个月。用长尾猴病毒接种亦可使卷尾猴感染，潜伏期 32～35

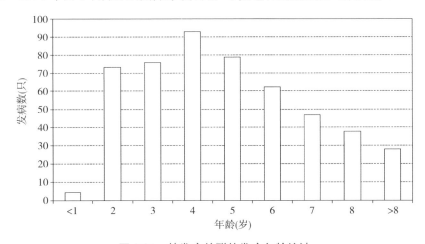

图 3-21　某发病羊群的发病年龄统计

个月，存活期 3～5 个月。用患病绵羊和山羊脑或小鼠适应毒接种黑猩猩，观察 191～211 个月，未见发病。

3. 痒病的传染来源和储存宿主 病畜（绵羊和山羊）是本病的传染源和主要储存宿主。许多国家发生痒病都是引进病羊或处于潜伏期的感染羊所致。某些国家（如冰岛）和牧场发现痒病后将整个羊群全部清除，再从安全区引进羊只又重新发病，因此怀疑可能存在其他储存宿主。

1996 年 4 月，Wisniewski 和 Sigurdarson 报道，螨可能是痒病的媒介或自然储存宿主。他们在冰岛 5 个痒病农场，在移去感染羊 1.5～4.5 个月后，收集草地和干草上的螨，包括害嗜磷螨、小粗脚粉螨、长食酪螨、普通肉食螨和跗线螨。以农场为单位，将充分洗涤后的螨研碎，悬浮于磷酸缓冲盐水中，离心后将上清液和重悬的沉淀分别脑内和腹腔内接种小鼠。结果在 3 个农场标本接种的 52 只小鼠中有 10 只发病，潜伏期 339～444d，病鼠脑 PrP^{Sc} 检查全部阳性。其中一个农场的标本浓缩 200 倍蛋白免疫印迹法（Western blotting）检测为阳性，这一试验结果只是初步的，还有待进一步证实。

4. 不同品种羊对痒病的抗性 几十年来，人们已经认识到有些品种的羊对羊痒病具有高度的抵抗性，而有些品种的羊则是高度易感的。品种之间易感性的差别很大，羊痒病在流行病学上具有比较明显的家族史。某些羊种易感，尤以萨福克羊（Suffolk）最易感，发病率可达50%，而兰布莱羊（Rambouillet）、塔尔基羊（Targhee）和汉普夏羊（Hampshire）的易感性较低。

5. 痒病相关基因 在英格兰，研究人员把痒病因子 SSBP/Ⅰ 试验性感染切维厄特（Cheviot）绵羊两个不同的品系，发现潜伏期受到一对称为 Sip 基因的控制，它有 sA（潜伏期短）和 pA（潜伏期长）两个等位基因。随后对仓鼠进行的感染性试验证明，编码仓鼠 PrP 的基因与绵羊的 Sip 基因一致。近年来，PrP 基因完全取代了 Sip 基因。对切维厄特绵羊及其他羊群详尽研究后发现，PrP 基因有 3 个多态性密码子与感染和潜伏期有关，136 位点的缬氨酸（V）与易感性有关，而丙氨酸（A）与抗性有关；171 位点编码的谷氨酸（Q）和组氨酸（H）与易感性有关，而精氨酸（R）与抗性有关；154 位点编码的组氨酸（H）与易感性有关，而精氨酸（R）与抗性有关。其中 5 种发生率最高的基因型 ARR、ARQ、AHQ、ARH、VRQ 代表了绵羊中可能出现的 15 种 PrP 基因型。这 15 种基因型的易感性见表 3-13。

表 3-13　英国每年 100 万只各种基因型绵羊中痒病发生率及国家的痒病计划

基因型	发生率	采取的措施
ARR/ARR	0	A
ARR/AHQ	0.3	B
ARR/ARQ	0.4	B
ARR/ARH	0	B
AHQ/AHQ	5	C
ARQ/AHQ	9	C
AHQ/ARH	0	C
ARH/ARH	2	C
ARQ/ARH	5	C
ARQ/ARQ	37	C
ARR/VRQ	6	D
AHQ/VRQ	0.7	E
ARQ/VRQ	225	E
ARH/VRQ	405	E
VRQ/VRQ	545	E

A. 本基因型大多数有痒病抗性；B. 本基因型有痒病抗性，进一步育种时应该选育；C. 有较小的抗性，可以卖掉或在某一阶段用于育种；D. 有易感性，特殊条件下可用于选育计划；E. 高易感性，不能用于育种，羔羊宰杀或阉割。

6. 不同品种羊的抗性基因基础

（1）纯合基因和杂合基因　痒病是一种传染性疾病，其潜伏时间和对临床疾病的敏感性受遗传控制。有关各个品种的绵羊自然（人工）感染痒病与特定的等位基因间的关系已有文献报道。通过遗传育种选择携带低敏感基因的羊可降低患痒病的风险。

　　羊 PRNP 包含 Prion 蛋白 254 个氨基酸的遗传密码。一个密码子编码一种氨基酸（三个 DNA 碱基）。DNA 序列在许多位点不同，在这些位点，相应的氨基酸代表不同的序列，应用单个字母表示每个氨基酸。大多与敏感性和潜伏时间相关的密码子分别编码氨基酸 136（A 或 V）、154（R 或 H）和 171（Q、R 或 H）。对英国和美国不同品种绵羊与痒病相关的主要等位基因总结于表 3-14 中。每只绵羊继承两拷贝基因，分别来自父、母本。而该等位基因可能相同（同源动物）也可能不同（在不同动物），并且两个等位基因综合代表动物的痒病敏感性基因型。

表 3-14　已报道美国、英国绵羊中 PRNP 等位基因的分布

主要的等位基因	品　　种
ARQ 和 ARR	英国 Suffolk，英国 Cotswold，美国 Dorset
ARQ、ARR 和 VRQ	英国 Poll Dorset，英国 Border Leicester
ARQ、AHQ、VRQ、ARR 和 ARH	美国 Suffolk＊，英国 Texel
ARQ、ARR 和 AHQ	英国 Bluefaced Leicester
ARQ、ARR、AHQ 和 VRQ	英国 Cheviot，美国 Cheviot，英国 Swaledale，英国 Welsh Mountain

　　＊ 对美国 Suffolk 绵羊的调查（未发表资料）表明，等位基因出现频率为 ARQ70%，ARR25%，VRQ、AHQ、ARH5%。最常见的二倍体基因型依次是 ARQ/ARQ（占被调查无痒病可疑绵羊的 45%）、ARQ/ARR（约 35%）、ARR/ARR（约 10%）、VRQ/ARQ 或 VRQ/ARR（约 5%），其他所有基因型约占 5%。

　　（2）多种易感基因　宿主基因型和感染因子株系是决定其易感性的两个主要因素。目前已经鉴定出某些基因型的羊对痒病易感。羊基因组中，在 136、154、171 位三个密码子存在八种基因多态性，并导致了六个氨基酸的变异。136 位和 171 位这两个密码子的多态性与羊的易感性有关，并能导致羊寿命缩短。某些品系的羊更趋向于在这两个密码子处具有特殊的基因型，不同品系的羊这三个密码子处基因型存在差异。某些基因型的羊具有对痒病较强的抗性，而有些则易发。羊痒病主要发生

在萨福克羊、切维厄特绵羊、无角短毛羊和汉普郡羊。萨福克羊的基因型为 A136 R154 Q171，对羊痒病易感、易发。基因型为 QQ171 品系的羊表现对痒病具有更强的易感性。136 位密码子为缬氨酸的羊我们称之为缬氨酸系羊（尤其指切维厄特绵羊、设特兰群岛羊），对痒病具有易感性。但只有 VQR 基因型品系的羊容易出现临床症状。

在这三个密码子处，氨基酸的变异影响羊痒病的潜伏期。而羊痒病病原因子株系的差异影响 PrP^C 向 PrP^{Sc} 的转变率或对痒病的抗性。

（3）杂交抗性品种的生产　Goldman 在 1996 年分析杂交山羊的等位基因后发现，四种不同的 PrP 蛋白被推断出来，其中三种是山羊所特有的，第四种是山羊和绵羊共有的。在实验室中用 BSE 因子、CH1641 和经过绵羊传代的 ME 痒病因子攻毒以后，密码子 142 位的双倍型性引起潜伏期的增加。随后 Goldman 在 1998 年报道了不同山羊已知的最短的 PrP 基因的鉴定，与其他物种，如绵羊、牛及人的具有五个或六个八肽的重复区的 PrP 基因相比较，该基因只具有三个八肽的重复区。其中，八肽的重复数目在人变化比较大，这些变化可能与 TSE 的发生有关。检测的 111 只山羊中 14 只携带有三个八肽重复的等位基因。试验中用 SSBP/1 经过大脑途径对 1 只杂交山羊和 4 只纯种山羊进行攻毒，试验结果表明，杂交山羊的潜伏期为 968d，而 4 只纯种山羊的潜伏期却只有 620d。这些数据表明 PrP 基因发生了改变。

（4）痒病 PrP 序列的多态性　依据目前的研究，绵羊 PrP 基因密码子 136、154 和 171 位具有多态性。密码子 136 位（VaL 或 ALa）和 171 位（Arg 或 GLn）的双态性与绵羊痒病的易感性有关。PrP-VaL 和 PrP-ALa 分别与 Sip sA 和 Sip pA 连锁，PrP 和 Sip 基因可能是同一基因。试验证明阳性系雪维特绵羊具有 VaL 等位基因，其纯合子和杂合子对皮下接种 SSBP/1 痒病分离物 100％发病。两密码子纯合子与两密码子杂合子的平均潜伏期相差达 190d。由此可见，绵羊对 SSBP/1 的易感性主要由 136 位密码子决定，Val 纯合子和杂合子均易感，前者易感性更高，ALa136 纯合子不感染。Arg171 对潜伏期有一定修饰作用

（延长）。

　　已在很多品种的痒病羊发现 VaL136。在法国罗曼诺夫羊和法兰西岛绵羊中，痒病羊具有 VaL136 的频率显著高于同群的健康羊。斯韦尔达尔羊的研究结果也相同，用一痒病朊病毒毒株攻击选育出的 81 只易感性低的羊全部有 ALa136，且 89％为纯合子；而来自不同羊群的 53 只患痒病的斯韦尔达尔羊则 95％为 VaL136 携带者，其中 70％为杂合子，25％为纯合子，仅 5％是 ALa136 纯合子。在试验感染痒病朊病毒毒株 CH1641 时，易感性则主要由密码子 171 决定，和感染 SSBP/1 的情形正好相反。无论是皮下还是脑内接种，发病绵羊都是（GLn/GLn）纯合子，杂合子和 Arg171 纯合子不发病。

　　以上试验证明，PrP 密码子 136 和 171 的双态性控制着绵羊痒病的发病率和修饰其潜伏期，而且这些密码子的机能效应因感染朊病毒毒株（或分离物）不同而不同。传染病遗传学中表现型取决于宿主基因型和病原体毒株这一基本原则，也适用于自然宿主的 TSE。对于选育抗痒病的绵羊品种来说这一试验结果也很重要，因为选育对某株病原因子易感性低的基因型绵羊会无意中富集对另一株病原因子易感性高的基因型绵羊。

　　山羊 PrP 基因的多态性发生在 21、23、49、142、143、154、168、220、240 位点。迄今为止，仅发现一对与羊痒病有关。142 位密码子的多态性（I-M）与山羊痒病潜伏期的改变有关。羊痒病的发生与 143 位点密码子的多态性（H-R），171 位点密码子多态性（HH）有关。在希腊，15 例自然发生的羊痒病中有 13 例是 HH 型，另外两例是 HR 型，没有临床症状和组织学变化。这些病例在脑部都检测到了 PrP^Sc。在同一羊群中，154 位点如果是 H，则羊只具有痒病抗性，与绵羊的 154 位点的 R 作用相似。

（二）传播途径

　　关于痒病在绵羊之间与绵羊和山羊之间的传播途径已经有很多的报

道，包括感染剂量和疾病状况，即感染的程度影响着疾病的潜伏期。人们推测，绵羊出生时比出生后 3 个月更容易感染痒病。目前已经报道有多种途径可传播痒病。

痒病在自然条件下可以传播，但对其传播途径人们并不了解。痒病因子能在土壤中存活很长时间，环境污染和胎膜感染可能使病原从母羊传给羊羔和在成年羊之间传播。痒病因子可能通过口服途径进入机体。人和动物的传染性海绵状脑病如变异型克雅氏病和牛海绵状脑病，前者是人的传染性海绵状脑病，与食用牛海绵状脑病污染的食品有关。医疗事故引起的传染性海绵状脑病也时有报道。实际上有超过 200 个病例是由于用尸源性的生长激素来治疗神经外科疾病而引起。自 2003 年以来，有 3 个病例被证明可能通过输血感染变异型克雅氏病。也有动物医源性传播的例子，如 1936 年英国发生的痒病，该病是由污染的疫苗引起的。最近在意大利，人们发现痒病的暴发与福尔马林灭活的针对传染性头巾蝇（*Lucilia sericata*）疫苗的使用有关联。这种疫苗是用感染支原体头巾蝇绵羊的大脑和乳腺匀浆制备的。

人们对羊痒病的传播路径还不是很清楚，但是被感染的羔羊首先在扁桃体、咽后、肠系膜淋巴结和小肠中发现感染。这说明感染是通过消化道进行的，来源可能是在出生前的羊水环境中或者产后的外界环境中。羊群的易感性很大程度上取决于痒病毒株品系和羊群的基因型，感染性物质的作用似乎不是最重要的，PrP 基因型对朊蛋白从肠腔中摄入没有影响。

1. 羊痒病感染过程　感染的过程可以大致分为三期：肠相关淋巴组织入侵（GALT invasion）、淋巴系统分散（lymphatic dissemination）和神经侵入（neuroinvasion）。

（1）GALT 入侵　在经口感染后，自然感染羊痒病的 1 月龄的 VRQ/VRQ 的羊，PrP^{Sc}在肠系膜淋巴组织、特别是扁桃体和派伊尔氏淋巴结中沉积，痒病因子可能通过 M 细胞（membranous/microfold cell）穿过小肠黏膜，M 细胞是一种专门从肠腔内摄取大分子的细胞，痒病因子还可能通过肠绒毛的上皮细胞进入黏膜。随后在淋巴组织的生发中心的树突状细胞和巨噬细胞中发现有 PrP^{Sc} 沉积，然后感染性的痒病因子在肠道淋巴系统中复制，并在非肠道淋巴系统和神经系统（CNS）中传播。Gonzalez 等（2006）报道从直肠黏膜的淋巴组织中检测早期的 PrP^{Sc}。不同基因型的绵羊 LRS 中 PrP^{Sc} 的分布有所不同，VRQ/VRQ、ARQ/ARQ 基因型绵羊的致病途径相似，虽然 PrP 在 ARQ/ARQ 绵羊的 LRS 中的沉积比在 VRQ/VRQ 绵羊的 LRS 中沉积缓慢得多，而 VRQ/ARR 基因型的绵羊缺乏淋巴入侵。

（2）肠道外分布　当树突状细胞和巨噬细胞传出淋巴系统时，PrP 同时产生在其他淋巴组织，特别是脾脏和淋巴结内进行 Non-GALT 分布，随后进入皮质和副皮质窦。在这期间，在淋巴组织内很容易检测到 PrP^{Sc}。这表明通过分析采集的活体组织来确诊动物感染痒病的方法已经取得重大进步。但是有的研究表明，这个过程可能没有淋巴系统的参与。

（3）神经入侵　肠神经系统是植物性神经系统的重要组成部分，它通过刺激交感和副交感神经来调节肠道的运动和分泌。病症特异性 PrP 经口腔接种于啮齿动物后，通过记录详细的时间规律变化来分析其在中枢神经系统中的分布。结果表明羊痒病因子在肠神经系统的作用下从肠相关淋巴样组织传递到中枢神经系统。实际上，有研究表明传染性海绵状脑病病原可同时从交感神经和副交感神经的输出神经纤维逆向进行传递，并最终到达中枢神经系统的靶作用位点。副交感神经与交感神经不同，进入中枢神经系统时不依赖于脊髓，表明传染性海绵状脑病病原可以通过几种不同的途径进入中枢神经系统。一旦病症特异性的 PrP 进入了脊髓，就可以按照顺行和逆行的方式进行双向传播。绵羊痒病的神经入侵，黑尾鹿鹿慢性消耗性疾病和人类变异型克雅氏病的肠相关淋巴样组织起始的神经入侵似乎也是通过肠神经系统来实现的。

2. 水平传播　痒病在羊群中的水平传播是通过接触而感染的，这一点已经得到证实。但是，还不能确定是否被感染的所有材料和物品都具有感染性。被感染母羊的胎盘能够将病原经口和消化道传给健康的羊只。从被感染的胎盘和羊水中可以检测到 PrP^{Sc} 的存在，经口和消化道摄入被污染的上述物质或者其他物品，在传播痒病的过程中起着非常重要的作用。Andereoletti 等证明胎盘中有 PrP^{Sc}，他们指出根据羊的基因型判定 PrP^{Sc} 可能存在于胎盘的子叶中。实际上，PrP^{Sc} 只存在于携带易感基因型 VRQ/VRQ、ARQ/VRQ 和 ARQ/ARQ 的羊胎盘中。此外，还证明 PrP^{Sc} 主要存在于胎儿滋养层细胞中。胎盘中存在着感染性物质，这说明在产羔期可能会增加感染的风险。痒病较易发生在合群喂养的羊群中。痒病致病因子对外界因素的极大抵抗力，使得其可能长期存在于环境中而不失活。有实验证明，痒病感染物质至少能在环境中存活 3 年，被接种过痒病金黄地鼠的脑组织污染的土壤在 3 年后仍有部分感染性。后来的研究证明，传染性海绵状脑病相关物质能够与土壤中的某些矿物质牢固结合。在冰岛进行的流行病学调查发现，痒病物质在环境中至少可活 16 年。感染物质长期存在于外界环境中，为疫病的水平传播提供了有利的条件，这表明根除痒病具有相当大的难度。这也给我们敲响了警钟，在处理患病动物尸体时，埋葬处理风险很大。但是，随后的研究表明，堆肥处理可以使动物尸体和废弃物中的 PrP^{Sc} 得到一定程度的降低。

3. 垂直传播　在实践中，母体传播被认为是最有可能的。垂直传播是感染疫病的父母在受精时通过生殖道或者在胚胎形成和发育过程中通过子宫将感染物质传播给后代。科学家经过长时间的研究证实，垂直传播方式在该病传播中起着重要的作用。Dickinson 在 1996 年的两项实验研究中观察到，注射过痒病感染的脑组织的怀孕母羊，在产下的 4 只羔羊中，有 2 只分别于生后 8 个月和 13 个月发生羊痒病。但依据以往的报道，自然发生的羊痒病病例一般需要 18 个月或更长的时间。因此，Dickinson 和有关学者认为，发病羊可能是通过垂直传播而致病。1974 年，Dickinson 等对某农场的羊群进行研究，发现痒病感染母羊的后代发病率可高达 62%，明显地高于未感染母羊群后代 38% 的发病率。亲本都感染的子代与父母未感染痒病的后代相比，发生痒病的危险性更高。而且，母畜比公畜痒病的患病情况严重。但在后来的研究中发现，小鼠中痒病垂直传播的可能性很小。羊群中的大部分痒病病羊不是由于其父母患有痒病，而是通过水平传播而感染。山羊痒病的发生比绵羊相对低一些。绵羊痒病能够自然地传染给山羊，山羊痒病通常都发生在那些与患痒病的绵羊接触过的山羊。欧盟兽医委员会在 1996 年对初乳、牛奶及奶制品进行了安全性评价，结果表明这些产品的危险性很小，国际兽医局的官员对此观点持认可的态度。

4. 医源性传播　是通过医疗介入而传播，这一传播途径在 1986 年已经由几个科研小组证实。1937 年的首例病例报告与羊群跳跃病的免疫接种相关，这些疫苗是用 5d 前被脑内接种福尔马林灭活跳跃病毒的羊脑、脊髓和脾制成的盐溶液，并且将这些疫苗以皮内注射的方式接种。随后在这些免疫接种的羊群内甚至在很少发生痒病的羊群内发生了羊痒病。很明显，这批跳跃病疫苗被痒病病原体感染过。

2004 年，爱丁堡大学 Joanne Mohan 和他的同事做了一项研究，他们先将基因缺失小鼠（在淋巴组织的树突状细胞和其他骨髓源细胞中缺少 PrP^C 的表达基因）的皮肤擦伤，然后用痒病致病因子攻毒。结果表明，成熟的滤泡状树突状细胞是痒病因子在淋巴组织中积聚所必需的，并且在随后通过相同途径将小鼠暴露于传染性海绵状脑病而引起脑部的感染中具有重要作用。

（三）痒病的流行特征和规律

现在普遍认为：痒病的发生和地区分布不是固定的，而且与一些相关报道一致。例如，在德国该病于 1780—1820 年非常流行，但是现在已经消失。在英国，大量的调查后指出，一段时期内 17%～34% 的牧羊人遇到过至少一例痒病。在荷兰，Morgan 研究指出，每年羊群的痒病发病率在 0.3%～1.8%。英国羊群中的发病率为 2%，冰岛为3％～5％。不同品种的发病率各有一个大致的范围。1959年，Gordon 和 Pattison 用感染的脑接种 24 个品种共 1 027 只绵羊，调查痒病的发病率，发现英国北部的绵羊品种 Herdwicks 发病率高达78％，而 Dorset Down 羊的发病率几乎为 0。痒病发病率在品种间的不同可能反映了寄主基因的易感性不同，并且感染的痒病因子不同，因子株型也存在差别。痒病病例多数发生在 2.5～3.5 岁的绵羊中，公羊和母羊都可感染，母羊感染数量相对较多，这与母羊在数量上占优势有关。

（四）痒病与公共卫生的关系

至今还没有发现羊痒病在临床和流行病学上与人类疾病有关。研究表明羊痒病不能导致人体发病，至少在自然状态下如此。

1. 羊痒病与生物侵入　欧盟科学指导委员会发表公报指出：由于牛海绵状脑病可能在羊群中传播，"疯羊病"的威胁不能排除。"生物入侵"是指牛海绵状脑病、口蹄疫、西尼罗河脑炎、外来新城疫、猪霍乱、鸡流感、心水病等动物疾病的流行与传播。其特点是不受时间和国界限制，可以传播到世界各地，传染给任何生物，造成巨大的危害。

据光明日报报道，"生物入侵"给受害国和地区造成的经济损失是相当惨重的。据悉，英国已花费了约 62.5 亿美元用于消除牛海绵状脑病造成的混乱，大约 400 万头牛被屠宰，英国牛肉制品的出口下降了99％。受牛海绵状脑病的影响，法国的牛肉销售量下降了 25％，出口减少约 40％。为了应付牛海绵状脑病带来的损失，欧盟至少需支出 30亿欧元，远远超出了原定的 12 亿欧元预算。

"生物入侵"还对人的生命构成威胁。牛海绵状脑病最早于 1986 年在英国被发现。科学家推测，可能是病牛或病羊的尸体被加工成了动物饲料，从而引起疾病大规模传播。1990 年 5 月，英国科学家宣布，他们在猫身上发现了类似牛海绵状脑病的疾病。科学界由此开始严肃对待牛海绵状脑病是否可能传染给人的问题，并逐渐确认牛海绵状脑病传染给人后可能表现为新型克雅氏病。1996年3月，英国政府正式承认牛海绵状脑病有可能传染给人。牛津大学在英国《自然》杂志上公布的报告估计，全球将有13.6万人最终患病。英国已有86人死于新型克雅氏病，另有8人被怀疑感染了这种疾病。

"生物入侵"也成为国家间关系恶化的诱因。1999年10月，法国以保护消费者健康为由，违抗欧盟命令，将英国牛肉拒于国门之外，致使双边关系受到影响。后来，当法国也发现牛海绵状脑病时，其他欧盟国家采取了同样的政策，迅速对法国牛肉实行抵制。德国发现牛海绵状脑病后，也遭到同样待遇。如此这般，各国混战不休。加拿大政府以巴西未就是否存在牛海绵状脑病问题向加方提供资料为由，突然宣布暂停从巴西进口牛肉及牛肉制品，并要求加国内所有销售部门立即将进口的巴西牛肉制品撤出货架。巴西总统和外交部长马上发表声明，要求加取消上述决定，否则巴西将采取报复措施。巴西议会同时决定，中止审议两国引渡协议和警方合作协议，停发加拿大人来巴西的旅游和工作签证。

更令人担忧的是"生物入侵"有可能成为恐怖活动的手段。在经济全球化的今天，世界贸易、旅游的迅速发展为"生物入侵"打开了方便之门。各国对于"生物入侵"不可掉以轻心，它已经给各国的食品安全、生物安全、经济安全、政治安全敲响了警钟。

2. 羊痒病和牛海绵状脑病的关系 1986年英国牛海绵状脑病的暴发使得人们对羊痒病的研究兴趣大增，有的科学家认为牛海绵状脑病起源于羊痒病。但是研究证明，用不同痒病的致病因子接种牛脑，会导致不同的疾病表型，并且是不同于牛海绵状脑病的表型。再将接种羊痒病致病因子的牛脑进行分离并接种小鼠，也不具备牛海绵状脑病的特征，加之牛海绵状脑病可传染给人，羊痒病不传染人，所以这种认识很快被否定。但有研究认为，两种疾病之间可能存在某种关系，并不能排除牛海绵状脑病传播给羊的可能。

痒病早已在美国、法国、英国、比利时、德国和南非等国发生。早在牛海绵状脑病发现之前几年，英国曾在羊群中发现一种称为"痒病"的羊脑病，人们把死后的病羊加工成蛋白饲料添加剂用来喂牛，致使牛群发病。

在实验条件下，绵羊很容易经口感染牛海绵状脑病病原，出现与羊痒病相似的症状。与牛不同的是，即使在感染初期绵羊身体的大部分组织都具有很强的传染性。

第三节　鹿科动物慢性消耗性疾病

鹿科动物慢性消耗性疾病（Chronic wasting disease，CWD）简称鹿慢性消耗性疾病，是北美黑尾鹿、白尾鹿、落基山麋鹿和驼鹿发生的一种朊病毒病，它是唯一能自然感染野生动物的朊病毒病。它不是所谓的"疯鹿病"，也不是鹿和麋鹿的牛海绵状脑病，它与牛海绵状脑病、痒病以及克雅氏病同属于传染性海绵状脑病。自从 20 世纪 60 年代美国北部首先发现该病以来在鹿中间迅速蔓延，十年内鹿科动物慢性消耗性疾病的地理分布从科罗拉多州和怀俄明州，扩大到了北美。在地方性鹿科动物慢性消耗性疾病的区域，发病率仍持续上升。在感染区中的动物包括绵羊、牛、野生啮齿类动物同鹿科动物的混养，导致了鹿科动物慢性消耗性疾病的扩大；鹿是主要的观赏动物以及人们喜食鹿肉，使鹿科动物慢性消耗性疾病传染人的问题不容忽视。

一、鹿科动物慢性消耗性疾病的流行史

自由散养野生动物的一种朊病毒病，通常感染北美黑尾鹿、白尾

鹿、落基山麋鹿、驼鹿等鹿科的所有成员。1967 年在科罗拉多州柯林斯堡对黑尾鹿进行营养性研究时，出现体重减轻症状，这是鹿科动物慢性消耗性疾病的第一例报道。接下来的十几年都不确定鹿科动物慢性消耗性疾病的病原，直到 1978 年，病理学家 Elizabeth Williams 和 Stewart Young 认识到了传染性海绵状脑病的大脑损伤，证实了鹿科动物慢性消耗性疾病不仅是一种导致典型的神经元核周空泡化的朊病毒病，而且同大脑感染朊病毒一样能形成朊蛋白聚集。1970 年后期至 1980 年前期，在怀俄明州和加拿大检测到鹿科动物慢性消耗性疾病。1981 年开始，在洛基山东部的麋鹿和野生鹿中陆续发现鹿科动物慢性消耗性疾病病例，沿着河流在科罗拉多州和怀俄明州平原也发现了病例。1996 年，加拿大养殖的麋鹿中也发现了鹿科动物慢性消耗性疾病，随后美国麋鹿中也发现该病，推测有可能养殖业中该病的出现比发现时间更早。2002 年，韩国发现一例鹿科动物慢性消耗性疾病，这是在美国及加拿大以外的地方首次发现鹿科动物慢性消耗性疾病病例，调查表明，这头麋鹿是从加拿大进口的。

二、近几年北美流行状况

至 2007 年年初，在美国多个地方自由放养的鹿科动物中已经发现鹿科动物慢性消耗性疾病，包括科罗拉多州、伊利诺伊州、堪萨斯州、内布拉斯加州、新墨西哥州、纽约、南达科他州、犹他州、西弗吉尼亚州、怀俄明州和威斯康星州。在某些地方捕获到感染的动物，包括加拿大的萨斯喀彻温省及美国的亚伯达州、科罗拉多州、内布拉斯加州、蒙大拿州、怀俄明州、南达科他州、堪萨斯州、俄克拉荷马州、威斯康星州和明尼苏达州。美国宾夕法尼亚州还没有监测到鹿科动物慢性消耗性疾病。

2008 年美国自然资源部资料表明，已公布州的鹿科动物慢性消耗性疾病发病数一直在增加，很难做到消灭这种致命的鹿病。

2008 年年初，加拿大萨斯喀彻温省发现前所未有的首例野生麋鹿鹿科动物慢性消耗性疾病。

2010 年 2 月，密苏里州在其边界发现首例鹿科动物慢性消耗性疾病。

2010 年 11 月，明尼苏达州野生鹿群中发现第一例鹿科动物慢性消耗性疾病。

2011 年 2 月，美国马兰里州发现第一例鹿科动物慢性消耗性疾病。这是在 2010 年 11 月捕获到的一头白尾鹿上检测到的，马兰里正式成为有鹿科动物慢性消耗性疾病文件记录的地区。

三、流行与传播

根据已发布或未发布的评估调查显示，北美大概有 3000 万头鹿科动物被感染。截至 2011 年 4 月，根据北美 NWHC 报道，美国有 20 个州、加拿大的 2 个省市有鹿科动物慢性消耗性疾病报道。但发病地区分布不是连续的，疫源地都相距甚远（图 3-22）。该病感染包括白尾鹿、麋鹿和黑尾鹿在内的鹿科动物，在自然条件下还没有发现鹿科以外的动物感染鹿科动物慢性消耗性疾病。非鹿科动物似乎对其有天然的抵抗力。鹿科动物慢性消耗性疾病潜在的宿主范围仍然是不确定的。在一个长期试验中，经过 6 年多的观察，通过口服鹿科动物慢性消耗性疾病病原体，11 头牛无一发病，与感染鹿群共同饲养的 24 头牛也没有发病。但通过脑内接种试验，实验鼠、雪貂、水貂、松鼠、山羊都能感染鹿科动物慢性消耗性疾病；另外对牛脑内接种该病原体后，13 头牛中有 3 头被感染，潜伏期从 22～27 个月不等。而在脑内注射痒病病原体后，9 头牛全部发病。

在所有哺乳动物的朊病毒病中，鹿科动物慢性消耗性疾病是传播效率最高的。在高密度自由散养的鹿群中患病率高达 30%，在捕获的猎物中流行率高达 100%。为什么鹿科动物慢性消耗性疾病的传播效率如

图例：
■ 自由放养区鹿慢性消耗性疾病
■ 截至2000年的已知分布(自由放养)
○ 人工设施内鹿慢性消耗性疾病(数量减少)
● 人工设施内鹿慢性消耗性疾病(当前)

图 3-22　北美鹿慢性消耗性疾病分布图
（http：//www. nwhc. usgs. gov/disease _ information/
chronic _ wasting _ disease/index. jsp）

此之高？这仍是鹿科动物慢性消耗性疾病领域的一个大难题。有人认为
是直接接触感染动物的分泌物、排泄物或腐烂的尸体引起传播，有人则
认为是在污染的地区放牧引起感染。可以确定的是，扁桃体和派伊尔氏
淋巴结中大量的 PrP^{Sc} 促使病原随唾液和排泄物排出。通过研究仓鼠朊
病毒病，表明朊病毒可以通过唾液排出。尽管如此，环境中朊病毒污染
是造成根除鹿科动物慢性消耗性疾病最大的障碍，对自由散养的鹿科种
群进行有效管理是很难的。

　　现代研究还没有弄清楚鹿科动物慢性消耗性疾病是怎么传播的，但
可以肯定的是病原是通过患病动物的唾液或排泄物直接传播或间接传播
给其他动物的。

　　从养殖鹿中感染鹿科动物慢性消耗性疾病的情况来看，水平传播和
垂直传播都有可能。Miller 等已经证实任何感染的动物尸体在牧场腐
烂，都会导致狩猎到的鹿发生鹿科动物慢性消耗性疾病。该病可以通过
多重途径引起感染，水平传播是最基本的方式，但是也不排除垂直传播
方式。不接触含有反刍动物蛋白类饲料的野生鹿群也能感染该病，说明

鹿科动物慢性消耗性疾病不像牛海绵状脑病那样通过饲料传播。感染动物消化道淋巴结内有病原体存在，且圈养鹿群中该病传播更快，而朊病毒抗理化因素，能够在疫源地长期存在，所以最有可能的传播方式是健康动物直接接触患病动物或间接接触患病动物污染的饲料、饮水等环境媒介感染鹿科动物慢性消耗性疾病后，再通过分泌物感染其他健康动物。PrP CWD 首先聚集在胃肠道淋巴结内，通过迷走神经最后复制到脑，在中枢神经系统、肠道淋巴组织、脾脏、肠肌丛、肾上腺髓质、胰岛中均能检测到朊病毒。通过多年来的观察，该病的首次发现地点即科罗拉多州是野生鹿群的高发中心，加拿大也正是从该地区进口动物后才发现圈养马鹿感染鹿科动物慢性消耗性疾病，而加拿大野生鹿感染鹿科动物慢性消耗性疾病最有可能的解释就是野生鹿间接接触了感染鹿科动物慢性消耗性疾病的圈养鹿。鹿科动物慢性消耗性疾病能在饲养的鹿中迅速传播，调查发现离饲养鹿越远，野生鹿的感染率越低。

2010 年的研究报道，发现在鹿科动物慢性消耗性疾病感染区 3.2km 内，雌性动物存在高度一致的基因关联性，并且，在所有感染鹿科动物慢性消耗性疾病的鹿中存在比较低的相关性。推测雌性动物间的传播是由社会活动推进的，因为大批量引进母鹿以及母鹿繁殖技术的成熟，导致大量的母鹿群体存在。预示大型母鹿群体中鹿科动物慢性消耗性疾病的流行将迅速上升，也许我们应该把调查的重心放到这样的群体中。

（一）影响因素

有文献报道，炎症会增加鹿科动物排出朊病毒的危险，在朊病毒感染的小鼠，肾小球的炎症导致淋巴结中朊病毒的蓄积，并从尿中排出。甚至在自然感染羊痒病的病例中，乳腺炎导致乳腺中的朊病毒蓄积。对羊痒病朊病毒通过乳汁感染羔羊还有待研究。因为鹿和麋鹿在淋巴组织有更广泛的朊病毒蓄积，这好像可以解释小囊炎症导致的鹿科动物慢性消耗性疾病朊病毒在非淋巴组织逐渐蓄积，潜在的改变排出路径。是否存在其他类型的炎症也可以导致或增加朊病毒的排泄，比如说 Johne's 病（禽分支杆菌副结核亚种感染引起的肠肉芽肿炎症）或寄生虫性炎症。

（二）易感动物

研究发现，鹿科动物慢性消耗性疾病和牛海绵状脑病的症状类似，而且鹿科动物慢性消耗性疾病能够在不同物种之间传播，同时已证实这种病能够传染给水貂、雪貂以及松鼠猴。鹿科动物慢性消耗性疾病是一种致命的疾病，在鹿科动物的潜伏期为 3～4 年。为什么野鹿会患鹿科动物慢性消耗性疾病并在群体中和其他动物之间传染，迄今尚无研究给予答案，但怀疑其与牛海绵状脑病的染病相似，即动物吃了自己同类的尸体所引起。

迄今尚无有力证据表明鹿群会把鹿科动物慢性消耗性疾病传染给人，但目前还不能彻底排除人感染疯鹿病的可能性。因此，建议研究人员和政府机构对鹿科动物慢性消耗性疾病做进一步研究。

北美和欧洲一些国家的居民一直有烹食鹿肉和麋鹿肉的习惯，此外，鹿茸被用作一些药品的成分，所以不仅专业人员、而且公众也怀疑人们吃鹿肉可能引起克雅氏病。美国已怀疑有 3 名年龄不足 30 岁的克雅氏病患者，在年少时曾吃过鹿肉或者麋鹿肉。而克雅氏病是人的类似于牛海绵状脑病的疾病，俗称"疯人病"。但由于克雅氏病潜伏期可能长达 20 年，且难以进行早期诊断，所以现在还无法断定这 3 人的死亡是否真的与鹿科动物慢性消耗性疾病有关。尽管食用鹿肉的人比吃牛肉的人数要少得多，但由于牛海绵状脑病会传染给人并可致人死亡，因此一些人不免担心疯鹿病也同样会贻害人类。

饲养的鹿科动物监测项目和野生生物监测项目相互依赖。对于已知的鹿科动物慢性消耗性疾病感染区，疾病流行评估可用来判断控制工作效能和估计生态学研究中的疾病动力学问题。监测活动还可满足公众和管理信息的需要。此外加拿大的萨斯喀彻温省野生的黑尾鹿、白尾鹿和戈伯坦省人工饲养的麋鹿、白尾鹿也发生了鹿科动物慢性消耗性疾病流行；韩国也有输入性鹿科动物慢性消耗性疾病发生。鹿科动物慢性消耗性疾病被确认为有传染性，而鹿科动物慢性消耗性疾病的流行史并不支持其为类似牛海绵状脑病的由反刍动物肉或骨制成的饲料传播的疾病。动物运动的横向传播是鹿科动物慢性消耗性疾病蔓延的最重要因素。通过环境污染间接传播与自然动力学和疾病保存有关，从而加剧了疾病蔓延。在消化道淋巴组织检出鹿科动物慢性消耗性疾病抗原提示抗原可经消化道（唾液和粪尿）扩散。某些鹿科动物慢性消耗性疾病暴发中圈养的鹿科动物污染的牧场起了疫源作用。

（三）鹿科动物慢性消耗性疾病与公共卫生安全

在美国和加拿大，数以万计的鹿狩猎者会食用鹿肉，这相当于他们接触了鹿科动物慢性消耗性疾病。人群对鹿科动物慢性消耗性疾病的敏感性暂时还是未知的，值得庆幸的是，在科罗拉多州和怀俄明州这两个鹿科动物慢性消耗性疾病已经存在数十年的地区，还没有出现大规模的人传染性海绵状脑病病例。直到现在，因为考虑到生物安全的问题，所以没有对人疑似传染性海绵状脑病病例进行剖检。这暗示着人类的临床传染性海绵状脑病诊断还未确定，或者说还没有发现一株能够引起这种典型症状的病毒株。令人欣慰的是，疑似病例的尸检率正在增加，加拿大的国家朊病毒病理监控中心（设于 Case Western Reserve University），研究了克雅氏病疑似病例并且进行了亚种分类。有关消息说明，监控中心报道了 27 例经常食用鹿肉的克雅氏病患者，并没有出现不同寻常或者新奇的病毒株。

相关研究表明，人感染鹿科动物慢性消耗性疾病的危险性是很低的。Caughey 等在生化转化试验中发现，鹿科动物慢性消耗性疾病转化为人 PrP 重组体后进入淀粉样纤维的效率是很低的，并且同样情况下牛海绵状脑病和羊痒病因子的结果也是相似的。通过比较来自鹿、麋鹿的 PrP^{sc} 与人类单个克雅氏病的组织病理学及生化特点发现，它们都是在密码子 129 位甲硫氨酸同型结合的。

第四节　传染性水貂脑病

　　传染性水貂脑病（Transmissible mink encephalopathy，TME）又
名水貂脑病，是人工饲养水貂罕见的神经变性性疾病。传染性水貂脑病
与其他传染性海绵状脑病（TSEs）相似，即神经进行性退行性疾病。
水貂感染后表现为过度兴奋，尾巴弯曲于背上，最终发展为共济失调。
该病 1947 年秋首次在美国威斯康星州 Brown 县的一个养貂场和明尼苏
达州 Winona 县的一个养貂场报道。14 年后，威斯康星州 Sheboygan、
Calumet 和 Manitowe 三县的 6 个养貂场几乎同时发病，这些县彼此毗
邻，各场饲料来源相同。1963 年，爱达荷州东南部一个养貂场和威斯
康星州的两个养貂场（分别位于 Sawyer 和 Eauclair 县）及加拿大安大
略省的一个养貂场发生传染性水貂脑病。随后芬兰和前东德也报告有本
病的暴发。1965 年，Hartsough 和 Burger 才把它作为一种新病报道，
并较详细地阐明了该病的特殊性质。本病的第一批研究者几乎立即注意
到此病与绵羊痒病十分类似。最近一次报道是 1985 年，威斯康星州
Stetsoonville 一个养貂场暴发传染性水貂脑病。此后再无此病暴发的
报道。
　　传染性水貂脑病病原是一种经口感染的传染性海绵状脑病病毒或者
朊病毒，但是其传染源至今不明。仓鼠感染传染性水貂脑病后可出现两
种不同的临床症状即亢奋型和沉郁型，因此传染性水貂脑病出现两种理
化特性不同的朊病毒毒株即亢奋型株（hyper，HY）和沉郁型株
（drowsy，DY）。对两种毒株的研究对今后传染性水貂脑病的预防和治
疗以及防控具有指导意义。

一、传染来源

传染性水貂脑病暴发的传染来源至今不明。有人认为，水貂不是本病的自然宿主，传染性水貂脑病和羊痒病在临床和病理学上的相似性，提示传染性水貂脑病可能是某种类型的羊痒病，通过用羊痒病感染组织喂养貂而传入貂群。1986 年，有两例传染性水貂脑病被鉴定，其中一例在潜伏期和疾病特征方面与某一特定的羊痒病病例高度相似，因而为传染性水貂脑病的羊痒病相关性病原学说提供了证据。但仅发现某些羊痒病分离株通过脑内接种的方式传播给貂，口服摄入不能成功传播此病，所以有人质疑关于传染性水貂脑病起源于羊痒病的说法。对世界范围内传染性水貂脑病的发病研究表明，每 14 例中仅有 1 例曾受到羊痒病的暴露。而且，1986 年的一篇报道指出，并无证据表明在加拿大的暴发流行中受感染的水貂曾接触过羊。

其他一些科学家提出，传染性水貂脑病可能起源于牛，因为他们曾观察到传染性水貂脑病暴发于用牛和马肉饲养貂的地方。他们的结论是，那次暴发可能源于牛中含痒病因子的病牛，但用作饲料的牛肉是来自于衰老体弱的牛，并无证据表明这些牛曾受到传染性海绵状脑病感染。

二、传播途径

1. 水平传播 关于水平传播途径，目前存在两种观点，一般认为本病主要是通过饲料经口感染，是水貂吃了用痒病羊或传染性海绵状脑病病牛尸体生产的饲料所致，但该观点证据不充分。经对暴发传染性水貂脑病的斯泰森镇（Stetsonville）养貂场流行病学调查发现，其饲料为市售的鱼、禽肉、谷物和家畜屠宰加工厂的新鲜肉组织。新鲜肉购自农场周围方圆 50km 地区，95％以上为患"母牛起卧综合征"的乳牛，另有少数马肉，绝对不含绵羊肉和山羊肉，也没有使用过肉骨粉（meat and bone meal，MBM），可排除源于痒病的可能性。因此，认为患"母牛起卧综合征"的病牛可能是传染来源。为证实这一假设，以病貂的脑悬液脑内接种两头 6 周龄小公牛，一头牛于 18 个月后发病，在牛舍内突然倒地不能站起；另一头牛于接种后 19 个月发病，也是突然倒地不能站立。病牛呈现眼球震颤、角弓反张、对触摸高度过敏等症状。两头试验病牛分别于发病后 24h 和 4d 扑杀，取脑组织做病理组织学检查，两头牛中脑、脑干均有灰质海绵状变性，大脑皮质无任何病变，PrP^{Sc} 检测阳性。将牛脑匀浆再脑内接种水貂，4 个月后水貂发病；以牛脑组织喂水貂，7 个月后发病，与自然感染潜伏期相同。但这些还不足以做出最后肯定的结论。

另外一些研究者认为同类相食也被认为是传播原因之一。因为在发现此病的貂窝中，雌貂的肉和内脏被摄食。有证据表明，由于同一窝的仔貂相互撕咬，与摄入方式相比，通过咬伤而遭受感染在此病的传播中起更大的作用。

2. 垂直传播　曾有报道在特定条件下健康水貂被病水貂咬伤感染传染性水貂脑病或者仔貂吃病母貂尸体而感染传染性水貂脑病。

三、潜伏期

自然感染的潜伏期通常为 7～8 个月。试验感染的潜伏期，经口感染为 7～8 个月，脑内接种为 4 个月，肌内和腹腔内接种为 6～7 个月，皮下注射为 5 个月。

四、宿主

自然条件下，仅 1 岁以上的水貂发病。新生仔貂对脑内接种易感。通常，仔貂即使与感染发病的母貂同居、吸吮母乳、吃同一饲料也不发病。

仔貂不表现发病还可能与生产周期有关，在养貂场内水貂于 3 月份交配，母貂经怀孕 50d 后产仔；仔貂吮乳 4～6 周，从第 3 周起开始吃母貂的饲料；当年 11～12 月，当年生水貂达 6～7 月龄，大多数被扑杀取皮，仅少数被留作种用。因为未至发病时间时大多数感染水貂即已被扑杀，因此在扑杀前对青年水貂脑病的检测很有必要，可防止病原的扩散。

五、流行规律

通常为暴发流行。传染性水貂脑病与痒病、牛海绵状脑病不同，通常为暴发流行，流行持续 4 个月左右，成年水貂发病率高，最高可达 100％，最低也有 10％～30％。病貂 100％死亡，这种流行方式和经污染饲料感染相吻合。

第五节　猫科动物海绵状脑病

猫科动物海绵状脑病（Feline spongiform encephalopathy，FSE）又称猫科动物海绵状退行性脑病、狂猫症和疯猫病，是传染性海绵状脑病的一种表现形式。其临床和组织病理学特征为精神失常、共济失调、感觉过敏和中枢神经系统灰质的空泡病变。

暴发牛海绵状脑病之后几年内，猫科动物海绵状脑病在英国首次被发现。随后，在其他猫科动物如非洲猎豹、虎猫、美洲狮、虎和狮等均发现了猫科动物海绵状脑病。猫科动物海绵状脑病感染小鼠后发现，猫科动物海绵状脑病的致病因子与牛海绵状脑病相同。猫科动物海绵状脑病在免疫印迹中的蛋白条带分布与牛海绵状脑病和新型克雅氏病的蛋白条带分布相一致。这表明猫科动物海绵状脑病感染的动物通过食物链与牛海绵状脑病的致病因子相关。目前普遍认为，猫科动物海绵状脑病是由于猫科动物食用了感染牛海绵状脑病朊病毒的食物所致。

由于伴侣猫科动物（家养多品种猫）、娱乐猫科动物（如马戏团、动物园内的虎、狮和豹等）和野生猫科动物（野生虎、狮、猎豹和虎猫等），这三类猫科动物不但与人的关系很密切，而且均为牛海绵状脑病朊病毒自然感染的宿主，加之这些自然宿主对人体健康具有潜在的威胁，因而对猫科动物海绵状脑病的研究具有重要的公共卫生意义。

一、猫科动物海绵状脑病的分布

猫科动物海绵状脑病的发生主要分布在欧洲，最早报道始于英国。自 1990 年 5 月在英国发现第一例病猫以来，迄今世界上总共发现了 100 多例病猫。截至 2007 年 9 月的不完全统计，英国占 89 例（见表 3-17），其中至少包括动物园和野生动物园 16 只大型猫科动物（包括美洲豹、印度豹、狮、虎和猎豹等）因与牛海绵状脑病相关的疾病死亡（表 3-15）。1998 年 10 月，意大利首次报道了一名患者与其宠物猫同时得了海绵状脑病，该患者后来确诊为散发性克雅氏病，而其宠物是意大利首例猫科动物海绵状脑病。2001 年，瑞士联邦畜牧局宣布，在沃州发现了瑞士首例猫科动物海绵状脑病。2002 年 8 月澳大利亚墨尔本动物园内一只雄性亚洲金猫死于猫科动物海绵状脑病。

表 3-15　世界自 1990 年至今各种猫科动物首例海绵状脑病一览表

猫科动物种类	首次报道年份
猫	1990
非洲猎豹	1992

（续）

猫科动物种类	首次报道年份
虎猫	1992
美洲狮	1995
老虎	1998
狮	2001

第一例猫科动物海绵状脑病被确证之前，英国宠物食品协会早在1989年已经自发制定"不使用反刍动物下水等作为宠物食品"的禁令，作为防止宠物猫感染牛海绵状脑病的预防措施，于1990年成为强制措施在全英国实施（HMSO，1990b），并于1996年进一步对该措施进行了完善与补充。因此，英国自1994年猫科动物海绵状脑病暴发高峰期过后，猫科动物海绵状脑病的发病率逐年下降。

英国首例确诊为猫科动物海绵状脑病的暹罗猫死于1990年，一些兽医因此推断自此以后会有更多的猫死于该病。但随着时间的推移，并非像当初预想的那样有大批的猫死于猫科动物海绵状脑病的报道，原因在于宠物主人不会将死猫作脑部的解剖进行检查，同时，许多迷失的宠物猫在孤独地死去。

目前，除了欧洲（主要为英国，个别散发病例在爱尔兰和挪威）和澳洲外，在其他各洲还未见有猫科动物海绵状脑病的报道。中国目前也未见有该病的报道。

二、病原与传播途径

目前，普遍认可猫科动物海绵状脑病的致病因子与牛海绵状脑病的致病因子相同，至于由同一致病因子引起的猫科动物海绵状脑病与牛的海绵状脑病的相似性和差异性，以及由于宿主不同而导致的病原感染因子的生化特性、潜伏期和对机体的损害程度的差异性等问题，未见有正式报道。尽管猫科动物的朊蛋白基因序列也还未见报道，也不能比较牛与猫两类动物间朊蛋白基因序列的同源性，但是来自克雅氏病和库鲁病患者的脑组织可一次性感染猫，但猫对绵羊痒病不易感（图 3-23）。

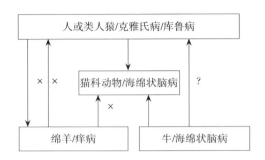

图 3-23　猫科动物海绵状脑病的种间传播及其对人体健康的影响
＊ →表示可在种间传播，×表示不能传播，?表示不确定

在英国，猫科动物海绵状脑病几乎与牛海绵状脑病同时流行，这也许是因为二者具有相同或相似的感染因子。但二者流行病学的不同在于，因为不会将感染猫科动物的肉骨粉或其下水回收加工为饲料再重复喂养动物，因此猫科动物海绵状脑病不会像牛海绵状脑病一样出现大面积的流行。

虽然还不清楚引起猫科动物海绵状脑病的真正原因是什么，目前普遍认为可能是含有患病动物大脑组织或骨髓的食物被猫吃了，而这些食物是生的或者没有经过充分加热的。

在国外，家养宠物猫多食用含有感染牛海绵状脑病下水或肉骨粉的宠物食品，而动物园猫科动物因常年饲喂生肉、动物骨髓和头骨或经加工的肉骨粉等成品，这些食物多是生的或者虽然加工但没有经过充分加热消毒，这些动物是因食用含有动物脑组织和脊髓等下水的食物而患病的。

在国内，家养宠物猫不像国外猫吃商品猫粮或饲喂肉骨粉的宠物食品，而是吃剩饭剩菜以及生的鱼蟹和老鼠，所以寄生虫感染的比例相当高（如肺吸虫、弓形虫等），但患猫科动物海绵状脑病的概率就相当小了。

尽管国内、国外的营养书籍及食物成分表均没有猫肉记载，也没有人分析猫肉的蛋白质及肉质，但在中国某些地区有食用猫肉的习惯。而猫肉煮熟也不容易杀死寄生虫，同时猫的粪便中有大量致病菌。按照国家规定，任何进入餐饮业的动物都需要经过检疫，像猪、牛、羊这类动物是经过定点屠宰场屠宰的，检疫可以控制；但是对猫这类零星分散、不经定点屠宰场屠宰的小动物，很难进行检疫，屠宰不规范可能污染到肉品而引起食物中毒。更为重要的是，由于猫是牛海绵状脑病朊病毒自然感染的宿主，加之疯猫病类似于牛海绵状脑病，是通过食物链传染的。因此，如果人们食用猫科动物肉，就有可能感染疯猫病。

虽然猫科动物海绵状脑病对人具有潜在的威胁，但由于朊病毒特殊的传播途径，至今似乎只有牛海绵状脑病朊病毒与人变异型克雅氏病朊病毒有紧密的联系。

然而，自 1998 年意大利首次报道了一名患者与其宠物猫同时诊断为海绵状脑病，该患者确诊为散发的克雅氏病，而其宠物为猫科动物海绵状脑病。可是这例意大利首次报道患有猫科动物海绵状脑病的宠物猫的临床症状似乎与以往报道的猫科动物海绵状脑病病例有所不同。由此，专家暗示这有可能是新型变异猫科动物海绵状脑病（nvFSE）。无论是主人还是宠物猫据调查均无与相关牛海绵状脑病感染因子接触的历史。

三、实验宿主

目前，朊病毒经口人工感染成功的实验动物有小鼠、牛、绵羊、山羊、狐猴和水獭，经脑内注射等非肠道途径感染成功的动物有小鼠、牛、绵羊、山羊、猪、蛛猴、猕猴、狐猴、猇和水獭。但还没有感染猫科动物试验的报道。

有趣的是，将鉴定为猫科动物海绵状脑病的猫脑组织及鉴定为牛海绵状脑病的牛脑组织分别注射到小鼠脑中，试验结果表明，在观察期内猫科动物海绵状脑病与牛海绵状脑病在鼠体内的潜伏期及对鼠脑的损伤程度无明显差异。

四、潜伏期

　　猫科动物海绵状脑病与其他传染性海绵状脑病一样，潜伏期大约为
数月或数年。猫科动物海绵状脑病在猎豹中的潜伏期为 4.5～8 年，而
在家猫中的潜伏期尚未确定。所有感染该病的家猫中最小的为 2 岁，大
多数在 4～9 岁。

五、发病率和致死率

　　猫科动物海绵状脑病病例的数量和牛海绵状脑病的流行相平行，并
且猫科动物海绵状脑病的发病随着牛海绵状脑病流行的逐渐被控制而呈
下降趋势。有专家评估猫科动物海绵状脑病的平均发病率大约为每百万
只猫科动物中 10～15 例，尤其是在英国。然而在最近的临床疑似猫科
动物海绵状脑病病例（主要来源于英国）的研究中，发现 192 例中无一
例表现出猫科动物海绵状脑病典型的组织病理学特征，并且朊病毒仅在
173 例中的一例中检测到。与其相似的一个回顾性研究指出，在 1990
年之前发生的死于神经性疾病的 286 只猫体内未检测到与猫科动物海绵
状脑病相关的症状。猫科动物海绵状脑病与其他传染性海绵状脑病一样
一旦出现症状其致死率为 100％。

第六节　人传染性海绵状脑病

　　人的传染性海绵状脑病是人亚急性神经退行性疾病中的异质类群，
与普通神经退行性疾病不同的是，人传染性海绵状脑病分为三大类群，

除了散发型、遗传型之外，还有传染型或获得型，具体分类见表 3-16。其传染形式包括人与人之间传播和人与牛之间传播。另外，在试验研究中发现，其还可以传播到非人灵长类动物和啮齿类动物。

表 3-16   人传染性海绵状脑病的分类

散发型	散发性克雅病
	散发性致死性家族失眠症
	可变性蛋白激酶敏感性朊蛋白病
传染型	库鲁病
来源于人	医源性克雅氏病
来源于牛	变异型克雅氏病
遗传型	家族性克雅氏病
	格施谢三氏综合征和致死性家族失眠症
	脑淀粉样血管病

　　人传染性海绵状脑病的主要临床表现为进行性痴呆，同时伴有一系列神经症状，包括肌阵挛、小脑综合征、锥体束外及锥体的信号和视觉症状。传染型或者获得型的人海绵状脑病包括库鲁病、医源性克雅氏病和变异型克雅氏病。尽管以上这些疾病的发生非常稀少，但是传染性人海绵状脑病在整个朊病毒病的研究历史中起到重要作用。

一、库鲁病

　　19 世纪 40—50 年代，库鲁病的流行不断增加，主要在巴布亚新几内亚的东部中心高地的 Fore 部落间流行，在某些人口约 12 000 的村落中，死亡率可达 3.5%，因此，严重影响了当地的人口指数。特别是在 Fore 的南部地区，男女比率为 1.67∶1，且未感染该病的 Kamano 部落中男女比例为正常的 1∶1，且这一比率在某些地区甚至为 2∶1 或者 3∶1。

　　库鲁病是最先报道的人朊病毒病。Carleton Gajdusek 在 1957 年第一次报道了该病的发生，主要在巴布亚新几内亚的东部中心高地的 Fore 部落间流行。尽管库鲁病在 1957 年才被报道，但是第一个病例应当发生于 1920 年，当时该区域还没有被澳大利亚统治。库鲁病主要发生于女性、儿童和青少年，在成年男性中所占比例约为 2％。在其发生的高峰期，每年约有 1％的人因为该病死亡。自 1957 年以来，已有超过 2 700 个病例被记载。库鲁病没有恢复期，病程一般持续 12 个月，然后死亡，在儿童中病程相对较短。

1959 年一位兽医神经病理学家指出了库鲁病和痒病之间的相似之处。随后，Carleton Gajdusek 通过给大猩猩脑内接种该病原，在两年后导致了疾病发生。库鲁病能传播至多种非人灵长类动物，包括恒河猴和狨猴。这是第一次发现人的海绵状脑病具有传染性，随后又迅速证实了克雅氏病同样具有传染性。

从被感染病人中枢神经系统发现了未知的传染病原，为人们了解库鲁病的流行病学和制定根除计划提供了重要线索。在南部和北部的 Fore 族部落，有进食逝去亲属包括脑部在内的身体的习惯。死者主要是被女性亲属和儿童食用，成年男子和 7 岁以上的儿童很少食用。因此，人们认为，库鲁病的传播主要是通过同类相食传播的，潜伏期从 4.5～40 年。在澳大利亚统治后，该区域仍可见到存活的感染者，平均潜伏期约为 12 年。在 19 世纪 50 年代后期，由于被澳大利亚统治后同类相食的行为被禁止，该病逐渐消失，也进一步证实了该病是通过同类相食进行传播的。

库鲁病的来源至今仍不清楚。其临床表现与克雅氏病基本类似，神经病理学特征、蛋白免疫印迹法检测中 PrP^{res} 迁移特性与散发性克雅氏病有相似之处，但是与新型克雅氏病和遗传性克雅氏病有一定的差异性。因此，认为库鲁病可能来源于散发性克雅氏病。

二、克雅氏病

克雅氏病（Creutzfeldt-Jakob disease，CJD）是一种人常见的海绵状脑病，大约在老年人群中以很低的频率散发出现，每年每百万人中有

1～2 例。1920 年，德国神经学家 Creutzfeldt 首次报道了一例有六年渐进性大脑机能障碍病史的妇女。一年以后，另一位德国神经学家 Jakob 报道了另一个相似病例，并在 1922 年首次使用克雅氏病。1968 年 Gibbs、Gajdusek 等科学家证实克雅氏病可以传染给灵长类动物后，在法国、以色列、日本、英国、美国以及最近在欧盟先后对其进行了包括病例对照研究的流行病学调查。目前克雅氏病依据其发病机理的不同分为散发型克雅氏病、家族遗传型克雅氏病和传染型克雅氏病；传染型克雅氏病分为两大类，一类是来源于人的医源性克雅氏病，另一类是来源于牛的变异型克雅氏病（又称新型克雅氏病，variant Creutzfeldt-Jakob disease，vCJD）。变异型克雅氏病作为动物源性传染病，具有重要的公共卫生学意义，该病通过使用牛传染性海绵状脑病感染牛的肉产品进行传播。但是，后来人们重新评估认为，Jakob 的 5 个病例中，只有 3 例属于克雅氏病范畴；而 Creutzfeldt 的病例，根据目前研究认为其不属于克雅氏病。

变异型克雅氏病由于牛海绵状脑病在畜牧业及国际贸易方面的影响，更重要的是强有力的证据表明牛海绵状脑病可向人传播，因此牛海绵状脑病在全球引起了广泛关注，也因此促进英国创立了国家克雅氏病监测网络。1996 年，该网络建立之后，大约是在牛海绵状脑病确证之后 9 年的时间，英国宣布有变异型克雅氏病发生；之后，又陆续发现了一些有独特临床表现及神经病理学表现的年轻患者。这些病例多发生在 45 岁以下的年轻人（平均年龄 28 岁），海绵状变性以丘脑最为明显，海绵状改变区域内出现大的中心致密的嗜酸性区，外周有边缘暗淡的 PrP 免疫阳性的淀粉样蛋白斑块，这种红色斑块类似库鲁型淀粉样蛋白斑块，而与克雅氏病的淀粉斑块不同。所累及的年轻人除了有可能接触潜在污染的牛海绵状脑病因子外没有任何共同的危险因素，它的出现强烈提示变异型克雅氏病是由牛海绵状脑病因子引起的。进一步的研究显示，变异型克雅氏病与自然发生或试验感染的牛海绵状脑病所出现的异常聚集蛋白具有相同的糖基化类型，接种小鼠后出现相同的神经病理损伤，这为牛海绵状脑病因子引起变异型克雅氏病的理论提供了更加有力的依据，也进一步提示可能出现了一种由牛海绵状脑病传播给人的新型克雅氏病。

根据 WHO 网站数据统计，自 1996 年发现第一例变异型克雅氏病病例至 2011 年 3 月，全球已经发现了超过 200 例病人，包括在英国发现的 175 例患者，其中 172 例为原发性，3 例继发性病例可能与输血有关。英国在 2000 年达到发病高峰，有 28 例死亡；之后发病率下降，2008 年仅有两例被确定，每年约两例死亡。另外，在法国有 25 例，西班牙有 5 例，爱尔兰有 4 例，美国和荷兰各有 3 例，加拿大、意大利、葡萄牙各有 2 例，日本、中国台湾和沙特阿拉伯各有 1 例。2001 年，在日本首先发现了亚洲第一例变异型克雅氏病。2014 年 2 月，美国德克萨斯州新确定一例变异型克雅氏病，这是美国发现的第 4 例变异型克雅氏病。根据 CDC 官方网站统计，全球至今已发生超过 220 例，其中英国增加至 177 例、法国 27 例。

在变异型克雅氏病被发现以前，克雅氏病主要被分为三种类型，即散发性、医源性和遗传性。最常见的克雅氏病形式是散发性克雅氏病，散发性克雅氏病发生于全球，但是主要发生于欧洲，发生率非常低，为 $1/10^6$。散发性克雅氏病约占克雅氏病病例的 85%，与基因突变相关的遗传性克雅氏病占 5%～15%，医源性克雅氏病所占比例小于 5%。

人海绵状脑病的传播方式主要有以下几种：

1. 医源性克雅氏病的传染方式   目前已报道过的医源性克雅氏病的传染方式有以下几种。

（1）角膜移植治疗引起的克雅氏病   医疗操作引起的克雅氏病首先在 1974 年由英国 Duffy 等报道，病例是一位 55 岁的患者，在进行角膜手术后 18 个月尸检确诊为克雅氏病，角膜捐献者同样尸检确诊为克雅氏病。之后，由于角膜移植而患有克雅氏病的病例在德国、日本分别被报道。一位德国病人在 46 岁死亡，是在角膜移植后 30 年。这个患者的脑组织虽然没有经过神经病理学检测，但临床症状很典型，而且其角膜捐献者经尸检确诊为克雅氏病患者。日本的一个病例确诊死于克雅氏病，但其角膜捐献者无确切消息。另外三个已被确诊接受角膜捐献的病例已有报道但未发表文章（2 例在美国、1 例在日本）。

（2）使用神经外科器械引起的克雅氏病　1977 年，两个分别为 17 岁、23 岁的年轻病人被报道患克雅氏病，是在因癫痫发生进行脑定位脑电图检查后的 16～20 个月内。这个电极在 2～3 个月前曾被植入一位最后确诊克雅氏病患者的脑中。另外四位克雅氏病患者被确诊，其中三位都在 20 世纪 50 年代发生于英国，依据尸检脑组织进行神经病理学检测证实，患者的神经外科操作是在之后被确诊克雅氏病病人进行颅脑切开术后 1 个月进行的。第四位于 1980 年在法国发现。近来，美国发现有两个可能通过神经外科操作感染克雅氏病的患者。目前，由于使用神经外科器械感染克雅氏病的患者很少见，认为可能与医院对医疗器械标准消毒程序的改进有关。

（3）人生长激素（hGH）使用引起的克雅氏病　1985 年，三个 20～34 岁的美国人在接受了 NHPP 提供的从垂体提取的人生长激素后患克雅氏病。由于 1963—1980 年因接受 NHPP 提供 hGH 而患克雅氏病证实后，导致停止使用 hGH。紧接着对接受 NHPP 提供 hGH 的 7 700人进行了一项调查研究，截至 2004 年 4 月，有 26 人患克雅氏病。在美国，hGH 使用引起克雅氏病的平均潜伏期为 20.5 年（范围为10～30 年）。1963—1985 年美国已有至少 140 例克雅氏病患者的垂体被随机用于 hGH 的生产过程。世界范围内有 200 多例使用 hGH 引起克雅氏病的报道，包括法国 189 例、英国 41 例、新西兰 5 例及其他国家的病例。新西兰和比利时的病例与美国病例的暴发时间相一致，因为这些国家是从美国进口 hGH 的。类似病例的发生英国是美国的 2 倍，法国是美国的 5 倍。对于平均潜伏期而言，英国为 16 年、法国为 10 年。这些都提示，在英国和法国所使用的生长激素含有更高滴度的克雅氏病致病因子。不同国家使用 hGH 引起克雅氏病发病情况不同，主要是因为垂体捐献者选择标准的不同以及激素提取、纯化方法的不同。

　　（4）硬脑膜移植治疗引起的克雅氏病　最早的病例是 1987 年美国报道的一位 28 岁女性，在接受了硬脑膜移植的颅骨切开术后 19 个月患克雅氏病，她使用的是德国生产的硬脑膜片。与这家公司的生产程序不同，美国硬脑膜片的生产商会避免将不同捐献者来源的硬脑膜混合在一起，并且对每一位捐献者都备有详细的档案资料。在第一例病例报道之后，世界许多国家也报道了由于使用该公司硬脑膜片引发克雅氏病病例，包括德国、意大利、日本、新西兰、西班牙、英国，其中第二个病例也出现在美国。到 2003 年，共报道了约 136 例与移植硬脑膜片相关的克雅氏病患者，超过 90％的病例接受了在 1987 年之前上述公司生产的硬脑膜片的移植。其中 70％病例发生在日本，日本的高发病比例与其更多地使用该公司的硬脑膜片有关；截至 2003 年，97 个接受硬脑膜片移植的日本病例平均潜伏期为 22 个月（范围为 14～25 个月）。另外两个病例也发生在美国，一例是在 1998 年 6 月发病，经尸检确诊的女性克雅氏病患者，是在接受了该品牌的硬脑膜片 6 年后发病的，这个病例是自 1970 年以来全世界超过 50 万人使用这个品牌的硬脑膜片之后第一例明确确诊的患者；另一例是 1995 年报道的一位 72 岁的老年男性，调查表明这个患者在手术后 54 个月患克雅氏病，确定与移植硬脑膜片有关，而不是巧合。

　　2. 变异型克雅氏病的传播方式　根据流行病学调查发现了变异型克雅氏病与牛海绵状脑病直接的联系。随后，Bruce 在 1997 年报道变异型克雅氏病的病原与牛海绵状脑病完全相同。变异型克雅氏病是一种特殊的朊病毒病，因为它代表了一种可以跨越种族的后天性传染病。对牛海绵状脑病传播给人的途径仍不是很清楚，但是牛、羊在试验中确实可以经口感染，因此目前对于人变异型克雅氏病最可以理解的解释仍然是饮食方面的原因，即通过食用被牛海绵状脑病污染的牛肉或其他牛产品被感染。但为什么该病主要发生于年轻人尚不清楚。因为英国人口可能广泛地暴露于被污染的牛肉制品，所以最初人们担心变异型克雅氏病在人群中大流行，但是变异型克雅氏病病例数量并没有像人们担心的那样增长。各种研究小组都试图建立数学模型对变异型克雅氏病的流行进行描述，但是变异型克雅氏病的潜伏期比较长，而且目前对于潜伏期患者并没有可靠的诊断方法，因此也不可能确定最终大流行的数量，最终评估结果认为可能会影响不到 1000 人。

2002 年，英国报道了一例变异型克雅氏病病例，高度怀疑该病例是血源性人与人之间传播的。患者为 69 岁的老年男性，是在接受了 5 个单位红细胞之后 6.5 年发病，其中 1 个单位的红细胞来自一位献血后 3 年患变异型克雅氏病的 24 岁捐献者。这个病人确认是在 1980—2003 年被追踪调查的 48 名接受献血患者中的一员，其中 27 人在受血 10 年内死于非神经退行性疾病，3 人死亡原因不明，其余 17 人仍在追踪调查。近来一个老年患者被诊断为克雅氏病临床前期，因为在其脾及颈部淋巴结活检时发现了致病因子，但在大脑中未发现病理性的损伤。接着出现了一例 129 位 M/V 杂合子通过输血感染克雅氏病的病例。因此，这种血源性传播方式可能比人们想象的要普遍得多，并且认为 129 位杂合子的患者更易被感染。第三个病例是从不同的献血者那里接受红细胞之后 8 年患临床典型的变异型克雅氏病，在 2005 年进行会诊时仍存活，现已死亡。

三、格茨曼-施脱司勒-谢茵克综合征

格茨曼-施脱司勒-谢茵克综合征（Gerstmann-Sträussler-Scheinker disease，GSS）简称格氏病，是第一个被发现的由于 PRNP 基因突变而造成的遗传性朊病毒病。最初于 1996 年在一个澳大利亚家庭中发现，是一种罕见的常染色体显性遗传病，其流行率仅为每年百万分之一。患者存活时间相差较大，从 3.5～9.5 年。该病仅仅累及成年人，发病年龄在 30～60 岁，临床表现以小脑病变为主，可伴有帕金森症、锥体束症和锥体外系症，耳聋、失明及凝视麻痹。病程进展缓慢，进展晚期患者出现痴呆。

四、致死性家族失眠症和散发性致死性失眠症

致死性家族失眠症（Fatal familial insomnia，FFI）是一种遗传性
朊病毒病，最初被认为是丘脑性痴呆。在 1986 年 Lugaresi 最先报道该
病的发生，后被重新命名为致死性家族失眠症（FFI）。1992 年，证实
该病与 PRNP 的突变有关，但是仍被认为是散发性的，非常罕见，主
要发生于成人，没有性别差异。20～72 岁的病例均有报道，平均发病
年龄 49 岁；病程持续时间不等，在 8～72 个月，平均为 18.4 个月。为
亚急性经过，临床表现为难治性失眠、进行性脑神经功能紊乱和运动障
碍，最终导致死亡。

迄今，已经发现了超过 21 个家系的 FFI，这些病例来源于多个国
家和地区，包括欧洲的德国、奥地利、西班牙、英国、法国和芬兰，以
及澳大利亚、美国、日本，在我国也有发生。

散发性致死性失眠症（Sporadic fatal insomnia，SFI）于 1996 年被
报道，该病人表现与 FFI 相似，但是其家族并没有 PRNP 突变情况。
2011 年，Karen M Moody 等报道了一位 33 岁的女性病例，该患者于
2005 年发病，发病后 22 个月死亡。

五、可变性蛋白激酶敏感性朊蛋白病

可变性蛋白激酶敏感性朊蛋白病（Variable protease-sensitive
proteinopathy，VPSP）是一种新型的散发性人朊病毒病，最初于 2008
年报道。Pierluigi Gambetti 和在俄亥俄州克利夫兰的凯斯西保留地大
学的国家朊病毒病检测中心的同事共同报道了他们的发现，且刊登在 8
月版的 *The Annals of Neurology* 上。根据 Gambetti 的报道。美国 11
位患者中，平均年龄为 62 岁，病程持续平均时间约为 20 个月。临床
病理表现为海绵状脑病的特征，但是 PrP 的免疫染色特征与已经发现

表 3-17　全部 5 例英国报道的可变性朊蛋白激酶敏感朊蛋白病临床数据概览

死亡年份	鉴定方法（出版物）	性别	发病年龄（岁）	疾病持续时间（月）	PRNP 密码子 129	PRNP 序列	脑电图	脑脊液	核磁共振（使用序）
1997	Retrospective biochemistry and neuropaholgy (candidate Case 4, this study)	雌性	55	38	VV	未检测到突变	低振幅慢波活动	未检测	普遍萎缩（非特异性）
2004	Retrospective biochemistry and neuropathology (candidate Case 3, this study)	雌性	73	26	VV	未检测到突变	低振幅慢波活动	14-3-3 阳性，S100b 升高	萎缩，特别是顶叶（T1/2 及 FLAIR）
2006	Retrospective neuropathology candidate Case 5, this study)	雄性	55	78	MM	未检测到突变	正常	14-3-3 阳性，S100b 升高	部分萎缩（T1/2 及 DWI）
2008	Prospective neuropathology and biochemistry (Head et al., 2009)	雌性	56	42	VV	未检测到突变	非特异性广义放缓	14-3-3 弱阳性，S100b 阳性	普遍萎缩（T1/2, FLAIR 及 DWI）
2008	Prospective neuropathology and biochemistry (Head et al., 2010)	雄性	75	12	MV	测序不一致	非特异性异常	14-3-3 阴性，S100b 正常	无异常（T1/2 及 FLAIR）

DWI＝diffusion-weighted imaging 弥散加权成像

的朊病毒病有所不同。朊蛋白对蛋白激酶 K 的抗性增加，蛋白免疫印迹分析蛋白条带呈特征性的梯形，因此该病被命名为变异蛋白酶敏感朊蛋白病（Protease-sensitive prionopathy，PSPr）。之后在 2010 年，该作者又进一步报道了该病的临床病例类型和另外 15 个病例，该病被命名为 VPSP。2009—2010 年在英国、西班牙和荷兰分别报道了该病病例。尽管美国和欧洲的国家监督系统已经认识到该病，但是对其流行病学和病原学的认知非常有限。1991—2011 年的 21 年间英国进行了持续的病例监督，总共确定了 5 例 VPSP 病例，临床表现见表 3-17 所示。这期间，共有 1 279 人死于或者可能死于散发性克雅氏病。也就是说，在约 600 万人中，每四年至少有一人死于 VPSP。VPSPr 与散发性克雅氏病相区别的特征性表现为更长的疾病持续期。散发性克雅氏病一般持续 4 个月左右，而英国的调查中该 5 个病例的持续时间从12～78 个月不等。另外 Gambetti 提示，VPSPr 也许的确比我们现在想象的要更普遍，所以当临床遇到患者表现有非典型痴呆时应该想到这一疾病的可能性。

参考文献

Amano N，Yagishita S，Yokoi S. 1992. Gerstmann-Sträussler-Scheinker syndrome—a variant type：amyloid plaques and Alzheimer's neurofibrillary tangles in cerebral cortex [J]. Acta Neuropathol，84：15-23.

Baker H F，Duchen L W，Jacobs J M，et al. 1990. Spongiform encephalopathy transmitted experimentally from Creutzfeldt-Jakob and familial Gerstmann-Sträussler-Scheinker diseases [J]. Brain，113：1891-1909.

Barbanti P，Fabbrini G，Salvatore M，et al. 1996. Polymorphism at codon 129 or codon 219 of PRNP and clinical heterogeneity in a previously unreported family with Gerstmann-Sträussler-Scheinker disease (PrP-P102L mutation) [J]. Neurology，47：734-741.

Bianca M, Bianca S, Vecchio I, et al. 2003. Gerstmann-Sträussler-Scheinker disease with P102L-V129 mutation: a case with psychiatric manifestations at onset [J]. Ann Genet, 46: 467-469.

Boellaard J W, Schlote W. 1980. Subakute spongiforme Encephalopathie mit multiformer Plaquebildung. "Eigenartige familiar-hereditare Kranknheit des Zentralnervensystems [spino-cerebellare Atrophie mit Demenz, Plaques and plaqueähnlichen im Klein-and Grosshirn" (Gerstmann, Sträussler, Scheinker)] [J]. Acta Neuropathol (Berl), 49: 205-212.

Bolton D C, McKinley M P, Prusiner S B. 1982. Identification of a protein that purifies with the scrapie prion [J]. Science, 218: 1309-1311.

Bratosiewicz-Wasik J, Wasik T, Liberski P P. 2004. Molecular approaches to mechanisms of prion diseases [J]. Folia Neuropathol, 42: 33-46.

Braunmühl von A. 1954. Uber eine eigenartige hereditaer-familiaere Erkrankung des Zentralnervensystems [J]. Arch Psychiatr Z Neurol, 191: 419-449.

Brown P, Gibbs C Jr, Rodgers Johnson P, et al. 1994. Human spongiform encephalopathy: The National Institutes of Health series of 300 cases of experimentally transmitted disease [J]. Ann Neurol, 35: 513-529.

Brown P, Goldfarb L G, Brown W T, et al. 1991. Clinical and molecular genetic study of a large German kindred with Gerstmann-Sträussler-Scheinker syndrome [J]. Neurology, 41: 375-379.

Budka H, Aguzzi A, Brown P, et al. 1995. Neuropathological diagnostic criteria for Creutzfeldt-Jakob disease (CJD) and other human spongiform encephalopathies (prion diseases) [J]. Brain Pathol, 4: 459-466.

Bugiani O, Giaccone G, Verga L, et al. 1993. βPP participates in PrP-amyloid plaques of Gerstmann-Sträussler-Scheinker disease, Indiana kindred [J]. J Neuropathol Exp Neurol, 52: 64-70.

Butefisch C M, Gambetti P, Cervenakova L, et al. 2000. Inherited prion encephalopathy associated with the novel PRNP H187R mutation: a clinical study [J]. Neurology, 55: 517-522.

Cameron E, Crawford A D. 1974. A familial neurological disease complex in a

Bedfordshire community [J]. JR Coll Gen Pract, 24: 435-436.

Ceballos A C, Baringo F T, Pelegrin V C. 1996. Gerstmann-Sträussler syndrome clinical and neuromorphofunctional diagnosis: a case report [J]. Actas Luso Esp Neurol Psiquiatr Cienc Afines, 24: 156-160.

Collinge J, Harding A E, Owen F, et al. 1989. Diagnosis of Gerstmann-Sträussler syndrome in familial dementia with prion protein gene analysis [J]. Lancet, 2: 15-17.

De Courten-Myers G, Mandybur T I. 1987. Atypical Gerstmann-Sträussler syndrome or familial spinocerebellar ataxia and Alzheimer' s disease [J]? Neurology, 37: 269-275.

De Michele G, Pocchiari M, Petraroli R, et al. 2003. Variable phenotype in a P102L Gerstmann-Sträussler-Scheinker Italian family [J]. Can J Neurol Sci, 30: 233-236.

Dimitz L. 1913. Bericht der Vereines fur Psychiatrie und Neurologie in Wien (Vereinsjahr 1912/1913), Sitzung vom 11 Juni 1912 [J]. Jahrb Psychiatr Neurol, 34: 384.

Dlouhy S R, Hsiao K, Farlow M R, et al. 1992. Linkeage of the Indiana kindred of Gerstmann-Sträussler-Scheinker disease to the prion protein gene [J]. Nat Genet, 1: 64-67.

Doerr-Schott J, Kitamoto T, Tateishi J, et al. 1990. Technical communication. Immunogold light and electron microscopic detection of amyloid plaques in transmissible spongiform encephalopathies [J]. Neuropathol Appl Neurobiol, 16: 85-89.

Doh-Ura K, Tateishi J, Sakaki Y, et al. 1989. Pro → Leu change at position 102 of prion protein is the most common but not the sole mutation related to Gerstmann-Sträussler-Scheinker syndrome [J]. Bioch Biophys Res Comm, 163: 974-979.

Farlow M R, Tagliavini F, Bugiani O, et al. 1991. Gerstmann-Sträussler-Scheinker disease. In: Vinken PJ, Bruyn GW, Klawans HL, eds. Hereditary Neuropathies and Spinocerebellar Atrophies [J]. Amsterdam: Elsevier Science Publishers, 619-633.

Farlow M R, Yee R D, Dlouhy S R, et al. 1989. Gerstmann-Sträussler-Scheinker disease. I. Extending the clinical spectrum [J]. Neurology, 39: 1446-1452.

Gabizon R, Telling G, Meiner Z, et al. 1996. Insoluble wild-type and protease-resistant mutant prion protein in brains of patients with inherited prion diseases [J]. Nat Med, 2, 59-64.

Gajdusek D C, Gibbs C J, Alpers M P. 1966. Experimental transmission of a kuru-like syndrome to chimpanzees [J]. Nature, 209: 794-796.

Galatioto S, Ruggeri D, Gullotta F. 1995. Gerstmann-Sträussler-Scheinker syndrome in a Sicilian patient. Neuropathological aspects [J]. Pathologica, 87: 659-665.

Gerstmann J, Sträussler E, Scheinker I. 1936. Uber eine eigenartige hereditär-familiäre Erkrankung des Zetralnervensystems. Zugleich ein Beitrag zur Frage des vorzeitigen lokalen Alterns. Z. ges [J]. Neurol Psychiat, 154: 736-762.

Gerstmann J. 1928. Uber ein noch nicht beschriebenes Reflexphanomen beieiner Erkrankung des zerebellaren Systems [J]. Wien Medizin Wochenschr, 78: 906-908.

Ghetti B, Bugiani O, Tagliavini F, et al. 2003. Gerstmann-Sträussler-Scheinker disease. In: Dickson D, ed. Neurodegeneration: The Molecular Pathology of Dementia and Movement Disorders [J]. Basel: ISN Neuropath Press, 318-325.

Ghetti B, Dlouhy S R, Giaccone G, et al. 1995. Gerstmann-Sträussler-Scheinker diseases and the Indiana kindred [J]. Brain Pathol, 5: 61-95.

Ghetti B, Piccardo P, Lievens P M J, et al. 1998. Phenotypic and prion protein (PrP) heterogeneity in Gerstmann-Sträussler-Scheinker disease (GSS) with a proline to a leucine mutation at PRNP residue 102. In: The 6th International Conference on Alzheimer's Disease and Related Disorders, Amsterdam [J]. Neurobiol Aging, 19: 298.

Ghetti B, Tagliavini F, Giaccone G, et al. 1994. Familial Gerstmann-Sträussler-Scheinker disease with neurofibrillary tangles [J]. Mol Neurobiol, 8: 41-48.

Ghetti B, Tagliavini F, Masters C L, et al. 1989. Gerstmann-Sträussler-Scheinker disease. II Neurofibrillary tangles and plaques with PrP-amyloid coexist in an affected family [J]. Neurology, 39: 1453-1461.

Giaccone G, Verga L, Bugiani O, et al. 1992. Prion protein preamyloid and amyloid deposits in Gerstmann-Sträussler-Scheinker disease, Indiana kindred [J]. Proc Natl Acad Sci USA, 89: 9349-9353.

Goldgaber D, Goldfarb L, Brown P, et al. 1989. Mutations in familial Creutzfeldt-Jakob disease and Gerstmann-Sträussler-Scheinker syndrome [J]. Exp Neurol, 106: 204-206.

Goldhammer Y, Gabizon R, Meiner Z, et al. 1993. An Israeli family with Gerstmann-Sträussler-Scheinker disease manifesting the codon 102 mutation in the prion protein gene [J]. Neurology, 43: 2718-2719.

Goodbrand I A, Ironside J W, Nicolson D, et al. 1995. Prion protein accumulations in the spinal cords of patients with sporadic and growth hormone-associated Creutzfeldt-Jakob disease [J]. Neurosci Lett, 183: 127-130.

Hainfellner J, Brantner-Inhaler S, Cervenakova L, et al. 1995. The original Gerstmann-Sträussler-Scheinker family of Austria: divergent clinicopathological phenotypes but constant PrP genotype [J]. Brain Pathol, 5: 201-213.

Heldt N, Boellaard J W, Brown P, et al. 1998. Gerstmann-Sträussler-Scheinker disease with A117V mutation in a second French-Alsatian family [J]. Clin Neuropathol, 17: 229-234.

Heldt N, Floquet J, Warter J M, et al. 1983. Syndrome de Gerstmann-Sträussler-Scheinker: Neuropathologie de trois cas dans une famille alsacienne. In: Court LA, Cathala F, eds. Virus Non Conventionnels et Affections du Systeme Nerveux Central [J]. Paris: Masson, 290-297.

Hsiao K, Baker H F, Crow T J, et al. 1989. Linkage of a prion protein missense variant to Gerstmann-Sträussler syndrome [J]. Nature, 338: 342-345.

Hsiao K, Dlouhy SR, Farlow M R, et al. 1992. Mutant prion proteins in Gerstmann-Sträussler-Scheinker disease with neurofibrillary tangles [J]. Nat Genet, 1: 68-71.

Hudson A J, Farrell M A, Kalnins R, et al. 1983. Gerstmann-Sträussler-Scheinker disease with coincidental familial onset [J]. Ann Neurol 14: 670-678.

Ikeda S, Yanagisawa N, Allsop D, et al. 1994. Gerstmann-Sträussler-Scheinker disease showing β-protein type cerebellar and cerebral amyloid angiopathy [J]. Acta Neuropathol, 88: 262-266.

Ikeda S, Yanagisawa N, Glenner G G, et al. 1992. Gerstmann-Sträussler-Scheinker disease showing β-protein amyloid deposits in the peripheral regions of PrP-immunoreactive amyloid plaques [J]. Neurodegeneration, 1: 281-288.

Itoh Y, Yamada M, Hayakawa M, et al. 1994. A variant of Gerstmann-Sträussler-Scheinker disease carrying codon 105 mutation with codon 129 polymorphism of the prion protein gene: a clinicopathological study [J]. J Neurol Sci, 127: 77-86.

Kitamoto M, Amano N, Terao Y, et al. 1993. A new inherited prion disease (PrP P105L mutation) showing spastic paraparesis [J]. Ann Neurol, 34: 808-813.

Kitamoto T, Iizuka R, Tateishi J. 1993. An amber mutation of prion protein in Gerstmann-Sträussler syndrome with mutant PrP plaques [J]. Bioch Biophys Res Comm, 192: 525-531.

Kitamoto T, Ohta M, Doh-Ura K, et al. 1993. Novel missense variants of prion protein in Creutzfeldt-Jakob disease or Gerstmann-Sträussler-Scheinker syndrome [J]. Bioch Bioph Res Comm, 191: 709-714.

Kong Q, Surewicz W K, Petersen R B, et al. 2004. Inherited prion diseases. In: Prusiner SB, ed. Prion Biology and Diseases [J]. New York: Cold Spring Harbor Laboratory Press, 673-775.

Kretzschmar H A, Honold G, Seitelberger F, et al. 1991. Prion protein mutation in family first reported by Gerstmann, Sträussler and Scheinker [J]. Lancet, 337: 1160.

Kubo M, Nishimura T, Shikata E, et al. 1995. A case of variant Gerstmann-Sträussler-Scheinker disease with the mutation of codon P105L [J]. Rinsho Shinkeigaku, 35: 873-877.

Kulczycki J, Collinge J, Lojkowska W, et al. 2001. Report on the first Polish case of the Gerstmann-Sträussler-Scheinker syndrome [J]. Folia Neuropathol, 39: 27-31.

Kuzuhara S, Kanazawa I, Sasaki H, et al. 1983. Gerstmann-Sträussler-Scheinker disease [J]. Ann Neurol, 14: 216-225.

Liberski P P, Bratosiewicz J, Barcikowska M, et al. 2000. A case of sporadic Creutzfeldt-Jakob disease with Gerstmann-Sträussler-Scheinker phenotype but no alterations in the PRNP gene [J]. Acta Neuropathol (Berl), 100: 233-234.

Liberski P P, Budka H. 1995. Ultrastructural pathology of Gerstmann-Sträussler-Scheinker disease [J]. Ultrastr Pathol, 19: 23-36.

Majtenyi C, Brown P, Cervenakova L, et al. 2000. A three-sister sibship of Gerstmann-Sträussler-Scheinker disease with a CJD phenotype [J]. Neurology, 54: 2133-2137.

Mallucci G R, Campbell T A, Dickinson A, et al. 1999. Inherited prion disease with an alanine to valine mutation at codon 117 in the prion protein gene [J]. Brain, 122: 1823-1837.

Masters C L, Beyreuther K. 2001. The Worster-Drought syndrome and other syndromes of dementia with spastic paraparesis: the paradox of molecularpathology [J]. J Neuropathol Exp Neurol, 60: 317-319.

Masters C L, Gajdusek D C, Gibbs C J Jr. 1981. Creutzfeldt-Jakob disease virus isolations from the Gerstmann-Sträussler syndrome with an analysis of the various forms of amyloid plaque deposition in the virus induced spongiform encephalopathies [J]. Brain, 104: 559-588.

Mastrianni J A, Curtis M T, Oberholtzer J C, et al. 1996. Prion disease (PrP—A117V) presenting with ataxia instead of dementia [J]. Neurology, 45: 2042-2050.

McKinley M P, Bolton D C, Prusiner S B. 1983. A protease resistant protein is a structural component of the scrapie prion [J]. Cell, 35: 57-62.

Mighelli A, Attanasio A, Claudia M, et al. 1991. Dystrophic neurites around amyloid plaques of human patients with Gerstmann-Sträussler-Scheinker disease contain ubiquitinated inclusions [J]. Neurosci Lett, 121: 55-58.

Mirra S S, Young K, Gearing M, et al. 1997. Coexistence of prion protein (PrP) amyloid, neurofibrillary tangles and Lewy bodies in Gerstmann-Sträussler-Scheinker disease with prion gene (PRNP) mutation F198S [J]. Brain Pathol, 7: 1378.

Mohr M, Tranchant C, Steinmetz G, et al. 1999. Gerstmann-Sträussler-Scheinker disease and the French-Alsatian A117V variant ［J］. Clin Exp Pathol, 47: 161-175.

Nakazato Y, Ohno R, Negishi T, et al. 1991. An autopy case of Gerstmann-Sträussler-Scheinker' s disease with spastic paraplegia as its principal feature［J］. Clin Neuropathol, 31: 987-992.

Nochlin D, Sumi S M, Bird T D, et al. 1989. Familial dementia with PrP positive amyloid palques: a variant of Gerstmann-Sträusslersyndrome ［J］. Neurology, 39: 910-918.

Panegyres P K, Toufexis K, Kakulas B A, et al. 2001. A new PRNP mutation （G131V） associated with Gerstmann-Sträussler-Scheinker disease ［J］. Arch Neurol, 58: 1899-1902.

Parchi P, Chen S G, Brown P, et al. 1998. Different patterns of truncated prion protein fragments correlate with distinct phenotypes in P102L Gerstmann-Sträussler-Scheinker disease ［J］. Proc Natl Acad Sci USA, 95: 8322-8327.

Pearlman R L, Towfighi J, Pezeshkpour G H, et al. 1988. Clinical significance of types of cerebellar amyloid plaques in human spongiform encephalopathies ［J］. Neurology, 38: 1249-1254.

Peiffer J. 1982. Gerstmann-Sträussle' s disease, atypical multiple sclerosis and carcinomas in family of sheepbreeders ［J］. Acta Neuropathol (Berl), 56: 87-92.

Piccardo P, Dlouhy S R, Lievens P M J, et al. 1998. Phenotypic variability of Gerstmann-Sträussler-Scheinker disease is associated with prion protein heterogeneity ［J］. J Neuropathol Exp Neurol, 57: 979-988.

Piccardo P, Ghetti B, Dickson D W, et al. 1995. Gerstmann-Sträussler-Scheinker disease （PRNP P102L）: Amyloid deposits are best recognized by antibodies directed to epitopes in PrP region 90-165 ［J］. J Neuropathol Exp Neurol, 54: 790-801.

Piccardo P, Liepnieks J J, William A, et al. 2001. Prion proteins with different conformations accumulate in Gerstmann-Sträussler-Scheinker disease caused by A117V and F198S mutations ［J］. Am J Pathol, 158: 2201-2207.

Rosenthal N P, Keesy J, Crandall B, et al. 1976. Familal neurological disease associated with spongiform encephalopathy [J]. Arch Neurol, 33: 252-259.

Scheinker I. 1947. Neuropathology in its Clinicopathologic Aspects [J]. Charles C Thomas: Springfield.

Schlote W, Boellaard J W, Schumm F, et al. 1980. Gerstmann-Sträussler-Scheinker's disease. Electron-microscopic observations on a brain biopsy [J]. Acta Neuropathol (Berl), 52: 203-211.

Schumm F, Boellaard J W, Schlote W, et al. 1981. Morbus Gerstmann-Sträussler-Scheinker. Familie SCh. —Ein Bericht uber drei Kranke [J]. Arch Psychiatr Nervenkr, 230: 179-196.

Seitelberger F. 1962. Eigenartige familiar-hereditare Krankheit des Zetralnervensystems in einer niederosterreichischen Sippe [J]. Wien Klin Wochen, 74: 687-691.

Seitelberger F. 1971. Neuropathological conditions related to neuroaxonal dystrophy [J]. Acta Neuropathol (Berl), 7: 17-29.

Tagliavini F, Lievens P M-J, Tranchant C, et al. 2001. A 7-kDa prion protein (PrP) fragment, an integral component of the PrP region required for infectivity, is the major amyloid protein in Gerstmann-Sträussler-Scheinker disease A117V [J]. J Biol Chem, 276: 6009-6015.

Tagliavini F, Prelli F, Porro M, et al. 1994. Amyloid fibrils in Gerstmann-Sträussler-Scheinker disease (Indiana and Swedish kindreds) express only PrP peptides encoded by the mutant allele [J]. Cell, 79: 695-703.

Tateishi J, Kitamoto T, Hashiguchi H, et al. 1988. Gerstmann-Sträussler-Scheinker disease: immunohistological and experimental studies [J]. Ann Neurol, 24: 35-40.

Tranchant C, Doh-Ura K, Steinmetz G, et al. 1991. Mutation of codon 117 of the prion gene in Gerstmann-Sträussler-Scheinker disease [J]. Rev Neurol (Paris), 147: 274-278.

Tranchant C, Doh-Ura K, Warter J M, et al. 1992. Gerstmann-Sträussler-Scheinker disease in an Alsatian family: clinical and genetic studies [J]. J Neurol Neurosurg Psychiatry, 55: 185-187.

Tranchant C, Sergeant N, Wattez A, et al. 1997. Neurofibrilllary tangles in Gerstmann-Sträussler-Scheinker syndrome with the A117V prion gene mutation [J]. J Neurol Neurosurg Psychiatry, 63: 240-246.

Vinters H V, Hudson A J, Kaufmann J C E. 1986. Gerstmann-Sträussler-Scheinker disease: autopsy study of a familial case [J]. Ann Neurol, 20: 540-543.

Worster-Drought C, Greenfield J G, McMenemey W H. 1940. A form of familial presenile dementia with spastic paralysis (including the pathological examination of a case) [J]. Brain, 63: 237-254.

Worster-Drought C, Greenfield J G, McMenemey W H. 1944. A form of familial presenile dementia with spastic paralysis [J]. Brain, 67: 38-43.

Worster-Drought C, Hill TR, McMenemey W H. 1933. Familial presenile dementia with spastic paralysis [J]. J Neurol Psychopathol, 14: 27-34.

Yamada M, Itoh Y, Fujigasaki H, et al. 1993. A missense mutation at codon 105 with codon 129 polymorphism of the prion protein gene in a new variant of Gerstmann-Sträussler-Scheinker disease [J]. Neurology, 43: 2723-2724.

Yamada M, Itoh Y, Inaba A, et al. 1999. An inherited prion disease with a PrP P105L mutation: clinicopathologic and PrP heterogeneity [J]. Neurology, 53: 181-188.

Yamada M, Tomimotsu H, Yokota T, et al. 1999. Involvement of the spinal posterior horn in Gerstmann-Sträussler-Scheinker disease (PrP P102L) [J]. Neurology, 52: 260-265.

Yamazaki M, Oyanagi K, Mori O, et al. 1999. Variant Gerstmann-Sträussler syndrome with the P105L prion gene mutation: an unusual case with nigral degeneration and widespread neurofibrillary tangles [J]. Acta Neuropathol (Berl), 98: 506-511.

Yee R D, Farlow M R, Suzuki D A, et al. 1992. Abnormal eye movements in Gerstmann-Sträussler-Scheinker disease [J]. Arch Ophthalmol, 110: 68-74.

Young K, Clark H B, Piccardo P, et al. 1997. Gerstmann-Sträussler-Scheinker disease with the PRNP P102L mutation and valine at codon 129 [J]. Molec Brain Res, 44: 147-150.

Young K，Piccardo P，Kish S J，et al. 1998. Gerstmann-Sträussler-Scheinker disease (GSS) with a mutation at prion protein (PrP) residue 212. W：The 74th Annual Meeting of the American Association of Neuropathologists Inc，Minneapolis，Minnesota［J］. J Neuropathol Exp Neurol，57：518.

第四章

传染性海绵状脑病发病机制

第一节　PrP^{C}向 PrP^{Sc}转化的可能机制

一、PrP^{C}的结构与生化特征

朊蛋白（PrP）是由单拷贝染色体基因的单一外显子所编码。人的 PrP 基因位于第 20 号染色体上，小鼠的 PrP 基因位于第 2 号染色体上，牛的 PrP 基因位于第 13 号染色体上。PrP 基因结构和其编码蛋白的序列高度保守，比如在人及仓鼠、小鼠、绵羊、牛、水貂之间 PrP 的同源性高于 80%。其他多种非人灵长类动物和人 PrP 基因氨基酸同源性高达 92.9%～99.6%。图 4-1 是与传染性海绵状脑病相关动物种属的 PrP 基因进化树。在许多动物种属中，PrP 的开放阅读框编码了大约 250 个氨基酸（图 4-2），所有的 PrP 分子都是经过翻译后修饰形成，通过 GPI（glycosyl phosphatidyl inositol）位点将 PrP 分子锚定在细胞膜上（见图 4-2 和图 4-3）。正常 PrP 蛋白（PrP cellular，PrP^C）分子质量为 33～35kD，易溶于水和其他有机溶剂，对蛋白酶敏感，用蛋白酶 K（PK）消化后，PrP^{C}完全降解（图 4-4，其中 1 为未经过蛋白酶 K 消化，2 为经过蛋白酶 K 消化），蛋白酶 K 消化的位点估计是在 90～110 位氨基酸（见 图 4-2）。光谱学和核磁共振（NMR）研究表明 PrP^{C}蛋白质高级结构中具有丰富的 α 螺旋（见图 4-3 红色），β 折叠较少（见图 4-3 蓝色）。

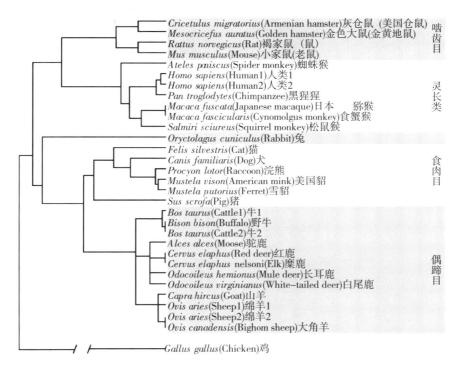

图 4-1 传染性海绵状脑病相关动物种属的 PrP 序列系统
进化树（引自 Novakofski，2005）

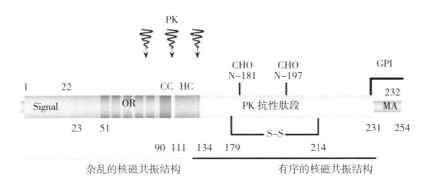

图 4-2 PrP^{c}功能结构模式图（引自 Aguzzi，2006）

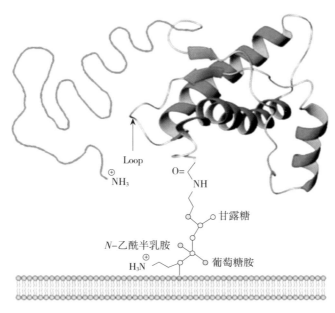

图 4-3　PrP^C高级结构模式图（引自 Aguzzi，2006）

二、PrP^{Sc}的结构及生化特征

PrP^C能够在许多因素的诱导下发生构型变化而形成错误折叠的朊蛋白（PrP^{Sc}），PrP^{Sc}和 PrP^C的氨基酸序列一致，仅仅在三维结构上表现不同。PrP^{Sc}在常规条件下能抵抗蛋白酶 K 消化（图 4-4，其中第 3 列为未进行蛋白酶 K 消化，第 4 列为进行蛋白酶 K 消化）。光谱学和 NMR 研究表明 PrP^{Sc}和 PrP^C之间的差别在于蛋白质高级结构上。PrP^C具有约 40％ 的 α 螺旋、β 折叠含量少，而发生错误折叠后的 PrP^{Sc}具有 43％的 β 折叠、30％的 α 螺旋，采用分子模式对 PrP^{Sc}与 PrP^C的三维结构进行预测，认为 PrP^C是一个含有 4 个 α 螺旋（H1～H4）的球形蛋白，而在 PrP^{Sc}中有 2 个螺旋 H1 和 H2 形成 4 个 β 折叠链，通过一个二硫键将 H3 和 H4 连接在一起。稳定 PrP^{Sc}和 PrP^C的结构见图 4-5，绿色

为 α 螺旋，蓝色为 β 折叠。由于 PrP^{Sc} 含有
多个 β 折叠，所以使它不容易溶于水和其
他有机溶剂，另一方面也使它的抗蛋白酶
水解能力增强，从而更容易在细胞内聚积
形成淀粉样斑状结构。总体来说 PrP^{Sc} 具有
以下不同于 PrP^C 的生化特性：①PrP^{Sc} 不溶
于水和非变性去污剂；②PrP^{Sc} 具有较强的
抗蛋白酶水解特性；③PrP^C 和 PrP^{Sc} 都依赖
糖基化锚定位点（GPI）附着在细胞膜表

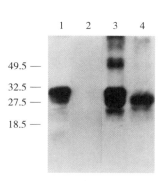

图 4-4　PrP^C 和 PrP^{Sc} 图
（引自 Prusiner，1998）

面，经磷酸肌醇磷脂酶 C 酶解后 PrP^C 从膜上释放出来而 PrP^{Sc} 不被释
放；④特异的抗体只与 PrP^{Sc} 发生反应，而与 PrP^C 无反应，这说明两者
之间含有不同的构象表位。

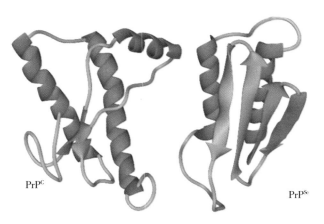

图 4-5　PrP^C 和 PrP^{Sc} 高级结构模式图（引自 Aguzzi，2006）

三、PrP^C 转化为 PrP^{Sc} 的可能机制

PrP^{Sc} 在宿主中枢神经系统蓄积是传染性海绵状脑病的示病性生物
标志。PrP^C 和 PrP^{Sc} 具有相同的氨基酸序列和共价修饰。傅里叶变换红
外光谱和圆二色谱研究发现，PrP^C 和 PrP^{Sc} 在二级结构上存在构象上的

差别，那么 PrP^C 是如何转变成 PrP^{Sc} 的呢？目前有两种假说可以合理地解释从 PrP^C 转化为 PrP^{Sc}（图4-6）。

1. 成核-多聚化模型（nucleation-polymerization model）　即"种子"模型（图4-6a），PrP^{Sc} 低级聚合物充当"种子"，在没有"种子"存在时，固有的 PrP^C 和极少量 PrP^{Sc} 单体之间发生快速的可逆性构象变化，PrP^{Sc} 单体不稳定；在条件适宜时，PrP^{Sc} 单体聚集在一起形成稳定的 PrP^{Sc} 寡聚体，从而促使平衡向生成致病型构象的方向移动，直至形成稳定的"种子"；这个"种子"可通过互相粘连而继续生长，最后碎裂成小的感染单位。在成核-多聚化模型中具有传染性的物质是 PrP^{Sc} 的多聚化合物，转化过程中的限速步骤是因为需要形成作为种子的进一步稳定的 PrP^{Sc}，该步骤需要很长的时间。一旦形成稳定的种子之后，在充足的 PrP^C 存在的情况下，便会快速地形成 PrP^{Sc}（图4-6c）。

2. 再折叠模型（refolding model）**或模板辅助转化模型**（template assisted conversion model）　见图4-6b，该模型认为 PrP^{Sc} 在热力学上比 PrP^C 更稳定，当 PrP^C 转变为 PrP^{Sc} 时需要克服能量障碍。在没有 PrP^{Sc} 存在时，PrP^C 转变成 PrP^{Sc} 的速度很慢；在 PrP^{Sc} 存在时，它与 PrP^C 的结合降低了转变所需的活化能，使 PrP^{Sc} 迅速增加。有研究认为，可能存在一种瞬时的构象中间体，这种中间体与一种未知蛋白 X 或酶作用后，能够与 PrP^{Sc} 形成异源二聚体；这一异源二聚体自发转化形成 PrP^{Sc} 同源二聚体；同源二聚体进一步解离，形成两个模板，各自诱导进一步的转化，使 PrP^{Sc} 的浓度以指数方式快速增长。通过 MNR 技术对重组仓鼠的朊蛋白结构转化进行研究可以更加清晰地理解 PrP^C 是如何转变成 PrP^{Sc} 的（图4-7），其中 A 为重组仓鼠 PrP（90-231）片段的结构；B 为重组仓鼠 PrP（90-231）片段和未知蛋白 X 结合时的部位和结构；C 为 PrP^C 向 PrP^{Sc} 转化过程中的重要位点，其中红色标记的位点可能同转化效率相关，绿色标记的位点可能同不同种属动物朊蛋白转化时发挥作用相关，而蓝色位点是能同蛋白 X 结合的位点；D 为 PrP（90-231）多肽片段柔性的模式图；E 为转化后形成的 PrP^{Sc} 可能的高级结构。

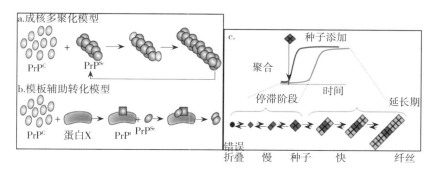

图 4-6 PrPᶜ转化为 PrPˢᶜ的假说（引自 Soto，2004）

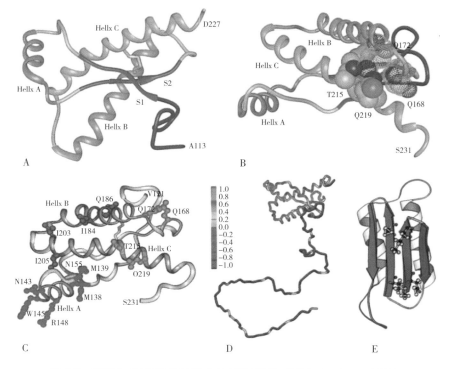

图 4-7 PrPᶜ向 PrPˢᶜ转化过程中的 MNR 结构（引自 Prusiner，1998）

前期，Claudio Soto 研究小组利用蛋白质错误折叠循环扩增技术（protein misfolding cyclic amplification，PMCA），在体外试管内通过

模拟体内环境，经过超声等方法将 PrP^C 转变成 PrP^{Sc}。这些新产生的
PrP^{Sc} 和原来的种子 PrP^{Sc} 在生化特征和致病性上都保持一致。近期研究
也证实了 PrP^{Sc} 能够在有细胞膜脂类成分存在的情况下将外源人工重组
的朊蛋白 PrP^C 诱导转化成 PrP^{Sc}，并与原来的种子 PrP^{Sc} 在生化特征和
致病性上都保持一致。这些研究都强有力地证明了，"种子"模型和模
板辅助转化模型都能够合理地解释 PrP^C 转化成 PrP^{Sc} 的过程。"种子"
模型和模板辅助转化模型两者之间也并不矛盾，也可以将这两种模型整
合在一起来解释 PrP^C 向 PrP^{Sc} 转化的过程（图 4-8）。

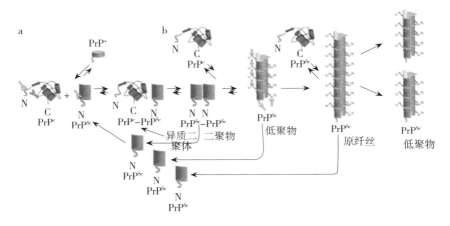

图 4-8　PrP^C 转化为 PrP^{Sc} 综合模式图（引自 Aguzzi，2008）

四、影响 PrP^C 向 PrP^{Sc} 转化的重要因素

PrP^C 向 PrP^{Sc} 转化是导致朊蛋白疾病的核心事件，如果在细胞内 PrP
蛋白的表达、拓扑结构、折叠状态和在细胞内的转运等过程出现异常，
都可能会导致疾病的发生。下面列举几种影响 PrP^C 向 PrP^{Sc} 转化的因素。

（一）氨基酸组成

人 PrP^C 蛋白缺失或突变的相关研究，为阐明 PrP 蛋白中残基参与

PrP^C 向 PrP^{Sc} 转化奠定了基础。Muramto 发现敲除 PrP^C 蛋白 N 端残基 23～88 位和中间结构域中 141～147 位都不影响 PrP^C 向 PrP^{Sc} 转化，而敲除 95～107 位、108～121 位或 122～140 位则完全抑制此构象的转变，提示这些残基与构象转变密切相关。Kuwata 等进一步将范围缩小，发现人工合成的 PrP$^{106-126}$ 肽能够聚集形成淀粉样纤维，引起神经细胞程序性死亡、诱导增生并能引起体外培养的神经胶质细胞肥厚。PrP$^{106-126}$ 肽可能是理想的研究淀粉样纤维形成和由 PrP^{Sc} 介导的细胞死亡的化合物。在研究转基因小鼠中发现 PrP$^{90-140}$ 可能是 PrP^C 和 PrP^{Sc} 相互作用的位点，在构象转变过程中起非常重要的作用。成熟鼠的 PrP 蛋白含有 208 个氨基酸残基，Supattapone 等曾报道由 106 个氨基酸残基组成的 PrP^{106} 分子能在转基因鼠中形成具传染性的小 PrP（miniprion）。随后，他们进一步应用缺失突变的方法将 PrP^{106} 截短，发现只含 61 个残基的 PrP^{61}（其中保留了糖基化位点和能插入脂的锚结构）在成神经细胞瘤中能自发形成抗蛋白酶水解的构象。在转基因小鼠中，少量表达 PrP^{61} 能引起共济失调而死亡。神经病理试验表明，在神经的树突或细胞体内积累抗蛋白酶水解的 PrP^{61} 能引起细胞凋亡。PrP^{61} 可用于研究 PrP 分子转变成抗蛋白酶水解构象并具有神经毒性的机制。

（二）糖基化影响 PrP 蛋白的折叠和拓扑结构

人的 PrP 蛋白在 Asn^{181}（Loop 区）和 Asn^{197}（α 螺旋区）位有 2 个可能的糖基化位点，由于蛋白质翻译后加工程度的不同，通常有单糖基化、二糖基化和非糖基化的异构体存在。由于 N 糖链比较长，又颇具运动性，可以有效屏蔽 PrP 分子间的作用面。因此，糖基化可以保护蛋白质较大的表面免被蛋白酶水解，防止非专一性的蛋白质相互作用等。糖基化影响抗原决定簇的存在和对抗体的可接近性，正常的糖基化可以避免许多非专一性的过程。而异常糖基化是引起形成 PrP^{Sc} 的原因之一。已发现新的变异型克雅氏病与 PrP^{Sc} 二糖基化异构体相关；而在散发性克雅氏病中，PrP^{Sc} 主要是单糖基化的。研究表明，糖基化作用可能是通过改变 PrP 蛋白 C 端的构象来调节 PrP^C 和 PrP^{Sc} 之间的作用。

（三）金属离子的影响

已知过渡金属铜、铁、锰与老化和退行性疾病相关的氧化损伤和炎症密切相关，但对其机制尚不清楚，可能与过氧化、产生自由基和与含金属酶结合等过程相关。过渡金属铜离子能以很高的亲和性与 PrP 蛋白结合，这种结合可以明显改变后者的生化性质。纯化的 PrP^C 能通过它的八肽重复序列结合铜离子，而缺失 PrP 基因的小鼠则表现出膜结合的铜离子数量减少和铜锌超氧化物歧化酶的活力降低。铜离子对细胞内 PrP^C 流通的影响支持了 PrP^C 可能是细胞从外环境摄取铜离子的内吞受体的假说。

（四）RNA 分子促进 PrP^C 向 PrP^{Sc} 的转化

体外监测 PrP 扩增技术可以帮助人们从生物化学的角度研究朊蛋白传播的机制和影响 PrP^C 向 PrP^{Sc} 转化的因素。Kocisko 等首先应用放射性标记的、纯化的 PrP 分子转化技术，成功再现了许多与朊蛋白在体内传播的相关性质。但是此法灵敏度太低，只有在 PrP^{Sc} 的量比 PrP^C 高 50 倍时，才能诱导 PrP^{Sc} 的形成。随后 Soto 等研发了蛋白质错误折叠循环扩增（PMCA）技术，通过孵育及重复超声处理，可以有效地扩增感染 263K 的仓鼠脑匀浆液中的 PrP^{Sc}。这一技术大大提高了检测 PrP^{Sc} 的灵敏度，而且使在体外研究朊蛋白疾病的机制成为可能。Lucassen 等考虑超声处理和孵育中十二烷基硫酸钠（SDS）的存在可能使细胞内的蛋白质因子变性而改变正常的生化反应，进一步对 Soto 等的方法进行改进，发展了灵敏的、非变性的 PMCA 法。应用此技术研究了朊蛋白诱导的蛋白质构象变化的机制，发现 PrP^{Sc} 的体外扩增存在专一性，而且是时间、温度和 pH 依赖的。加入金属螯合剂 EDTA 和 EGTA 都不影响 PrP^{Sc} 的扩增，说明此过程并不需要二价阳离子；巯基试剂 NEM、PHMB 和汞撒利酸（mersaly lacid）能抑制体外的扩增，

说明从 PrP^C 向 PrP^{Sc} 的构象转化需要含自由巯基，符合二硫键交换假说。首次证明了具有反应活性的化学基团在从 PrP^C 向 PrP^{Sc} 的构象转化过程中起着关键的作用。最近 Deleault 等应用改进的 PMCA 法，研究了能抵抗蛋白酶水解的类 PrP^{Sc} 蛋白 PrP^{res} 的扩增过程，发现特定的 RNA 分子能加速仓鼠 Sc237 PrP^{res} 蛋白的扩增。深入研究表明，只有单链 RNA 有此作用，而双链 RNA、DNA RNA 杂合物及 DNA 均不影响 PrP^{res} 的扩增。如果此体外 PrP^{res} 扩增方法研究的结果能够代表体内 PrP^{Sc} 形成的模型的话，其研究结果进一步阐明了特定的 RNA 分子是 PrP^{Sc} 形成的细胞因子，RNA 的存在加速了由 PrP^C 向 PrP^{Sc} 的转化，并不是没有 RNA 的参与就不能完成此转化。因此，此结果发现了 RNA 能促进 PrP^{Sc} 的转化，却未动摇 Protein only 假说，PrP^C 向 PrP^{Sc} 的转化仍是基本的、自发的过程。

第二节　朊病毒的复制、 转运机制

一、朊病毒的复制机制

Prusiner 提出一种假设来解释朊病毒的复制机制——PrP^{Sc} 通过诱导细胞中与其氨基酸序列相同但高级结构不同的正常的 PrP^C 发生构型改变而致病。正常的 PrP^C 主要含有 α 螺旋，但病变的 PrP^{Sc} 含有约 43% 的 β 折叠。Nguyen 等早期对 PrP^C 中易形成 α 螺旋的 4 个肽段进行研究，发现在一定条件下它们可转化为 β 折叠，证明其二级结构具有易变性，支持了 Prusiner 的假说。1994 年 Kocisko 等创建了无细胞的耐蛋白酶 PrP 的复制系统，学者们从此可以更深入地研究 PrP^{Sc} 与 PrP^C 之间

的作用机制。Chabry 等构建了一系列对应仓鼠 PrP 的短肽，发现对应
于其 PrP 中部 106～141 位氨基酸的短肽能完全抑制 PrP^{Sc} 诱导的 PrP^C
的转化；进一步的研究发现对应 119～136 位氨基酸的更短的肽不仅在
无细胞系统中可抑制 PrP^C 的转化，在感染的鼠神经母细胞瘤细胞
ScN2a 中也同样可以，提示该区域在 PrP^{Sc} 与 PrP^C 相互作用中扮演重要
角色。Herrmann 等用二硫键的变性剂处理 PrP^C 或 PrP^{Sc}，均导致 PrP^C
不能转变为 PrP^{Sc}，提示 PrP^C 与 PrP^{Sc} 的结合位点应该是构象依赖性的。
但在体外无细胞复制系统中，仅仅将 PrP^{Sc} 与 PrP^C 混合虽能使 PrP^C 发
生构象改变并产生蛋白酶消化抗性，但产生的蛋白颗粒却没有传染性。
Telling 等发现，表达人 PrP^C 的转基因小鼠不能感染人的朊病毒，而表
达人-鼠嵌合 PrP^C 的转基因小鼠则能被感染。据此他们认为，仅 PrP^{Sc}
本身还不足以诱导 PrP^C 的构象改变，还需要一种辅助因子，他们称之
为"蛋白 X"。Kaneko 等将人-鼠嵌合 PrP^C 基因转入细胞 ScN2a，通过
对鼠 PrP^C 分子的部分氨基酸进行置换的方法发现，PrP^C 分子的部分残
基和突出侧链构成一个不连续的蛋白 X 结合表位，这些关键残基的置
换能阻止 PrP^{Sc} 的形成。他们的工作证明，在 PrP^{Sc} 诱变 PrP^C 的过程中
还需要一些分子的协助。

二、朊病毒的转运机制

目前已经证明外周的众多途径都能够转运并传播朊蛋白病，如腹腔
注射、静脉内外注射、神经注射、皮肤刺破、眼球灌注以及经口感染
等。在这些传染途径中，归根结底最终通过的为消化道途径、外周神经
或者组织途径、血液途径三种，我们就从这三种途径入手，分别讨论
PrP^{Sc} 在外周神经系统的转运及致病机制。

当 PrP^{Sc} 污染过的食物或者物品经口感染后，由肠道进入机体内环
境，首先穿越单层肠上皮细胞构成的屏障。有研究表明，在朊蛋白病感
染早期 PrP^{Sc} 主要聚集在肠道神经组织及肠道相关淋巴组织（gut-

associated lymphatic tissue，GALT）中。目前认为 PrP^{Sc} 在肠道神经组织和 GALT 之间的转运过程与肠黏膜上皮细胞（M 细胞）相关，M 细胞是病原或抗原物质进入肠黏膜相关淋巴系统（mucosal-associated lymphoid tissue，MALT）的跨膜细胞。有研究发现 M 细胞和依赖于铁蛋白（ferritin-dependent mechanism）的小肠上皮细胞（caco-2 cells）囊泡内化朊蛋白相关复合体，可以作为 PrP^{Sc} 进入肠道后侵入细胞内的候选位点。

近期关于树突状细胞的研究发现，在一般情况下，树突状细胞可以从血管游走到肠管的内表面并在肠管中将抗原捕获，然后再将这些抗原运送到附近的淋巴系统，包括肠系膜淋巴结或者可能更远的位点（其他的组织器官），这个过程能将 PrP^{Sc} 由内脏直接传播到淋巴系统并通过淋巴系统向不同的组织器官扩散。因此，树突状细胞也可能是 PrP^{Sc} 在外周组织器官间传播的重要载体。除了树突状细胞以外，淋巴细胞和巨噬细胞等也可能是最初 PrP^{Sc} 感染传播到淋巴器官的重要细胞受体。但目前的试验数据并不充分，况且 PrP^{Sc} 的传播与复制并没有特定的必然联系，PrP^{Sc} 体内转运过程并非一定伴有 PrP^{Sc} 在其转运位点的聚集，相反 PrP^{Sc} 的传播和聚集可能是两个独立的过程。因此，最初的细胞受体可能只用于追踪 PrP^{Sc} 的感染路径，期待更为准确的方法来确定究竟何种细胞在朊蛋白病的传播和扩散中发挥主要的作用。但是目前的研究能够说明，确实存在一类在 PrP^{Sc} 感染和传播过程中起重要作用的细胞。在这一类细胞的作用下，PrP^{Sc} 会传播到外周不同的组织器官中去。目前发现 PrP^{Sc} 主要集中在某些特定的位置，如回肠远端、脾脏、淋巴结、扁桃体以及外周神经组织。

当 PrP^{Sc} 在外周器官如脾脏、淋巴结中进行复制之后是如何转运到中枢神经系统的呢？目前认为主要通过两种途径：一是经淋巴网状内皮系统（lymphoreticular system，LRS）经外周神经系统向中枢扩散，二是通过脊髓扩散与血源性扩散途径。目前有报道通过迷走神经、交感神经和感觉神经系统进行扩散。有研究发现最初的神经传播是沿着延髓的迷走神经到副交感神经；但在一些动物模型试验中，感染早期可以观察到明显的 PrP^{Sc} 在交感神经和感觉神经系统的沉积，而在迷走神经中 PrP^{Sc} 沉积的量很少。相比较而言，经腹腔注射后，可以观察到交感神经系统中特异明显的 PrP^{Sc} 传播到中枢神经系统的现象；经神经注射后的感染试验证明，PrP^{Sc} 复制是沿着感觉神经慢慢上行。到目前为止，确切的 PrP^{Sc} 是如何沿着外周神经纤维向中枢神经系统传播的机制还不清楚。Houston 等通过试验将感染 PrP^{Sc} 绵羊的全血输给健康的绵羊，结果导致健康绵羊发生朊蛋白病，从而使人们认识到 PrP^{Sc} 可以通过血液传播。有报道称人和小鼠血中的纤维溶酶原能通过其赖氨酸结合位点与 PrP^{C} 特异性结合，从而说明血浆有传播 PrP^{Sc} 的可能性。有研究通过白细胞调节素除去感染朊蛋白病动物血液中所有的白细胞，但是最终只能将 PrP^{Sc} 的感染性减低 42%。这说明在血液中还有其他成分可以携带 PrP^{Sc} 并传播疾病。在过去已经有 3 个病例由于输血导致人变异型克雅氏病的发生。这些现象都说明，外周 PrP^{Sc} 能通过血液途径传播至中枢神经系统而导致疾病发生，但是具体的细节及分子机制仍不清楚。

第三节　传染性海绵状脑病传播的种间屏障机制

朊蛋白虽然是一种很保守的序列，但是在不同种动物间又不尽相同，在同种动物间也存在序列的多态性。朊蛋白传播时有这样一个特点，能感染某种动物却不会对其他种动物产生影响，即使是品系很接近的动物，在接种其他品种患病动物的组织材料时，也会出现不确定的发病率，以及临床症状出现的时间延长。病毒在不同种动物间产生不同病理变化的现象就是所谓的种间屏障。种间屏障的概念随着转基因小鼠以及人造毒株的出现而有所拓展。当供体和受体是同一品种时，出现潜伏期延长的现象时可以称作"传播屏障"。我们从以下方面来介绍传染性海绵状脑病的种间屏障机制。

一、种内传播

传染性海绵状脑病在种内的传染效率通常要高于种间的传播（图4-9），这种现象无论是自然发生还是在实验条件下都已得到验证。传播的效率与传染性海绵状脑病病原、感染路径以及动物品种有关。在牛海绵状脑病（BSE）的病例中，经口传染的潜伏时间约为5年，垂直传播或者水平传播很少发生。

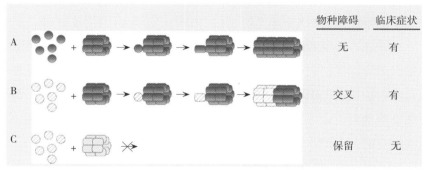

图 4-9　PrP^C 和 PrP^{Sc} 的相互作用对 TSE 种间屏障的影响
圆环表示 PrP^C，矩形表示纤维化的 PrP^{Sc}。

　　A. 无种间屏障，PrP^C 和 PrP^{Sc} 是一致的　　B. 跨越种间屏障，如果宿主的 PrP^C 和 PrP^{Sc} 的接种物是异源性的，但是由于关键位点比较吻合，于是构象发生转换，PrP^{Sc} 蓄积并且引起发病　　C. 种间屏障的保留，宿主 PrP^C 和 PrP^{Sc} 接种物为异源性的时，新生的 PrP^{Sc} 产生，有种间屏障

（引自 Moore，2005）

鹿慢性消耗性疾病（CWD）和羊痒病是没有受到人为干涉的传染性海绵状脑病，两者都追溯不到与人的行为有关的起源。鹿慢性消耗性疾病在圈养的鹿间传播很快，感染率能够达到80％或者更高，感染病鹿的传播方式还不明确，有研究报道唾液、粪、尿也可以散播病原。同样的，痒病在羊群间自然传播时感染率达25％～40％。

二、种间屏障

在不同哺乳动物间，传染性海绵状脑病病原的传播受到所谓的"种间屏障"的限制。这种现象指的是传染性海绵状脑病病原在种间传播时存在困难，因为传染性海绵状脑病病原从一个品种传播到另一个品种时潜伏期会增加，而在受体间传播时潜伏期会减少。这种障碍在一定程度上难以逾越，有时候通过脑内接种的方式都不能使不同品种的动物表现出临床症状。用外周注射和口服这样不太有效的方法接种时，种间屏障的作用更加明显。如果没有人的介入，很难说是否有的野生动物病例是因为逾越了种间屏障而引起。例如，鹿慢性消耗性疾病是否就是因为鹿感染了绵羊痒病而产生的呢？

现在动物海绵状脑病的传播很受关注，就是因为 BSE 在牛群间的传播。牛海绵状脑病是传染性海绵状脑病病原传染给人的一个典型的亦或是唯一的代表。英国牛海绵状脑病的发生与使用感染痒病的牛、羊等反刍动物的肉、骨等及其他废弃物提供给动物高蛋白能量的需要有关，现在这样的行为是非法的。

20 世纪 80—90 年代，在数以百万的牛受到牛海绵状脑病威胁的时候，有一种观点认为人有可能也会受到传染。英国牛海绵状脑病发生的初期人们很恐慌，担心被传染，可是由于羊痒病在近两个世纪都没有传染给人的先例，因此人们的心态稍微平缓了一些。但是，在牛海绵状脑病发病高峰期 1992 年之后的几年，一种新的克雅氏病，即变异型克雅氏病出现了。尽管人们还不能理解朊病毒是怎么通过人们采食被病毒污染的食物而感染，并且怎么跨越了种间屏障的，但大量有说服力的流行病学、PrP^{Sc}毒株、传染方面的试验数据等，都证明了变异型克雅氏病是来源于牛海绵状脑病的假说。

目前，无意间消费被病毒污染食品的人数难以确定，在牛海绵状脑病发病的高峰期到英国的游客以及英国人都有被感染的风险。在仔细的监督下，从 1996 年起已经记录近百例变异型克雅氏病病例。但很难想象，经过一个较长的潜伏期，当变异型克雅氏病再次暴发的时候会是一个什么情况。在牛海绵状脑病带来政治和科学问题的时候，鹿和麋鹿的鹿慢性消耗性疾病在北美的中部区域逐渐传播开来。鹿慢性消耗性疾病传染给其他动物的潜在威胁很大，因为它们往往和牛共用一个草场。目前，仍没有鹿慢性消耗性疾病传染给人的病例，但并不排除在鹿慢性消耗性疾病进化成新型后感染人的可能性。另外，还有至少两种传染性海绵状脑病的传播与人的介入有关，如猫的海绵状脑病（Feline spongiform encephalopathy，FSE）和传染性水貂脑病（Transmissible mink encephalopathy，TME）。这两种病的流行来源还没最终确定，不过摄入 TSE 污染的饲料而发病是有很大可能性的。

（一）早期关于种间屏障的研究

1966 年，通过脑内接种库鲁病的病料能够感染黑猩猩，潜伏期少于两年。给健康猩猩接种发病动物的脑匀浆后，发病的时间明显缩短。1968 年，第一例试验性的克雅氏病感染黑猩猩获得成功。到 1973 年时，相同的实验已经在不同品种的猴得到验证。当然，由于当时还没有发现朊蛋白的存在，早期研究并没有质疑这种感染的病原是病毒，但是比较困惑的是克雅氏病和库鲁病比较容易传染给某些品种的猴却不容易传染给其他品种的猴，如恒河猴与短尾猕猴对感染就有一定的免疫力。绵羊和山羊的分离株也只能对某些猴有传染能力，而绵羊痒病能够很容易地传播给水貂，且能在山羊和仓鼠中传代。在早期的动物试验中，人们一直在猜想一些特定的传染性海绵状脑病病原对哪些动物品种有作用。早期这些试验，为研究传染性海绵状脑病病原在人和实验动物间的传播奠定了重要的基础，更好地了解了种间屏障的机制。

（二）PRNP 基因序列对种间屏障的影响

Dickinson 等首先报道了宿主编码的 Sinc 基因（scrapie incubation

基因）对痒病的潜伏期和易感性都有影响，通过 C57BL 小鼠和 VM 小
鼠间的基因杂交技术发现，Sinc 基因是决定不同潜伏期的基础。两种
小鼠间感染痒病的潜伏期不同，但是这种差异可以通过品种选育得到控
制。当纯化的 PrP 蛋白 N 端序列得到成功分析后，DNA 探针也分析到
仓鼠也有 PrP 基因，即现在说的 PRNP。一系列的研究表明，以往研究
的 Sinc 基因和 PRNP 其实就是同一种基因。而且氨基酸序列多态性与
鼠感染痒病的潜伏期有关。因为不同的哺乳动物编码的 PrP 序列是不
同的，因此 PRNP 基因因为与种间屏障的关系，得到了很多科学家的
关注。

　　在 20 世纪 70 年代中期，建立起了一种有效的仓鼠感染痒病的动物
实验模型，接种痒病的仓鼠 2～3 个月后就发病。从发病仓鼠分离到了
263K 毒株，一个对小鼠无致病性的病原，因而在小鼠和仓鼠间建立起
了一个便利的研究痒病种间屏障的实验模型。在此基础上，随着转基因
技术的发展，仓鼠和小鼠间的种间屏障作用进一步得到加强。最初的研
究表明，过表达叙利亚仓鼠 PrP 的小鼠在接种仓鼠痒病后 3 个月内发
病，而野生型的小鼠没有发病。发病仓鼠脑匀浆的提取物能够使仓鼠发
病却不能传代感染小鼠，也说明在传代过程中病原品种的特征性被保留
下来。类似的试验中，与野生型小鼠相比，过表达绵羊 PrP 的小鼠感
染痒病后潜伏期缩短很多。同样的，正如预料的一样，表达人 PrP 的
转基因小鼠对人的朊病毒很易感。不改变别的只改变氨基酸序列就能避
免种间屏障的发生。因此 PRNP、也就是说 PrP^C 本身就是跨越种间传
染性海绵状脑病传播的主要基础。

　　已经证实 PrP 氨基酸一级结构的序列和跨越种间屏障有重要的关
系，因此，描绘出涉及的特定区域显得很重要。Scott 等构建了一个模
型，小鼠 PrP 的开放阅读框的中心部分片段被仓鼠基因相应部分取代，
这种嵌合子小鼠对小鼠和仓鼠的痒病毒株都易感。这个试验表明 ORF
的中心部分对 TSE 的种间屏障有很强的影响。作为 PrP^C 在传染性海绵
状脑病中重要的证据，PrP 基因敲除小鼠能够正常生存，对传染性海绵

状脑病的感染力有着完全的抵抗作用，并且没有继续传播的能力。

（三）特定氨基酸影响传染性海绵状脑病的传染力

一旦证实 PrP 是传染性海绵状脑病发生和种间屏障所必需的，进一步的研究就针对更多的与 PrP^C 转化为 PrP^{Sc} 的特殊多肽区域和其上特别的氨基酸。PrP^C 和 PrP^{Sc} 的中心区域的同源性对于成功跨种间的 PrP^C 向 PrP^{Sc} 的转化、感染能力的传播都有重要的作用。PrP 氨基酸序列和传染性海绵状脑病的潜伏时间直接的相关性，通过表达小鼠 PrPLeu108Met 和 Val111Met 的转基因小鼠得以实现。接种小鼠适应的痒病毒株后，这些发病小鼠的潜伏期与仅表达 PrP 的小鼠相比明显延长。相似的，N 端 Pro101Leu 的单突变转基因小鼠在分别接种人、仓鼠、绵羊的传染性海绵状脑病毒株后潜伏期明显改变。当感染痒病的鼠成神经细胞瘤细胞表达仓鼠 PrP^C 时，PrP^C 和 PrP$^{Sc\,112-189}$ 处的同源性与新的 PrP^{Sc} 生成有关。进一步的研究发现，小鼠特定的氨基酸 Ile138 有助于 PrP^{Sc} 的转化，而仓鼠 Met138 却能够阻止 PrP^C 向 PrP^{Sc} 的转化。可见，当一个氨基酸错配时，或许能有效影响 PrP^C 向 PrP^{Sc} 的转化。

最初的动物试验研究证明，接种后的潜伏时间与转基因小鼠脑内表达仓鼠 PrP 的量表现出一个相反的比例，充分显示 PrP^C 影响疾病的动态。最近的一些相似的模型试验表明，过表达绵羊 PrP^C 小鼠感染痒病的潜伏时间和野生型小鼠相比大大缩短了。这个事实表明，PrP^C 本身就是跨越种间屏障的基础，仅仅在改变品种 PrP^C 的氨基酸序列后，种间屏障就有可能会被逾越。

仓鼠和小鼠在 155 位点有不一致，小鼠 155 位是酪氨酸，仓鼠 155 位是天冬酰胺。正是这一个不一致在无细胞的试验中能够充分控制小鼠向仓鼠的蛋白酶抗性 PrP 的种间转化。还有一些实验表明，氨基酸残基 155 位点影响着小鼠和仓鼠的种间屏障。在一些相似的无细胞实验中，绵羊 171 位氨基酸残基能够减少有蛋白酶抗性绵羊 PrP 的转化，因此这个位点的多态性变化和绵羊对痒病的抗性有关。往往一些关键位

点的氨基酸对种间屏障的影响能起到很大的作用，而这些残基在不同的
品种间不尽相同（图 4-10）。

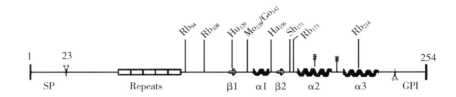

图 4-10   与种间屏障有关的氨基酸残基（图示为全长的 PrP^c）

SP 代表信号肽，Repeats 代表八肽重复区，GPI 代表糖基磷脂酰肌醇锚，在231-254位
插入；箭头表示 β 折叠，主线表示 α 螺旋。一般来说，主要与种间屏障有关的是中央的区域，而
且一些特殊的氨基酸与种间屏障的这些变化有关。氨基酸残基数量在不同品种间变化不大。

Rb 代表兔，Ha 代表仓鼠，Mo 代表小鼠，Hu 代表人，Sh 代表绵羊，Go 代表山羊。

（引自 Moore，2005）

（四）异源性蛋白对 PrP^{Sc} 形成的干扰

利用转基因小鼠的研究提供了大量的证据，证实传染性海绵状脑病
的特征性的变化，如潜伏期、神经病理变化都能够被转基因 PrP 进行
修改。应用一种既能够表达仓鼠又能表达小鼠 PrP 的转基因小鼠进行
实验，PrP^{Sc} 接种物无论来自仓鼠还是小鼠，都会在种间疾病传播方面
起决定性的作用。通常，PrP^C 和 PrP^{Sc} 的同源性越高，越过种间屏障传
播的可能性越大。表达仓鼠和小鼠 PrP 的转基因小鼠比只表达小鼠 PrP
的鼠对痒病抵抗性更强。异源性 PrP^C 的表达就如同来自其他动物一样
能够干扰 PrP^{Sc} 的形成，这种可能性提示研究人员利用痒病感染的小鼠
成神经瘤细胞来验证这种假说。这些细胞能够表达鼠类的 PrP^C，而且
同时能蓄积和复制鼠的 PrP^{Sc} 以及传染力。这种模型能够有效地证明共
表达鼠和仓鼠 PrP^C 能够明显减少 PrP^{Sc} 的蓄积。异源性仓鼠 PrP^C 干扰
同源的小鼠 PrP^C 和 PrP^{Sc} 的相互作用时存在着剂量依赖关系，可能与
PrP^{Sc} 的结合有关，这个问题通过蛋白酶 K 抗性 PrP 的减少而加以证
实。随着异源性 PrP^C 表达的增加，可检测到的 PrP^{Sc} 降低，甚至达到一

个不能检测到的量。体外无细胞转化实验提供了进一步的证据，证据表明，异源性的 PrP^C 能够降低同种间 PrP^C 转化成 PrP^{Sc} 的效率。这些竞争性研究得到的结论是，异源性 PrP^C 分子有助于阻止同源性 PrP^C 错误折叠后形成具有蛋白酶抗性的 PrP^{Sc}。这或许是一个关键性的因素，导致了种内潜伏期的延长。

（五）对 TSE 传染的抵抗性

一些物种，如豚鼠和兔，不知道为什么不患 TSE 病，而人和绵羊则敏感。这种抗性在一定程度上是因为动物朊蛋白氨基酸一级结构的不同。兔对 TSE 有一定的抗性，脑内注射不同来源的 PrP^{Sc} 依然不会发病。在小鼠选择一些兔特定的突变位点，如等位基因 Asn99Gly、Leu108Met、Asn173Ser 和 Val214Ile，用小鼠成神经瘤细胞持续感染鼠的痒病，检测时发现在 PrP^C 和 PrP^{Sc} 间的转化过程中这些位点有明显的干扰现象。这些结果表明，小鼠成神经瘤细胞的 PrP^C 和 PrP^{Sc} 间的转化效率受到影响，和报道的兔对 TSE 感染的抗性相符，这种原因在一定程度上是因为 PrP^C 和 PrP^{Sc} 氨基酸的不一致所致。

自然存在的多态性通常和提高对传染性海绵状脑病的易感性或者抗性有关。人朊蛋白位点 129 和克雅氏病的易感性有关。山羊 PrP 的多态性位点 le142Met 与抗绵羊痒病或者牛海绵状脑病的特性有关。众所周知，绵羊痒病易感性的位点是 171。171 位纯合子的绵羊（171Glu，Glu）比杂合子（171Glu，Arg）或者纯合子（171Arg，Arg）对痒病更易感。正是基于这个理论基础，在欧盟已经开始进行品种选育，把抗性基因引入到羊群中，逐渐根除痒病的易感基因。当然随着非典型痒病的出现，这个理论也在一定方面受到质疑。事实上，在牛海绵状脑病的威胁下，这个工作已经开始进行了。然而有抗性基因型的绵羊依然会受到牛海绵状脑病的感染，尽管概率比较低。近来的证据表明，即使是很强的传染性海绵状脑病的种间屏障依然可以被穿越，于是人们在讨论是否真正存在一个不被跨越的屏障。

（六）朊蛋白糖基化形式的影响

PrP 是一种细胞表面的糖蛋白，可是能溶解的结构不能说明任何糖基化作用的影响或者与细胞在 PrP 功能和构象间的相互作用。几乎可以明确特殊的糖基化结构能够影响传染性海绵状脑病病原的折叠和变异。正常的 PrP 是翻译后在靠近羧基端通过 N 链接葡聚糖修饰在两个天冬酰胺残基。不过，一个 PrP 分子仅能被一个或两个特定的糖基修饰。当然，这个观点过于简单。实际上，糖的基序间存在着大量的异质性，糖基的结构数以百计。因而，即使 PrP 分子氨基酸的一级结构相同，但是有了糖基的存在，整个分子水平结构也会不同。事实上，体外实验也说明了糖基化作用能很大程度上影响跨越种间屏障（仓鼠和小鼠）时 PrP^{Sc} 形成的数量。不同朊蛋白品系在进行相应生化分析后发现，其单糖基化、双糖基化和非糖基化 PrP^{Sc} 的相对比例及 PrP^{Sc} 抗蛋白酶成分的电泳迁移率有差别。因此，不仅氨基酸的一级结构还有糖基化的方式都是多变的，毫无疑问会影响到 PrP^{C} 和 PrP^{Sc} 结合及全部折叠两个主要的过程。

（七）三维结构的影响

每个蛋白质分子都会有一个三维结构建立在氨基酸序列的一级结构上。朊蛋白是一种谜一样的分子，能够在一个单一的氨基酸序列的一级结构上采用许多稳定的构象。传染性海绵状脑病病原的分化和传播能力问题应该从全部 PrP 结构上多变的构象形式加以考虑。应该考虑到哺乳动物羧基末端区域的 PrP（121～231 位残基）序列约有 90% 的一致性，在健康动物也有相似的折叠形式。实际上，这种预见通常可以通过有效的重组 PrP 结构得到支持。经过分析一些不同品种间重要的 PrP 表面残基后得出一个结论，这些位点的氨基酸残基改变后并不能扰乱整个 PrP 结构，但是能够改变一些氢键和电荷特性，进而会明显地影响到那些位点的分子内讯号传递。按照这个逻辑可以想象，这些位点的氨基酸能够被替换且不影响 PrP 的功能，同时还能够影响 PrP^C 与其他分子的相互作用，如影响其他来源的 PrP^{Sc} 与 PrP^C 间的作用。无论种间非糖基化的 PrP^C 结构表面是否一致，传染性海绵状脑病病原的特异性和种间屏障几乎明确地依赖 PrP^{Sc} 三维结构的微细变化。为什么 PrP^{Sc} 空间构象不同就会产生多种 TSE 病原，是否这样的构象能够像分子反应一样不断生成新的，这些问题依然没有得到解决。

传染性海绵状脑病的感染力在种间传代时传播屏障的存在，可以通过潜伏期的延长、完全缺乏临床症状得到证明。现在仍然很难预测这种屏障的强度，尤其是在多种动物间传染时跨越了屏障，如绵羊传给牛，牛传给人。可以猜想鹿携带鹿慢性消耗性疾病能够传染给一定范围的牛，并且使人面临新的传染性海绵状脑病病原的威胁。因此，可靠的模型应该用于预测人对这些动物朊病毒病的耐受力。同时，极需要一种检测技术或手段能够在人或动物发生传染性海绵状脑病时进行早期检测。近年来，蛋白质错误折叠循环扩增技术（PMCA）较广泛地应用于朊病毒病的研究领域，PMCA 技术可以在体外快速地扩增 PrP^{Sc}，借助这种技术可快速有效地用于研究种间屏障。

第四节　朊蛋白作用因子

一、朊蛋白与金属离子的关系

朊蛋白病其组织病理学病变局限于神经系统，以神经元空泡化、灰质海绵状病变、神经元丧失、神经胶质和星形胶质细胞增生、病原因子 PrP^{Sc} 蓄积和淀粉样蛋白斑块形成为特征，病变通常两侧对称。由正常

蛋白 PrP^C 结构转化形成的致病性朊蛋白 PrP^{Sc} 是现在公认的致病因子。现代研究认为，PrP^C 的结构转化源于种子 PrP^{Sc} 的存在，即所谓的"种子"模型，但具体的转化机制现在仍不清楚。有报道称，一些金属离子，如 Cu^{2+}、Zn^{2+}、Ni^{2+}、Mn^{2+}、$Fe^{2+/3+}$ 等，对朊蛋白的功能及结构转化有重要影响。

（一）金属离子与朊蛋白的结合

哺乳动物的 PrP 是约由 250 个氨基酸组成的蛋白质。PrP 基因的开放阅读框（open reading frame，ORF）包含在一个完整的外显子内，翻译后形成含有几个特征性的区域多肽，包括 N 端的信号肽、八肽重复区、多肽中央高度保守的疏水区和 C 端的疏水区。其中疏水区有 4 个保守区域，每一个保守区域有一个 α 螺旋结构以及两个 β 折叠。另外，在 C 端还有疏水的糖基化磷脂酰肌醇链（GPI），可将朊蛋白固定在细胞膜上（图 4-11）。

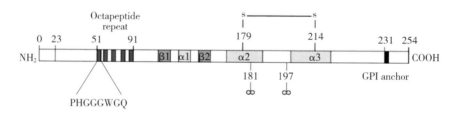

图 4-11　朊蛋白结构（引自 Christopher，2006）

在人的朊蛋白结构上，八肽重复区的氨基酸序列为 PHGGGWGQ，该功能区与 Cu^{2+} 有比较强的亲和力，在与铜离子结合的过程中起重要作用。有报道称该功能区可以结合 5 个 Cu^{2+}，也有报道认为，该功能区结合金属离子的类型是多样性的，除可以结合 4～6 个 Cu^{2+} 外，对其他离子（Ni^{2+}，Zn^{2+} 或 Mn^{2+}）也有一定的亲和力，但亲和力较弱（图 4-12）。另外，有人发现在多肽链 His96 和 His111 的周围，还有一个特异性更高的铜离子结合位点，对于这一观点现在还存在一些争议。Ildikó Turi 等研究发现，朊蛋白结合 Ni^{2+} 的方式与 Cu^{2+} 相似，也是结合在多肽重复区的组氨酸残基上，并通过进一步的研究表明，结合在组氨酸残基咪唑环上的供电荷 N 原子上；他们还通过分别研究 HuPrP（91～115）、HuPrP（76～114）H85A 和 HuPrP（84～114）H96A 得出结论，His96 对 Ni^{2+} 的结合占优势，而 His111 对 Cu^{2+} 的结合占优势。此外，据报道称随年龄的增加，动物脑组织中金属离子的量呈增加趋势，而与朊蛋白结合的金属离子的量也增加。

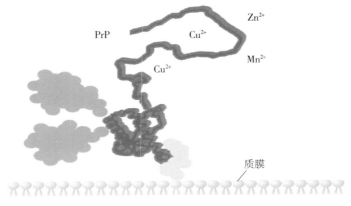

图 4-12　PrP 与金属离子的结合（引自 Sylvain，2002）

金属离子与朊蛋白结合后，不仅对结合部位的多肽分子结构产生比较显著的影响，而且对整个朊蛋白多肽链的分子结构也产生显著影响。Cu^{2+} 等金属离子可以影响 PrP^C 的构象转化。刘美丽等也证实，在低 pH 条件下，Cu^{2+} 可以诱导 PrP^C 分子的 α 螺旋转化为 β 折叠。另外，也有人认为，朊蛋白的基因型对多肽-Cu^{2+} 复合体的结构转化也有影响，只有疾病敏感型 PrP^{VRQ} 多肽-Cu^{2+} 复合体可以转化为富含 β 折叠结构的构象形式。此外，Mn^{2+} 与 PrP^C 的结合也可以刺激其转化为富含 β 折叠的异常构象形式；并且有报道称，富含 β 折叠的朊蛋白构象具有抵抗 PK 消化的特性，这一特性与异常朊蛋白的致病性密切相关。

Mn^{2+} 与朊蛋白的结合通常被认为与朊蛋白疾病相关。已经有人研究发现，Mn^{2+} 取代 Cu^{2+} 与朊蛋白的结合导致了蛋白构象上 β 折叠结构的增加，并进而导致淀粉样纤维的形成增加。此外，还有研究认为，铁离子结合蛋白可以与致病性的朊蛋白 PrP^{Sc} 片段形成复合体，从而加强了 PrP^{Sc} 在肠黏膜上皮细胞内的转运，这也使外源性、致病性的 PrP^{Sc} 分子进入机体内的过程得到加强。

（二）金属离子与膜蛋白 PrP^C 的抗氧化应激作用

正常的膜蛋白 PrP^C 一直被认为具有抗氧化功能、金属离子载体功能、细胞黏附分子功能和信号转导功能，而对于其在朊蛋白疾病发生期间所表现的抗氧化应激功能，则是近年来的研究重点之一。针对不同类型的朊蛋白疾病研究发现，在患病动物的脑组织都会呈现比较严重的氧化损伤。但到底是因为氧化应激损伤诱导了朊蛋白疾病的发生，还是朊蛋白疾病引起脑组织对氧化应激的敏感性升高从而出现明显的脑部氧化损伤，现在还不清楚。通常认为，正常膜蛋白 PrP^C 的存在可以使脑组织对氧化应激有比较强的耐受性。这主要是因为在动物体内，正常的膜蛋白 PrP^C 具有超氧化物歧化酶样活性，可以清除部分氧自由基分子，保护脑组织免受损伤；很多实验室的研究也证明，PrP^C 是超氧化物歧化酶系统的重要组成成分之一。而一些重要的金属离子特别是 Cu^{2+}，则是膜蛋白 PrP^C 生物活性的重要组成部分。有人认为 PrP^C 的抗氧化功能是一种铜离子依赖性模式，如果使用 Mn^{2+} 代替 Cu^{2+}，则导致膜蛋白 PrP^C 失去其抗氧化功能，同时产生 PK 抗性的朊蛋白。这一结果也证实，动物脑组织金属离子的平衡紊乱引起的氧化损伤，对朊蛋白引起的动物海绵状脑病有直接的影响。此外与 Cu^{2+} 不同，Fe^{2+} 含量升高会引起 PrP^C 抗氧化活性降低和局部氧化应激损伤加重，同时会引起细胞坏死。

（三）朊蛋白表达与金属离子代谢的相互影响

现代研究发现，朊蛋白表达的变化与一些金属离子的体内代谢过程存在着相互的影响。一些研究证实，调整朊蛋白的表达量与细胞对 Cu^{2+} 的摄取、储存与排除密切相关，降低日粮中的 Cu^{2+} 量，也会降低膜蛋白 PrP^C 在脑内的表达。而日粮中 Mn^{2+} 离子含量升高时，PrP^C 的表达量也会升高。脑组织中约有 15％的 Zn^{2+} 储存在突触前囊泡内，而在其附近存在着大量的 PrP 蛋白分子，并通过其对 Zn^{2+} 的结合特性，作为 Zn^{2+} 的感应器或者是载体调整其动态平衡。同时，Zn^{2+} 存在也会加强膜蛋白 PrP^C 的内摄作用，这一过程与 Cn^{2+} 对 PrP^C 的调节作用相同，但 Mn^{2+} 则表现出反向的调节作用。Mn^{2+} 与 Fe^{2+} 似乎和一些朊蛋白疾病的发生关系更为密切，往往在一些疾病过程中表现出显著的异常。研究发现，在一些散发性克雅氏病病例的脑组织中，Mn^{2+} 的含量增加了几乎 10 倍；而在一些羊痒病及克雅氏病相关的过程中，Fe^{2+} 的含量也增加了4～6 倍。这些现象可能是因为朊蛋白疾病导致了组织细胞内的 Mn^{2+} 与 Fe^{2+} 离子的代谢，引起离子平衡的紊乱。

二、朊蛋白与核酸分子

虽然朊蛋白的结构转化形成致病性朊蛋白而引发疾病，是致使神经退行性病变的主要原因，但是对于其构象转化调节机制的认识没有统一。当今研究发现，某些核酸分子在朊蛋白构象转化的过程中起重要作用。Deleault 等证明特定的 RNA 分子是 PrP^{Sc} 形成的细胞因子，RNA 的存在加速了由 PrP^C 向 PrP^{Sc} 的转化，但并不是没有 RNA 的参与就不能完成此转化。Nandi 等的研究也表明，核酸合成多肽引起了鼠重组朊蛋白多态性变化，从 α 螺旋形式转化为可溶性的 β 折叠，且呈纤维状。这种富含 β 折叠的肽段抑制了朊蛋白的聚集。小分子 RNA 能结合高度亲和性的人重组朊蛋白，形成具有高度抗性的核酸蛋白复合物。这些结果表明核酸能作为辅助因子促进 PrP^C 向致病性的朊蛋白结构转化。PrP 能引起核酸分子的有序聚集形成浓缩球形分子，这是所有细胞型蛋白的唯一特性。而且浓缩核酸球形分子的形成进而自发分离，也表明了 PrP 在核酸分子变性或生物功能的改变等方面发挥重要的作用。

大量的研究表明，朊蛋白与核酸的相互作用使得朊蛋白的生物物理、生物化学和功能性方面发生改变。核酸结合朊蛋白相互作用，朊蛋白功能改变而引发疾病。PrP^{Sc} 作为感染性分子的一部分，主要的蛋白组成成分、痒病相关纤维的出现是该类疾病的特征。一种附加的未知的辅助因子促进了 PrP^{C} 向 PrP^{Sc} 的转化。核酸分子促进 PrP^{C} 获得了如 PrP^{Sc} 一样的结构和生物化学特性。单链的 DNA 或蛋白成分与羊痒病相关纤维的形成有关。与 PrP^{Sc} 转化过渡物的形成能改变朊蛋白化学特性，利于朊蛋白结构的转化。蛋白 X 可能是一种蛋白、代谢物或者是细胞型组成成分，包括 RNA 分子或 DNA 分子，可能起到裂解或伴侣蛋白作用。mPrP/DNA 复合物与 mPrP 聚集通过 ANS 荧光检测、刚果红聚集物的衍射检测证实，mPrP 聚集是由体外 DNAs 引起的，具备了与体内朊蛋白相似的理化特性和显微变化特征。全长的朊蛋白结合 DNA 发生了蛋白的结构变化，对蛋白酶 K 产生抗性。尽管在 N 端结合 DNA 不能直接形成纤维，但是与 N 端的结合延续性导致了 C 端结构的变化。正如 NA 结合能导致 PrP 结构的改变，PrP 结合也能改变核酸的结构。PrP 是一种碱性蛋白，结合阴离子核酸，形成核酸蛋白复合物。通过结合鼠 PrP 改变了线性的 DNA 的形态，导致了非同寻常的实时性 DNA 分子的聚集。电子纤维图片显示浓缩的与 mPrP 相关的 DNA 纤维不同于常规的核小体或 DNA 螺旋形结构。

PrP 的生物学功能还没被确定，PrP 敲除鼠承担正常的发展和行为变化，暗示了 PrP 不是必需的。Cordiero 等深入研究了核酸引起的鼠朊蛋白和 DNA 相互作用，结合发生在朊蛋白的结构的 N 端，且动力学研究了 DNA 和毒性多肽的双向相互作用模式，揭示出 DNA 和朊蛋白的相互作用与二级结构的变化相关。DNA 介导的朊蛋白的结构转化，其裂解反应被认为是参与转化的关键性作用。它揭示了 DNA 的双向作用，刺激朊蛋白的结构转换使得 PrP^{Sc} 聚集，表明在高比例的 PrP：DNA 时，DNA 结合鼠 PrP^{C} 具有高度亲和力，转化为一种新的先前未知的富含 β 折叠的可溶性的朊蛋白。DNA 作用也表明这些蛋白结构稳定，显示在低比例时维持正常朊蛋白的结构，但不能聚集；但是在高比例时能形成可溶性的富含 β 折叠的形式并刺激其转化。

三、其他与朊蛋白作用的因子

一直以来朊蛋白研究领域的专家和学者普遍认为，在机体内存在某些与朊蛋白构象转化密切相关的蛋白或因子，它们直接参与了正常 PrP^C 转化为 PrP^{Sc} 的过程，并可能在此过程中起促进或抑制作用。

（一）朊蛋白及其伴侣分子

所有哺乳动物都存在正常的 PrP^C，其中神经元内的表达量最高，肝脏和胰腺次之。该蛋白在细胞内合成，被转运到细胞表面，而后摄入到细胞内，在细胞内被蛋白酶降解。PrP 基因表达的正常产物为 $33\sim35kD$ 的蛋白，对蛋白酶敏感，称为 PrP^C。致病型 PrP 是空间结构改变的 PrP^C 异构体，称为 PrP^{Sc}；由于它具有部分抗蛋白酶水解的特性，又称为 PrP^{res}。PrP^C N 端含有由 22 个氨基酸残基组成的信号肽序列，C 端含有由 23 个氨基酸组成的糖基磷酸肌醇锚定受体结合位点（glycosyl-phosphatidylinositol，GPI），以上这些均说明 PrP^C 是一种膜蛋白，已有研究表明它是定位于细胞膜上的穴样内陷类结构域。大量的研究结果都支持朊蛋白病的主要致病机理是由 PrP^C 转变为 PrP^{Sc}，但是否还有其他因子参与还不完全清楚。Kocisko 等在无细胞体系中研究 PrP^C 向 PrP^{Sc} 的转变过程，认为该过程需要有辅助因子的参与。目前在体外试验中已经明确影响朊蛋白变构的辅助因子有分子伴侣、硫酸乙酰肝素和 RNA 分子等。分子伴侣是一类蛋白质，其作用是保证合成过程中新生蛋白质链的正确折叠。一般情况下，它是在 ATP 的参与下与其底物蛋白结合，以防止形成蛋白质错误折叠。正常情况下，细胞内蛋白质的形成具有生理功能性高级结构，需要多肽正常折叠；基因突变等原因产生的异常蛋白质，能够被监视到并且被分解，这些过程都需要分子伴侣的参与。分子伴侣对细胞有着极其巧妙的调节功能，并且参与细胞内朊蛋白的转运。Welch 和 Kaneko 等认为分子伴侣对 PrP^{Sc} 的形成有着非常重要的作用，通过分子伴侣减少 PrP^{Sc} 的生成可能会成为治疗朊蛋白病的方法之一。

内质网中的一种蛋白质 Bip 也可以与 PrP^C 结合，使得 PrP 分子遗传病突变 PrP Q217R 时间延长。PrP^C 结合的 Bip 可以通过蛋白激酶途径降解，阻止了构象的积聚，说明 Bip 可能是 PrP^C 成熟质量控制的一个分子伴侣。

(二) 朊蛋白和蛋白质 X

Prusiner 和他的同事在利用转基因鼠研究朊病毒的繁殖过程中发现，除 PrP^C 外可能还有别的蛋白分子参与 PrP^{Sc} 的形成，此蛋白分子被命名为蛋白质 X。突变分析发现，在 PrP^C 分子结构表面有不同蛋白质 X 相互作用的不连续表位，它们是第 167、171、214、218 位氨基酸残基。从已知的 PrP^{Sc} 三维结构得知，这些残基位于 PrP^C 的 HB 和 HC 形成的 V 形结构的开口处，214 位和 218 位氨基酸侧链从螺旋的表面突出，与环区的 167 位和 171 位残基形成一个不连续的表位，是蛋白质 X 的结合位置。Edenhofer 等利用双杂交显示法证明地鼠 PrP^C 同分子伴侣 Hsp60 之间存在特异的相互作用，其作用位点在 PrP^C 的 180~210 位氨基酸残基。其他实验也表明 PrP^C 和 Hsp60 存在于相同的亚细胞部位，由此可以推测 Hsp60 可能就是蛋白质 X。在 PrP^C 转变为新生 PrP^{Sc} 的过程中，PrP^{Sc} 起一种模板作用。通过构象模板作用给予 PrP^{Sc} 抗蛋白酶片段一定大小，就可以为朊病毒毒株的产生和传播提供一种机制。而蛋白质 X 与 PrP^C 的结合可以促使 PrP^{Sc} 的形成。许多潜在的 PrP 配基已经在体外实验或在直接的分析中被证实。一些 PrP 配基是用遗传学的方法推导出来的。转基因实验已证实：在接种体中，PrP^{Sc} 的氨基酸序列和宿主编码的 PrP^C 的配对程度能够影响朊蛋白跨种的能力。这被一个实验所证实：用仓鼠的朊蛋白感染小鼠时这种物种间的屏障作用能够通过转基因表达仓鼠的 PrP^C 得到减轻。虽然，在初期用人的朊蛋白感染小鼠使其表达人的 PrP^C 不是非常成功，但是后来通过将人的 PrP 转基因添加到 Prnp 基因敲除小鼠或通过表达嵌合体——小鼠-人-小鼠的 PrP^C 分子的转基因解决了该问题。这些实验数据支持了配基的存在，这个配基被命名为蛋白质 X，它与 PrP^C 相互作用，并且这种作用有物种间的特异性。人的 PrP^C 被假设与小鼠的 X 蛋白有微弱的相互作用，所以在竞争性小鼠 PrP^C 的存在下人的 PrP^C 不能形成功能性复合体。用不同物种的 PrP 编码区进行混合和配对实验，该实验还包含：位点突变的形成，了解假定的蛋白质 X 与 PrP^C 碳末端间断的抗原决定簇之间的连接位点。值得注意的是，这个抗原决定簇包含了位点 171，一个具有 Q/R 多态性的位点，该位点与 Suffolk 绵羊对自然痒病的抗性密切相关；还有 Q219K、PRNP 在日本人中的多态性，可能赋予日本人对散发性克雅病的抵抗力。这些数据显示在绵羊和人中与抗性相关的 R171 和 K219 PrP 的多态性可能包含显性和隐性等位基因，这些等位基因可能抑制其与蛋白质 X 的连接。这个假设目前已被 Tg 小鼠的产生所证实，该小鼠可表达相等的 Prnp 等位基因 Q171R 和 Q218K，这些小鼠显示了对朊蛋白感染明显的抗性。

在 PrP^C 向 PrP^{Sc} 转变的过程中，可能存在两种途径：①蛋白质 X 先与 PrP^C 上极性较高的残基结合，发生相互作用，使 PrP^C 的构象发生变化，暴露出包埋在 PrP^C 分子内部的、需与蛋白质 X 结合的残基，从而蛋白质 X 与 PrP^C 完全结合，之后 PrP^{Sc} 再结合上去，使 PrP^C 转变成 PrP^{Sc}。这种观点与 Perrier 等的观点比较相符。②预先存在的 PrP^{Sc} 作为分子伴侣，首先与 PrP^C 结合，发生相互作用，使 PrP^C 的构象发生变化，暴露出包埋在 PrP^C 分子内部的残基，这些残基可能包括那些能与蛋白质 X 结合的位点；而 PrP^{Sc} 与 PrP^C 的这种相互作用可使 PrP^C 越过种间屏障，利于 PrP^C 向 PrP^{Sc} 转变。此时蛋白质 X 与 PrP^C 结合，促使 PrP^C 分子具有一种更易向 PrP^{Sc} 转变的趋势，从而使 PrP^C 转变成 PrP^{Sc}。这种观点与 James 等作为工作基础的假设是相一致的。由于 PrP^{Sc} 具有水不溶性，因此一旦反应进行将是不可逆的。这种推论与 Masters 等的模板指导假说比较相符，假说认为在 PrP^C 向 PrP^{Sc} 转变的过程中会形成一种亚稳态的 PrP 寡聚复合物，而此复合物的形成需要蛋白质 X 的参与从而起到稳定复合物结构的作用。因此，PrP^{Sc} 和蛋白质 X 先后与 PrP^C 结合是比较合理的，PrP^C 的这种结构变化应该是存在的。这种现象在生物体中广泛存在，比如，在补体系统的经典激活途径中，C1 作为 C4 和 C2 的转化酶，当 C1 先与 C4 结合催化其裂解时，C1 发生变构而利于结合 C2，催化 C2 裂解。但这种推测是否正确，尚待实验观察作进一步的证实。

（三）朊蛋白和氨基端疏水氨基酸

现在，虽已知道 PrP^{Sc} 的 β 折叠含量高于 PrP^C，PrP^C 的 α 螺旋含量高于 PrP^{Sc}，但是对 PrP^C 向 PrP^{Sc} 的转化机制仍是无定论的。所以，研究蛋白质分子中 α 螺旋向 β 折叠转化的机制有助于 PrP^{Sc} 形成机制的探索。用设计合成的肽与蛋白质发生作用来研究复杂的蛋白质构象是很有价值的。在此思想基础上，有不少科研工作者进行了肽的设计，使之能进行构象转化，如螺旋折叠结构的互变。实验发现蛋白质的构象改变是 Ⅱ 级结构间的长程作用与邻近氨基酸残基间的短程作用共同发挥效力的结果。Yuta Takahashi 等的工作发现，肽的 N 端疏水区的暴露可以使肽自发地进行 α 螺旋到 β 折叠构象的转变，同时也会形成纤维状物（fibril）。

合成的肽在缓冲溶液中可以自发地发生 α 螺旋到 β 折叠的构象转变。用 CD（圆二色性谱）检测，可以发现 N 端带有疏水氨基酸，即 N 端为 FGGLGGWGG 的肽在培育 96h 后光谱图有了变化，显示分子中 α 螺旋结构变成了 β 折叠结构；但是 N 端无疏水氨基酸，即 N 端为 GG 的肽不发生 α 螺旋结构向 β 折叠结构的转化。所以，可以推测，拥有 N 端的疏水氨基酸对于能自发发生 α 螺旋结构向 β 折叠结构转化的肽是非常重要的。另外，还发现此类蛋白质分子自组装形成纤维状结构的能力也依赖于 N 端疏水氨基酸残基。所以，N 端的疏水氨基酸对肽的空间构象有重大的影响。合成肽可以作为研究构象变化和蛋白质聚集的简单模型，用来推测自然界存在的蛋白质发生构象变化和聚集的过程。在此方面有机化学合成的优越性得到了体现，简化了生物化学家的科研任务。

（四）PrP 和有机溶剂

Shaked 等通过对二甲基亚砜（DMSO）部分抑制 PrP^{Sc} 聚集的研究发现，在 PrP^{C} 向 PrP^{Sc} 转化过程中，第一步先形成具有一般生化特性（如蛋白酶抗性和去污剂不溶性）的 PrP^{Sc} 分子（此时还不具有感染性），然后再转化成具有感染性的 PrP^{Sc} 结构。这说明，并非所有 PrP^{Sc} 的蛋白酶抗性和去污剂不溶性都与感染有关。Shaked 还认为 DMSO 可能对 PrP^{Sc} 构象产生一定的修饰。

（五）朊蛋白和凝集素、多烯类抗生素

体内星形细胞产生的凝集素可与神经细胞上的 PrP^{Sc} 一起积累形成凝集素-纤维蛋白复合物，并通过溶酶体降解作用从胞内清除，从而防止 PrP^{Sc} 的聚积，起到改善神经紊乱的作用。Mange 等研究发现，将多烯类抗生素（如两性霉素 B）加入培养的神经细胞中，可延长朊病毒感染的潜伏期。原因是两性霉素 B 可对膜上的 DMD 进行修饰，而 PrP^{C} 向 PrP^{Sc} 转化的一部分就发生在该区。

第五节 朊蛋白类似蛋白的研究

目前发现的结构与朊蛋白相似的蛋白有 Doppel（Dpl）蛋白和沙杜（Shadoo）蛋白。Dpl 是朊蛋白的同源蛋白，Shadoo 最早发现于鱼类，结构与朊蛋白非常相似。朊蛋白病属于蛋白错误折叠性神经退行性疾病，其他许多神经退行性疾病包括老年痴呆症、帕金森病等都以小部分蛋白错误折叠为特征。这些错误折叠蛋白有序地聚集在一起，从而影响神经元的功能。一直以来学者们认为这种聚集具有细胞自发性，在许多细胞中都存在蛋白的错误折叠。这些错误折叠蛋白包括 Tau 蛋白、α-突触核蛋白、Huntingtin 蛋白和超氧化物歧化酶 1 等。

一、Doppel（Dpl）蛋白

Doppel（Dpl）蛋白是发现的第一个 PrP^{C}同源蛋白，与传染性海绵状脑病的发病有关。Moore 等于 1999 年首次发现该基因，命名为 PRND，位于 PRNP 基因下游，大小约 16kD，存在于大鼠、绵羊、牛和人的基因组中。Dpl 蛋白非常保守，小鼠和大鼠的同源性大于 90％，小鼠和人的同源性为 76％，由此科学家推断 Dpl 具有很重要的生理功能。

人的 Dpl 蛋白由 179 个氨基酸组成，位于 PRNP 的下游，与人 PrP 的 C 末端前 2/3 具有 25％ 的序列同源性。Dpl 和 PrP 的二级结构和拓扑结构非常相似。重组的人 Dpl 蛋白与重组的人 PrP 在二级结构和拓扑结构上同样具有十分明显的同源性。二者除了结构的相似性外，两种蛋白的功能不尽相同。人 Dpl 前 26 个氨基酸为信号肽，键裂位点为第 26～27 位残基，与 PrP 相似，而且通过分泌途径合成。根据核磁共振分析，残基 26～50 位无结构且形成无规卷曲；而残基 50～152 位为结构良好的球状结构域。人 Dpl 球状结构域包括 4 个 α 螺旋，一个短的、由 3 个残基组成的双股反向平行的 β 折叠。二级结构组成有序，且具有良好的疏水中心。C 端的 143～152 位残基部分结构紊乱，多为无规则的二级结构。C 端序列（153～179 位残基）与跨膜有关。在 109 位、143 位和 95 位、148 位的半胱氨酸形成两个二硫键，说明二硫键对于该蛋白结构的完整性具有很重要的作用。成熟的 Dpl 有两个与 N-端相连的糖基化位点（残基 99 位、111 位）。Dpl 暴露在细胞表面，通过 GPI

锚定到膜上，可能是锚定到 Gly155。Dpl 和 PrP^C 的二级结构相似性体现在二级机构中的 α 螺旋，包括两个二硫键和一个糖基化位点。Dpl 缺乏存在于 PrP^C 中的 His/Pro/Gly 八肽重复区域，八肽重复区可以与铜离子结合，是存在于 PrP^C C 端的疏水区域。而且，Dpl 中没有与 AGAAAAGA 回文结构非常相似的区域，回文结构在所有已知的 PrP 序列中都非常保守，是在内质网膜上形成 PrP 拓扑结构的关键。相反，在 Dpl 表面含有一个高度疏水的裂隙，这可能提示其是唯一对 Dpl 功能非常重要的、未发现的因子的结合位点。总的来说，Dpl 和 PrP^C 除了在二级结构上非常相似，还具有许多不同之处。Dpl 的 mRNA 在成年动物睾丸中呈高水平表达，在其他外周器官中表达量较低，在脑中表达量最低甚至不表达。为了进一步阐明 Dpl 的生理功能，人们构建了PRND 靶向断裂的纯合子转基因小鼠。研究发现，缺失 Dpl 基因的雌性小鼠不仅可以存活，而且可以继续繁殖；而缺失 Dpl 基因的雄性小鼠则发生不育。这些结果表明 Dpl 缺失不会影响动物的生长。Dpl 蛋白在野生型小鼠的曲细精管中央表达，但是在 Dpl 缺失小鼠的睾丸切片中检测不到。Dpl 缺失小鼠的不育不是由异常的交配行为引起的。在观察 Dpl 缺失小鼠的精子时发现，其精子的结构与正常小鼠的不同，前者的精子头部发生定向障碍，精子尾部发生皱褶并向精子头部弯曲，而后者的精子尾部是直的。体外实验证明，Dpl 敲除小鼠的精子不能穿过透明带完成受精过程。Dpl 基因的表达具有高度的组织特异性，并随动物的发育阶段不同表达量也不同。但是，在人的星形细胞瘤和非胶质源性脑肿瘤的样本中发现有 Dpl 的异常高水平表达，这些发现有可能说明 PRND 的表达是由导致肿瘤发生的条件因子启动的。由此，Dpl 在肿瘤中的表达有可能会成为诊断肿瘤发生阶段的一个新的分子标记。

建立基因敲除小鼠被认为是研究基因功能的标准方法。为研究 Dp1 的生理功能，几个研究小组分别独立构建了五种 PrP "敲除小鼠系"。尽管构建策略不同，但最终结果都消除了 PrP 的表达。奇怪的是，其中 Zrch Prnp$^{0/0}$ 和 Edbg Prnp 小鼠表型基本正常，而 Nsgk Prnp$^{-/-}$、

ZurichII 和 RcmO 小鼠则出现了严重的神经组织退化和共济失调。Richard C. Moore 等的研究表明，Dpl 可诱导转基因鼠小脑的神经退行性病变，Dpl 诱导产生的共济失调、蒲肯野细胞的丧失主要受三种因素调节：Dpl 的表达、PrP^C 的表达和动物的遗传背景。Dpl 在中枢神经系统的表达与转基因鼠发生共济失调的年龄成反比；Dpl 诱导产生的神经退行性病变与朊蛋白疾病不同；过量表达的 Dpl 诱导产生的病变主要发生在转基因鼠的小脑，主要变化是蒲肯野细胞层和颗粒层的神经元明显丧失，在 Dpl 表达水平较低的海马仅有少量细胞死亡，另外还出现胶质细胞增生，说明 Dpl 对中枢系统的其他部位也产生毒性作用。与 PrP^{Sc} 的致病作用不同，Dpl 诱导产生的神经退行性病变也不需要蛋白的结构发生转变。Lucy Anderson 等的研究指出，Dpl 在 PrP 敲除鼠脑中的异常表达所引起的病理变化，与表达 N 末端缺失的 PrP（ΔPrP）转基因鼠所表现的症状相类似；在转基因鼠的蒲肯野细胞中，将全长 PrP 与 Dpl 和 ΔPrP 共表达，则可以消除由 Dpl 或 ΔPrP 表达所引起的神经病理变化，但 PrP 并不能治愈 Dpl 异常高水平表达所导致的病理变化。通过对比试验证明，PrP 与 Dpl 共表达可以消除 Dpl 对蒲肯野细胞的机械损伤，推迟由 Dpl 表达引起的神经退行性病变的发生。Dpl 和 ΔPrP 均能引起细胞死亡，作用机制相似，推测可能是二者介入细胞存活过程中必要的信号级联反应。Taian Cui 等的研究认为，Dpl 对神经元具有毒性作用，这种毒性作用可以被 PrP^C 的表达抑制，也可能是两种蛋白相互作用的结果；其毒性机制主要是通过激活一氧化氮合成酶（nNOS 和 iNOS）使一氧化氮的合成增多。在 NsgPrnp、ZurichII 和 RcmO 小鼠中，PrP 基因敲除产生了基因剪接，使得下游的 Dpl 可利用 PrP 的启动子进行移位表达。实验证明，在 PrP 基因敲除小鼠中表达 Dpl，会导致神经系统退化和共济失调。有趣的是，在上述敲除小鼠中再额外导入 PrP 基因却可拯救 Dpl 的致病表型。这说明 Dpl 蛋白具有神经毒性，而 PrP 基因敲除小鼠中表达 N 端缺失的 PrP 蛋白同样可引起神经细胞凋亡和共济失调，并且这种表型也可被 PrP 所恢复。由于 N 端缺失的

PrP 蛋白和 Dpl 具有非常相似的结构，并且两者均可被 PrP 抑制，人们推测 N 端缺失的 PrP 和 Dpl 可能具有相同的致病机制。

目前，关于 Dpl 和 PrP 的颉颃机制尚不清楚。一种假说认为 Dpl 和 PrP 可能存在共同受体，而这一受体所介导的信号途径对细胞生存是必需的。当 PrP 缺失时，Dpl 与该受体作用，扰乱了其正常的生理功能，导致细胞凋亡和神经退化。再引入 PrP 后，PrP 可显示抑制 Dpl 与假定受体的作用，故可恢复正常的表型。这种假说也认为机体中存在一种蛋白，当 PrP 不存在时可起替代作用，所以 PrP 完全敲除小鼠的表型是基本正常的，但不能引发全长 PrP 蛋白的信号，故引起细胞凋亡。当再引入全长 PrP 蛋白，可恢复这一信号通路。然而，目前尚未鉴定出这一假定的受体。无疑，该受体的发现将有助于解释朊病毒发病机制和治疗药物的开发。

另一种假说认为 Dpl 和 PrP 是相互独立起作用的。两者在氧自由基代谢方面起相反的作用。如前所述，PrP 具有超氧化物歧化酶的活性，可清除氧自由基的毒害作用；而 Dpl 可增强细胞的氧压力。如 Dpl 可激活血红素加氧酶和一氧化氮合成酶，产生各种氧自由基。如果氧自由基不被有效清除，会导致细胞凋亡。

2004 年，两个不同的病理小组扩大了对 Dpl 基因的研究，Ferrer 和他的同事们观察了 Dpl 在非朊蛋白疾病的病理环境下的表达情况，发现在阿尔茨海默病患者老年斑中存在 Dpl 的免疫反应性。他们认为 Dpl 可能具有促使星形细胞和小胶质细胞对阿尔茨海默病患者的淀粉样斑块病理性聚集产生反应性。Comincini 等研究了 Dpl 基因在中枢神经系统肿瘤中的表达，他们试图探索 Dpl 在健康脑组织中的表达和 Dpl 在病态或赘生组织中表达存在差异的真正原因。研究发现，在绝大多数扩散性中枢神经系统肿瘤中，如星形细胞瘤或神经胶质瘤，Dpl 基因呈现的高水平表达与肿瘤恶化程度的发展呈正相关。特别是转录本出现核固位，Dpl 蛋白在细胞质中聚集，运输形式改变，且丧失了胞膜 GPI 锚定位点。更重要的是，神经胶质瘤细胞中 Dpl 蛋白的表达通常也会发生在星形细胞分化途径的不同发育阶段，通常发生在星形细胞发育的第一阶段；Dpl 在神经胶质瘤中的表达表明赘生细胞重新获得原始表达行为，这是中枢系统发育所特有的。Dpl 在不同肿瘤中的表达具有一定的诊断和预后作用，特别是对脊髓发育不良所导致的白血病。在健康的骨髓中很难检测到 Dpl 的存在，而临床研究显示，Dpl 在白血病患者中的表达水平远远高于脊髓营养不良的致瘤性转化的初始阶段，由此认为 Dpl 可能成为一种新的白血病相关抗原，有益于对该类疾病的诊断和治疗；同时，Dpl 的表达也可用于检测肿瘤细胞的特性，如不可控制的增生、凋亡、迁移或者黏附。

朊蛋白基因的多态性与动物对朊蛋白病的易感性存在密切的联系，某些氨基酸的多态性位点直接决定某种动物对朊病毒的易感性和抗性，如绵羊 PrP 的 136、154、171 位点的氨基酸。在对动物传染性海绵状脑病深入研究的同时，人们注意到与朊蛋白相类似的蛋白如 Dpl、LPR 以及鱼类的朊蛋白。虽然目前的研究表明，Dpl 基因的多态性与动物朊病毒病的发生存在必然的联系。从基因发生研究中发现，PRNP 是个古老的基因，与 Dpl 属同一基因始祖，只是存在进化程度快慢的区别。同时，越来越多的研究表明，Dpl 有其独特的病理学功能或作用。关于 Dpl，我们还可以从更多的方面去认识它、研究它。

二、沙杜蛋白

沙杜（Shadoo，Sho）蛋白是利用生物信息学发现的与 PrP 相似的新蛋白，首先在鱼类基因库检索中得到。其基因 SPRN（shadow of prion protein）序列从鱼到哺乳动物都很保守，该基因有一个开放阅读框，含有两个外显子，编码 130～150 个氨基酸的蛋白。通过对鱼类和哺乳动物的 Sho 蛋白比较发现，Sho 是一个保守的、在总体结构上与 PrP 类似的新蛋白。Sho 蛋白 N 端保守，具有最多 6 个富含 Arg 的四肽 XXRG（X 是 G、A 或 S）重复的基本区和约 20 个氨基酸与 PrP 有非常高的同源性的疏水区。与 N 端相比 C 端不够保守，与 PrP 差异较大，其中包含有一个糖基化位点，蛋白序列的整体结构特点与朊蛋白相似。

Sho 蛋白在成年动物神经系统表达，具有神经元保护活性。还有研究发现 Sho 蛋白与早期的胚胎发生有关系。也有报道称 SPRN 序列的差异对小鼠朊蛋白病的发病几乎没有影响。

三、与神经退行性病相关的错误折叠蛋白

朊蛋白病是常见的神经退行性疾病，其特征是 PrP^c 蛋白错误折叠并聚集。这种错折叠蛋白形成高度有序的丝状内含物，其核心是交错的 β 折叠结构。Tau 蛋白和 β 淀粉样蛋白异常聚集是阿尔茨海默病的主要病理特征，α-突触核蛋白异常聚集与帕金森病发病密切相关，除此之外还有许多蛋白质异常聚集都与神经退行性疾病（表 4-1）密切相关。与多数朊蛋白疾病一样，这些蛋白质错误折叠并异常聚集的神经退行性疾病大多数呈散发，小部分是由于编码蛋白的基因突变导致。

表 4-1　与神经退行性疾病密切相关的蛋白质

相关蛋白质	疾病名称	基因突变
朊蛋白	库鲁病	—
	克雅氏病	+/−
	格氏综合征	+
	传染性海绵状脑病	+/−
β-淀粉样蛋白	阿尔茨海默病	+/−
Tau 蛋白	格氏综合征	—
	阿尔茨海默病	—
	皮克病	+/−
	进行性核上性麻痹	+/−
	皮质基底退化	+/−
	嗜银颗粒病	+/−
	关岛震颤麻痹痴呆综合征	—
	缠结痴呆	—
	球形胶质内含物性白质 Tau 蛋白病	—

（续）

相关蛋白质	疾病名称	基因突变
α-突触核蛋白	帕金森病	+/−
	路易体痴呆	+/−
	橄榄体脑桥小脑萎缩	−
	单纯性自主神经衰竭	−
	路易体吞咽困难	−
超氧化物歧化酶 1	肌萎缩侧索硬化	+/−
TDP 43 蛋白	肌萎缩侧索硬化	+/−
	额颞叶痴呆	+/−
Fused in sarcoma 蛋白	肌萎缩侧索硬化	+/−
	额颞叶痴呆	−
亨廷顿蛋白	亨廷顿舞蹈症	+

说明："＋"表示该病由编码错误折叠蛋白的基因或多个基因显性突变导致。"＋/－"表示该病部分病例由编码错误折叠蛋白的基因或多个基因显性突变导致。"－"表示据目前所知该病不是由编码错误折叠蛋白的基因或多个基因显性突变导致。

第六节　传染性海绵状脑病与其他神经退行性疾病的关系

　　朊蛋白病的病理改变主要出现在神经系统，以神经元空泡化、灰质海绵状病变、神经元丧失、神经胶质和星形胶质细胞增生、致病因子 PrP^{Sc} 聚集和淀粉样蛋白斑块形成为主要特征。除朊蛋白疾病外，在人还有多种常见的神经退行性疾病，包括阿尔茨海默病、额颞叶痴呆、亨廷顿舞蹈症和帕金森病等。

一、阿尔茨海默病

　　阿尔茨海默病（Alzheimer's disease，AD）是一种与年龄密切相关的神经退行性疾病，临床主要表现为进行性记忆障碍、认知障碍和神经/精神异常。以大脑皮层出现异常老年斑（senile plaques，SP）和神经原纤维缠结（neurofibrillary tangles，NFT）为典型病理特征，同时伴有大脑学习记忆区域神经元突触减少。该病发生原因十分复杂，目前仍未阐明，但是其中 β 淀粉样蛋白毒性假说、tau 蛋白过度磷酸化假说、基因突变、中枢胆碱能损伤假说等在一定程度上得到前期研究的验证。近年来，由小胶质细胞介导的炎症学说也越来越受到重视。

β 淀粉样蛋白（β-amyloid protein，Aβ）是老年斑的主要成分，在阿尔茨海默病的发病中发挥关键作用。β 淀粉样蛋白毒性学说的核心内容是 Aβ 的异常聚集，是导致神经细胞退行性病变的核心因素。Aβ 是由淀粉样蛋白前体（amyloid precursor protein，APP）剪切的 39～43 个氨基酸的短肽，APP 为一个选择性的夹板样、半单螺旋形的跨膜蛋白。Aβ 剪切后在一系列酶和分子伴侣的作用下折叠成熟。虽然不同亚型的结构不尽相同，但成熟后的 Aβ 均有一个由反向平行的疏水 β 片层和一个 β 转角构成的发夹结构。两个 Aβ 通过此发夹结构形成球形的二聚体，二聚体中间存在一个由疏水氨基酸形成的非极性核心。两个或更多的 Aβ 通过这种相互作用形成寡聚体，这种寡聚体具有更强的细胞毒性，在阿尔茨海默病的病理过程中发挥重要的作用。

NFT 是阿尔茨海默病的另一个主要病理特征，其主要成分为成对螺旋丝（paired helical filaments，PHF），tau 蛋白是组成 PHF 的唯一必需成分。PHF 的亚单位主要是过度磷酸化的 tau 蛋白和少量微管相关蛋白 MAP2、MAP5 等，NTF 过多形成时能继发性融入泛素蛋白、AG 等。正常老年人脑内也会有 tau 蛋白及少量磷酸化的 tau 蛋白。tau 蛋白为正常的生理蛋白，阿尔茨海默病患者脑中 tau 蛋白总量更多，其正常 tau 蛋白减少而异常过度磷酸化 tau 蛋白大量增加，过度磷酸化后其与微管蛋白的结合力降至正常的 1/10，丧失促进微管装配的功能；并与微管蛋白竞争结合正常 tau 蛋白及其他大分子微管相关蛋白，并从微管上夺取这些蛋白，导致正常的微管解聚，异常过度磷酸化 tau 蛋白则自身聚集形成 PHF/NFT 结构。Tau 蛋白过度磷酸化不仅使其本身促微管组装活性降低，还通过消耗正常 tau、微管相关蛋白 MAP1 和 MAP2 进一步破坏微管，导致神经元功能紊乱和退行性变。tau 蛋白的过度异常磷酸化可能是神经细胞凋亡的始动因素，到凋亡的最后阶段，tau 蛋白去磷酸化并被降解。Bcl-2 蛋白是一种稳定蛋白，和其家族中的 bcl-X1 都能在阻断细胞死亡中起作用，可通过改变细胞内细胞器中的 Ca^{2+} 浓度而抑制凋亡。Bcl-2 和 bcl-Xl 过量表达可抑制细胞凋亡及 caspase-1、caspase-3 蛋白酶的激活，可认为 tau 蛋白过度异常磷酸化后，bcl-2 抗凋亡作用减弱。另外，在 NTF 形成过程中 Ca^{2+} 通过调节钙结合蛋白和钙激酶发挥作用。研究表明，微管运动影响细胞中 Ca^{2+} 的稳定性并使神经元死亡，由于异常磷酸化的 tau 蛋白降低微管的聚集能力，使得离子通道功能和神经元的兴奋性受到影响。

二、额颞叶痴呆

额颞叶痴呆（Frontotemporal dementia，FTD）又称为额颞叶变性（Frontotemporal lobar degeneration，FTLD），是以局限性的额颞叶变性为特征的非阿尔茨海默病型变性疾病，为一组临床综合征，最早由 Gustafson 在 1987 年首先提出这一概念。额颞叶痴呆有时可与运动神经元病、帕金森综合征并存。额颞叶痴呆占痴呆的 10％左右，占早老性痴呆的 25％，有三种主要类型：Pick 病、非特异性额叶变性、额叶变性合并脊髓前角神经元脱失。

病理表现为特征性局限性额颞叶萎缩，常可见 Pick 细胞和 Pick 包含体。缺乏阿尔茨海默病特征性神经原纤维缠结和淀粉样斑块。由于额颞叶痴呆早期有各种行为异常，易被误诊为阿尔茨海默病和/或精神类疾病。额颞叶痴呆与阿尔茨海默病的区别在于阿尔茨海默病通常早期出现认知功能障碍、主要表现为情景记忆的障碍，而额颞叶痴呆则早期出现人格改变、行为异常和语言障碍；部分患者可出现 Kluver-Bucy 综合征，而空间定向及近记忆保存较好；神经影像学显示额颞叶萎缩，而阿尔茨海默病则表现为广泛性脑萎缩。

额颞叶痴呆的脑部大体病理以额叶、颞叶前端局限性萎缩为主要特征。组织病理学显示有大量神经元丢失、胶质增生。然而，额颞叶痴呆的分子神经病理学具有显著异质性。此前根据细胞内包含体的成分将额颞叶痴呆分为 tau 阳性和阴性两类，每类又有各自的亚型，其中 tau 蛋白阳性的包含体，称额颞叶变性 tau 或 tau 蛋白病。大部分的额颞叶变性为异常泛素蛋白阳性的包含体，又称作额颞叶变性 U。

三、亨廷顿舞蹈症

亨廷顿舞蹈症（Huntington's disease，HD）是一种迟发性神经退行性遗传性疾病。于 1872 年，由英国外科医生 George Huntington 首次描述了亨廷顿舞蹈症的临床及遗传特点。该病发病年龄一般为30～50岁，发病后 15～20 年死亡。该病主要侵害基底节和大脑皮质，具有高度的区域选择性。基底节运动通路受损引发运动过度，即亨廷顿舞蹈症的主要临床症状——舞蹈样动作；大脑皮层受损导致患者认知功能障碍，晚期的亨廷顿舞蹈症多表现为痴呆。

现已确认在亨廷顿舞蹈症患者 It-15 基因外显子上产生扩增 CAG 重复序列的突变，是导致发生亨廷顿舞蹈症的主要原因。It-15 基因 CAG 重复序列异常扩增产生两个直接结果，一是使野生型亨廷顿蛋白（wild Huntingtin，wHtt）缺失；二是产生突变型亨廷顿蛋白（mutant Htt，mHtt）。

正常人群的 wHtt 广泛存在于大脑、睾丸、心脏、肝脏和肺中。在胚胎发育、造血及神经形成过程中，wHtt 是必需的。在神经元中，wHtt 可促进脑源性神经营养因子基因转录从而发挥其抗凋亡作用。此外，wHtt 是动力蛋白复合体的一部分，它调控脑源性神经营养因子（brain derived neurotrophic factor，BDNF）膜泡的微管运输。wHtt 与

Htt 相关蛋白 1（Huntingtin associated protein 1，HAP1）结合形成复合体，调控 P150、动力蛋白（dynein）、动力蛋白激活蛋白（dynactin）形成复合体，从而促进 BDNF 膜泡的微管运输。在亨廷顿舞蹈症患者中，mHtt 与 HAP1 结合过强而无法调控 P150、动力蛋白和动力蛋白激活蛋白形成正常复合体，降低 BDNF 膜泡的微管运输效率。这表明 wHtt 缺失使其功能丧失，对细胞产生毒性作用。

在神经元中，mHtt 的存在形式有单体、中间体、成熟聚集体（包含体）和 N 端片段等。单体是由突变的 It-15 产生的全长 mHtt，其非天然疏水基团暴露可增强与细胞膜和一些细胞内成分的异常相互作用。中间体是单体形成聚集体过程中的过渡形式，在成熟聚集体形成前，球状和原细纤维中间体是 mHtt 对细胞产生毒性的主要形式。聚集体（包含体）形成的主要原因是受到组织转谷氨酸酶（tTG）催化及谷氨酰胺极性氨基侧链和水形成氢键。随着多聚谷氨酰胺疾病（Polyglutamine disease，polyQ disease）过度延长，Htt 在 tTG 的作用下发生交联而形成聚集体。所有形式的 mHtt 都被证实具有毒性，可以引起神经的退行性变化从而导致亨廷顿舞蹈症的发生。

四、帕金森病

帕金森病（Parkinson disease，PD）是中老年人常见的神经系统变性疾病，主要病变是黑质、蓝斑及迷走神经背核等处的细胞变性坏死，多巴胺递质生成障碍，导致多巴胺能与胆碱能神经系统不平衡。该病临床进展缓慢，主要症状包括静止性震颤、运动迟缓、肌僵直及姿势、步态异常等。帕金森病的发病可能与遗传因素、环境因素、线粒体功能障碍等有关。有人提出大脑中广泛存在的 α-突触核蛋白异常是帕金森病发病的关键因素。

研究表明正常的 α-突触核蛋白代谢障碍可能导致大量 α-突触核蛋白聚集形成 Lewy 小体，这可能是散发性帕金森病的主要原因。α-突触核蛋白基因突变能促进 α-突触核蛋白原纤维的形成，而 α-突触核蛋白原纤维对神经元有毒性作用。试验证实，α-突触核蛋白原纤维像某些细菌毒素一样能在细胞膜上形成小孔，使突触膜的渗透性增加，因此干扰多巴胺的储存；同时还因为损伤线粒体膜，导致跨膜电势的扩散和凋亡前因子的释放，促进神经细胞凋亡。

已有报道证实，Parkin 蛋白是帕金森病发病机制中的另一种关键蛋白。parkin 基因首先在日本常染色体隐性遗传的青少年型帕金森病（Autosomal recessive juvenile Parkinson's disease，AJPD）家族中被发现。Parkin 蛋白在大脑、特别是黑质区有丰富表达，而 ARJP 患者脑内缺乏 Parkin 蛋白的表达，其作为一种泛素-蛋白连接酶参与蛋白降解。泛素-蛋白酶体系统（ubiquitin-proteasome system，UPS）负责胞浆内、膜内和内质网分泌通路内异常蛋白的分解代谢，是降解胞内异常蛋白的基本生化通路，其功能障碍将导致异常蛋白的聚积和细胞死亡。而 parkin 基因的病理性突变将导致 Parkin 蛋白功能障碍，导致酶活性减弱或丧失，影响机体对蛋白的调控和异常蛋白的清除。目前，已经在十余个国家不同种族的家族性或散发帕金森病患者中发现了大量 parkin 基因的突变，这提示 parkin 基因相关性帕金森病在全世界范围的广泛分布，也说明 parkin 基因突变对帕金森病发病机制方面的重要作用。

参考文献

Agorogiannis E I，Agorogiannis G I，Papadimitriou A，et al. 2004. Protein misfolding in neurodegenerative diseases［J］. Neuropathol Appl Neurobiol，30（3）：215-224.

Aguzzi A，Heikenwalder M. 2006. Pathogenesis of prion diseases：current status and future outlook［J］. Nat Rev Microbiol，4（10）：765-775.

Aguzzi A，Sigurdson C，Heikenwaelder M. 2008. Molecular mechanisms of prion pathogenesis [J]. Annu Rev Pathol, 3: 11-40.

Alonso A C, Zaidi T, Grundke-Iqbal I, et al. 1994. Role of abnormally phosphorylated tau in the breakdown of microtubules in Alzheimer disease [J]. Proc Natl Acad Sci U S A, 91 (12): 5562-5566.

Anderson L, Rossi D, Linehan J, et al. 2004. Transgene-driven expression of the Doppel protein in Purkinje cells causes Purkinje cell degeneration and motor impairment [J]. Proc Natl Acad Sci U S A, 101 (10): 3644-3649.

Beringue V, Vilotte J L, Laude H. 2008. Prion agent diversity and species barrier [J]. Vet Res, 39 (4): 47.

Choi C J, Kanthasamy A, Anantharam V, et al. 2006. Interaction of metals with prion protein: possible role of divalent cations in the pathogenesis of prion diseases [J]. Neurotoxicology, 27 (5): 777-787.

Comincini S, Chiarelli L R, Zelini P, et al. 2006. Nuclear mRNA retention and aberrant doppel protein expression in human astrocytic tumor cells [J]. Oncol Rep, 16 (6): 1325-1332.

Cui T, Holme A, Sassoon J, et al. 2003. Analysis of doppel protein toxicity [J]. Mol Cell Neurosci, 23 (1): 144-155.

Deleault N R, Lucassen R W, Supattapone S. 2003. RNA molecules stimulate prion protein conversion [J]. Nature, 425 (6959): 717-720.

Ferrer I, Freixas M, Blanco R, et al. 2004. Selective PrP-like protein, doppel immunoreactivity in dystrophic neurites of senile plaques in Alzheimer's disease [J]. Neuropathol Appl Neurobiol , 30 (4): 329-337.

Glatzel M, Giger O, Braun N, et al. 2004. The peripheral nervous system and the pathogenesis of prion diseases [J]. Curr Mol Med, 4 (4): 355-359.

Hardy J A, Higgins G A. 1992. Alzheimer's disease: the amyloid cascade hypothesis [J]. Science, 256 (5054): 184-185.

Houston F, McCutcheon S, Goldmann W, et al. 2008. Prion diseases are efficiently transmitted by blood transfusion in sheep [J]. Blood, 112 (12): 4739-4745.

Ironside J W, Sutherland K, Bell J E, et al. 1996. A new variant of Creutzfeldt-Jakob disease: neuropathological and clinical features [J]. Cold Spring Harb Symp

Quant Biol，61：523-530.

Jew S，Schatzl H M. 2005. Prion：gene，structure，and species barrier [J]. J Am Osteopath Assoc，105 (1)：23.

Kralovicova S，Fontaine S N，Alderton A，et al. 2009. The effects of prion protein expression on metal metabolism [J]. Mol Cell Neurosci，41 (2)：135-147.

Kupfer L，Eiden M，Buschmann A，et al. 2007. Amino acid sequence and prion strain specific effects on the in vitro and in vivo convertibility of ovine/murine and bovine/murine prion protein chimeras [J]. Biochim Biophys Acta，1772 (6)：704-713.

Lang A E，Lozano A M. 1998. Parkinson's disease. First of two parts [J]. N Engl J Med，339 (15)：1044-1053.

Lawson V A，Collins S J，Masters C L，et al. 2005. Prion protein glycosylation[J]. J Neurochem，93 (4)：793-801.

Lehmann S. 2002. Metal ions and prion diseases [J]. Curr Opin Chem Biol，6 (2)：187-192.

Mishra R S，Basu S，Gu Y，et al. 2004. Protease-resistant human prion protein and ferritin are cotransported across Caco-2 epithelial cells：implications for species barrier in prion uptake from the intestine [J]. J Neurosci，24 (50)：11280-11290.

Moore R A，Vorberg I，Priola S A. 2005. Species barriers in prion diseases-brief review [J]. Arch Virol Suppl，(19)：187-202.

Moore R C，Lee I Y，Silverman G L，et al. 1999. Ataxia in prion protein (PrP) -deficient mice is associated with upregulation of the novel PrP-like protein doppel [J]. J Mol Biol，292 (4)：797-817.

Novakofski J，Brewer M S，Mateus-Pinilla N，et al. 2005. Prion biology relevant to bovine spongiform encephalopathy [J]. J Anim Sci，83 (6)：1455-1476.

Premzl M，Sangiorgio L，Strumbo B，et al. 2003. Shadoo，a new protein highly conserved from fish to mammals and with similarity to prion protein [J]. Gene，314：89-102.

Prusiner S B. 1982. Novel proteinaceous infectious particles cause scrapie [J].

Science，216 (4542)：136-144.

Prusiner S B. 1998. Prions [J]. Proc Natl Acad Sci U S A，95 (23)：13363-13383.

Querfurth H W，LaFerla F M. 2010. Alzheimer's disease [J]. N Engl J Med，362 (4)：329-344.

Rachidi W，Vilette D，Guiraud P，et al. 2003. Expression of prion protein increases cellular copper binding and antioxidant enzyme activities but not copper delivery [J]. J Biol Chem，278 (11)：9064-9072.

Ross C A，Poirier M A. 2004. Protein aggregation and neurodegenerative disease[J]. Nat Med，10 Suppl：S10-S17.

Ross C A，Tabrizi S J. 2011. Huntington's disease：from molecular pathogenesis to clinical treatment [J]. Lancet Neurol，10 (1)：83-98.

Saborio G P，Permanne B，Soto C. 2001. Sensitive detection of pathological prion protein by cyclic amplification of protein misfolding [J]. Nature，411 (6839)：810-813.

Soto C. 2004. Diagnosing prion diseases：needs，challenges and hopes [J]. Nat Rev Microbiol，2 (10)：809-819.

Telling G C，Scott M，Mastrianni J，et al. 1995. Prion propagation in mice expressing human and chimeric PrP transgenes implicates the interaction of cellular PrP with another protein [J]. Cell，83 (1)：79-90.

Vorberg I，Groschup M H，Pfaff E，et al. 2003. Multiple amino acid residues within the rabbit prion protein inhibit formation of its abnormal isoform [J]. J Virol，77 (3)：2003-2009.

Wang F，Wang X，Yuan C G，et al. 2010. Generating a prion with bacterially expressed recombinant prion protein [J]. Science，327 (5969)：1132-1135.

Weder N D，Aziz R，Wilkins K，et al. 2007. Frontotemporal dementias：a review [J]. Ann Gen Psychiatry，6：15.

第五章

临床症状与病理变化

第一节　牛海绵状脑病临床症状与病理变化

　　引起牛海绵状脑病的真正原因目前尚不清楚，人们对于牛海绵状脑病病原的认识最初都来源于对羊痒病病原的研究，而随着传染性海绵状脑病的不断发生，牛海绵状脑病在严重危害畜牧业发展的同时，也威胁着公共卫生安全以及全人类的健康。要深入研究其发病机制，首先要做到准确地发现牛海绵状脑病。目前研究的重点在其临床与病理变化等方面，以便为寻找可行的防控牛海绵状脑病的方法做好基础准备。

一、典型性牛海绵状脑病临床症状

　　牛海绵状脑病表现的临床症状多种多样，多发生在 4～6 岁的牛，最低发病年龄见于 20 月龄牛，最高发病年龄见于 19 岁的牛。大多数病牛在 1 岁内感染，潜伏期长，可达 2～6 年，发病隐蔽，病程较长（数周到数月）。牛海绵状脑病病原感染牛，其神经系统呈现亚急性或慢性退行性变化，常表现出神经紧张或焦躁不安、恐惧、惊跳反射增强，具有攻击性，对声音及触摸等的感觉过敏或反射亢进，肌肉纤维性震颤或痉挛等症状。另外，有些患牛还会出现头部、肩部肌肉颤抖和抽搐，后肢明显伸展，共济失调等神经功能紊乱性症状。患牛还表现反刍减少、心动过缓、心率改变。70％～73％的患牛体况下降、体重减轻、产奶量减少；约 79％的患牛在病程发展的某一阶段，出现上述全身症状或某种神经症状。根据患畜的行为、性情改变以及运动障碍等方面的异常表现可做出初步诊断。如病畜不愿进入挤乳间或不愿通过其他门道，在牧地上独自离开畜群休息地，不安或知觉过敏，特别是挤乳时用力乱踢，这主要见于放牧的非泌乳牛，由于管理较粗放，导致人们不易发现病牛轻微的异常变化。患牛在病程发展的某一阶段，出现上述全身症状或某种神经症状，最早出现的运动障碍，多数病例表现后肢步样异常，出现明显的伸展过度性共济失调等神经症状。有些病例则起立困难，随着病情的发展，患畜逐渐表现为步态不稳、共济失调、全身麻痹、行为反常、焦躁不安、恐惧、磨牙等症状。病畜由于胆怯、恐惧，当有人靠近或追赶时往往出现攻击行为。对触觉和声音的敏感性增强，感觉过敏或反射亢进，惊跳反射增强，患牛头、颈和肩部肌肉常震颤，有时波及全身。在安静和熟悉的环境下饲养，病牛以上症状略微减轻，但几周后病情继续恶化。尽管绝大多数患牛食欲良好，但大多数的患牛表现为体重逐渐减轻、产奶量减少、体况下降。Wilesmith 等统计分析了 17 154 例确诊的牛海绵状脑病病例，86％呈现焦躁不安，78％性情改变，77％共济失调，75％感觉过敏；97％的病例至少有焦躁不安、感觉过敏和共济失调这三大主要症状中的一种症状。

二、典型性牛海绵状脑病病理变化和发病机制

　　牛海绵状脑病无肉眼可见的病理变化，也无生物学和血液学异常变化。典型的组织病理学和分子学变化都集中在中枢神经系统，概括有三个典型的非炎性病理变化。

　　（1）出现两边对称的空泡化病变，包括灰质神经纤维网出现海绵状变化，这是牛海绵状脑病的主要的空泡病变（图 5-1）。牛海绵状脑病很少见有其他类型的大空泡，而这类空泡是痒病的特征性病变。

　　（2）星形细胞肥大常伴随空泡的形成（图 5-2）。

　　（3）大脑淀粉样病变是痒病家族病的一个不常见的病理学特征，牛海绵状脑病也存在淀粉样病变，但不多见。

　　关于牛海绵状脑病致病因子的假说有很多，但目前最受关注的一种病原学假说为 Prusiner 教授所提出的朊蛋白学说。

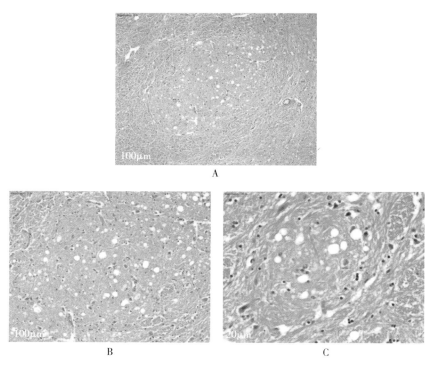

图 5-1　空泡变化

A. 100×，HE　B. 200×，HE　C. 400×，HE

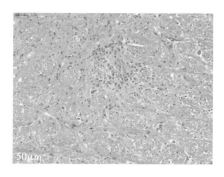

图 5-2　胶质细胞增生，形成胶质细胞结节（200×，HE）

（图 5-1、图 5-2 引自中国农业大学海绵状脑病实验室）

三、非典型性牛海绵状脑病临床症状和发病机制

(一) 非典型牛海绵状脑病临床症状

自从发现首例牛海绵状脑病病例之后将近 20 多年间，人们普遍认为该病只存在一种型，即典型性牛海绵状脑病。然而，2004 年，人们分别在两个不同的欧洲国家识别出不同于传统牛海绵状脑病的另外两种牛海绵状脑病毒株，即 L 型和 H 型，其鉴别是基于 PrP^{Sc} 的生化特性和在免疫组化分析中的沉积模式不同做出的（Dudas 等，2010）。

对传染性海绵状脑病病原 "株" 可根据其动物感染生物学特性和疾病相关蛋白（disease-associated prion protein，PrP^{Sc}）的分子生物学特征做出鉴别。经过对蛋白酶抗性疾病相关蛋白（disease-associated proteinase Kresistance-associated moiety of PrP^{Sc}，PrP^{res}）的分析，根据其 PrP^{res} 非糖基化在 Western blots 的分子位置高低。学术界近期从来自 6 个欧洲国家、日本、加拿大及美国的牛海绵状脑病样品识别出了另外两种非典型性毒株，分别命名为 H 型和 L 型。与典型性 C 型毒株相比，H 型和 L 型牛海绵状脑病除了在 Western blots 中表现出不同的迁移特性外，还显示出增强的蛋白酶敏感性。而且，不同型的牛海绵状脑病毒株蛋白显现出抗体结合位点的差异，这些差异不因病原来源地区不同而改变。由此，借助针对不同抗原表位的抗体以及在不同 pH 蛋白酶消化条件，可对三种不同牛海绵状脑病分子型做出鉴别（Jacobs 等，2007）。

截至 2014 年年底，全球共发现包括 L 型和 H 型牛海绵状脑病在内超过 60 例非典型性牛海绵状脑病病例（Balkema-Buschmann，Ziegler 等，2011；Okada，Iwamaru，Yokoyama & Mohri，2013；Stack 等，2009）。其中，L 型牛海绵状脑病病例出现于包括意大利、法国、德国、荷兰、波兰在内的欧盟国家和加拿大、日本。

　　2003 年，两个新的牛海绵状脑病样品分别在法国（H 型）和意大利（L 型）被识别，基于致病性朊蛋白的特性、脑部病变和感染动物模型的潜伏期差异，不同于 C 型牛海绵状脑病。临床发现，试验攻毒牛表现出呆钝型特征变化。最新研究显示 L 型牛海绵状脑病通过传代自交系小鼠或表达羊朊蛋白的转基因小鼠可以获得 C 型牛海绵状脑病特性。同样 L 型牛海绵状脑病分离株被成功传代于非人灵长类动物，怀疑 L 型牛海绵状脑病可感染人。H 型牛海绵状脑病还未成功感染人 PrP 转基因鼠。所有这些研究提示非典型牛海绵状脑病可能属于零星发生的偶然性疾病，该假设与其低发生率（百万分之一）和世界性分布（包括 C 型牛海绵状脑病发生国家在内）相一致。尽管 C 型牛海绵状脑病的流行得到了控制，但对于非典型牛海绵状脑病是否与 C 型牛海绵状脑病和人朊蛋白疾病存在潜在关联性仍未知。非典型性 L 型、H 型牛海绵状脑病检出时平均年龄分别为 12.4 岁（8.4～18.7 岁）和 12.5 岁（8.3～18.2 岁），两者的年龄无显著差异。最初研究发现，法国的 L 型牛海绵状脑病病例呈现出显著的地域性分布，而且在 8 岁以上动物中被检出 L 型牛海绵状脑病的风险增加；H 型牛海绵状脑病未显示出该特点。进一步研究发现，L 型牛海绵状脑病地域性分布规律可能部分与被检测牛群的年龄相关（Sala 等，2012）。

　　在日本识别出了两例 L 型牛海绵状脑病，其中一例为 23 日龄荷斯坦阉割牛，另外一例为 14 岁黑色日本肉牛。后一例已在牛 PrP 转基因鼠和牛体上获得成功传代，其生物学和生化特性不同于 C 型牛海绵状脑病。自 2001 年 10 月 1 日起日本对所有屠宰牛进行强制性检查，对其脑干样品脑闩进行 ELISA PrP^Sc 检测，对 ELISA 阳性样品要进一步送到国家实验室做组织学、免疫组化（IHC）和免疫印迹（WB）检测，如果 WB 或 IHC 检测 PrP^Sc 阳性，则诊断为牛海绵状脑病阳性。2003 年 9 月 29 日，一头 23 月龄荷斯坦屠宰肉牛，经 ELISA 检测阳性，后送日本国家实验室确诊。该牛屠宰前表现健康，ELISA OD 值略高于试剂盒给出的临界值。组织学检查未呈现海绵状空泡样特征性病理变化，且 IHC 未显示特征性的 PrP^{Sc} 聚集特征。然而，用于 ELISA 检测的脑闩样品经 WB 分析呈现出不同于典型牛海绵状脑病相关 PrP^{Sc} 的免疫印迹条带。表现为：①WB 条带密度值分析双糖基化 PrP^{Sc} 条带比例偏低；②非糖基化条带迁移速度较快；③同之前的 83 月龄 PrP^{Sc} 样品相比其蛋白酶抗性较低。PrP 编码区典型的牛海绵状脑病相关 DNA 测序分析未显示特殊变化。之后另一头 21 月龄荷斯坦肉牛经 WB 检测显示出典型牛海绵状脑病特异性 PrP^{Sc} 条带，而 IHC 未检测到 PrP^{Sc} 信号。该项报道称，该两头牛出生于饲料禁令颁布之后，该病例是否使用污染过MBM 的饲料未知（Yamakawa 等，2003）。

　　英国研究小组表明：大多数报道的非典型性牛海绵状脑病病例是 8岁以上的老龄动物，并且是在主动监测中识别的。H 型牛海绵状脑病与 SHA31 反应显示出较高分子量的非糖基化条带，与 SAF-84 反应显示出特征性的反应条带。英国 3 头 H 型牛海绵状脑病病例都是老龄卧倒不起的牛，而且都出生于 1996 年饲料禁令颁布之前。尚未知这些病例是怎样发生的，是否在英国牛海绵状脑病流行期间这些病牛原本就一直存在，假如果真如此，那么这类病例在早期监测计划中因检测方法敏感性不够或信息交流不畅很可能漏检（Stack 等，2009）。

　　通常，朊蛋白基因（PRNP）编码区多态性与人和绵羊朊蛋白病的潜伏期和敏感性相关。但该区域基因多态性不影响 C 型牛海绵状脑病的敏感性。德国研究人员发现敲除或插入 PrP 基因启动子区域的多态性基因，可能会通过改变 PRNP 表达水平而影响调控牛海绵状脑病敏感性。对于非典型牛海绵状脑病，其关联性尚未定论。美国 H 型牛海绵状脑病病例具有 E211K 基因，其他病例未发现相似基因特征（Artur Gurgul，2012）。

　　截至目前，世界范围内绝大多数非典型性牛海绵状脑病是通过主动监测发现的。鉴于只有脑闩组织被采集送检用于牛海绵状脑病的监测，实验室未能获得其他脑组织及器官对其进行进一步检测。可通过动物感染试验复制病例研究其感染特性、临床症状和病理变化。目前，英国、德国、加拿大和日本分别进行了非典型性牛海绵状脑病牛感染试验。

　　绝大多数牛海绵状脑病病例属于传统典型性牛海绵状脑病，H 型和 L 型牛海绵状脑病具有不同于传统典型性牛海绵状脑病的非典型性分子特征，并被认为是零星发生。然而，发现于美国的 H 型牛海绵状脑病被认为与 E211K 朊蛋白基因突变相关。研究人员通过将病料匀浆脑内注射给同样基因型的犊牛，研究其临床表现及病原传代特征。试验牛在接种后 4～9 个月表现出临床症状，在对其宰杀后解剖取材进行 Western blotting 和免疫组化分析后发现，PrP^{Sc} 在其神经组织内呈现广泛分布特征。由于非糖基化 PrP^{Sc} 具有较高的分子量，并且所有 3 个 PrP^{Sc} 条带都能与单抗 6H4 和 P4 呈现强烈结合反应。当用朊蛋白 C 端抗体检测时呈现出约 14 kD 的另外一条非糖基化条带。该研究表明此病原具有可传播性，当传代与具有 K211 基因的试验牛时具有牛海绵状脑病-H 基因型（Greenlee，Smith，West Greenlee & Nicholson，2012；Gurgul，Polak，Larska & Slota，2012）。

　　Konold 等将试验牛分为两组，每组 4 头牛，经脑内接种 L 型 和 H 型牛海绵状脑病，所有接种牛都表现出与典型性牛海绵状脑病某些相似性的神经性疾病，每组其中一头随后发展为一种更加呆钝的形式。站立困难是两种疾病的一致表现，对照组牛表现正常。病理和分子特征与典型性牛海绵状脑病不同，这与以前发表的数据广泛一致。但病理学方面有某些差异。H 型和 L 型牛海绵状脑病用当前的确诊方法检测脑闩都有效，但用该区域病料不足以做出鉴别诊断。小脑是 IHC 鉴别诊断的可靠病料。至今，所有已报道的非典型性牛海绵状脑病病料无一例表现出可疑临床症状，表明其不同于典型性牛海绵状脑病。事实上，人工感染牛只表现呆滞、站立困难，具有与 C 型牛海绵状脑病不同的临床表现型。除了报道的首例 L 型牛海绵状脑病外，其他病例都没有生化、脑和外围组织病理以及临床特征的描述。动物模型（转基因鼠）和自然宿主的感染试验在不同实验室进行。德国研究小组试验攻毒 H 型牛海绵状脑病、L 型牛海绵状脑病各 4 头牛，未接种对照组 2 头牛。两组攻毒牛临床表现似乎相似，对其临床表现和精神状况、警觉性、运动姿态、特征性症状进行观察记录，评估其最初的临床异常时基于起立困难，结合经常的突然性惊厥或结合可疑性步态紊乱，或者行为和警觉性改变。所有 H 型、L 型牛海绵状脑病接种牛都表现出"神经型临床症状"，具体表现为特征性的对外部刺激反应过度，躁动不安。在接种后8～11 个月，试验牛首次表现症状为呆钝和头低垂，当从前面靠近限定在铁栏中的试验牛时，表现出最初出现的神经症状；从接种后 21 个月起，接种牛临床发展为更"呆滞"的呆钝型症状，最初的"点触刺激过度反应"随之消失，动物对其周围环境似乎失去兴趣，时而低头站在圈中。所有 H 型、L 型牛海绵状脑病感染牛临床发展为起立困难，该症状通常伴随步态失调的发生，以后肢麻痹最为明显。总之，L 型、H型牛海绵状脑病脑内接种试验感染牛有两种临床表现型，呆钝型或神经型，而神经型可能较典型性牛海绵状脑病临床表现轻微，尽管起立困难是试验牛一致的临床表现。这可能会解释为什么自然检测病例往往来自表面健康牛、紧急屠宰牛和卧倒不起牛群。尽管目前的筛选和确认方法对检测非典型性牛海绵状脑病有效，但正确地识别、鉴别不同型牛海绵状脑病需要修正现行的采样方法和部位（Konold 等，2012）。

　　德国研究小组表明：攻毒 L 型牛海绵状脑病（185d）的 PrP（牛）转基因鼠其潜伏期比攻毒 C 型牛海绵状脑病（230d）的潜伏期明显要短。将 L 型牛海绵状脑病传代，继代给 PrP（羊）转基因鼠，观察到了C 型牛海绵状脑病的生化特性，随之推测该型牛海绵状脑病可能是造成C 型牛海绵状脑病在欧洲及其他地区大流行的起源。鉴于 L 型牛海绵状脑病对 PrP（人）转基因鼠和 macaque 感染试验中表现较高的可传播特性，推测 L 型牛海绵状脑病有更高的可传播给人的潜在风险。H 型牛海绵状脑病攻毒 TqBovXV 鼠，相对攻毒 C 型牛海绵状脑病其潜伏期明显延长（C 型 230d，H 型 330d）。试验攻毒 H 型牛海绵状脑病后，密切监测感染牛牛海绵状脑病的疑似症状。一旦动物出现非正常临床表现，就开始进行系统的临床神经学检查，包括分析动物对快速接近、挥手、手电筒照射、敲锣声音和面部点触的反应，同时观察动物的运动姿势和整体行为。对各项进行评定打分（1～4）。两组试验攻毒（H 型、L 型牛海绵状脑病）动物在攻毒 14 个月后都表现出临床症状。首先表现为体重减轻，之后体况急剧下降；进而这些动物离群、低头呆立。神经学测试这些动物对声音和光高度敏感，其前额对点触更敏感，该项反应模式与 C 型牛海绵状脑病试验攻毒牛没有严格区分。对其行走步态进行分析表明，试验牛有轻微的后肢麻痹；第一头试验牛出现麻痹症状后，仅持续几天后在没有外力情况下就卧倒不起。因此，其余动物在出现明显的后肢麻痹症状后 2d 内就被剖杀。因此，所有试验动物在感染后 16 个月内被全部剖杀（Balkema-Buschmann，Ziegler 等，2011）。

（二）非典型性牛海绵状脑病病理变化及发病机制

自从在主动监测中发现非典型性牛海绵状脑病后，研究人员对牛海绵状脑病进行神经病理学和分子鉴定表现出了极大的兴趣。Siso 等（2007）调查了 Switzerland 总共 95 例源自不同主动和被动监测计划（临床可疑病例、紧急屠宰病例、淘汰牛只和常规屠宰）中的牛海绵状脑病病例的神经病理学特点和分子分型特征。研究人员试图调查来自不同类别动物之间的病理特征，其中包括病变特点、空泡化程度、朊蛋白疾病相关亚型（disease-associated isoform of the prion protein，PrPd）自溶程度以及脑干组织中朊蛋白疾病相关亚型的免疫组化和分子模式。研究发现临床感染动物的空泡化密度明显高于非典型性牛海绵状脑病病例，PrPd 的沉积密度也呈现出类似的变化趋势。然而，在 Western blotting 检测中 PrPd 的分子模式差异不明显。研究者认为，所有被研究动物未呈现出非典型性牛海绵状脑病的特点。该研究小组认为，临床感染和亚临床感染瑞士牛海绵状脑病病例都具有典型性牛海绵状脑病的神经病理和分子型，由此认为非典型性牛海绵状脑病病例是处于该病的临床前期而非代表一种真正的牛海绵状脑病亚型（Siso 等，2007）。

日本学者将两例日本 L 型牛海绵状脑病与法国、德国和加拿大的 L

型牛海绵状脑病进行转基因鼠接种传代及其生物学鉴定研究，其研究表明日本 L 型牛海绵状脑病接种鼠病理特征包括脑空泡化程度，与其他 L 型牛海绵状脑病接种鼠的病变相似。所有 L 型牛海绵状脑病均造成了小鼠严重的脑部海绵状变化，病变区域包括海马、终板旁体隔核和大脑皮质。随后的石蜡包埋组织印迹研究表明 PrP^Sc 沉积分布也与其他 L 型牛海绵状脑病相似，其中包括清晰的 PrP^Sc 淀粉样斑块沉积，PrP^Sc 颗粒匀分布在以下区域：脑桥、小脑髓质、中脑、丘脑（Masujin，Miwa，Okada，Mohri & Yokoyama，2012）。

早期研究认为牛的牛海绵状脑病发病机制明显有别于绵羊的同类疾病，在羊的传染性海绵状脑病发病过程中，淋巴网状系统（LRS）在病原因子的传输和复制过程中发挥了重要作用。在牛的发病过程中，牛海绵状脑病仅在回肠末梢的巴氏结和扁桃体中检测到，两者都被认为是病原自口腔摄入后的进入通道。同时，与其他大多数动物不同，牛海绵状脑病在牛体内的复制位点几乎全部发生于中枢和外周神经系统。然而，越来越多的证据表明，在疾病后期病原从中枢神经系统向外周扩散。而且，相对于典型性牛海绵状脑病的发病机制，针对非典型性牛海绵状脑病发病机制的研究数据非常有限（Balkema-Buschmann，Fast 等，2011）。

Okada 等（2011）为了调查非典型性牛海绵状脑病经过免疫标记的 PrP^Sc 的解剖分布和沉积模式，将 H 型牛海绵状脑病分离株病料脑内接种试验牛。H 型牛海绵状脑病在 3 头试验牛中得到了成功传代，发病潜伏期 500～600d，分别在脑部区域的大脑和小脑皮质部、基底节、丘脑和脑干部检测到中度到重度的空泡样变化。H 型牛海绵状脑病接种牛在大脑白质、基底节和丘脑呈现出 PrP 免疫阳性反应淀粉样斑块。而且，试验接种牛整个脑部都呈现出较强的片状 PrP^Sc 免疫标记阳性反应。PrP^Sc 免疫反应标记物在大脑皮质及灰质、基底节和丘脑明显星状分布，但在脑干区域反应不明显。另外，在外周神经组织，如三叉神经节、背根神经节、视神经、视网膜和神经垂体也检测到了 PrP^Sc 聚集。

对 H 型牛海绵状脑病敏感的试验牛呈现出较短的发病潜伏期，表现出不同乃至区分显著的 PrP^{Sc} 聚集模式（Okada 等，2011）。

命名为 BASE 的牛海绵状脑病淀粉样斑块是由不同于典型性牛海绵状脑病生物特性的朊病毒株造成的。BASE 感染牛的外周组织是否具有感染性尚未知。鉴于 BASE 朊病毒很容易传染给包括灵长类动物在内的多种宿主，表明人很可能也易感，因此引起了人们的高度重视。Suardi 等（2012）通过将病料接种过表达牛 PrP 的转基因小鼠（Tgbov XV）研究发现，源自自然感染和试验感染 BASE 牛的骨骼肌具有感染性。值得一提的是，尽管源自试验感染和自然病例的肌肉组织攻毒率不同（分别为 70％ 和 10％），但用于接种的所有 BASE 感染牛的肌肉都可传播疾病。该区别可能与不同朊病毒的感染滴度有关，也可能由于在两种条件下疾病的不同阶段所致。譬如，试验感染 BASE 的终末阶段和自然 BASE 病例的亚临床感染阶段。研究还发现所有感染鼠的神经病变模式和 PrP^{res} 分子模式都是一致的，而且与接种了自然 BASE 脑组织的转基因鼠也表现出一致的模式。对自然感染和试验感染 BASE 牛的肌肉组织进行免疫组化分析发现，在其肌肉纤维中存在异常的朊蛋白沉积。相反，用源自自然和试验感染 BASE 牛的淋巴组织和肾组织病料接种转基因小鼠（Tgbov XV），小鼠未发病（Iwamaru 等，2010）。

尽管三种不同牛海绵状脑病的主要诊断要点在于各自 PrP^{Sc} 不同的生化特性（Priemer，Balkema-Buschmann，Hills ＆ Groschup，2013），研究者在起初的分析中也观察到 PrP^{Sc} 在 L 型牛海绵状脑病呈现出明显不同于典型性牛海绵状脑病的分布模式；更为重要的是，虽然脑干的脑闩区域不是浓度最高的区域，但是 PrP^{Sc} 在整个脑部分布更为均匀。通过快速检测方法证实了 H 型牛海绵状脑病也有相似的 PrP^{Sc} 分布模式。之后，该研究小组进行了更为详尽的研究，借助 Western blotting 对 H 型或 L 型牛海绵状脑病试验牛脑部 10 个不同 PrP^{Sc} 分布模式和生化特性（分子量、糖基化分子比率和蛋白酶 K 敏感性）与 C 型牛海绵状脑病试验牛进行对比分析，结果表明三种不同牛海绵状脑病各自之间 PrP^{Sc} 沉积模式显著不同，而来自每种牛海绵状脑病所有脑区域的 PrP^{Sc} 生化特性保持一致（Priemer 等，2013）。

四、绵羊非典型牛海绵状脑病

Matsuura 等（2013）为了进一步研究非典型牛海绵状脑病 PrP^{Sc} 的解剖分布特性及其沉积模式，将非典型性 L 型攻毒 Cheviot 母羊（ARQ/ARQ 基因型）进行种间传播研究。用 L 型牛海绵状脑病脑内病原接种母羊获得成功传代，发病潜伏期为 1 562d，在基底节、丘脑和脑干检测到了空泡样变化，整个脑部有 PrP^{Sc} 聚集。L 型牛海绵状脑病感染羊脑部免疫组化表现以下特征：在神经纤维具有明显的颗粒状沉积，颗粒状和/或线条状跨神经元沉积及片状沉积，并且缺乏 PrP^{Sc} 淀粉样斑块或星形沉积。另外，免疫组化和 Western blotting 分析表明，在外周神经组织（包括三叉神经和背根神经节）和肾上腺具有 PrP^{Sc} 沉积，但在淋巴组织中未见 PrP^{Sc} 沉积。所有这些结果表明 L 型牛海绵状脑病感染绵羊表现截然不同的 PrP^{Sc} 沉积特性和分布特点（Matsuura 等，2013）。

第二节　羊痒病的临床症状与病理变化

羊痒病是绵羊和山羊自然发生的一种动物传染性海绵状脑病，它可以引起牛海绵状脑病，该病在世界多国均有发生。研究表明，传染性海绵状脑病中只有克雅氏病和典型羊痒病可以进行水平传播，非典型羊痒病水平传播能力很弱，该特性增加了典型羊痒病在某些地区存在的持续性及根除的复杂性。

该病潜伏期较长，可能经过数月才能发病，发病早期症状不明显，但病程迅速。其最常见的临床症状为体重减轻和皮肤损伤，但这两种都不是特征性症状，其他疾病也可引起类似症状。死后剖检可见脑组织发生海绵状变化和空泡变性。

一、羊痒病的临床症状

感染早期无明显临床症状，患畜饮食正常，但体重减轻。随着致病因子的累积，患畜发生临床症状且症状明显。主要包括采食减少，情绪低落，呈木僵状态，孤僻离群，共济失调，身体虚弱，不正常姿势站立或是斜躺，蜷缩，喜欢向后缩成一团，震颤，神经性瘙痒，脱毛且毛皮损坏，新生毛发生长不良，流涎，鼻、口、四肢处沾有反刍物，发生无意识或刺激性啃咬行为，对刺激的反应过度敏感，缺乏攻击性行为。目前，该病还没有有效的治疗方案，患畜表现一系列临床症状后最终死亡。主要的临床症状包括瘙痒、共济失调和过度敏感等。

1. 瘙痒　羊痒病的名字来源于绵羊瘙痒的症状。主要表现为患畜强力摩擦皮肤，致使摩擦部位被毛凌乱、脱毛甚至发生破损流血；患畜啃咬皮肤，用后肢或角抓搔身体，以致被毛广泛脱落（图 5-3、图 5-4），胸侧、肋部和躯体的后 1/4 部尤为明显。持续性的瘙痒经常会引起擦伤部位皮肤感染，包括被毛脱落区、头部、面部和四肢等。触诊患畜腰骶区域时，常表现出特征性的"轻咬反射"。

2. 共济失调　初期表现为转弯僵硬，后肢落地困难，摇摆，前肢高踏或有类似马快步走的动作，被驱赶时表现更为明显。病羊蹒跚或跌倒后通常能迅速恢复站立姿势。病情恶化时，后肢出现严重的共济失调，甚至发生摇摆或站立困难，绵羊需用后肢依靠围栏起立或保持平衡。最后体力衰竭，卧地不起。

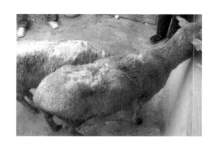

图 5-3　病羊背部出现大面积的脱毛

图 5-4　病羊背部脱毛，被毛凌乱

3. 过度敏感　这是痒病的另一个特征性症状。安静状态下，患畜与正常羊无异，但在突发噪声、运动过度或应激时，则出现震颤或突然抽搐倒地等现象（图 5-5）。非典型羊痒病临床症状不明显，相对典型羊痒病而言，非典型羊痒病患畜多为老龄羊。

图 5-5　病羊表现神经症状
（引自中国农业大学海绵状脑病实验室）

二、实验室痒病感染模型症状

1. 仓鼠感染模型　病鼠发病机理分为三步：变性朊蛋白沉积，突触变性；行为改变，空泡化发展，膜去极化，但是具体时间不确定；出现临床症状，大量的神经性退化，动作电位破坏。潜伏期早期被感染的仓鼠饮水减少，时有食欲亢进现象。发病最早期症状呈极度兴奋，继而冷漠，乃至嗜睡。病鼠运动失调，尾失去正常的可屈曲性，并有出血现象。全身状况逐步恶化，最终死亡。

2. 绵羊感染模型　最初临床症状包括被感染的绵羊体质下降，身体呈蜷缩状，并有类似兔跳的行为；随着病程进展病情加剧，病羊磨牙，随意运动障碍，出现抖颤、共济失调，并伴发进行性消瘦。同自然感染痒病的患畜临床症状类似。

三、羊痒病病理变化

羊痒病没有可见的肉眼病变，病变主要限于中枢神经系统。尸体剖检仅见摩擦和啃咬引起的皮肤创伤和消瘦，内脏常无肉眼可见病变。病理组织学检查患畜脑干和脊髓，典型病变为中枢神经组织空泡变性，广泛的星形胶质细胞增生和肥大，无炎症反应。两侧呈现对称性的退行性变化，即神经元内出现一个或多个空泡，空泡呈圆形或卵圆形，界限明显（图 5-6 至图 5-9）。神经基质空泡化而呈现海绵状疏松，基质纤维分解形成许多小孔。神经元空泡化主要见于延髓、脑桥、中脑、脊髓，大脑通常不受侵害。健康羊偶尔也可见空泡但数量较少，每个视野一般不超过 1 个，患痒病羊的空泡则较多。

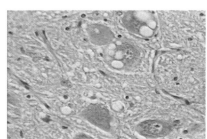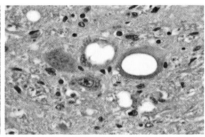

图 5-6　标准羊痒病阳性结果
（来自英国羊痒病实验室）

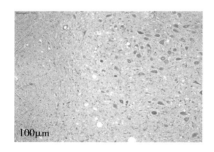

图 5-7　羊痒病羊脑切片可见明显的空泡化变性（ＨＥ染色，100×）
（中国农业大学国家动物海绵状脑病实验室供图）

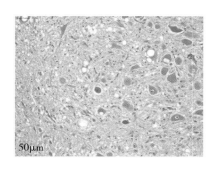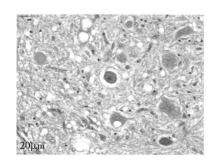

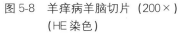

图 5-8　羊痒病羊脑切片（200×）　　图 5-9　羊痒病羊脑切片（400×）

（HE 染色）　　　　　　　　　　（HE 染色）

（图 5-8、图 5-9 由中国农业大学国家动物海绵状脑病实验室供图）

四、非典型羊痒病临床症状和病理变化

非典型羊痒病首次于 1998 年在挪威被确认。现在被认为是小反刍动物世界范围内的疾病，并且该病当前在欧洲所检测到的传染性海绵状脑病中占相当大的比例。Nor98 非典型羊痒病病例报道发生于 ARR/ARR 基因型绵羊，而该基因型绵羊对牛海绵状脑病和其他小反刍动物传染性海绵状脑病因子高度耐受。Nor98 非典型羊痒病因子在其天然宿主体内的生物学和致病机制仍然不完全清楚。然而，基于在感染个体的外周组织内未检测到 PrP^{Sc}，曾认为人和动物暴露在该种特异性传染性海绵状脑病因子的风险较低。Andreoletti 等（2011）研究证实，即使在自然和/或试验感染 Nor98 非典型羊痒病病例的淋巴组织、神经组织和肌肉组织未检测到 PrP^{Sc}，但其感染性能够积累。其证据是，与其他传染性海绵状脑病因子相比，含有 Nor98 非典型羊痒病感染性的样品仍然保持 PrP^{Sc} 检测阴性。该特点会对全行业针对 Nor98 非典型羊痒病的检测产生影响，并且提示需要重新审查当前评估该病流行和潜在传染性的政策。最终，要估算当前进入食物链的 Nor98 非典型及典型羊痒病羊只外周组织的感染性荷载量。该研究结果表明，通过饮食接触小反

刍动物传染性海绵状脑病因子的风险可能比通常认为的要高（Andreoletti 等，2011）。

　　除了传统型的痒病，绵羊和山羊都对牛海绵状脑病因子试验感染易感，而且近年来绵羊感染非典型羊痒病的病例在不同欧盟国家有过报道。根据显著的组织病理学变化和 PrP^{Sc} 分子特征对绵羊非典型羊痒病做出鉴定。在此之前未见山羊感染痒病因子的具体描述。Seuberlich 等 2007 年报道了一只呈现出非典型羊痒病特征的山羊在瑞士被识别，尽管两者的 PrP^{Sc} 分子特点没有区别。该研究报道了山羊和绵羊感染非典型羊痒病的特征以及两者组织病理学变化分布和 PrP^{Sc} 沉积的差异。尤其小脑皮质，作为绵羊非典型羊痒病 PrP^{Sc} 沉积的主要位点，发现在山羊感染非典型羊痒病中未受影响。相比之下，在突起的脑回结构中，如丘脑和中脑检测到了严重的病变和 PrP^{Sc} 沉积。小脑和脑闩组织用作绵羊和山羊传染性海绵状脑病监测的目标检测样品，两种传染性海绵状脑病筛检试验和 PrP^{Sc} 免疫组化方法均为阴性或鲜有阳性。该发现提示：如果不对采样和检测程序进行修正，类似的病例在过去有可能被漏检，在将来有可能被忽略（Seuberlich 等，2007）。

第三节　鹿慢性消耗性疾病

一、临床症状及病理变化

　　鹿慢性消耗性疾病在病原学、临床症状和病理变化方面与牛海绵状脑病、痒病以及人的克雅氏病极为相似，人们关注其可能会给公共卫生带来巨大的隐患。

通过监测感染动物发现，潜伏期不定，短则数月，长则数年。黑尾鹿的潜伏期是 15～23 个月，北美马鹿的潜伏期是 12～34 个月。发病动物一般在 1.5 岁以上，多数 3～5 岁出现临床症状，只有极少数在 1 岁以内被确诊患有鹿慢性消耗性疾病，最老感染动物的北美马鹿超过 15 岁，自然发生鹿慢性消耗性疾病的动物的最小年龄是 17 月龄。大量数据证明，鹿慢性消耗性疾病具有较强的传染性。有报道该病的传播和痒病有些类似。

患病动物食欲下降，表现未知原因的进行性消瘦，体重不断减轻，行为异常，主要症状包括动物交流减少、情绪低落、厌食、口渴、多尿、磨牙、唾液增多、头部震颤、知觉过敏、共济失调等（图5-10）。

通过组织病理学检查，神经元空泡化是自然病例最突出和稳定的

图 5-10　健康鹿与鹿慢性消耗性疾病病鹿的临床表现
A. 发生鹿慢性消耗性疾病麋鹿的临床症状包括多涎，精神萎靡，消瘦，
皮毛干粗无光泽　B. 正常的麋鹿　C. 自由散养的健康公麋鹿群
D. 感染鹿慢性消耗性疾病被捕获的亚临床症状的麋鹿

病变，其最显著的表现为胞质内出现单个或多个空泡。典型的空泡大、圆形或卵圆形，其内不含着色的液体或被伊红染为淡红色，界限明显；胞核被挤压于一侧，甚至消失。空泡化伴有染色质溶解、细胞皱缩、神经元坏死和噬神经作用及 Wallerian 变性。神经元空泡化主要见于延髓、脑桥、中脑、脊髓。最常见的受侵害的神经核是缝际、网状结构、中脑被盖核和面神经核、楔束外侧核、迷走神经背核、疑核、上橄榄核、舌下神经核和脊髓灰柱较少见，偶也见于红核和小脑。大脑通常不受侵害，这可能是脑外观正常的原因。在紧靠前额前端的部位采取组织标本制作切片，最易发现空泡化的神经元。健康鹿偶然可见空泡，但数量很少，每个视野一般不多于 1 个，病鹿的空泡则多得多。

许多病例在脑干、颅神经轴突、隔及下丘脑神经纤维网内有海绵状病变。灰质的海绵状空泡化（海绵状疏松或海绵状脑）是神经基质的空泡化，是基质纤维分解形成许多小空洞所致。星形细胞肥大和增生为弥漫性或局灶性，多见于脑干的灰质团块和小脑皮质内。

淀粉样蛋白斑块在黑尾鹿中多见。某些病例的小脑分子层和颗粒层可见 PAS 阳性斑块。有的病例有脑血管淀粉样蛋白病变，主要见于脑基底神经节（图 5-11）。

通过免疫组化分析，动物感染 3 个月后即使没有出现组织损伤，在脑脊髓、眼球、末梢神经以及淋巴组织内可发现朊病毒存在；在大脑中，迷走神经的背部运动神经首先出现病理变化，接着在脑干、脊索、脑垂体、迷走神经干、交感神经干、坐骨神经中也有相应的病变。但是在三叉神经节、腹神经节、头颈神经节和脊椎神经根部检测不到，但有文献报道说能在肌肉组织中检测到朊病毒。

二、发病机制

动物感染鹿慢性消耗性疾病后，PrP 在动物体内传播并最终到达脑

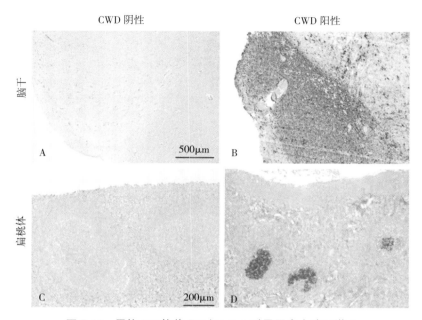

图 5-11 用抗 PrP 抗体 F99/97.6.1 对黑尾鹿大脑及淋巴
组织进行免疫组化的结果
B 与 D. 感染鹿慢性消耗性疾病黑尾鹿的大脑及扁桃体可见 PrP^{Sc} 聚集
A 与 C. 未感染的鹿中没有 Prp^{Sc}

部，在传播过程中，PrP 每到达一个复制位点就促发神经细胞内或膜上的 PrP^C 转化成鹿慢性消耗性疾病，而鹿慢性消耗性疾病具有潜在的神经毒性。PrP^C 第 106～126 位氨基酸的多肽为神经肽，单独这一段小肽也能使在体外培养的神经细胞发生凋亡，而大量鹿慢性消耗性疾病在中枢神经系统尤其是在脑内积累可抑制 Cu^{2+} 与超氧化物歧化酶（SOD）或其他酶的结合，使神经细胞的抗氧化作用下降；鹿慢性消耗性疾病还可抑制星形细胞摄入能诱导其增殖的谷氨酸。此外，细胞内的鹿慢性消耗性疾病还可能抑制微管蛋白的聚集，导致 L-型钙通道发生改变，使细胞骨架失去稳定性。所有这些变化使神经细胞发生凋亡并形成脑组织海绵体化、空泡化、星形角质细胞和小胶质细胞增生并最终导致致病性蛋白的积累，使各种信号传导发生紊乱，从而使动物表现出运动失调、恐惧、生物钟紊乱等神经症状。

第四节　传染性水貂脑病

一、临床表现

　　传染性水貂脑病是一种少见的、传染性、神经退行性疾病，仅见于商业性大型养殖场的水貂中。受感染的病貂临床首先表现出行为异常，如高度亢奋、易惊并具攻击倾向；继而奋力啃咬、共济失调、行走困难和后肢明显抽筋；严重的病例出现快速旋转，不由自主地咬尾巴和牙关咬紧，反应迟钝，最后嗜睡及昏迷而死亡。

　　患病水貂初期表现为生理习性改变，开始很隐蔽，不易察觉，但日益明显。病貂丧失良好的卫生习惯，随意排便，任意践踏饲料，导致粪便和饲料混合。病貂易过度兴奋，不时呈现无目的地绕笼猛冲、旋转和啃咬尾巴、像松鼠一样把尾巴弯曲于背上和试图逃出笼外等症状。带仔母貂丧失母性，不关心照料仔貂，甚至未呈现其他症状之前就如此。随着疾病的发展出现共济失调，并逐渐严重。病貂动作笨拙、强拘，不能自行爬进巢箱，睡眠时不能使后躯保持平直，呈现一定程度的采食和吞咽困难，后肢呈现典型的痉挛步样。在此阶段，当检查者试图抓住患病水貂时，病貂会突然咬住检查者的手套，当检查者将手套连同病貂置于地面时，病貂仍以牙齿牢牢咬住手套长时间静止不动，这是传染性水貂脑病病貂的特征性反应。疾病发展到晚期，病貂消瘦，皮毛失去光泽并出现皱褶，不时呈现癫痫样症状、自残、腕部不随意运动或圆圈运动，进而呈昏睡状态。此时病貂往往在笼子的一角将鼻部塞进笼的网眼，并长时间保持这一姿势。

从发病至死亡，母貂的病程为 2～6 周，公貂则更短。日益严重的衰弱、消瘦和应激（如温度剧变）可加速病貂的死亡。

二、病理学特征

传染性水貂脑病是成年貂的一种类似痒病的疾病。病理学特征也呈慢性进行性脑海绵样变性。尸检可见脱水、消瘦，眼观检查除个别病例脑部可见轻度水肿外，无明显变化。

传染性水貂脑病典型的组织病理学变化是脑皮质和皮质下灰质广泛的海绵状变性并伴有星形胶质细胞的显著增生。神经元的变性通常见于大脑、小脑和脑干，大量神经元皱缩、深染，神经元胞浆的空泡化仅见于前庭核、脑桥被盖部和中脑，通常群集在 1～2 个神经核内，少数空泡内含少数嗜伊红颗粒。脑白质通常无病变。

传染性水貂脑病的典型病变虽在某种程度上与痒病相似，但分布不同；神经元的空泡化也不及痒病显著。

Marsh 和 Kimberlin 曾对仓鼠试验性感染传染性水貂脑病和痒病的组织病理学病变进行比较研究，发现两者有以下异同点：①两者均产生非炎性的、两侧对称、几乎完全局限于灰质的病变，一个重要的例外是痒病末期小脑白质有海绵状病变。②痒病神经核受侵较重，神经元胞浆的空泡化比传染性水貂脑病严重。③两者均以严重的星形细胞增生和肥大为特征，这种病变发生于海绵状病变之前。两者的星形细胞反应虽无差异，但传染性水貂脑病通常产生较广泛的空泡化，其空泡化比痒病的面积大。这些发现和上述传染性水貂脑病病理变化基本一致。

第五节 猫科动物海绵状脑病

一、临床症状

患有猫科动物海绵状脑病的家猫临床症状表现呈渐进性。最早出现的症状是行为的改变，如非典型性攻击、胆怯和躲藏。患病家猫出现步态异常、共济失调等，这些缺陷起初主要发生于后肢。有些患病猫失去对方向的判断，而有些则漫无目的地徘徊。绝大多数病猫出现感觉过敏症状，尤其是被抚摸或被声音刺激时。也曾报道过病猫出现唾液分泌过多、毛发凌乱、杂食症和瞳孔放大等症状。病猫在疾病后期常常表现嗜睡或抽搐、流涎等。动物园猫科动物也出现相似的症状。一旦表现出猫科动物海绵状脑病的临床症状，疾病迅速发展并导致猫科动物的死亡。家猫一般在症状出现后 3～8 周内死亡，而猎豹在 8～10 周后死亡。

二、大体病变

除个别病例出现尸体脱水和消瘦外，猫科动物海绵状脑病患病动物未出现其他大体病变。

三、病理组织学病变

与牛海绵状脑病相同的典型的组织病理学变化是中枢神经系统的损害，在神经元突起和神经元胞体中形成神经元空泡。前者形成灰质神经纤维网的小囊空泡（即海绵状变化），后者形成大的空区，并充满整个神经元核周围；神经胶质增生，胶质细胞肥大，HE 染色即可检出；若用免疫学方法标记神经胶质纤维酸蛋白，就能特异性检测出胶质细胞肥大；此外，还表现为 PrP^{Sc} 的积累。和其他传染性海绵状脑病一样猫科动物海绵状脑病也无炎症变化。

　　而与牛海绵状脑病不同的病理变化为：一些猫科动物海绵状脑病病例还出现星形细胞增生，但有些病例不出现。此外，与牛海绵状脑病显著不同的有，患病猫脑部和前额皮质区损伤很严重，可观察到大量的带尾细胞核和中间膝状弯曲的细胞核。其他动物的某些海绵状脑病病例在血管或血管围常可见淀粉样斑沉积，沉积物也可出现在空泡形成的远处，用常规淀粉样物质染色法染色，PrP 呈阳性。但在患猫科动物海绵状脑病的动物中未发现有淀粉样斑沉积。牛海绵状脑病病变通常两侧对称，但猫科动物海绵状脑病病变常常呈不对称分布。这些损伤形式高度一致，这也说明猫科动物海绵状脑病致病因子在感染途径、发病因素等发病机制方面保持稳定一致。

　　目前，还未见有猫科动物海绵状脑病外周病理组织学方面的正式报道。但是由于猫科动物海绵状脑病与牛海绵状脑病之间存在着紧密的联系，有人根据牛海绵状脑病病牛的病理组织学变化主要局限于中枢神经系统，由此推测可能猫科动物海绵状脑病病理组织学病变也主要发生在中枢神经各级组织系统。

第六节　动物园动物海绵状脑病

　　至今为止，动物海绵状脑病给全世界造成了巨大的不良影响，尤其给农业、畜牧业以及各国家的进出口贸易带来极大不良影响。而在动物园以及野生动物海绵状脑病中，尽管有许多物种都多少食用了牛海绵状脑病污染的肉骨粉或是暴露在牛海绵状脑病因子之下，但至今为止，感染疾病的动物并不多。截至目前，在野生牛科动物中发生病例 18 例，野生猫科动物共发生病例 24 例，非人灵长类动物共有 4 例病例。下面就各物种临床症状进行总结。

表 5-1 为部分确诊野生牛科以及猫科动物临床症状。

表 5-1　动物园动物海绵状脑病观察到的临床症状

动　　物	临床症状	症状持续时间（d）	来　　源
林羚	后肢共济失调，头姿势异常，不断咬尾根，臀部出现损伤和溃疡，尿频	21	Jeffrey and Wells（1988）
好望角大羚羊	突然发作，频频短暂跌倒，身体状况良好	7	P. Bircher
非洲大羚羊 1	后肢高抬行走，头和颈部肌肉轻度震颤，体重减轻。最后，转圈，头下垂，沉郁，流口水，鼻流清亮鼻涕	8	Fleetwood and Furley（1990）
非洲大羚羊 2、3 和 4	体重减轻，流口水，与其他动物分开独自站立，侧腹部和肋间轻微抽搐	14～21	M. Hosegood
阿拉伯羚羊	共济失调不明显，但有一只表现轻度高抬步行走。体重减轻，肌肉震颤，后期共济失调，沉郁	22	Kirkwood and others（1990）
大捻 Linda	共济失调，头倾斜，流口水，过度嘴唇舔咬，鼻抽搐，体重有部分减轻	3	Kirkwood and others（1990）
大捻 Karla	共济失调，前肢交叉，后肢伸展过度，头倾斜，沉郁	1	Kirkwood and others（1992）
大捻 Kaz	与 Linda 相似，因管理原因处死，没有表现临床症状	1	
大捻 Bambi		0	Cunningham and others（1993）
大捻 346/90	因管理原因处死，没有表现临床症状	0	Kirkwood and others（1993） Cunningham and others（1993）

（续）

动　物	临床症状	症状持续时间（d）	来　源
大捻324/90	起初间歇性头倾斜，中度头震颤，过度嘴唇运动，后肢肌肉震颤，弓背姿势。后期异常头下垂，耳竖立	56	Kirkwood and others（1993）Kirkwood and others（1994）
弯角大羚羊	伸展过度，可能感觉过敏	18	
瘤牛	步伐异常，冲撞障碍物，共济失调，精神沉郁	6	D. Lyon,Willoughby and others(1992)Torsten Seuberlich and Catherine
美洲狮	流鼻涕，咳嗽，体重减轻。后期瘫痪	28	botteron（2006）Peet and Curran（1992）
猎豹1	共济失调，保持平衡困难，整个身体轻度震颤，以异常方式向上或向四周看	30	J. C. M. Lewis,
猎豹Duke	共济失调，明显丧失方向感，跌倒并且移动困难共济失调，感觉过敏。后期体重减轻	42	S. McKeown, Kirkwood and others
猎豹Saki		56	(unpublished observation)
猎豹Michelle	共济失调		Schoon and others（1991）

在野生牛科和猫科患病动物中，发病动物的病理变化与牛海绵状脑病以及猫科动物海绵状脑病基本一致，本章不再赘述。

在非人灵长类动物中，NOELLE Bons等对试验性饲喂牛传染性海绵状脑病感染脑组织的2只猕猴和3只未暴露对照狐猴进行免疫组织学研究。在一只试验狐猴（no654）被它的同笼伙伴残杀之后，对另外一只试验狐猴（no656）在疾病潜伏期过程中采取组织以便检查（感染后5个月），对其余动物继续进行观察，直到它们表现神经性疾病的症状。

同样研究了Montpellier动物园中两只有症状的狐猴（no456和no586），以及关在Besancon或Strasbourg动物园的18只无症状的狐猴（no700～717）。所有这些动物都是 6～16 岁（除了两只 25 岁的动物），体重在 1 500～1 800g。PrP^{Sc}免疫反应的表现和分布动物园中狐猴和两只试验性感染牛传染性海绵状脑病（表 5-2、表 5-3）的狐猴是相似的。未感染对照动物没有表现 PrP^{Sc}免疫反应。

表 5-2　自发性海绵状脑病狐猴和饲喂牛传染性海绵状脑病
感染脑组织猕猴非神经系统组织 PrP^{Sc}免疫染色

种属及动物编号	扁桃腺	消化道						脾
		食管		胃		小肠		
		上皮细胞	淋巴网状细胞	上皮细胞	淋巴网状细胞	上皮细胞	集合淋巴小结	
狐猴								
456								
586								
700		0	＋	＋＋	＋	0	0	0
701		0	＋	＋	＋	0	0	（＋）
702				＋	＋	＋＋		（＋）
703				0	（＋）	＋＋		（＋）
704				0	（＋）	＋＋	＋＋	＋
705				0	（＋）	（＋）	（＋）	＋
706	＋			（＋）	（＋）	（＋）	（＋）	
707	＋			0	（＋）	＋＋	（＋）	
708	＋			0	（＋）	＋＋		＋
709	＋			（＋）	＋	＋	＋＋	
710	（＋）							（＋）
711	＋							
712	＋							（＋）
713								
714	＋＋							＋
715	＋＋							＋
716	＋	0	＋	＋	＋	＋	＋	
717								
猕猴								
654	＋	＋	＋	＋	＋	＋		
656	＋	（＋）	0	＋	＋＋	＋＋	＋＋	＋

免疫染色符号：0 表示无，（＋）表示痕量阳性，＋表示中度阳性，＋＋表示强阳性，＋＋＋表示广泛分布强阳性。

表 5-3 自发性海绵状脑病狐猴和饲喂牛海绵状脑病感染脑组织猕猴神经系统组织中 PrPSc、Tau、GFAP 免疫组化染色以及空泡化现象的观察

种属及动物编号	脑						脊髓	
	PrPSc		Tau	GFAP	空泡		PrPSc	GFAP
	神经元	神经纤维束			实质	神经纤维束		
狐猴								
456	＋	＋			＋＋＋	＋＋＋		
586	＋	＋			＋	＋		＋＋
700	0	0	＋	＋	＋＋	(＋)	＋	＋＋
701	0	＋＋	＋		＋＋＋	＋＋＋		
702	(＋)	＋＋	＋	＋＋＋	＋＋＋	＋＋	＋	＋＋
703	(＋)	＋＋	＋	＋	＋＋＋	＋＋		＋
704	0	0	＋	＋	0	(＋)		
705	0	＋	＋	＋＋	＋＋＋	＋＋		
706	0	＋	＋	＋＋＋	＋＋＋	＋＋	＋	
707	(＋)	＋＋	＋＋	＋＋	＋＋	＋＋		
708	(＋)	＋	＋＋	＋＋	(＋)	(＋)		
709	(＋)	＋＋	＋＋＋	＋	＋	＋		
710				(＋)	＋＋＋	＋＋＋		
711	0	＋	＋＋	＋＋		＋		
712	(＋)	＋	＋＋＋	＋＋＋	＋＋	＋＋		＋＋
713	(＋)	＋	＋＋＋	＋＋＋	＋＋＋	＋＋		
714	＋	＋	＋＋＋		＋＋	＋＋		
715	0	＋	＋＋		＋＋＋	＋＋		
716	0	＋	＋＋＋		＋＋	＋＋		
717	0	＋	＋＋＋	(＋)	＋＋＋			
猕猴								
654								
656	0	＋	＋＋＋	＋＋	＋＋	＋＋＋	＋	＋＋

免疫染色符号：0 表示无，(＋) 表示痕量阳性，＋表示中度阳性，＋＋表示强阳性，＋＋＋表示广泛分布强阳性。

在扁桃体的外周上皮细胞、淋巴结和广泛分布于腺体内的细胞发现 PrPSc。在食管，PrPSc 存在于复层上皮细胞，而在食管分泌腺体中不存在。免疫反应性淋巴细胞散在分布于固有层的结缔组织中，并浸润到黏膜肌层和黏膜下层。食管和胃表现开始于贲门的 PrPSc 分布显著不同：胃内腔边缘和胃小凹的柱状上皮细胞为 PrPSc 阴性，但胃腺体 PrPSc 阳性。固有层中的下层淋巴网状组织同样被标记（图 5-12 E、F）。

在小肠、包括十二指肠，细小的微粒性 PrP^{Sc} 散布于整个上皮细胞的细胞质中（除杯状细胞之外），靠近内腔和绒毛处。PrP^{Sc} 位于纹状缘细胞内、绒毛基底部的腺体细胞以及与淋巴细胞浸润到上皮细胞相关联的特定 M 细胞内（图 5-12G、J）。固有层和黏膜下层包含标记的淋巴细胞，与淋巴和血管壁同样。在这些区域中，PrP^{Sc} 标记的细胞单元同样发现存在于与肠道相关的淋巴结构：伸长的集合淋巴结节（图 5-12H）和球形淋巴结。结肠 PrP^{Sc} 免疫反应在内腔附近而不是隐窝内的柱状上皮细胞较显著。在胃肠不同区域的肌层未表现出免疫反应。脾脏红髓内表现出大量细胞明显染色阳性（图 5-12 D），在白髓外周有少量细胞染色阳性。

大型狐猴疾病临床前阶段，可在颈部脊髓的背根和腹根观察到 PrP 微粒，沿着脊髓内的空泡状纤维散布（图 5-12A）。灰尘状微粒样 PrP^{Sc} 同样可见于大脑皮层第 IV 层，位于来源于胼胝体的 PrP^{Sc} 标记的纤维附近（图 5-12B）。此外，动物园狐猴和实验用狐猴都出现了明显的中枢神经系统退化过程。这种退化通过三种异常状态表现出来，而在对照动物的脑中没有检测到。

（1）大脑各处可见大量聚集的包含 Tau 蛋白的神经细胞，大脑皮层、脑干、上丘脑和丘脑尤为显著（图 5-12D）。因为对猕猴脑皮层锥体神经细胞的 Tau 蛋白有良好的研究基础，因此对试验猴 Tau 蛋白数量进行了对比研究，牛海绵状脑病感染的狐猴与正常年老狐猴（8～13岁）相比，含有 10 倍多的退化神经细胞；与相当年龄的年轻狐猴（1～2 岁）相比，多出将近 300 倍。需要特别指出的是，健康成年猕猴脑皮层锥体神经细胞退化开始于枕骨皮质，在顶骨和前沿皮质从没有发现聚集的含 Tau 蛋白的神经细胞，然而，在牛海绵状脑病感染的两只狐猴的这些区域中发现了 280 个和 269 个异常神经细胞。

（2）皮层实质（图 5-12C）散在很多小空泡，通常与超磷酸化含 Tau 蛋白神经细胞紧密关联。在所有这些动物的脑和脊髓中，多数大的神经束纤维显现空泡，以及在某些大团神经束中如网状结构和胼胝体，区分散在空泡和非空泡区域是可能的。

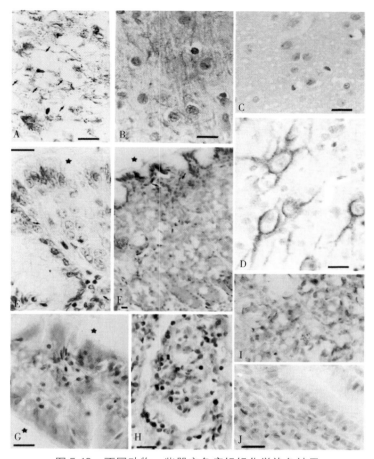

图 5-12　不同动物一些器官免疫组织化学染色结果

A. 动物园 703 号狐猴，颈部脊髓腹索大的空泡化纤维沉积的 PrP^Sc，箭头所指为纤维膜，抗 PrP 3F4，1∶200　B. 动物园 712 号狐猴，大脑皮质第 Ⅳ 层神经纤维出现 PrP^Sc 免疫反应性（棕色），抗 PrP 3F4，1∶200　C. 牛海绵状脑病试验感染的 656 号猕猴，顶骨皮质（第 Ⅴ 层）神经元小空泡（苏木精和伊红染色）　D. 牛海绵状脑病试验感染的 656 号猕猴顶骨皮质第 Ⅲ 层锥体神经元内部异常 Tau 蛋白，抗-tau 961S28T，1∶200　E. 试验对照 593 号猕猴胃壁高倍镜：在上皮细胞、分泌腺或各种淋巴网状组织单元没有检测到 PrP^Sc 免疫反应性（箭头所示），星形表明内腔表面。抗 PrP 3F4，1∶200　F. BSE 试验感染的 656 号猕猴胃壁分布的 PrP^Sc。箭头指向网状淋巴单元；星形表示内腔表面。抗 PrP 3F4，1∶500　G. 牛海绵状脑病试验感染的 656 号猕猴 PrP^Sc 定位在肠绒毛中。注意含有一个淋巴细胞的 M 细胞边缘上皮断裂，以及淋巴网状结构的免疫反应性。星形表示内腔表面。抗 PrP^{106-126}，1∶2　H. 牛海绵状脑病试验感染的 656 号猕猴，淋巴集合小结与 PrP^Sc 免疫反应性淋巴结构。抗 PrP^{106-126}，1∶200　I. 牛海绵状脑病试验感染的 656 号猕猴。在脾红髓中的 PrP^Sc。抗 PrP 3F4，1∶500　J. 牛海绵状脑病试验感染的 656 号猕猴。小肠。抗 PrP 3F4，1∶200，预先与 PrP 抗原吸附。

（3）在大量增多的表现 GFAP 免疫反应性的星形胶质细胞，出现明显的星形胶质细胞增多症，尤其在大脑白质，皮层的 I、V 和 VI 层，以及血管附近表现明显。软脑膜实质血管同样被反应性星形胶质细胞包围。在脊髓白质中同样有很多 GFAP 标记的星形胶质细胞，但是在中央灰质中也散在。在脊髓神经纤维和脊髓附近的外周髓鞘神经纤维的轴索原浆中可见到聚集的 Tau 蛋白。

参考文献

Andreoletti O Orge L，Benestad S L，et al. 2011. Atypical/Nor98 scrapie infectivity in sheep peripheral tissues [J]. PLoS Pathog, 7（2），e1001285. doi：10. 1371/ journal. ppat. 1001285.

Balkema-Buschmann A，Fast C，Kaatz M，et al. 2011. Pathogenesis of classical and atypical BSE in cattle [J]. Prev Vet Med，102（2），112-117. doi：10. 1016/ j. prevetmed. 2011. 04. 006

Balkema-Buschmann A，Ziegler U，McIntyre L，et al. 2011. Experimental challenge of cattle with German atypical bovine spongiform encephalopathy（BSE）isolates [J]. J Toxicol Environ Health A，74（2-4），103-109. doi：10. 1080/ 15287394. 2011. 529060

Dudas S，Yang J，Graham C，et al. 2010. Molecular，biochemical and genetic characteristics of BSE in Canada [J]. PLoS One，5（5），e10638. doi：10. 1371/ journal. pone. 0010638

Greenlee J J，Smith J D，West Greenlee M H，et al. 2012. Clinical and pathologic features of H-type bovine spongiform encephalopathy associated with E211K prion protein polymorphism [J]. PLoS One，7（6），e38678. doi：10. 1371/journal. pone. 0038678

Gurgul A，Polak M P，Larska M，et al. 2012. PRNP and SPRN genes polymorphism in atypical bovine spongiform encephalopathy cases diagnosed in

Polish cattle ［J］. J Appl Genet，53（3），337-342. doi：10. 1007/s13353-012-0102-4

Iwamaru Y，Imamura M，Matsuura Y，et al. 2010. Accumulation of L-type bovine prions in peripheral nerve tissues ［J］. Emerg Infect Dis，16（7），1151-1154. doi：10. 3201/eid1607. 091882

Jacobs J G，Langeveld J P，Biacabe A G，et al. 2007. Molecular discrimination of atypical bovine spongiform encephalopathy strains from a geographical region spanning a wide area in Europe ［J］. J Clin Microbiol，45（6），1821-1829. doi：10. 1128/JCM. 00160-07

Konold T，Bone G E，Clifford D，et al. 2012. Experimental H-type and L-type bovine spongiform encephalopathy in cattle：observation of two clinical syndromes and diagnostic challenges ［J］. BMC Vet Res，8，22. doi：10. 1186/1746-6148-8-22

Masujin K，Miwa R，Okada H，et al. 2012. Comparative analysis of Japanese and foreign L-type BSEprions ［J］. Prion，6（1），89-93. doi：10. 4161/pri. 6. 1. 18429

Matsuura Y，Iwamaru Y，Masujin K，et al. 2013. Distribution of abnormal prion protein in a sheep affected with L-type bovine spongiform encephalopathy ［J］. J Comp Pathol，149（1），113-118. doi：10. 1016/j. jcpa. 2012. 11. 231

Okada H，Iwamaru Y，Imamura M，et al. 2011. Experimental H-type bovine spongiform encephalopathy characterized by plaques and glial-and stellate-type prion protein deposits ［J］. Vet Res，42，79. doi：10. 1186/1297-9716-42-79

Okada H，Iwamaru Y，Yokoyama T，et al. 2013. Immunohistochemical detection of disease-associated prion protein in the peripheral nervous system in experimental H-type bovine spongiform encephalopathy ［J］. Vet Pathol，50（4），659-663. doi：10. 1177/0300985812471541

Priemer G，Balkema-Buschmann A，Hills B，et al. 2013. Biochemical Characteristics and PrP Distribution Pattern in the Brains of Cattle Experimentally Challenged with H-type and L-type Atypical BSE ［J］. PLoS One，8（6），e67599. doi：10. 1371/journal. pone. 0067599

Sala C, Morignat E, Oussaid N, et al. 2012. Individual factors associated with L- and H-type Bovine Spongiform encephalopathy in France [J]. BMC Vet Res, 8, 74. doi: 10. 1186/1746-6148-8-74

Seuberlich T, Botteron C, Benestad S L, et al. 2007. Atypical scrapie in a Swiss goat and implications for transmissible spongiform encephalopathy surveillance[J]. J Vet Diagn Invest, 19 (1), 2-8.

Siso S, Doherr M G, Botteron C, et al. 2007. Neuropathological and molecular comparison between clinical and asymptomatic bovine spongiform encephalopathy cases[J]. Acta Neuropathol, 114 (5), 501-508. doi: 10. 1007/s00401-007-0283-9

Stack M J, Focosi-Snyman R, Cawthraw S, et al. 2009. Third atypical BSE case in Great Britain with an H-type molecular profile [J]. Vet Rec, 165 (20), 605-606.

Yamakawa Y, Hagiwara K, Nohtomi K, et al. 2003. Atypical proteinase K-resistant prion protein (PrPres) observed in an apparently healthy 23-month-old Holstein steer [J]. Jpn J Infect Dis, 56 (5-6), 221-222.

动物传染性海绵状脑病　ANIMAL TRANSMISSIBLE SPONGIFORM ENCEPHALOPATHIES

第六章

诊　　断

　　动物传染性海绵状脑病尤以羊和牛海绵状脑病病为主，是一类影响畜牧业生产的重要人兽共患病。自从牛海绵状脑病在英国暴发以来，已给英国乃至全球畜牧业造成了巨大的经济损失，并且由于该病可以直接传染给人，已经成为威胁人类公共卫生健康的重要疾病之一。鉴于此，针对该病的诊断尤为重要。本章将从临床诊断、组织病理学检测、免疫学方法、实验动物接种检测、借助其他仪器的检测、与朊病毒特异结合的因子的检测、蛋白质错误折叠循环扩增技术和检测实验室的质量管理及生物安全管理等几个方面，对动物和人海绵状脑病的诊断标准、方法及相关的新技术进行系统介绍。

第一节　临床诊断

一、动物传染性海绵状脑病

（一）牛海绵状脑病

　　牛海绵状脑病虽然不是最早被发现的动物海绵状脑病，但是由于该病可以直接传染给人，致使其在所有动物海绵状脑病中占有重要的位置。该病多发生于 4～6 岁的牛，最低发病年龄见于 20 月龄的牛，已有的最大发病年龄 19.8 岁，大多数病牛在 1 岁内感染。潜伏期长，一般 2～6 年，发病隐蔽，症状经过几周或几月渐进发展。病程多为 1～4 个月，少数长达 1 年，终归死亡。

　　该病主要侵害中枢神经系统，常导致人和牛的脑功能丧失，同时还会出现其他一些全身性的临床症状。临床上常根据动物的行为、性情改变和运动障碍等异常做出初步判断。如病畜不愿进入挤乳间或不愿意通过其他门道，高度敏感和狂躁不安，在挤乳时常用力乱踢等。随着病程的发展，动物会出现运动障碍，多表现为后肢步样异常，出现明显的伸展过度性共济失调等神经症状。有些病畜发展为起立困难、步态不稳、全身麻痹、恐惧、磨牙、两耳一只向前一只向后，由于胆怯、恐惧当有人靠近时出现攻击人的行为，故俗称疯牛病。此外，病畜还表现为感觉或反应过敏，特别对触摸、声音和光照过度敏感，这是病牛很重要的临床诊断特征。用手触摸或用钝器触压牛的颈部、肋部，病牛会异常紧张、颤抖；用扫帚轻碰牛的后蹄，也会出现紧张的踢腿反应；疯牛听到敲击金属器械的声音，会出现震惊和颤抖反应；疯牛在黑暗环境中对突然打开的灯光，出现惊吓和颤抖反应。有研究发现牛感染海绵状脑病后，一般至少会出现焦躁不安、感觉过敏和共济失调这三大主要症状中的一种症状。

另外，牛感染海绵状脑病后通常发生植物神经机能障碍：反刍减少、心动过缓、心律改变；在羊痒病中常见的瘙痒症状在牛海绵状脑病病患牛偶尔也能发生，但通常不是主要症状。血液学检查和血液生化检查一般无异常。有些疾病如低镁血症、神经型酮病、李斯特菌病、狂犬病、铅中毒、大脑皮层坏死症及神经系统肿瘤等，在临床上都表现一定程度的神经症状，诊断牛海绵状脑病时应注意与这些疾病的区别。

（二）羊痒病

羊痒病是发生于成年绵羊偶尔发生于山羊的一种缓慢发展的传染性中枢神经系统疾病，早在 18 世纪即被证实。该病自然感染病例潜伏期为 1～5 年或更长，大多数临床羊痒病病例发生在 2～5 岁绵羊，1 岁以下绵羊少见。通常，羊痒病病例临床症状会逐渐加重，只有通过反复检查才能发现行为方面的变化。处于潜伏期的病羊虽然没有明显可见的临床症状，但其仍可能是其他动物的传染源。经过潜伏期后，神经症状逐步发展并逐渐加重。初期可见病羊易惊、不安或凝视、战栗，有时表现

癫痫状发作。头高举，行走时高举步，头、颈发生震颤。多数病例出现
搔痒，并啃咬腹部和股部，或在固定物体上（如墙角、树根）摩擦患
部。病羊不能跳跃，时常反复跌倒。体温正常，照常采食，但日渐消
瘦。最终不能站立，衰竭而死。有的病羊经 1～2 个月后，可见肌肉震
颤、无力、麻痹，发生行为异常；前肢摇摆不稳、类似驴跑的特殊僵硬
步态，后肢分开、高举短步急行（雄鸡步），有时用足端在地上拖行。
有的感染羊以无症状经过，少数病例以急性经过，患病数日，症状轻
微，突然死亡。羊痒病的诊断除了观察临床症状外，必须进行实验室
检验。

　　痒病早期临床症状可能类似于成年绵羊的某些其他疾病，应注意鉴
别诊断。这类疾病包括体外寄生虫病、伪狂犬病、狂犬病、脑炎、李斯
特菌病、绵羊进行性肺炎（梅迪/维斯纳病）、妊娠毒血症（酮病）、低
镁血症以及化学和植物中毒。仔细观察每种疾病的临床症状，注意从以
下几个方面进行鉴别：

　　（1）外寄生虫　　如虱和螨。用杀虫剂处理即可。

　　（2）伪狂犬病　　反刍动物该病临床经过很短，只有 36～48 h，伴
有高热、与猪接触的经历。

　　（3）狂犬病　　临床经过大于 10 d，应该通过尸体剖检来鉴别。

　　（4）李斯特菌病　　有发热症状，在绵羊和山羊病程都短。

　　（5）绵羊进行性肺炎　　用血清检验可以排除。但是也可能同时患有
肺炎和羊痒病。

　　（6）妊娠毒血症（绵羊酮病）　　如果错过了全部妊娠毒血症早期症
状的话，排除比较困难。不过用死后剖检和尿酮测定的方法可以排除。

　　（7）化学物质和植物中毒　　检查毒物来源，但是生前确诊较困难。

（三）传染性水貂脑病

　　传染性水貂脑病是一种亚急性的脑海绵状变性的疾病。患该病的水
貂最早出现的症状是生理习性的改变。开始时很微小，不易察觉，但随

着病情的加重日益明显。病貂丧失良好的卫生习惯，不在固定的地方排便，任意践踏饲料，致使笼箱越来越脏，到处都是粪便和饲料。病貂容易过度兴奋，不时出现无目的地绕笼猛冲、转圈和啃咬尾巴，像松鼠一样把尾巴弯曲于背上和试图逃出笼外等症状。带仔母貂丧失母性，不关心照料仔貂，甚至病初未出现其他症状之前就已如此。

随着疾病的发展，出现共济失调并且日益严重。疾病中期，病貂动作笨拙，不能自行爬出巢穴，采食和吞咽困难，步行时后肢呈现出典型的痉挛状。这个时期，检查者试图抓住病貂时，病貂会突然咬住检查者所戴的皮手套，并且检查者脱下手套连同病貂置于地面时，病貂仍死死咬住手套长时间静止不动。这是传染性水貂脑病病貂的特征性反应。

疾病晚期，病貂消瘦，皮毛失去光泽并出现褶皱，并不时出现癫痫样发作、自残尾巴、快速转圈运动，进而呈昏睡状态和反应迟钝。病貂此时往往面对笼子一角，将鼻部塞进笼的网眼，并长时间保持这一姿势。

从发病到死亡，母貂的病程为 2～6 周，公貂则更短。日益严重的衰弱、消瘦和应激（如温度剧变）会促进病貂的死亡。濒死期的病貂通常以牙齿牢牢咬住笼子的金属丝网。

（四）鹿慢性消耗性疾病

鹿慢性消耗性疾病的临床症状最初由观察圈养鹿而得知，野生鹿因为一些局限性对其患病症状知之不多。该病感染早期症状并不明显，偶尔有的病鹿会远离鹿群或精神不振，典型症状出现在临床感染的末期。鹿慢性消耗性疾病运动异常虽然没有羊痒病和牛海绵状脑病明显，但是其晚期临床症状与羊痒病晚期和牛海绵状脑病晚期相似。常见的体重下降和行为改变会持续数周或者数月。除此之外，有些病例还表现出磨牙、流涎或唾液过多症（吞咽困难）、共济失调、头部颤抖、食管膨胀和吸入性肺炎等。临床末期的生理和行为改变包括干渴多尿，昏厥，意识丧失，目光呆滞，与鹿群或牧民保持距离，姿态改变，通常低头沿着鹿圈来回走动，触摸时过度兴奋。一般来说，麋鹿的晚期症状比其他鹿种更为隐蔽，而麋鹿的运动异常比其他鹿更为明显，其干渴现象则比其他鹿种要轻。羊痒病的瘙痒症状在晚期鹿慢性消耗性疾病中不是一个临床特征，但感染鹿的毛发粗乱且干，并且在夏天还留有一些冬天的毛发。在鹿慢性消耗性疾病的亚临床或早期，患病鹿在被抓捕时会突然死亡。通常，患病鹿在临床症状出现 4 个月后就会发生死亡事件，但是有些鹿则可以存活 1 年之久。当然,病鹿死亡可能与环境应激有关,如极其寒冷的天气。临床持续期在野生鹿种比圈养鹿要短一些。总的来说,在鹿慢性消耗性疾病的早期至中期，没有特定的临床诊断特征。因此，在病鹿死前进行快速、特异的诊断对判定是否为鹿慢性消耗性疾病感染至关重要。

（五）猫科动物海绵状脑病

猫科伴侣动物的海绵状脑病与牛海绵状脑病的某些症状极为相似。猫科动物海绵状脑病像牛海绵状脑病一样能够导致中枢神经系统出现严重错乱。中老年宠物猫常常易感，患病猫 1 周后会出现明显的临床症状，表现出不同程度的震颤、共济失调、走路打转，一向友善的行为会变得好斗或紧张敏感，常常藏匿于主人身后，绝大多数病猫对抚摸和声音变得极度敏感。其临床诊断主要根据患病动物的临床症状进行，包括行为改变，精神沉郁，被毛凌乱，震颤，尤其是后肢的震颤，步态不稳和共济失调。患病猫科动物起初表现出攻击性强、好斗、烦躁，常常咆哮、怒吼，当跳跃时方向感极差或在其居所漫无目的徘徊。后期常常表现为嗜睡、抽搐、流涎，对大的声音或噪声敏感，可见瞳孔放大。患病动物大约在 6～8 周后死亡。

患海绵状脑病的病猫最初出现的症状易与猫其他神经症状相混淆，如猫狂犬病和神经性酮血症，其他较重要的疾病还有脑炎、李斯特菌病、铅中毒、中枢神经系统肿瘤及大脑皮层坏死症。因此，猫科动物海绵状脑病应与许多能引起神经症状并有一定病程的疾病进行鉴别诊断。

二、人传染性海绵状脑病

人传染性海绵状脑病的诊断是根据患者临床症状、流行病学、病理学、影像学和病原学等信息综合判断、识别、鉴定朊病毒病的过程。因此，人传染性海绵状脑病的诊断是一个复杂的过程。

人传染性海绵状脑病诊断的总体原则：根据患者的流行病学史、临床症状、临床辅助检测、实验室及基因学检测综合判断。诊断结果分为疑似诊断、临床诊断和确诊诊断，其中病例确诊诊断依赖于从病变脑组织中检测出具有蛋白酶抗性的 PrP^{Sc} 和/或出现海绵状变性和/或具有特定的朊蛋白基因突变。

不同类型人传染性海绵状脑病的诊断标准为：

（一）散发性克雅氏病

1. 确诊诊断 脑组织病理学检测显示具有典型/标准的神经病理学改变，即出现海绵状变性，和（或）脑组织免疫组织化学检测存在蛋白酶抗性 PrP^{Sc} 的沉积，和（或）脑组织免疫印迹法检测存在蛋白酶抗性 PrP^{Sc}。

2. 临床诊断 具有进行性痴呆症状、临床病程短于两年、常规检测不提示其他疾病并且无明确医源性接触史。至少具有以下四种临床表现中的两种：①肌阵挛；②视觉或小脑功能障碍；③锥体/锥体外系功能异常；④无动性缄默。在病程中脑电图出现周期性三相波，和（或）头颅 MRI 成像可见壳核/尾状核异常高信号，或者弥散加权像显示对称性灰质"缎带（ribbon）征"，和（或）脑脊液 14-3-3 蛋白检测为阳性。

3. 疑似诊断 具有进行性痴呆症状、临床病程短于两年、常规检测不提示其他疾病并且无明确医源性接触史，以及至少具有以下四种临床表现中的两种：①肌阵挛；②视觉或小脑功能障碍；③锥体/锥体外系功能异常；④无动性缄默。

（二）医源性克雅氏病

确诊诊断：在散发性克雅氏病诊断的基础上具有接受由人脑提取的垂体激素治疗的患者出现进行性小脑综合征，和（或）确定的暴露危险，如曾接受过来自克雅氏病患者的硬脑膜移植、角膜移植等手术。

（三）变异型克雅氏病

1. 确诊诊断 脑组织病理学检测显示，大脑和小脑广泛的空泡样变，和（或）脑组织免疫组织化学检测证实具有"花瓣样"的蛋白酶抗性 PrP^{Sc} 斑块沉积，和（或）脑组织 Western blotting 检测存在蛋白酶抗性 PrP^{Sc}。

2. 临床诊断 具有进行性神经精神障碍、病程超过 6 个月、常规检查不提示其他疾病及无明确医源性接触史。至少具有以下 5 种临床表现中的 4 种，①早期精神症状（抑郁、焦虑、情感淡漠、退缩、妄想）；②持续性疼痛感（疼痛和/或感觉异常）；③共济失调；④肌阵挛、舞蹈症、肌张力障碍；⑤痴呆。病程早期脑电图无典型的三相波（晚期可能出现三相波），且 MRI 的弥散加权像、液体衰减反转恢复成像显示双侧丘脑枕（后结节）高信号。另外，对于具备相应病史及出现典型临床表现，但脑电图未出现典型的三相波或 MRI 未出现双侧丘脑枕（后结节）高信号的病例，扁桃体活检阳性亦可做出诊断。

3. 疑似诊断 具有进行性神经精神障碍、病程超过 6 个月、常规检查不提示其他疾病及无明确医源性接触史。至少具有以下 5 种临床表现中的 4 种，①早期精神症状（抑郁、焦虑、情感淡漠、退缩、妄想）；②持续性疼痛感（疼痛和/或感觉异常）；③共济失调；④肌阵挛、舞蹈症、肌张力障碍；⑤痴呆。病程早期脑电图无典型的三相波（晚期可能出现三相波）。

（四）遗传或家族型朊病毒病

遗传或家族型朊病毒病包括遗传或家族型克雅氏病（genetic or familial Creutzfeldt-Jakob disease，gCJD 或 fCJD）、格施谢三氏综合征（Gerstmann-Sträussler-Scheinker syndrome，GSS）和致死性家族型失眠症（Fatal familial insomnia，FFI）。

1. 确诊诊断　在一级亲属中存在遗传或家族型朊病毒病确诊病例的基础上，符合散发性克雅氏病疑似诊断标准或出现进行性神经精神症状，同时具有特定的 PRNP 基因突变。

遗传或家族型克雅氏病相关突变点包括 D178N-129V、V180I、V180I＋M232R、T183A、T188A、T188K、E196K、E200K、V203I、R208H、V210I、E211Q、M232R、4 个额外八肽插入、5 个额外八肽插入、6 个额外八肽插入、7 个额外八肽插入及 2 个八肽重复缺失。

吉斯特曼-施特劳斯综合征相关突变点包括 P102L、P105L、A117V、G131V、F198S、D202N、Q212P、Q217R、M232T 及 8 个额外八肽插入。

致死性家族型失眠症相关突变点为 D178N，同时 129 位多态性为 MM 型。

2. 疑似诊断　在一级亲属中存在遗传或家族型朊病毒病确诊病例的基础上，符合散发性克雅氏病疑似诊断标准或出现进行性神经精神症状。

第二节　组织病理学检测

目前研究认为，动物性海绵状脑病的感染因子为一种错误折叠的朊蛋白，称为朊病毒，但其却不能像一般病毒或细菌那样进行分离。用感染牛或其他动物的脑组织通过非胃肠道途径接种小鼠，是检测感染性的唯一生物学方法。但这一方法无实际诊断意义，因为潜伏期至少有300d。虽然用转基因小鼠可将时间进一步缩短为70d左右，但时间之长仍难以推广。由于朊病毒是机体自身成分的错误折叠形式，故机体不产生特异性免疫反应，因而不能通过检测血清的方法进行诊断。由于患畜的中枢神经系统出现特征的组织学病变，即灰质神经纤维网的空泡化和形成海绵样变化，故常规组织病理检查是发现动物和人海绵状脑病的最直接、最首要的方法，也是评价其他方法是否有效的标准。

一、动物海绵状脑病

（一）牛海绵状脑病

1. 取材　正确的取材是进行病理组织学诊断成败的关键因素，包括取材的部位、时机、操作、处理等要点。对于牛海绵状脑病，在牛死后要尽快取出脑组织。有时为了获得理想病料，临床上对可疑患病牛静脉注射高浓度的巴氏妥酸盐溶液致死动物取材。如要取新鲜材料用作特异性 PrP 检测，就要从延髓的闩部后侧切下整个完整的冠状部分（2～4 g），注意千万不要损坏脑闩部位（图 6-1 A-A）。颈脊柱索和旁边的小脑半球也是理想的取样区域，操作时要符合病理学要求，试验之前这些组织要冻存。如果剩下的样品还要取样用作病理组织学检查（图 6-1 B-B，图 6-1C-C），则将其置于 10％福尔马林固定液中，固定液要充足，并且每周换 2 次，固定 2 周后将脑切成冠状薄片。如要缩短固定时间，就将新鲜脑干切成小的冠状片块，留下完整的闩部区域、小脑脚和前丘供诊断用的重要部位。应用加温、震荡、微波等方法，可将这些脑干的小片块固定时间缩短到 2～5 d。经过 2 个月的固定，脑的其他部分可用作鉴别诊断。

2. 操作　在延髓的闩部选择一块切下，用常规方法10％福尔马林液固定，石蜡包埋；切成 4～6μm 厚的切片，经 HE 染色，显微镜下检查特征性的海绵状变化和神经元空泡。如果由于病变太小或因组织自溶或损坏，从组织学上不能阐明确切的结果，需要进行其他试验如免疫组织化学或免疫印迹等试验。病例组织学检查需要较高的专业水平和丰富的神经病理学观察经验。在组织切片效果较好时，确诊率可达90％。

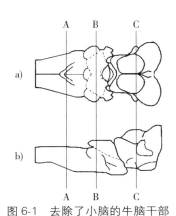

图 6-1　去除了小脑的牛脑干部
a. 背面　b. 侧面
A-A 表示延髓脑闩部；B-B 表示延髓至小脑脚；
C-C 表示中脑至延髓头端前后丘
（引自 OIE Manual of Diagnostic Tests and Vaccines
Chapter 2.4.6）

3. 病理学特征　该病的组织病理学表现为 3 个显著的非炎症病理变化：一是在神经系统特殊解剖部位出现双边对称性神经元空泡化，主要表现为脑干某些神经核的神经元空泡变性和神经纤维的网状海绵样变。脑神经纤维网和神经元的空泡化变性以及神经元的数目减少是牛海绵状脑病的一个重要特征。这一点具有重要的诊断价值。患牛与正常对照牛相比，神经元数目减少约50％，许多脑干核的神经元出现单个或多个空泡。有大量研究检测了牛海绵状脑病中空泡化变化的数量分布，对双侧临床感染的脑进行的研究显示，在延髓（孤束核、髓束核、三叉神经细胞核、前庭核和网状结构）、中脑中央灰质、下丘脑副脑室区丘脑和间隔区空泡密度最大，相比而言，在小脑、海马、大脑皮层和基底核中的空泡变化较小（图 6-2）。二是星状胶质细胞的过度肥大，常伴随有空泡化现象；有时有轻度的噬神经元现象和胶质细胞增生。三是大脑淀粉样病变是痒病家族病的一个不常见的病理学特征，牛海绵状脑病存在淀粉样病变但不多见。患牛脑组织中淀粉样核心周围有海绵样变性形成的"花瓣"，发现这种菊花样的特征性病变时即可诊断为牛海绵状脑病。

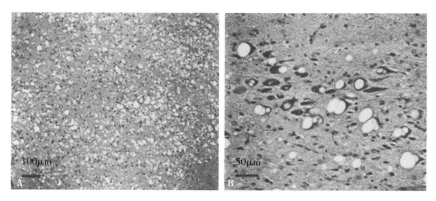

图 6-2　感染了牛海绵状脑病病牛的脑尾状核严重空泡化（A）
及迷走神经背核的空泡化（B）
（引自 MarK M. Robinson，Journal of General Virology，1994）

　　牛海绵状脑病空泡化病变的损伤模式，不同病例之间保持着高度一致。采取病牛脑干延髓闩部切片检查，99%以上的病例可出现空泡变化，可作为确诊依据。未获得肯定结果时，再检查其他脑区的切片。这是一种很简便的常规方法，适合处理大量标本使用。需要注意的是，健康牛的神经元偶尔亦可见空泡，特别是在红核；在制作切片时，也可人为地产生小空洞，这多出现于白质。但在这些情况下都没有变性的病损，应注意鉴别。

　　另外，组织病理学检查未能证实的临床可疑牛海绵状脑病病例，有一部分（约 22.5%）具有局灶性白质海绵层水肿（spongiosis）病变。这种海绵层水肿是白质的空泡化，主要局限于中脑的黑质，有时延伸至丘脑内囊，约 13% 的牛海绵状脑病病牛有此种病变。在肝脑病和肾脑病患牛及作肝毒性实验研究的绵羊也曾见此种病变，但不局限于黑质。目前对此种病变的原因还不清楚。由于这种临床可疑牛海绵状脑病牛多见于冬季，因此推测可能与饲养管理有关，或者和代谢异常、肝脏机能障碍有关。海绵层水肿与海绵状变性不同，海绵层水肿不是牛海绵状脑病的特征病变，在组织病理学检查时应注意区分。

（二）羊痒病

1. 取材 痒病的病理组织学检查取材部位非常关键，最佳取材部位在脑干脑闩（obex）区域。羊死后要尽快取材，以确保材料新鲜。

2. 操作 将所取病料在10％福尔马林缓冲液中固定1周，移入冷的（PBS 0.1mol/L，pH7.4）的缓冲液内再固定1周，常规脱水，石蜡包埋，制片（厚5μm），HE染色，光学显微镜观察病变。

3. 病理学特征 羊痒病的形态学变化主要集中于中枢神经系统，其他器官没有明显的病理变化。中枢神经系统的病变主要集中于脑干的神经核团。与正常脑组织相比，患病羊神经元的空泡化是自然病例最突出的病变特征，显著表现为胞浆内出现的空泡大、呈圆形或卵圆形，其内不含着色的液体或被伊红染成淡红色，界限明显，胞核被挤于一侧，甚至消失。空泡化伴有染色质溶解、细胞皱缩、神经元坏死和噬神经元现象（图6-3）。在脑干尤其是迷走神经背核、三叉神经脊束核、孤束核和前庭核神经网状结构等可见明显的空泡样变，神经元中有单个或多个大小不等的卵圆形或圆形空泡，星状胶质细胞增生、肥大，病变在脑干灰质部两侧呈对称状分布。随着病症的持续，空泡样细胞逐渐增多。

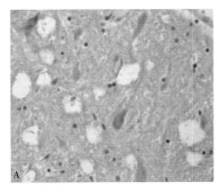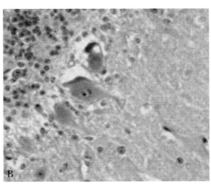

图6-3 患羊痒病的病羊脑干（A）及小脑
皮质（B）的海绵样变（空泡化）
（引自 Frank O. Bastian，Journal of Medical Microbiology，2007）

（三）传染性水貂脑病

该病典型的组织病理学变化是脑皮质和皮质下灰质广泛的海绵状变性并伴有神经胶质星形细胞的显著增生，但空泡样变不及痒病显著。神经元的变性通常见于大脑、小脑和脑干。许多神经元皱缩、浓染。神经元胞浆的空泡化仅见于前庭核、脑桥被盖和中脑，通常群集在1～2个神经核内。大多数空泡似乎是空的，有些空泡含少数嗜伊红颗粒。脑白质通常无病变。

（四）鹿慢性消耗性疾病

该病在脑部的最显著表现为胞质内出现单个或多个空泡。典型的空泡大、圆形或卵圆形，其内不含着色的液体或被伊红染为淡红色，界限明显，胞核被挤压于一侧，甚至消失。空泡化伴有染色质溶解、细胞皱缩、神经元坏死和噬神经作用及沃勒（Wallerian）变性。神经元空泡化主要见于延髓、脑桥、中脑、脊髓。最常受侵害的神经核是缝际核，脑干网状结构、中脑被盖核和面神经核、契束外侧核、迷走神经背核、疑核、上橄榄核、舌下神经核和脊髓灰柱较少见，偶可见于红核和小脑。大脑通常不受侵害，这可能是脑外观正常的原因。在紧靠前端的部位采取组织标本制作切片，最易发现空泡化的神经元。健康鹿偶尔可见空泡，但数量很少，每个视野一般不多于一个，而病鹿则多得多。许多病例在脑干、颅神经轴突、隔及下丘脑神经纤维网内有海绵状病变。灰质的海绵状空泡化（海绵状疏松或海绵状脑）是神经基质的空泡化，是基质纤维分解形成许多小空洞所致。另外，淀粉样斑块在黑尾鹿中多见。

（五）猫科动物海绵状脑病

与牛海绵状脑病相同的典型组织病理学变化是中枢神经系统的损害，在神经元突起和神经元胞体中形成两侧对称的神经元空泡。前者形成灰质神经纤维网的小囊空泡（即海绵状变化），后者形成大的空区并充满整个神经元核周围，常规 HE 染色即可检出。而与牛海绵状脑病不同的病理变化为，患病猫脑部和前额皮质区损伤很严重，可观察到大量的带尾细胞核和中间膝状弯曲的细胞核。另外，在患猫的脑中还未发现有淀粉样沉积。

二、人海绵状脑病

人海绵状脑病主要累及中枢神经系统，灰质受累最为严重，也可见有神经元髓磷脂的继发性丢失和白质受累。典型的组织病理学改变是神

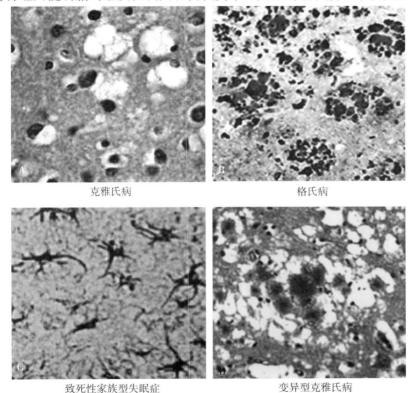

克雅氏病　　　　　　　　　格氏病

致死性家族型失眠症　　　　变异型克雅氏病

图 6-4　人海绵状脑病病理学特征
A. HE 染色显示灰质神经纤维网呈现典型海绵样变（空泡化）
B. 淀粉样斑块（IHC）　　C. 丘脑及脑干星形胶质细胞增生（IHC）
D. "绚丽"斑，即淀粉斑块周围环绕着雏菊样的空泡（IHC）
（引自 Khalilah Brown，Journal of Geriatric Psychiatry and Neurology，2010）

经组织的海绵状改变，因此被称为海绵状脑病。神经元的丢失伴随有纤维状星形胶质细胞的增生。格氏病和变异型克雅氏病主要累及小脑，伴有浦肯野细胞和颗粒细胞的丢失。其他类型的克雅氏病患者也可出现一定程度的小脑变性。格氏病患者脑组织中均可见淀粉样斑块，而在克雅氏病患者出现机会较低（约15％）。淀粉样斑块常见于小脑部位，但在其他部位也可出现。变异型克雅氏病患者脑组织中均可见一种特殊的淀粉样斑块，周围环绕着雏菊样的空泡，被称为"绚丽"斑；该斑块在其他类型的克雅氏病中罕见。传染性海绵状脑病患者脑组织中无炎性细胞和原发性脱髓鞘改变。致死性家族型失眠症患者具有选择性的丘脑前腹侧和中背侧的萎缩，仅少量病人具有海绵状变性，无一例出现斑块（图6-4）。

附件：一、牛海绵状脑病病组织病理学检测操作步骤

1. 采样与固定

将牛头固定，用电锯从前额两牛角根部向枕骨大孔背侧缘方向锯开，使脑部暴露。用剪刀剪开脑膜并切断所有与脑部相连的神经和血管，取出整脑。大规模监测时，可用专用工具从枕骨大孔处取出延脑部分即可。

将完整的脑组织浸入10倍体积的固定液（10％的福尔马林生理盐水固定液）中固定。1周后更换固定液，再维持1周。

2. 病理组织学诊断

（1）病料处理

1）把固定好的脑组织取出，将大脑和小脑去除，横切脑干选取厚度为3～5 mm的脑闩部延髓、小脑后脚部延髓和前丘部中脑组织块。

2）将选取好的组织块放入新配的固定液中再固定1周，期间更换固定液3次，并在水平摇床上不断摇荡，以提高固定液的渗透力。

3）将固定好的组织块放入流水中漂洗24 h。

4）放入下列不同浓度的酒精中脱水：

①75％酒精中2 h；

②85％酒精中 2 h；

③95％酒精Ⅰ中 2 h；

④95％酒精Ⅱ中 2 h；

⑤100％酒精Ⅰ中 2 h；

⑥100％酒精Ⅱ中 2 h。

5）放入下列香柏油和二甲苯中透明：

①香柏油中 12 h；

②二甲苯Ⅰ中 1 h；

③二甲苯Ⅱ中 1 h。

6）按下述方法浸蜡：

①软蜡中 40 min；

②硬蜡中 2 h。

7）将浸好蜡的组织块放入包埋框中用硬蜡包埋，冷却过夜。

8）将石蜡块切成 5 μm 厚的切片，用干净的载玻片贴片。

（2）HE 染色

1）试剂配制：

①哈里斯酸性苏木精染液：

配方：

苏木精	1.0 g
无水乙醇	10 mL
蒸馏水	200 mL
氧化汞	0.5 g
冰乙酸	8 mL
钾明矾	20.0 g

配法：现将苏木精溶于无水乙醇，然后将钾明矾和蒸馏水煮沸融化，去火，迅速加入苏木精无水乙醇溶液中，再去火，立即加入氧化汞煮沸，迅速冷却后加入冰乙酸，过滤使用。

②酸性酒精：

在 100 mL 的 70% 或 80% 酒精中加入 0.5 mL 或 1 mL 的浓盐酸。

③碳酸锂饱和水溶液：

碳酸锂 2 g 加 100 mL 蒸馏水，充分溶解。

④95% 酒精伊红液：

伊红 0.5 g 加入 100 mL 95% 酒精中配制。

2）操作步骤：

①二甲苯 I 中 10 min；

②二甲苯 II 中 10 min；

③100% 酒精 I 中 2 min；

④100% 酒精 II 中 2 min；

⑤95% 酒精 I 中 2 min；

⑥95% 酒精 II 中 2 min；

⑦85% 酒精中 2 min；

⑧75% 酒精中 2 min；

⑨自来水洗 2 min；

⑩哈里斯酸性苏木精 12 min；

⑪自来水漂洗 2 min；

⑫酸性酒精 10 min；

⑬自来水漂洗 5 min；

⑭饱和碳酸锂蓝染 30 min；

⑮自来水漂洗 10 min；

⑯75% 酒精中 2 min；

⑰85% 酒精中 2 min；

⑱95% 酒精伊红液中复染 1 min；

⑲95% 酒精中 2 min；

⑳100% 酒精 I 中 2 min；

㉑100% 酒精 II 中 2 min；

㉒二甲苯 I 中 2 min；

㉓二甲苯Ⅱ中 2 min。

（3）封片

用中性树胶封片。

（4）结果观察

见本章第二节一、（一）3. 部分。

二、人克雅氏病组织病理学检测

1. 中枢神经组织分区采集

①除去硬脑膜，称重；

②中枢神经组织：经福尔马林固定，固定最佳时间为 10～21d；

③脑组织：常规途径及方法切脑、分区取材，分别记录、标记；

④脊髓：切开脊髓硬膜，分别记录、标记颈、胸、腰部脊髓组织块，然后采集脊神经根节；

⑤标本感染性的清除：在进一步检测之前，所有的固定组织应在96％以上的甲酸溶液中浸泡至少 1 h。需要注意的是，由于变性剂相互作用可产生化学反应，任何事先经过酚处理的组织都不能再进行96％以上甲酸处理，故这些组织仍具有感染性。

2. 制片

①组织标本蜡块的修块、切片、制片按常规病理学方法进行；

②如果组织蜡块未经 96％甲酸处理，操作人员应戴金属网状手套进行防护，以免受感染；

③用于常规病理检测和免疫组织化学检测的脑组织片厚度为 5 μm；

④废弃的组织、蜡块、碎片等收集后134℃高压灭菌 1 h 或焚烧。

3. 标本脱水、浸蜡

脱水、浸蜡按下列程序依次进行。

①70％乙醇，1 h，18～20℃；

②80％乙醇，1 h，18～20℃；

③90％乙醇，1 h，18～20℃，重复两次；

④无水乙醇，2 h，18～20℃，重复两次；

⑤二甲苯，1 h，18～20℃，重复两次；

⑥浸蜡，1 h，58℃；

⑦浸蜡，1.5 h，58℃，重复两次。

4. HE 染色

HE 染色按常规病理学方法进行。

5. 结果观察

见本章第二节二、部分。

 第三节 免疫学方法

传染性海绵状脑病即朊病毒病，是由朊病毒引起的人和动物的一种具有种属特异性的神经系统变性疾病，是由异常朊蛋白（PrP^{Sc}）引起的一类疾病。传染性海绵状脑病的病原是一种无核酸的蛋白质颗粒（即朊病毒），它可以抵抗蛋白酶 K 的消化作用，而正常 PrP 则不能抵抗蛋白酶 K 的消化而被完全消化掉。利用这一特性，科学家们在检测海绵状脑病方面已经开发出了许多免疫学相关的方法，同时，由于其灵敏度高、特异性强、方法众多、能适合不同检测要求的需要，目前已成为检测朊病毒的最主要方法。

一、免疫血清学诊断

（一）免疫组织印迹技术

组织印迹技术是将灵敏的蛋白检测技术和解剖学组织保存技术结合

起来，用于检测组织中微量的 PrP^{Sc}，其灵敏度高，甚至可以超过一般的免疫印迹方法，已被广泛应用于朊病毒的研究。

1. 传统的组织印迹技术 传统的组织印迹是将冰冻切片转移到硝酸纤维素膜（NC 膜）上，再进行免疫检测。其基本步骤是用冷冻切片机切取 8～10μm 的冰冻切片，转入预湿的 NC 膜上，空气干燥，蛋白酶 K 消化去除 PrP^C，然后用盐酸胍处理 PrP^{Sc}，以增强其免疫反应性，之后 NC 膜经漂洗进行免疫学检测。

2. 改良的组织印迹技术 又称石蜡包埋的组织印迹技术。此改良的组织印迹技术是将免疫组化的特殊技术和组织印迹技术结合起来，在保留原有组织印迹优点的基础上，扩大了标本检测的范围，可以检测福尔马林固定的石蜡包埋组织标本。其基本步骤是将福尔马林固定的标本切成 2mm 厚的组织块，蚁酸脱毒，甲醛再固定后石蜡包埋，切成 5～7μm 厚的薄片，置 55℃ 干燥 30min 以上，二甲苯脱蜡，异丙醇-水逐渐水化，最后晾干备用。检测时，NC 膜先用缓冲液浸湿，蛋白酶 K 消化、异硫氰酸胍变性后封闭，再进行相应的免疫学检测。

（二）免疫斑点印迹技术

免疫斑点印迹技术是一种灵敏度比较低，但操作简便、对仪器设备要求低，适合大批量标本筛查的方法，易于普及推广。其基本步骤是将组织标本置于冷的裂解缓冲液中匀浆，然后 500r/min 离心 5min，去除不溶性残渣，上清液与含 SDS 样本缓冲液等量混合，吸取 4μL 混合液，点样于干的 NC 膜上，空气中干燥，蛋白酶 K 消化，3mol/L 异硫氰酸胍处理封闭后，进行免疫学检测。

（三）免疫印迹技术

免疫印迹技术是 20 世纪 70 年代末至 80 年代初，在蛋白质凝胶和固相免疫测定基础上发展起来的，它结合了凝胶电泳分辨率高和固相免疫测定特异敏感等多种优点。此方法除具有从混杂抗原中检测出特定抗原，还可以对转移到固相膜上的蛋白质进行连续分析，具有蛋白质反应均一性、固相膜保存时间长等优点。另外，免疫印迹技术简便、快速，对仪器设备要求低，具有早期确诊诊断的价值，因此被广泛应用于蛋白质、基础医学和临床医学的研究。目前该方法已成为朊病毒研究中最常用的检测方法之一。其基本步骤是：将待检的脑组织标本匀浆、离心、蛋白酶 K 消化等一系列处理后，在 SDS 聚丙烯酰胺凝胶上电泳，随后将蛋白质转印至 NC 膜或者 PVDF 膜上，封闭，用朊蛋白特异性抗体进行免疫学检测。此外，免疫印迹技术还可提供有关朊蛋白电泳迁移率和糖基化比例的信息，结合朊蛋白基因分析，根据其特异性图谱对克雅氏病病例进行类别分型。

（四）免疫 ELISA 技术

酶联免疫吸附试验是依据抗原-抗体特异性反应和酶高效催化作用相结合而建立的一种免疫标记技术。该技术用化学方法使酶与抗原或者抗体结合生成酶标记物，或通过免疫方法将酶与酶抗体相结合，生成酶抗体结合物。酶标记物和酶抗体结合物保留酶的活性和免疫学活性，使其与相应的抗体或者抗原反应，生成酶标记的结合物，结合在酶标记结合物上的酶可以催化相应的底物，生成有色物质。生成的有色物质为可溶性的，可用肉眼或比色法定性或定量。该方法具有如下优越性：特异性、敏感性高；操作简便，试剂相对比较便宜，不需要太昂贵的设备，测定迅速；重复性好，结果容易判定；安全，无放射性污染；同时其测定方法不断改进，发展迅速，已发展出间接 ELISA、抗体夹心 ELISA、化学发光夹心 ELISA 等。该方法的三个基本步骤为：一是将一种免疫反应物（检测抗体用抗原、检测抗原用抗体）包被在固相载体上（如塑料小珠、塑料微孔板、聚苯乙烯管等）；二是加入与包被在固相载体上的免疫反应物有亲和力的分子（抗体或抗原）进行反应；三是通过信号分子显示信号，该信号分子可是酶联抗体，也可通过一个或多个桥联分子发生反应；加入适当的底物，使其与相应的酶如辣根过氧化物酶（HRP）或碱性磷酸酶反应而显色。可用肉眼观察，可用分光光度计或酶标仪测定显色强度，可以从已知抗体浓度与颜色强度关系推算出待测样品中的抗原浓度。目前报道的用于检测朊病毒的 ELISA 方法有两种：一种是间接法，即先将从各个标本中提取纯化的 PrP^{Sc} 分别包被于酶标板的孔中；另一种是双抗体夹心法，即先用特异性抗体包被酶标板，再加入标本提取物，37°C 孵育。之后两种方法都是依次加入特异性一抗、酶标二抗，最后加入底物显色，酶标仪读板。

二、免疫组织化学方法

免疫组织化学方法是利用特异性抗体直接显示组织切片上的致病性朊蛋白。由于可以对 PrP^{Sc} 的沉积进行精确的解剖学定位，可为临床病理学诊断提供详实的客观依据，因此具有很高的临床诊断价值。免疫组织化学方法可以检测甲醛固定、石蜡包埋的组织标本，应用面较广。其基本步骤是：将甲醛固定或石蜡包埋的组织标本经一系列的预处理后，依次与特异性抗体和酶标记的第二抗体反应，最后加底物显色，显微镜下观察。经过实验研究人员多年的改进、验证，现在用于朊病毒检测的免疫组化技术已相当成熟、完备，灵敏度、特异性都很高，已成为确诊传染性海绵状脑病的金标准。

（一）免疫荧光技术

免疫荧光技术有直接法和间接法，要求用冰冻切片，石蜡切片的效果要差很多，常采用的荧光素有异硫氰酸荧光素（FITC）或罗丹明，前者呈黄绿色荧光，后者为红色荧光。目前该技术的应用有所下降，但在朊病毒的诊断和研究方面仍在继续使用。

（二）免疫酶标技术

除了荧光染料外，一些免疫酶如辣根过氧化物酶（HRP）和碱性磷酸酶（AP）也可以和第一抗体结合。酶能使没有颜色的物质转变成有颜色的物质（显色剂），可以在光学显微镜下看到。免疫酶标技术有直接法和间接法，酶直接技术和荧光直接技术一样，对大多数组织抗原来说敏感性不够。目前，绝大多数检测试剂盒都是使用间接方法，利用第二抗体识别并与已经和组织抗原结合在一起的第一抗体结合。在使用前将二抗用荧光染色剂或酶进行标记，结合的二抗可以通过几种方法检测到或看到。这种技术与直接技术相比，提高了敏感性，也很方便。

（三）免疫胶体金技术

一般用于免疫组织化学的金颗粒直径在 $5 \sim 60nm$。金颗粒通过化学还原法标记到抗体上，基本原理是在氯化金水溶液中加入一定量的还原剂——白磷、柠檬酸三钠或鞣酸，使金离子还原为金原子，形成胶体金溶胶，再以溶胶中的金粒子标记第二抗体，即可用于间接法。此方法很敏感，可用于染色细胞表面抗原，同时也能检测朊病毒颗粒。

三、借助特殊仪器的检测方法

（一）电镜法

电镜检测羊痒病相关纤维（SAF）是朊病毒检测的另外一种方法。现在认为 PrP^{Sc} 是 SAF 的组成成分，SAF 为杆状、纤维状结构，其是在用去垢剂提取过程中不同提取条件下形成的产物，感染生物体的组织切片中尚未发现 SAF。该方法的基本步骤是：将被检组织置于 10% 月桂酰肌氨酸溶液中匀浆，差速离心，蛋白酶 K 消化，重悬于蒸馏水中，负染，电镜下观察。但是电镜检查 SAF 灵敏度较低，不如免疫印迹方法。

（二）毛细管 SDS-凝胶电泳

该法主要是通过理化方法——差速、超速离心、蛋白酶 K 处理，提纯 PrP^{Sc}，然后在 Be-ckmanP/ACE5500 上进行毛细管 SDS-凝胶电泳。根据各组分通过检测器时在 214nm 波长处产生吸收峰的时间和峰形，鉴别出瘙痒病病原 PrP^{Sc}。该法标记量少，无需免疫学试剂，判断直观；缺点是需用超速离心机、专用毛细管电泳仪。

（三）荧光标记肽链的毛细管电泳免疫测定法

该法是根据免疫竞争原理测定，采用无区带毛细管电泳技术结合免疫荧光技术，检测标本中微量的 PrP^{Sc}。其原理是将人工合成的 PrP^{Sc}特异性肽链（142~154）标记上荧光，然后与一定量的特异性抗体、羊脑提取物一起电泳；荧光标记的肽链与抗体结合后，迁移率发生改变，从而与游离的标记肽链分离开来；由于抗体的量只能结合大约 50% 的标记肽链，因而荧光标记的结合型肽链与游离型标记肽链的比例是固定的；当羊脑提取物中存在微量的 PrP^{Sc}，由于其与标记肽链竞争结合抗体，导致结合型肽链与游离型肽链的比例发生改变，从而被仪器检测出来。该方法灵敏度很高，能检测到 135pg 的 PrP^{Sc}，可用于检测朊病毒水平很低的脑外组织（如血液等）。

（四）多光谱紫外荧光分析

用该技术检测 263K 感染的仓鼠和 ME7 感染的小鼠脑组织中纯化的 PrP^{Sc}，发现蛋白酶 K 处理和未处理的 263K、ME7 性质上存在差异，可根据其光谱鉴定和区别 PrP^{Sc}，而不需要借助于蛋白酶 K 及特异性抗体，该方法检测限可达皮摩尔/升（pmol/L）级。

（五）双色强荧光目标扫描法

该法是运用共聚焦双色荧光相关分光镜技术检测极其微量的朊病

毒。该方法灵敏度极高，可检测 $2×10^{-9}\,mol/L$ 的 PrP^{Sc}，特异性好，可区别不同的朊病毒。其基本原理是利用致病性 PrP^{Sc} 在适当条件下自我复制和自发聚集的特点，将重组 PrP（rPrP）标记上绿色荧光，PrP^{Sc} 与正常构象的 rPrP 结合后，通过变构复制出大量异常构象的 PrP^{Sc}-rPrP。由于 PrP^{Sc} 在一定条件下可自发聚集，从而使 PrP^{Sc} 周围聚集了大量 PrP^{Sc}-rPrP，使其荧光强度超过游离的 rPrP 50 倍。同时为了增强试验的特异性，又加入了标记上红色荧光的特异性单抗，使 PrP^{Sc}-rPrP 聚集体又标记上红色荧光。只有同时发出高强度红、绿荧光的颗粒，才能被检测仪器判为 PrP^{Sc}。

第四节　实验动物接种检测

　　朊病毒作为传染性海绵状脑病的病原体，是诊断该病的标志物，与组织病理学损伤（海绵状变性）相比，不仅出现的时间非常早，且分布也十分广泛。而且，到目前为止，常规细胞培养系统对朊病毒的研究仍然非常有限，仅有少数实验性的朊病毒毒株可以在体外细胞进行繁殖，大多数从动物体内自然分离的朊病毒毒株都只能通过实验性地接种常规动物或者转基因动物进行繁殖及感染能力的分析。因此，检测朊病毒对传染性海绵状脑病的早期监测、分类鉴别、最终确诊、监测控制以及对朊病毒致病机制的探索、研究，均有着极其重要的意义。

　　实验动物模型作为一个完整的机体，可以用于对不同朊病毒病的发病机制进行系统性研究。越来越多的啮齿类实验动物模型的建立取代了对自然感染宿主动物的研究，大大提高了实验的可操作性，降低了实验成本。同时，随着分子生物学技术的发展，PrP 转基因小鼠的诞生与应用，也为研究朊病毒病的发病机制提供了一个新的平台。

一、传统的动物传递实验

动物传递实验是早期判断生物体是否感染朊病毒、测定感染滴度、研究朊病毒传染性的主要手段。随着检测技术的进步，现在许多动物实验已被更快捷、更准确的方法所代替，但其作为生物学方法仍然是研究朊病毒不可缺少的重要环节。目前，对已知的朊病毒病大多已经建立了动物感染模型，大鼠、小鼠和仓鼠是最常用的感染朊病毒的实验动物。该方法的优点是比较敏感，是研究朊病毒生物学特性的重要实验。缺点是费时、费力，滴定误差大，需消耗大量动物，费用昂贵。而且由于种属屏障和毒株、动物个体差异等因素的影响，传递的成功率往往相差较大，个别毒株的动物传递实验始终未获成功。因此，实验阴性并不能完全排除朊病毒的感染。

（一）常规的啮齿类动物模型

啮齿类动物模型应用于朊病毒病的研究已有几十年的历史，早在20世纪60年代研究人员建立了首例小鼠传染性海绵状脑病模型，在随后的10年内又建立了仓鼠感染的动物模型。作为最小的哺乳动物之一，小鼠及仓鼠繁殖和发育速度快，与人类在生物进化上非常接近。应用感染动物模型，发现其可以成功地区分和定义不同的朊病毒毒株，成为研究朊病毒病的最佳动物模型。不同的朊病毒毒株可以通过颅内接种常规的自交系小鼠，根据感染后生物学特征对毒株进行区分，包括传染性、潜伏时间、脑组织中海绵样变性特点及 PrP^{Sc} 在脑内沉淀的解剖学特点。这种毒株相关的特征在同一个小鼠品系的不同个体中保持相同，同时在连续传代后也保持一致。自交系小鼠由于其基因背景单一，在对毒株鉴定时可以表现出标准化的、统一的病理学改变，通过这些病理改变我们可以对朊病毒毒株进行定义。

（二）朊病毒毒株 LD50 的测定

常规方法是将无菌的组织标本用生理盐水制成 10％（w/v）脑组织匀浆，超声处理（400W,10s，30 次）作为粗提物。粗提物在 20 000g、4℃ 条件下离心 90min,保留上清液作为精提物,接种用样品加入 100mg/mL 氨苄西林防止操作过程带来的污染。匀浆后做 10 倍连续稀释，每个稀释度通常脑内接种 6 只小鼠（10μL）、大鼠（30μL）或仓鼠（50μL）。颅内接种通常定位于小鼠顶叶，进针 4～5mm，注入适量精提物。接种动物每 3d 检查一次，发现其出现毛乱、弓背、运动过慢和后肢瘫痪等症状后逐日检查，濒临死亡时扑杀。如接种动物不发病，则继续观察至死亡或 3 个潜伏期（以高滴度最先发病仓鼠的潜伏期为标准），最后取脑组织做病理学检查。根据动物发病和死亡数计算滴度。

（三）朊病毒的传代动物实验

根据实验的要求,按上述步骤获得实验用毒株的精提物,颅内接种通常定位于小鼠顶叶,进针4～5mm,注入适量精提物。通过腹腔注射、灌胃、眼内注射、椎管内注射、皮下注射等接种方式也成功建立了小鼠感染模型。接种动物每3d 检查一次,发现其出现毛乱、弓背、运动过慢和后肢瘫痪等症状后逐日检查,濒临死亡时扑杀。最后取脑组织做病理学检查。

二、转基因动物实验

由于传统的动物传递实验有种属屏障等问题，使用转基因动物是一条经济、实用而且有效的实验途径，可明显改善传递效果。

（一）基因工程朊蛋白基因敲除动物模型

1. 朊蛋白基因敲除动物模型的建立　建立目标基因的转基因小鼠是研究基因功能的基本策略。自美国科学家 Prusiner 于 1982 年提出

"朊病毒"假说以来，科学家们进行了大量的实验以证明体内存在于神经元细胞的正常膜蛋白（PrP^C）作为底物直接参与了朊病毒的复制。PRNP 基因敲除小鼠模型的建立更加直观地明确了 PrP^C 在朊病毒病发生、发展中的重要作用，也为研究 PrP^C 在机体内的正常生理功能提供了更为可靠的实验模型。鼠的 PRNP 基因定位于第 2 号染色体短臂上，是一个由三个外显子组成的单拷贝基因，但完整的开放阅读框都包含在第三个外显子中。研究者们先后建立了各种朊蛋白基因敲除小鼠，虽然敲除基因所运用的同源重组的策略不同，但是所有突变小鼠都缺乏朊蛋白开放阅读框的重要区域且 PrP^C 的表达被终止。保守性的策略主要是在朊蛋白基因的开放阅读框中插入或者删除一定的序列（包括 Prnp 0/0，或者 Prnp -/-），这两种形式的纯合子小鼠均发育正常，没有明显的病理改变，但可抵抗朊病毒感染。

2. 朊蛋白基因敲除小鼠表型 Prnp 0/0 或者 Prnp -/-小鼠发育和繁殖能力都正常。进入老年期，小鼠表现外周神经系统髓鞘脱失但并不伴随明显临床症状。行为学研究显示其睡眠节律与昼夜活动有所改变，其他与野生型小鼠无明显不同。野生型小鼠在颅内接种小鼠敏感的羊瘙病毒株后，通常在 160d 左右出现临床症状，10d 后死亡。而接种相同的羊瘙病毒株，Prnp 0/0 小鼠在接种后 2 年不出现任何临床症状，尸体剖检表明，接毒 57 周后 Prnp 0/0 小鼠神经组织仍然没有任何羊瘙病相关病理改变。这些证据显示，PrP^C 是朊病毒病发生、发展的必要因素。少数情况下，Prnp 0/0 小鼠颅内接种后可在其脑组织内检测到低水平感染性，这可能是接种物残留或实验过程污染造成的。

（二）表达突变型 PrP 小鼠模型

在朊病毒病动物模型中，利用反向遗传学将修饰过的朊蛋白基因转入 Prnp 0/0 小鼠而建立的表达突变型 PrP 小鼠模型，在研究朊病毒病中有如下的应用：

1. 应用基因突变小鼠模型研究 PrP^C 序列中参与转化和复制的关键

区域 研究者们利用基因工程技术产生各种缺失突变体，以明确这些区域在 PrP^C 向 PrP^{Sc} 转化中可能的作用。例如，向 Prnp 0/0 小鼠体内导入全长和不同程度氨基端缺损的朊蛋白基因，产生了高表达全长 PrP^C 的 Tga20 小鼠系。当此转基因小鼠按照常规步骤颅内接种了羊痒病因子敏感株后，潜伏期可以从原来的 160d 提前到 62d 左右。同时，利用基因工程技术，研究者们也表达了 PrP^C 氨基端缺损的一些小鼠品系，当为这些小鼠颅内接种羊痒病因子后，最终也导致疾病发生，但潜伏期均延长，脑组织内 PrP^{Sc} 沉积的水平和感染性也均降低。当氨基端的缺损扩大到 106 位氨基酸，此类转基因小鼠对羊痒病因子均不敏感。

2. 应用转基因动物模型阐明种属屏障的分子基础 朊病毒病在不同物种间传播存在种属屏障，目前认为与动物的 PrP 蛋白基因型有关，与朊蛋白基因 DNA 排列顺序有关。DNA 排列顺序越相似，动物间传染的种属屏障就越小。而且由于朊病毒存在着种属屏障现象，这导致实验小鼠对其他物种来源的朊病毒毒株易感性低、潜伏期长，阻碍了对朊病毒病的研究。因此，研究者尝试给小鼠转入其他物种来源的全长或部分朊蛋白基因，这样的转基因小鼠就可以克服种属屏障，提高对其他物种来源的朊病毒毒株的易感性。例如，Prnp 0/0 小鼠转入牛 PRNP 基因后，对牛源性朊病毒、人变异型克雅氏病病原以及羊痒病感染因子均易感。另外，野生型小鼠体内转入仓鼠 PRNP 基因后，对小鼠源和仓鼠源的朊病毒均易感；而 Prnp 0/0 小鼠体内转入仓鼠 PRNP 基因后，仅对仓鼠源的朊病毒易感。

第五节 **借助其他仪器的检测**

动物传染性脑病的诊断主要通过临床表现、组织病理学和免疫学方法来检测。此外，一些仪器的检测和检查也可帮助诊断。

一、心电图检测法

在英国曼彻斯特大学的 Chris Pomfrett 等利用高分辨率的心电图监测感染牛海绵状脑病早期阶段的心率变异信号，用以检测牛海绵状脑病以及诊断人变异型克雅氏病。Pomfrett 认为传染性海绵状脑病感染是沿着迷走神经由肠道进入脑干区-孤束核，而该区域控制着呼吸性窦性心率失常。牛海绵状脑病可能是唯一可增高窦性心率失常的疾病。通过对实验室的 150 头牛（分为低剂量、高剂量和对照组）的心率变化进行检测，发现 2 头出现严重呼吸性窦性心率失常的牛已死亡，而且该信号在病牛死亡前 8 个月就可检测到。另外高剂量组与低剂量组相比，出现较严重的呼吸性窦性心率失常。

二、电镜下的分子病理检查

除了痒病家族应有特征性组织病理变化外，痒病相关纤维（SAF）检查是诊断朊病毒病的重要方法之一，可用于诊断羊痒病、猫科及其他动物的海绵状脑病（表 6-1）。从试验感染和自然感染痒病的鼠、绵羊或猫科动物提取脑组织，经处理后用于电镜检查。它是朊蛋白的衍生物，当被检材料不适合做组织病理学检查时，检查痒病相关纤维尤为重要。将冰冻保存的脑和脊髓作为被检测材料，即使是死后自溶的脑组织也可使用。病料经超速离心纯化后，用蛋白酶消化，电镜下检查痒病相关纤维。痒病相关纤维容易纯化，可从正常的膜糖蛋白朊蛋白中提取，朊蛋白存在于许多组织中，尤其是脑组织。在痒病感染过程中，这种正常的蛋白经过不正常的转录后修饰，从而具有形成原纤维的能力，这种修饰过的蛋白对蛋白水解酶具有部分抵抗力，可聚积在脑组织中，比正常蛋白的浓度高约 10 倍。科学家认为，牛海绵状脑病及人克雅氏病，都是由存在于大脑或其他组织中的朊蛋白引起的。朊蛋白不像细菌、病毒等可以通过抗体检查或遗传物质检测来查明，它不依赖任何遗传物质就能复制并且有传染性。朊蛋白异常的折叠形态能将脑组织变成海绵样，最终导致脑萎缩和脑坏死。痒病相关纤维可从明显自溶的脑组织中分离到，因此，如果取材部位正确、采集的病料新鲜时，检测 PrP 衍生物的方法则成为组织学诊断方法的有益辅助手段。目前有 3 种方法可检测痒病相关纤维：①用电子显微镜可观察其特征形状，检查痒病相关纤维，在对羊痒病进行研究时，将痒病羊脑组织提纯、负染，在电镜下可以看到呈纤维状或管状的物质。②纯化或粗提痒病相关纤维，聚丙烯酰胺凝胶电泳后再进行蛋白印迹检测，可检测变性的 PrP。这种方法对牛海绵状脑病的确诊非常重要。纯化的粗制痒病相关纤维样品可经 PAGE（聚丙烯酰胺凝胶）电泳后，进行 Western blotting 分析。但该方法不是检测痒病相关纤维（它在电泳前已经解体）而是其组成蛋白，即修饰过的朊蛋白。由于其具有蛋白酶抗性，因此可以区别于正常蛋白。③通过检测到可靠的痒病相关纤维就可以确诊牛海绵状脑病。脑组织学检测方便、可靠，但有时候某些病例不适合作组织学检测。例如，如果组织切除及固定严重延迟、痒病相关纤维解体，就不适合活体检测，就必须用其他的方法。痒病相关纤维的蛋白酶抗性使得它们可以从明显分解的脑组织中分离出来，但痒病相关纤维只能从新鲜或冷冻的脑中得到纯化，而固定过的脑组织的检测效果不太好。

表 6-1　捕获野生动物诊断为海绵状脑病的根据

品　种	动　物	组织病理学	SAF*	PrP	传播	来　源
林羚		+			+	Jeffrey and Wells（1988）
						H. Fraser, personal communication
好望角大羚羊		+			+	Jeffrey and Wells（1988）
非洲大羚羊	1	+				Fleetwood and Furley（1990）
非洲大羚羊	Molly	+				M. Hosegood, personal communiction
非洲大羚羊	Neddy	+				M. Hosegood, personal communication
非洲大羚羊	Electra	+	+			M. Hosegood, personal communication

（续）

品　种	动　物	组织病理学	SAF*	PrP	传播	来　源
阿拉伯羚羊		+				Kirkwood and others (1990)
大捻	Linda	+			+	Kirkwood and others (1990，1992)
						H. Fraser, personal communication
大捻	Karla	+	+	+		Kirkwood and others (1992)
大捻	Kaz	+		+		Cunningham and others (1993)
						G. A. H. Wells, personal communication
大捻	Bambi	+	+	+		Cunningham and others (1993)
						G. A. H. Wells, personal communication
大捻	346/90	+	+	+		Cunningham and others (1993)
						G. A. H. Wells, personal communication
大捻	324/90	+	+			Kirkwood and others (1994)
						G. A. H. Wells, personal communication
弯角大羚羊		+	+			D. Lyon，personal communication
美洲狮		+		+		Willoughby and others (1992)
猎豹	1	+	+			Peet and Curran (1992)
猎豹	Duke	+	+			J. C. M. Lewis, personal communication
猎豹	Saki	+				S. McKeown, personal communication
猎豹	Michelle	+	+			G. A. H. Wells, personal communication
鸵鸟	1，2&3	+				Schoon and others (1991)

*　SAF 为痒病相关纤维英文缩写。

电镜下可见一种异常丝状结构物质（图 6-5）。这种丝状结构在正常组织中未发现，为朊病毒感染所特有，通过电镜观察或免疫学方法对痒病相关纤维进行检测，可将痒病相关纤维作为朊病毒病的特异性诊断标志。痒病相关纤维的存在形式有两种，Ⅰ型纤维直径 11～14nm，由两根直径 4～6nm 的原纤维相互螺旋盘绕而成，螺距为 40～60nm 不等；Ⅱ型纤维由 4 根相同的原纤维组成，相互间隙为 3～4nm。这些纤维丝螺旋交织成束，SDS-PAGE 电泳证实痒病相关纤维主要成分为

27~30kD 蛋白，组成上与 PrP 27-30 基本相同，表明痒病相关纤维与朊病毒是同一结构分子的不同存在形式。痒病相关纤维检查也是传染性海绵状脑病的特异诊断方法，在被检材料不适合作组织病理学检查时尤为重要。检查到痒病相关纤维，只能说明目前动物体内存在痒病相关纤维蛋白，可能是痒病感染的结果；但是检测不到痒病相关纤维，并不意味着动物未被痒病感染。

痒病相关纤维的检测通常以冰冻保存的脑和脊髓作为被检材料，死后已发生自溶的材料也可使用。最好根据各种传染性海绵状脑病的特点选用一定部位的脑组织作为被检材料。取 1~10g 被检材料，按 10%（w/v）制备匀浆，然后将抽提物用超速离心机梯度离心，以 22 000g 离心 10min、以 540 000g 离心 20min、以 540 000g

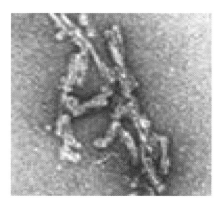

图 6-5　电镜下痒病相关纤维（SAF）

离心 25min。最终沉淀物用蛋白酶 K 处理（10μg/mL，37℃ 1h），然后重悬于 50uL 蒸馏水供负染后作电镜检查（图 6-5）。

三、荧光相关光谱检查

目前，根据荧光相关光谱（FCS）技术建立了一种高灵敏度的探测病理性 PrP^{Sc} 聚合物的方法。FCS 以电流聚焦的方式作为一种分析工具得到广泛的应用，近来双色交叉相关 FCS 为 DNA 杂交、酶动力学、聚集动力学的研究提供了一个新的工具，已广泛应用于高通量的同源性分析，通常 FCS 用于研究纳克级或皮克级的小分子单体蛋白或多聚核苷酸。

用荧光标记的探针分子部分代替单节显性的 hP，致病 PrP^{Sc}（靶）

的种子聚合物可以变成高荧光标记。当靶分子很少时，其信号必须从非结合的探针分子中分离出来，而这些非结合型的探针分子超过 10^6 因子。当通过共聚焦探测腔时，靶分子发出的荧光突然增强至游离的荧光标记探针信号以上，这样靶和探针可以通过他们的相对荧光强度区分开，这一原理已应用于检测阿尔茨海默病患者的脑脊液中 β 淀粉样多肽的沉积。有报道，基于这一原理，研发了一种超灵敏度的定性检测方法，用双色扫描设备可以检测 $10\sim15mol/L\ PrP^{Sc}$ 的病理性沉积，这样即可检测到克雅氏病病例的脑脊液中 PrP^{Sc} 的沉积。

四、新型检测方法

目前已研究出多种新的检测方法，如蛋白质错误折叠循环扩增（protein misfolding cyclic amplification，PMCA）技术、多聚阴离子捕捉法等。

PMCA 技术是目前诸多检测方法中最有发展前景的一种，它是一种致使朊蛋白积累的循环过程。其主要原理是通过控制超声波和温度，使朊蛋白在体外大量扩增，从而提高组织中朊蛋白的量，达到可检测到的水平，仍以脑组织为主。也有研究者将 PMCA 技术用于血液材料的检测，但离实际检测应用还有差距。本章第七节将详细介绍此检测技术。

第六节　与朊病毒特异结合的因子的检测

PrP 是一种很"黏"的蛋白，能与很多物质结合，包括金属离子、核酸及其他很多种蛋白分子。

一、分子伴侣

  Hsp70 是分子量 70kD 左右的热休克蛋白，是热休克蛋白家族中最重要的一员，被称为主要热休克蛋白，它们由 Hsp70 基因家族编码。热休克蛋白的生物学功能十分广泛，不仅表现为在应激条件下维持细胞必需的蛋白质空间构象、保护细胞生命活动，以确保细胞生存，而且在未折叠新生多肽链、多蛋白复合物的组装和跨膜运输、转位、蛋白降解、细胞内蛋白质合成后的加工过程，细胞骨架和核骨架稳定等基本功能方面发挥重要作用。它们调节这些蛋白的活性，本身并不参与大分子蛋白质的组成，故称为"分子伴侣"。在哺乳动物脑内参与蛋白折叠的主要是伴侣分子 Hsp70 和辅助伴侣分子 Hdjl（Hsp40 家族成员，有 J 结构域，可以促进 Hsp70 的 ATP 水解作用）。Hsp70 在 Hdjl 的辅助下水解 ATP，通过结合和释放新生多肽的循环，辅助翻译水平的折叠过程。除了作为分子伴侣蛋白外，Hsp70 还有一个特殊的功能，就是纠正与神经退行性疾病有关的淀粉样蛋白的错误折叠。体外给予外源性 Hsp70 可以抑制神经的退行性变化。因此，Hsp70 可能对抑制朊病毒的研究具有重要价值。在正常细胞的脂筏区也检测到了 Hsp70，而且在应激条件下可以促进 Hsp70 的分布，Hsp70 在脂筏区的定位为它与 PrP^C 间可能存在的相互作用提供了一个生理位点。有研究表明，巨噬细胞内及其分泌的外泌体所携带的 PrP^C 与 Hsp70 之间存在直接相互作用，说明 Hsp70 在巨噬细胞通过分泌外泌体释放 PrP^C 过程中具有重要作用。

  Hsp70 本身可以穿过细胞膜进入细胞器，也可以促进蛋白跨越细胞膜。本研究结果显示，Hsp70 与 PrP^C 之间存在相互作用，Hsp70 与 PrP^C 间的相互作用或许可以减少 PrP^C 发生转变的可能。Fernandez-Funez 等利用转基因果蝇进行研究的结果表明，Hsp70 可以在细胞脂筏区与类似 PrP^{Sc} 的错误折叠 PrP 相互作用，并抑制错误折叠 PrP 的聚集，降低对大脑的神经毒性。因此，有望利用 Hsp70 与 PrP^C 以及错误折叠 PrP 间的相互作用来抑制朊病毒的复制和感染。

二、1999 年和 2003 年欧盟委员会批准的几种检测方法

欧盟于 2004 年 11 月 8 日公布了诊断牛海绵状脑病的十种快速宰后检测方法，包括荷兰 CEDI 诊断公司研制的侧流免疫层析条（Lateral flow immunochromatographic strip）方法、日本东京 Fujirebio 公司研发的一步法 ELISA、美国 IDEXX 公司 BSE 抗原检测试剂盒、法国 Montpellier Institut Pourquier 化学发光免疫试验、德国 Leipzig Labor Diagnostik Leipzig GmbH 夹心 ELISA 试验、瑞士 PrionicsAG 公司的测流免疫试验（Prionics-check PrioSTRIP）、德国 Roboscreen GmbH 公司的夹心免疫试验、德国罗氏诊断有限公司夹心 ELISA 试验、爱尔兰 Enfer Scientific 公司的 TSE 试剂盒及美国 Bio-Rad 公司的 TeSeE 试验。

（一）瑞士 Prionics AG 公司的 Prionics-check 试验

试验的技术原理就是免疫印迹试验，试验中用来识别 PrP^{res} 的单克隆抗体是该公司生产的 6H4 单克隆抗体。其方法是：将被检牛脑组织做成匀浆悬液，分成两份，一份用蛋白酶 K 消化，一份不消化，进行 SDS-PAGE 电泳、转印、抗原抗体反应。若被检脑组织悬液中存在抗蛋白酶 K 的 PrP^{Sc} 就可判定其为阳性。

（二）爱尔兰 Enfer Scientific 公司研制的方法

该方法是一种化学发光的酶联免疫吸附试验（ELISA）。其原理是：将经过蛋白酶 K 消化的牛脑组织悬液加入到包被有多克隆抗体的反应板上，牛脑组织悬液中含有的 PrP^{Sc} 就会与多克隆抗体结合，并与随后加入的第一抗体结合。后者又与之后加入的酶标记的第二抗体结合。最

后加入的底物在酶的作用下就会发光，结果就可判为阳性。如果牛脑组织悬液中没有 PrP^{Sc}，加入的底物就不会发光。

（三）美国 Bio-Rad 公司的 TeSeE 试验

该方法是利用两种单克隆抗体识别 PrP^{Sc} 不同位点的一种夹心酶联免疫试验。第一抗体被固定在固相上，加入被检样品，再加入酶标记的第二抗体及其底物。

爱尔兰建立的 PrP 的 ELISA 检测方法，24h 内即可得出结果。主要用于实验研究，特别是转基因小鼠脑内各种 PrP 基因表达产物的定量测定。用加样器将纯化的脑组织匀浆加到硝酸纤维素膜上，每个样品 $5\mu L$。进行预处理后，加入生物素标记的抗体，再加上抗生物素和生物素与过氧化物酶的结合物。切下硝酸纤维膜上的每个印迹斑点，放入 96 孔板的孔内，加入底物，显色，用硫酸终止反应。在分光光度计上测定各孔的光密度（492nm），与标准曲线对照，即可查出 PrP 的含量。

（四）瑞士 Prionics 公司的 LIA 试验

瑞士 Prionics 的 LIA 试验(Prionics-Check Luminescence immunoassay)是一种发光免疫试验，此方法使用两株不同的单抗来检测抗蛋白酶 K 的 PrP 片段。将脑组织悬液在缓冲液中剧烈搅拌，然后进行蛋白酶水解处理，再与辣根过氧化物酶标记的检测抗体孵育，最后把蛋白-抗体结合物转移到另一块包被有针对 PrP 的捕获抗体的微量板上，通过底物的化学发光反应可以检测到是否有与捕获抗体结合的复合物。试验中，可直接使用蛋白酶消化过的脑组织悬液，无需提纯或离心。

（五）美国 InPro 公司的 CDI-5 试验

InPro CDI-5 试验是一种构象依赖免疫试验（CDI）。试验中，使用了两种放射性标记的高亲和力的重组抗体片段（Fabs）捕获和检测 PrP。其原理是：这些抗体能识别暴露在正常 PrP^C 表面的构象依赖表位，且这种构象表位在变性条件下也暴露在致病性 PrP^{Sc} 表面。利用时间分辨荧光技术，检测 Fab 对正常 PrP^C 和异常 PrP^{Sc} 表面构象依赖表位亲和力的差异，得出检测结果。本试验的敏感性和特异性均为100％，能检测到最低浓度为 1ng/mL 的 PrP。

三、利用红细胞分化相关因子进行检测

为了攻克牛海绵状脑病的诊断难关，英国的中洛锡安群罗斯林研究所的 Gino Miele 等利用 cDNA 的差异显示分析，来鉴定在朊蛋白疾病中具有异常表达的红细胞分化相关因子（erythroid differentiation relativity factor，EDRF）转录物。根据一项研究，朊病毒侵入大脑前首先在脾脏复制，由此他们推测朊病毒可能会影响基因表达，于是他们分析了来自正常小鼠脾脏和 TSE 感染小鼠脾脏的大约 1 万份 RNA 转录物。结果发现，在感染小鼠的脾脏中，红细胞分化相关因子的转录水平下降，不仅如此，受感染小鼠的血液和骨髓也存在红细胞分化相关因子减少的情况，在羊痒病患羊和牛海绵状脑病患牛的骨髓中，红细胞分化相关因子的水平同样低于正常。由此判断，不论 EDRF 是否参与致病，它可能会成为很好的诊断标记物。

四、构象依赖免疫试验检测

在 2003 年举行的美国化学学会（American Chemical Society）第226 届全国会议上，UCSF（University of California，San Francisco）的研究人员报道了他们研制的检测传染性朊蛋白的新方法，这种称为构象依赖性的免疫测定方法（conformation dependent immunoassay，CDI）比现在应用的普通免疫测定方法能检测出更微量的朊蛋白，而且5h 即可出结果，不需要通常的几天，大大提高了检测速度。目前，用这种方法检测出 8 株朊病毒，其中包括分别导致绵羊痒病、鹿慢性消耗

性疾病和牛海绵状脑病的各株朊病毒。

CDI 也可检测脑组织中的朊病毒，在实验小鼠中可检测到感染小鼠肌肉组织中的朊病毒。研究人员表示，应用 CDI 对组织或血液进行的检测方法有望在不久的将来面世，到时这种方法将可用于检测活动物。该方法的准确性相当高，对西班牙、德国和英国的 11 000 头屠宰牛的检测结果完全与现在应用的方法相符，而且在实验室和田间试验中还没有发现假阴性或假阳性结果。另外，该方法的另一突出优点是自动化，因此可以用于大量动物的筛选。

目前已有多家公司的试剂盒在市场销售。如 Pronics 方法正用于羊痒病及那些 1996 年前出生的牛海绵状脑病病例的日常检测，也用于近期死亡牲畜的检查；Enfer 和 Pronics 也在进行商业检测；CEA 方法已于 2000 年 8 月由 BIO-RAD 公司推向市场，试剂盒已销往许多欧洲国家，用于筛查 30 月龄以上的牛的脑组织。MAFF 则一直投入大量资金致力于开发活体诊断技术，但至今尚无有效的方法。大量的研究后发现，传染性海绵状脑病的诊断可以通过多种方法进行：组织病理学诊断、免疫组织化学诊断、ELISA 诊断、免疫印迹诊断、组织印迹诊断、电镜诊断、毛细管电泳诊断等。其中免疫组织化学诊断方法具有特异性高、成本低、操作简单、准确等特点，而被世界动物卫生组织确定为传染性海绵状脑病的法定诊断方法之一，在进行免疫组织化学诊断时要同时进行组织病理学诊断（HE 染色），这两种方法是密切相关的。

五、其他诊断方法

由于导致牛海绵状脑病的朊蛋白对牛无免疫原性，病理学检测方法目前只能用于死后诊断；PrP^C 和 PrP^{Sc} 基因结构上的完全一致，使得分子诊断无法从基因水平进行鉴定，只能从蛋白入手，而两者的蛋白也仅是三级结构有差异，这也为牛海绵状脑病分子诊断方法的开发造成了困难。牛海绵状脑病最主要的病理特征是脑部的 PrP^{Sc} 大量积累，这也导致活体检测方法进展缓慢。近几年来，牛海绵状脑病的流行已给许多国家尤其是欧盟各国的畜牧业带来了巨大的经济损失，并开始威胁人类健康。目前一个国家的牛海绵状脑病风险程度、发病状况及监测系统的完善程度，已成为牛及牛产品国际贸易中的一个重要参考指标。其中监测系统是否有效关键取决于检测技术的有效性。虽然人们已开发出各种病牛尸检方法，但这并不能有效防止牛海绵状脑病的传播和降低经济损失。因此，如何对牛进行活体检测已成为生物界竞相研究的热点。虽然目前牛海绵状脑病的活体检测技术还不成熟，但研究进展很快，下面简单总结一下近年来牛海绵状脑病活体检测的一些方法及相关研究。

　　牛海绵状脑病研究早期，动物活体检测的唯一方法是根据临床症状进行诊断，鉴于牛海绵状脑病患病牲畜的病变部位主要集中在脑部，给死前检验的取样工作带来一定难度。尽管早在 1990 年就开始了牛海绵状脑病活体诊断的研究，但进展一直较慢，于是研究工作者开始考虑从脑部以外的地方取样。选取适当的取样途径对活体检测具有重要作用，目前已有一些用脑外的组织为材料进行牛海绵状脑病检测的报道，如尿液、脑脊液、血液、淋巴液、扁桃体等。

血液检测

　　血液中的某些代谢产物的浓度发生波动并显示出变化时，可以用于辅助诊断。例如，存在于正常动物中的一些蛋白质，当克雅氏病或牛海绵状脑病使中枢神经组织受到损伤时大量释放到脑脊液或血液中。这些变化可能是疾病特异性的，对其进行检测也许是一种有效的诊断方法。目前正在利用这些蛋白质开发新诊断检测方法，但当临床症状不是很明显时，这种诊断方法将只能在感染晚期进行检测。

　　澳大利亚和瑞士的研究者已经发现一种普通的血液成分，即血纤维蛋白溶酶原，可以黏附到 PrP^{Sc} 上，但却不能黏附到 PrP^C 上。研究者发现当用 6mol/L 的尿素或胍破坏 PrP^{Sc} 的构型时，这种结合性则消失。在血纤维蛋白溶酶原的第 I-Ⅲ 三环状结构片段中的赖氨酸是第一个结合位点，在其单独存在时仍具有结合活性，可独立完成结合反应。因此，血纤维蛋白溶酶原成为区分正常朊蛋白和病原性朊蛋白的第一个内源性因子。这一发现为朊蛋白疾病如何进展以及如何清除已受到感染的血液制品提供了新的线索。研究者们使用的蛋白是鼠血液中的血纤维蛋白溶酶原，他们用这种蛋白来包被一些磁性珠，并把他们与感染 PrP^{Sc} 的小鼠和羊的脑组织样本进行混合。当他们重新提取这些磁性珠时，发现这种蛋白的外面粘满了 PrP^{Sc} 但却不是 PrP^C。这些研究者利用这种磁性珠提取克雅氏病患者脑组织中的 PrP^{Sc}，也获得成功。因为这种包被了血纤维蛋白溶酶原的磁性珠能提取出 PrP^{Sc}，所以这项技术可用于牛海绵状脑病的早期检测。目前这项技术正在开发中。1999 年，美国农业部的 Schmerr MJ 开发的毛细管电泳是一种可用于死前检测的方法，该方法的特别之处在于其需要的样品量相当少，可以通过化验血液样品检测患痒病的羊，也可以检测患慢性消耗性疾病的麋鹿。

　　Schmerr 等开发了一种针对几种传染性海绵状脑病的新的血液学检测方法，这种方法在氨基合成过程中利用荧光来标记异常朊蛋白 C-末端的 218～232 这段多肽，并以该多肽作为抗原表位来获得抗体。用传统方法从动物身上得到血浆后用蛋白酶 K 处理以破坏正常的朊蛋白，随后提取异常朊蛋白，然后与抗体混合物进行共同培养，最后利用毛细电泳法检测。通过测定结合抗体对游离抗体的比值可对结果进行测定，与对照相比，峰比值超过 70% 表示阴性。所有的不患有传染性海绵状脑病的动物的峰比值和对照相比超过 75%，而患有传染性海绵状脑病的动物则表现出游离抗体的大量增加以及相应结合抗体峰的下降，该结果和免疫印迹得到的结果具有相关性。这种方法为早期和潜伏期检测传染性海绵状脑病带来了希望，尤其是可以进行活体检测。

　　伯凌根-因格海姆制药公司也开发了一种血液检测方法，这种方法与检查糖尿病用的血糖测试法相似。先将从病牛身上分离出来的牛海绵状脑病抗酶用发光剂进行处理，然后将其与从受检牛身上抽的血样进行混合，接着用一种洗涤剂清洗掉其中的细菌、病毒等所有干扰成分。经过发光剂处理的抗酶会在血样中寻找牛海绵状脑病病原体，一旦发现就会立即标识。这样，检测人员就可以根据染色法来判定受检对象是否已经感染了牛海绵状脑病。这种检测方法仅需要 20min 便可得到结果。但这种方法的可靠性和有效性尚待证实。

也有公司开发出死前检测方法，可以通过对外周血液的检查进行牛海绵状脑病诊断，如 DELFIA（R）荧光免疫分析技术，可以分析人血和其组成中的 PrP^C，而 PrP^C 大多数发现存在于血浆（68.5%）和血小板（26.5%）中。

第七节　蛋白质错误折叠循环扩增技术

一、概述

除了在发病动物脑组织中有大量的朊病毒（scrapie prion protein，PrP^{Sc}）存在外，其他组织中 PrP^{Sc} 含量较少，因此目前的检测手段多用于晚期诊断，同时受限于动物脑组织活检标本的采集和提供，阻碍了早期诊断技术的开发与应用。临床上需要有一种能够敏感检测到微量 PrP^{Sc} 存在的技术方法，不仅仅能够检测出动物在临床症状出现前脑组织中存在的微量 PrP^{Sc}，同时也能够从其他组织中包括血液、脑脊液等组织中检测到 PrP^{Sc}。

蛋白质错误折叠循环扩增（PMCA）技术，是 Saborio 等在 2001年首次提出的体外朊病毒扩增方法，这一方法类似于 DNA 的 PCR 扩增技术，将少量的含有 PrP^{Sc} 的脑匀浆和大量的含有 PrP^C 的正常脑匀浆按照一定的比例混匀，之后进行恒温孵育，在一定条件下诱导 PrP^C 转

化为 PrP^{Sc}；再通过超声破碎仪将聚集的 PrP^{Sc} 超声破碎，形成更多的"PrP^{Sc} 种子"，这些单体的 "PrP^{Sc} 种子"继而诱导更多的 PrP^{C} 转化并形成新的 PrP^{Sc}。这一过程多次循环后可产生大量的 PrP^{Sc}，从而使得检测样品中微量的 PrP^{Sc} 得以扩增，能够被常规的免疫印迹法检测到。

二、原理和影响因素

PMCA 扩增的每一个循环中包括两个过程。在第一个过程中，含有微量 PrP^{Sc} 的样本与含有大量 PrP^{C} 的脑组织混合，在恒温孵育过程中，促进微量 PrP^{Sc} 聚合体的产生。在第二个过程中，新产生的 PrP^{Sc} 聚合体超声破碎，并成为 PrP^{C} 转化的新的种子。每一次的循环过程中，种子会呈现指数级的增长，极大地加速了错误蛋白的转化。为了达到检测所需要的足够的 PrP^{Sc} 含量，可以通过增加循环次数获得。目前认为转化所需要的底物——正常动物脑匀浆中含有一些特殊的细胞成分，才得以保证转化高效进行。一些替代物如重组表达的朊蛋白也可以发生转化，但转化效率远远低于脑组织匀浆。

PMCA 中错误蛋白的扩增效率受很多因素的影响。这些因素包括孵育温度、体系 pH、底物浓度、种子类型和底物、溶液中去污剂浓度以及超声的能量和时间等。转化缓冲液为 PBS，含有 NaCl 0.15mol/L、1％的 Triton X-100，也可以添加少量的 SDS，浓度可根据不同的扩增样本进行调整。以 pH7.0～7.3 获得的转化效率最好。转化缓冲液中成分的微小变化都会明显影响扩增的效率。超声设备主要为 Misonix 公司的 Sonicater 3000 和 4000，其他公司生产的用于 PMCA 的超声仪也见于文献报道。已经用于 PMCA 扩增的样本包括脑组织匀浆、血液样本、组织样本（脾脏、肌肉等）、体液样本（脑脊液，cerebrospinal fluid，CSF）、唾液、乳液、尿液和粪便等。样本尽量低温保存，并避免反复冻融。用于扩增的底物包括脑组织匀浆、细胞、脂筏以及纯化的 PrP^{C}，以脑组织匀浆作为底物的效率最高。血纤维蛋白溶酶原、阳离子以及血液中的一些不明成分会对 PMCA 的扩增产生抑制现象，因此在做样本处理时，尽量避免含有这些成分。

　　PrP^{Sc}生成过程中形成的聚集体的破碎程度，对反应的效率有重要的影响。采用不同的方法适度增加 PMCA 中超声破碎的功率会提高扩增效率，但当达到临界点时扩增效率便不再增加甚至会降低。破碎不彻底或破碎分子太小都会降低效率。因此超声强度的控制，包括时间和功率都会影响扩增的效率。在体系中添加一些能够促进聚合物破碎的物质，如聚四氟乙烯和乙缩醛等材料制成的珠子，也能够促进转化的进行。

　　PrP^{Sc}的 PMCA 体外扩增同样需要一些不明成分的细胞因子参与。一些研究显示，这些成分主要存在于细胞膜的脂筏结构中。PrP^{C}蛋白通过其自身结构中的磷脂酰肌醇锚定于脂筏结构，在空间上保证了其与这些细胞因子的接近。当用磷脂酶处理 PrP^{C}从而影响 PrP^{C}在脂筏上的定位时，PMCA 中 PrP^{Sc}的生成严重受阻。纯化的 PrP^{C}重组蛋白与 PrP^{Sc}混合后进行 PMCA，并不能有效生成新的 PrP^{Sc}。当体系中加入核苷酸聚合物如 polyA 和 polyT 等时，能够提高 PrP^{C}向 PrP^{Sc}的转化。这些因子可能存在于大多数哺乳动物的组织中，包括脑、脊髓、肝脏等。此外，少量的还原型辅酶Ⅱ（NADPH）也可以促进 PrP^{C}向 PrP^{Sc}的转化。与其结构相似的氧化型辅酶Ⅰ（NAD）和氧化型辅酶Ⅱ（NADP），还有硫酸化多糖、RNA、DNA 和一些分子伴侣也有类似的功能，在 PMCA 体系中直接促进 PrP^{Sc}的形成。硫酸多糖促进转化的原因被认为是通过促进或者稳定 PrP^{C}和 PrP^{Sc}的相互作用，从而加速 PrP^{Sc}的形成。

　　金属离子对 PMCA 有不同的作用。PrP^{C}蛋白虽然结构上有结合金属铜离子的功能，但铜离子对 PMCA 不产生任何作用，原因并不清楚。低剂量和高剂量的锰离子、镍离子以及锌离子都能够不同程度地促进 PrP^{Sc}的形成。

三、蛋白质错误折叠循环扩增技术分类

　　蛋白质错误折叠循环扩增技术（PMCA）根据操作的具体步骤不同，可以分为标准 PMCA 和连续 PMCA 技术。标准 PMCA 是将种子 PrP^{Sc} 加入到底物中进行多个循环的超声，超声结束后对产物进行检测。连续 PMCA 是在标准 PMCA 的基础上，将其产物再次加入到新的底物中进行多循环超声，超声结束后再取出产物加入到新的底物中，如此反复，与 DNA 扩增中的多次 PCR 类似。连续 PMCA 能够在标准 PMCA 的基础上更进一步提高试验的敏感度。

　　PMCA 衍生出的一些方法还包括 rPrP-PMCA，是指用重组的 PrP^{C} 代替动物脑组织匀浆作为底物，进行扩增，特点为底物成分较为单一。因此，可用改造的 PrP^{C} 代替正常的 PrP^{C}，或者向体系中添加一些特殊成分，对 PrP^{Sc} 的转化机制进行研究。PMCAb 方法是在反应体系中加入聚四氟乙烯和乙缩醛等材料制成的珠子，在同样 PMCA 的反应条件下，能够大大提高体系中 PrP^{Sc} 的产出。一般认为标准 PMCA 反应体系中 PrP^{C} 的转化效率大约为 10%，而在 PMCAb 中 48 个循环后检测的灵敏度能够提高 $2\sim3$ 个数量级。分析原因认为，当体系中有珠子存在时，能够协助超声破碎，使新生成的 PrP^{Sc} 能够更为彻底的破碎，形成新的感染种子。这种方法缩短了早期检测的时间，提高了风险评估的可靠性，具有较好的应用价值。qPMCA 技术是用于定量检测样品中 PrP^{Sc}，PMCA 扩增的最终产物的多少与检测样品中 PrP^{Sc} 的量以及扩增的循环次数有关。将纯化的 PrP^{Sc} 去糖基化，用免疫印迹法得到 PrP^{Sc} 信号，将此信号与标准品重组表达的 PrP^{C} 的信号进行比较，推算其浓度；然后根据加入试管中 PrP^{Sc} 的量和 PMCA 的循环数，通过标准曲线和测定未知样本所需的 PMCA 循环数，就可以估算出样品中 PrP^{Sc} 的含量。

四、蛋白质错误折叠循环扩增技术的应用

　　蛋白质错误折叠循环扩增技术（PMCA）的出现使得检测微量 PrP^{Sc} 的存在成为可能。在动物出现临床症状之前，就能从其组织中检测出 PrP^{Sc} 的存在，实现了早期诊断的可能。另外，在诊断过程中，避免采集动物或者人的脑组织造成的伤害，通过血液或者其他体液就可以实现 PrP^{Sc} 的检测，这就为实现传染性海绵状脑病的早期高效无损检测提供了好的应用前景。同时 PMCA 能够用于动物内脏组织、体液、粪便以及污染物的检测，扩大了应用范围，提高了环境检测和控制疾病传播的能力。而定量 PMCA 可以估算出感染的程度以及各种灭菌方法的效果，在生物实验室安全和环境监测中具有良好的应用前景。

　　在英国牛海绵状脑病暴发流行之后，对传染性海绵状脑病的检测方法主要依赖于传统的神经病理学检测以及蛋白免疫印迹法。这些检测技术需要以脑组织为检测样本，以检测到神经组织中特殊的神经病理学改变以及脑组织中 PrP^{Sc} 的存在为诊断依据。感染动物在潜伏期中缺少临床症状，且一些易获得样本如血液、脑脊液、乳液、唾液等中 PrP^{Sc} 含量很低，难以通过常规方法检出，这就导致动物性食品安全成为一个重要的问题。而 PMCA 方法的出现，使检测微量 PrP^{Sc} 成为可能。

　　实验动物的结果证实了这一点。实验动物仓鼠在接种毒种后 2 周，尚未出现任何临床症状时，已经可以利用 PMCA 方法从脑组织中检测出 PrP^{Sc} 的存在。牛在接种毒种 32 个月后，用常规免疫印迹法检测为阴性且无任何临床表现时，用 PMCA 方法也可以检测到脑组织中的 PrP^{Sc}。随着 PMCA 检测技术的发展，检测范围也在扩大，包括实验条件和自然条件下发生的传染性海绵状脑病，包括仓鼠 263K、RML 小鼠痒病因子、羊痒病因子、山羊痒病因子、牛海绵状脑病以及人的散发和变异型克雅氏病。在不同的实验条件下，这些不同来源的毒株都实现了 PMCA 扩增。扩增出的 PrP^{Sc} 保持了与种子毒株相似的免疫印迹带型以

及生化特征。对患病晚期鹿的口腔液、泌尿生殖系统和肠胃组织进行分析，结果显示在这些组织中存在 PrP^{Sc}，其中唾液腺、膀胱和小肠中含量较高。连续 PMCA 不仅可以检测出潜伏期动物的乳液、粪便和唾液中 PrP^{Sc} 的存在，也可以检测到发病期动物的乳液、粪便、尿液和唾液中的 PrP^{Sc}。在患病羊的精液中也检测到了 PrP^{Sc} 的存在，为证明该病的垂直传播提供了科学依据。

PrP^{Sc} 在血液中含量很低，但处于潜伏期感染的变异型克雅氏病患者的血液具有传染性。2005 年，Castilla 等首次报道了利用 PMCA 技术对血液中的 PrP^{Sc} 的检测。试验以正常仓鼠脑匀浆为底物，利用连续 PMCA 技术，对一定数量的发病仓鼠和健康仓鼠血液中存在的 PrP^{Sc} 进行检测，通过对试验数据的统计分析，得出敏感性为 89%、特异性为 100% 的结论。第一次显示出可以通过 PMCA 技术对血液中的 PrP^{Sc} 进行检测。2006 年，Saa 等利用 PMCA 技术对潜伏期仓鼠的血液进行了检测，结果显示在潜伏期的大部分时间内均可检测到感染仓鼠血液内的 PrP^{Sc}。在无症状期检测出感染动物血液中的 PrP^{Sc}，为发展一种在感染早期检测血液中 PrP^{Sc} 的诊断方法提供了可能，同时也为减少医源性感染、降低变异型克雅氏病在人群中流行暴发的风险提供了技术保障。

鹿慢性消耗性疾病是动物朊病毒病中的一种，也是目前已知的唯一能在野生动物之间水平传播的疾病。鹿慢性消耗性疾病的水平传播可能是通过受 PrP^{Sc} 污染的唾液、粪便和尿液等进行传播。虽然 PrP^{Sc} 主要在感染动物的中枢神经系统聚集，但在一些外周组织和体液中也可检测到传染性海绵状脑病的感染性。2007 年，Murayama 等首次报道利用连续 PMCA 技术，对试验中分别经过颅内和经口两种途径感染的羊瘙病因子的仓鼠尿液中的 PrP^{Sc} 进行检测，结果显示经颅内感染的仓鼠在症状期和疾病的终末期尿液中可以检测出 PrP^{Sc} 的存在；经口感染的仓鼠在感染 $3\sim4d$ 后即可在其尿液中检测到，但随后 PrP^{Sc} 会在尿液中消失，直至进入疾病的终末期才能再次检测到 PrP^{Sc} 的存在。该试验为研究朊病毒的传播途径、致病机制和预防水平传播提供了依据。

对痒病传染性的研究表明，患病羊污染的羊舍 16 年后仍具有传染性，推测环境中的 PrP^{Sc} 的传染性能长时间保持。对土壤中 PrP^{Sc} 的研究显示，附着在土壤颗粒以及石英颗粒、蒙脱石和高岭石等载体表面的 PrP^{Sc} 的侵染性都得到了提高。分析原因可能是当 PrP^{Sc} 与这些颗粒结合后使得其构象或聚集状态发生改变而更适合其传播。因此，PMCA 还可以对物品及环境中的微量 PrP^{Sc} 进行检测，从而更好地控制传染性海绵性脑病的传播。

PMCA 方法也可用于样品中 PrP^{Sc} 含量的估算。qPMCA 方法可用于神经组织、脾脏、肝脏、血液和尿液等组织和器官中 PrP^{Sc} 的浓度测定。用连续 qPMCA 对鹿感染性脑匀浆组织 PrP^{Sc} 的检测限度可达到 6.7×10^{13} 稀释度，而利用生物化学标记方法则为 10^7 稀释度。且这种检测方法适用于所有菌株和物种的 PrP^{Sc}。利用 qPMCA 测定发病仓鼠的脾脏、血沉棕黄层、血浆和尿液中 PrP^{Sc} 的含量，分别是脑组织中的 10^{-6}、10^{-8}、5×10^{-10} 和 10^{-11} 倍。定量检测技术的建立在疾病诊断、治疗效果的评估、药物筛选和环境监测方面具有重要的作用。PMCA 甚至可以检测出一个 PrP^{Sc} 分子。利用 PMCA 技术在一些羊场 $20cm^2$ 的容器污染物表面检测到含有 2.4×10^{-15} g PrP^{Sc}。因此，PMCA 不仅能对生物体还可以对环境污染程度进行定量分析，从而对环境的安全性进行评估。又由于 PrP^{Sc} 对理化灭活有较高的抗性，因此可以通过 qPMCA 方法检测 PrP^{Sc} 的含量变化进而对消毒剂进行评估。

五、结论和展望

PMCA 技术的出现为哺乳动物组织中微量 PrP^{Sc} 的检测提供了重要的手段和方法，方便样品采集的同时大大提高了传染性海绵状脑病的早期检测和灵敏度。该技术检测对象范围广，提高了环境监测和控制疾病传播的能力。而定量 PMCA 技术的应用为评估感染程度和各种灭菌方法提供了有效的技术支持。

　　PMCA 一方面为检测提供有效的手段，另一方面 PMCA 技术使 PrP^C 到 PrP^{Sc} 的扩增得以在体外实现。实验动物和自然发病动物的传染性海绵状脑病，其潜伏期漫长，需要几个月甚至几年时间，而 PMCA 缩短了 PrP^{Sc} 的转化过程，为研究 PrP^{Sc} 产生的机制及结构转化影响因素提供了一个基本的技术平台。可以通过这个平台寻找对转化有抑制作用的物质，筛选临床治疗的靶点。在临床治疗过程中，又可通过 PMCA 技术对不同组织和体液中 PrP^{Sc} 的动态变化进行观察，从而为药物设计、筛选和药效的评价提供支持。

　　总之，随着 PMCA 技术的发展和对其原理的了解，其必然会对传染性海绵状脑病的病理机制、诊断和治疗提供强大的技术支持。

第八节　检测实验室的质量管理和生物安全管理

一、概述

　　传染性海绵状脑病是一类侵袭人及多种动物中枢神经系统的退行性脑病，潜伏期长，病死率 100%。其致病因子是朊病毒。朊病毒为微小的蛋白感染颗粒，不包含核酸，与常规病毒不同。目前认为朊病毒是由在正常哺乳动物脑组织中存在的 PrP 蛋白（PrP^C）经过构象转变而形成，又称 PrP^{Sc}。在中枢神经组织中可以检出异常致病蛋白 PrP^{Sc} 的沉积，但不同的朊病毒病具有不同的特点，主要表现在临床特征、潜伏期、脑组织中 PrP^{Sc} 的分布、脑组织损伤的特点、能否诱导淀粉样变化以及朊病毒的分子特征等，具有明显的"毒株"差异。虽然朊病毒不同于传统病毒，但其具有一定的传染性，因此存在生物风险。

二、朊病毒病原学特点

朊病毒为微小的蛋白感染颗粒，缺乏单元结构是朊病毒与其他病毒在超微结构上的一个重要区别。单个朊病毒体积非常小，最小感染形式的朊病毒仅为最小常规病毒的 1% 大，且致病能力非常强。从动物模型的研究来看，感染滴度低的为每克组织 LD_{50} $10^{6.5} \sim 10^{6.7}$，高的可达每克组织 LD_{50} $10^{8.1} \sim 10^{8.7}$。体外增殖试验证明每个 LD_{50} 大约为 1.4×10^{8} 个 PrP^{Sc} 单体。

三、朊病毒的传播途径及灭活方式

牛海绵状脑病朊病毒的自然宿主和实验感染宿主范围较广，如小鼠、绵羊、山羊、猪、猫、羚羊、金丝猴等动物皆可表现出典型的海绵状脑病。PrP 对理化因素有极强的抵抗力，一旦污染环境将在较长时期维持传染状态，并通过不同途径引起生物种群间的水平传播。PrP 的传播可来自不同的机制。主要包括可通过消化道传播、破损皮肤、血液途径、医源性、吸血媒介以及牛羊存在水平和垂直传播。消化道传播为其主要途径，主要通过食用感染或污染的牛、羊肉及其制品，其次为动物脂肪、明胶制造的糖果、食品等。使用牛、羊组织（器官）生产化妆品（口红、羊胎盘素、嫩肤霜等）可潜在通过破损皮肤感染。在屠宰加工牛、羊肉的过程中亦可通过此途径传染。使用或接种牛血清、牛肉浸膏生产的疫苗，用人、动物组织（垂体、胸腺）生产的胸腺肽、生长激素等可通过血液途径进行传播。人可经输血感染牛海绵状脑病。神经外科手术中污染器械的不当灭活，以及组织移植（角膜、硬脑膜等）、脑部电极植入等可导致医源性传播。

85% 朊病毒病病人为散发型病例，病因不明。但是，医源性克雅氏病可通过手术而导致传播，如神经外科手术、硬脑膜移植、角膜移植、脑垂体提取物注射等，目前已有 150 多例报道。变异型克雅氏病是人食用了感染牛海绵状脑病的牛肉制品导致的，截至 2012 年 12 月，224 例变异型克雅氏病病例的出现证明，朊病毒可通过消化道感染，而且有 3 例通过输血传播变异型克雅氏病的报道。近年来，还有朊病毒通过气溶胶传播的实验研究报道。因此，朊病毒可通过多种途径传播，从事朊病毒实验室检测的工作人员要做好安全防范工作。

　　朊病毒能够通过平均孔径小至 20～100μm 的滤器，对热、多数化合物和光化学反应的灭活作用有非常强的抗性，但可被强碱溶液灭活。实验室相关的废弃物应在相应的实验室进行 134℃高压灭菌 1h，或者 20 000mg/kg（5％次氯酸钠）、2mol/L NaOH 浸泡 1h 处理。一次性锐器可在 2mol/L NaOH 浸泡 1h 后，放入适当的容器焚烧；但滴洒或污染有病人血液或其他组织的样品可用 20 000 mg/kg 游离氯的 NaCl 或 2 mol/L NaOH 表面覆盖浸泡 1h 灭活。

四、组织风险分析

　　传染性海绵状脑病感染动物及人的脑、脊髓、脊神经节、硬脑（脊）膜、脑神经（结）、眼（视网膜、视神经）等组织均为高风险组织，此类组织中的朊病毒含量较高，涉及此类组织的实验活动时尤应注意。朊病毒病病人的角膜、嗅球为中度风险组织，但此类物质的采集较为困难。变异型克雅氏病病人的扁桃体、脾脏、淋巴结、阑尾等组织也为中度风险组织。脑脊液、血液、肾脏、肝脏、背根神经节、胎盘、骨髓等为低风险组织。虽然脑脊液和血液中使用常规方法难以检出朊病毒存在，但通过蛋白质错误折叠循环扩增（PMCA）技术证实这些组织中朊病毒的存在，因此脑脊液和血液也视为风险组织。

五、朊病毒实验室实验活动风险评估

　　根据《病原微生物实验室生物安全管理条例》中的有关规定，《人间传播的微生物名录》人的朊病毒属于第二类。在 BSL-3 实验室进行的实验活动包括：所有的动物实验均应在生物安全三级实验室进行；病牛组织、感染性实验动物组织、细胞感染性实验等；变异型克雅氏病病人组织、感染性实验动物组织、细胞感染性实验及其他含感染成分的实验。在 BSL-2 实验室进行的实验活动包括：感染了羊痒病因子的各种组织及相关实验；细胞感染性实验；克雅氏病病人血液、脑脊液和脑组织的检测、组织培养等。在 BSL-1 实验室进行的实验活动包括：无感染性的 PrP 蛋白、基因的相关研究，包括利用原核、真核及哺乳动物细胞系统的实验工作。

　　朊病毒实验室常规进行的实验活动主要有动物及人患者（或尸检）脑组织病理学检测——HE 染色，PrP^{Sc} 的 Western-blotting 和免疫组织化学检测，脑脊液的 14-3-3 检测和病人血液提取核酸进行朊蛋白测序。此类实验活动具有不同的风险，应做好组织的灭活工作，确保实验人员自身的安全和环境的安全。

　　1. 脑组织样本采集风险　脑组织样本采集涉及脑组织的活检或尸检；脑组织中的 PrP^{Sc} 含量较高，从事这类活动应充分考虑组织中朊病毒带来的风险，应佩戴防切割手套，应使用一次性手术器械。采集过程应防止切割伤，一旦出现切割伤应使用大量流水冲洗伤口。

　　2. 病理学检测和免疫组化检测风险　病理学检测出脑组织中出现海绵样变或/和免疫组化检测存在 PrP^{Sc} 是朊病毒确诊诊断的重要手段。开展此类活动时需要将组织分区固定，然后进行组织切片、HE 染色或 PrP^{Sc} 的免疫学检测。此类实验活动的风险重点应在组织固定后进行朊病毒的灭活。通常使用大于 96％的甲酸处理组织块 1～2h，组织块不宜过大，否则甲酸难以浸透。朊病毒经充分灭活后进行组织的包埋。经过灭活后，组织中朊病毒的风险将大大降低。组织切片、HE 染色和免疫组化产生的废液经过 134℃ 高压蒸汽消毒或 2mol/L 的 NaOH 处理。

3. 脑组织 PrP^{Sc} 的 Western blotting 检测风险　此类检测的主要风险存在于脑组织匀浆的制备过程。气溶胶是实验室生物安全中重点防范的环节之一。而脑组织匀浆制备过程中将可能产生大量的气溶胶，使得实验室人员具有一定的风险，还可能造成环境污染。匀浆前的脑组织应在生物安全柜内剪碎，应佩戴防切割手套，避免切割伤。为了避免气溶胶的产生，可以用密闭容器中的匀浆器对组织块进行匀浆，严禁使用玻璃组织匀浆器。组织匀浆经蛋白酶 K 消化后，使用含 1% 的 SDS 上样缓冲液煮沸后可以灭活朊病毒。一旦出现朊病毒污染的器具刺伤皮肤，立即使用自来水冲洗。

4. 脑脊液和血液样本检测风险　由于脑脊液和血液中的朊病毒含量极低，风险相对较低。鉴于朊病毒对环境的抵抗能力很强，因此，脑脊液的 14-3-3 检测和血液提取核酸进行朊蛋白序列检测时，仍需加强防护。脑脊液样本的处理与脑组织匀浆的处理相同，经 1% 的 SDS 上样缓冲液煮沸以灭活朊病毒。血液样本提取核酸后，废弃物经过 134℃ 高压蒸汽消毒或 2mol/L 的 NaOH 或次氯酸钠处理。操作时若出现滴、洒、漏现象，一定要用纸巾覆盖污染物，再喷洒消毒剂在覆盖物上，不得小于 1h，然后再清洗表面。尽可能使用一次性的塑料器皿，且这些器皿用后可视如干燥废弃物一样处理和丢弃。除了在发病动物脑组织中有大量的 PrP^{Sc} 存在外，其他组织中 PrP^{Sc} 含量较少，同时也受限于动物脑组织活检标本的采集和提供，因此目前的检测手段多用于晚期诊断。

鉴于朊病毒的特点，通过组织培养将人来源的朊病毒进行扩增的技术开展较为缓慢。因此，各类实验活动可按照《人间传播的微生物名录》的要求在相应级别的实验室进行。实验证据表明，该病原体对下列措施均有耐受性：煮沸、冷冻、乙醇、碘、去垢剂、有机溶剂、甲醛、紫外线和标准的高压蒸汽灭菌法，因此，需使用特殊的灭活方式。朊病毒具有多种传播方式，实验室内不同方法处理感染性组织的过程中具有一定的生物安全风险。因此，实验操作应在生物安全柜中进行，防止出现切割伤、防止气溶胶传播是朊病毒生物安全重要的预防措施。

六、实验室检测的质量管理

目前朊病毒病常用实验室诊断技术包括：脑组织的 PrP^{Sc} 免疫（Immunohistochemistry，IHC）检测、脑组织的 PrP^{Sc} 的蛋白免疫印迹（Western blotting）检测、人脑脊液的 14-3-3 蛋白的 Western blotting 检测和人血液样本朊蛋白的基因检测。其中，脑组织中检测出异常存在的 PrP^{Sc} 是朊病毒病确诊的最终依据。人血液样本中朊蛋白的基因异常，是遗传性克雅氏病的重要诊断依据。而人脑脊液 14-3-3 蛋白的检出以及阳性，结合典型临床表现可将疑似患者诊断为临床克雅氏病。实验室检测是目前朊病毒病诊断和检测的重要依据，要求实验检测的结果稳定、可靠。朊病毒检测结果的质量保证与质量控制是保证朊病毒检测实验室正常运行及能力建设的关键。

（一）脑组织 PrP^{Sc} 蛋白免疫印迹检测的质量控制特点分析

组织中 PrP^{Sc} 的检出是朊病毒病诊断的金标准，因此，检测结果的准确、可靠直接关系到朊病毒病的诊断。该方法是根据 PrP^{Sc} 蛋白的生化特点，即经蛋白酶 K 消化后分子量变小（部分抵抗蛋白酶 K 消化）的特点而建立的。通过提取脑组织蛋白，经蛋白酶 K 水解后进行常规 Western blotting。经显色后，根据蛋白酶抗性的蛋白条带（PrP^{Sc}）的位置和带型，对照标准进行判定。该方法与其他常规 Western blotting 技术的注意事项相同，如 SDS-PAGE 胶的质量、蛋白转印的效率控制，以及抗体孵育后膜的洗涤、显色时间的控制等。此外，针对朊病毒的检测，该技术质量控制的关键环节为蛋白酶消化。由于不同类型朊病毒病

的脑组织 PrP^{Sc} 含量、蛋白酶的抵抗特点不相同，因此，应先进行初步判断，从而确定蛋白酶 K 的用量。一般对于牛海绵状脑病标本蛋白酶 K 的工作浓度为 50 $\mu g/mL$；对于散发型克雅氏病患者脑组织中 PrP^{Sc} 的消化，蛋白酶 K 的工作浓度为 20 $\mu g/mL$，消化时间为 1～2 h；而对于致死性家族失眠症患者，蛋白酶 K 的工作浓度为 5 $\mu g/mL$，且消化时间不超过 30 min。

（二）脑组织 PrP^{Sc} 的 IHC 检测的质量控制特点分析

该方法不仅能够检出 PrP^{Sc}，而且还能够判断 PrP^{Sc} 在脑组织中的分布特点。原理为组织切片上的抗原抗体反应。除了常规免疫组化注意事项外，针对朊病毒感染的脑组织检测还应注意样品固定时间、抗原修复的方法及变性方法的选择。固定的目的之一是最大限度地保存组织细胞的抗原性。组织标本离体后 30 min 内应放入固定液或低温保存，固定时间 8～24 h 为宜。固定液为 10％中性缓冲甲醛溶液，固定液的量应为组织块体积的 4～10 倍。

固定后的组织须经抗原修复，恢复抗原的免疫反应性。抗原修复的好坏直接影响着免疫组化检测结果的可靠性。朊病毒病感染脑组织常用热修复，包括高压加热和微波加热两种，其原理是以热效应来引导抗原决定簇重新暴露。热修复法影响抗原修复的关键因素有两个：温度至少要达到 100℃，时间 3～20 min；修复液的 pH 应为 7.5～8.5。

PrP^{Sc} 具有抵抗变性剂和蛋白酶水解的作用，组织切片经高压水解、变性剂或蛋白酶充分处理后，以朊蛋白特异性抗体进行免疫组织化学染色，光学显微镜下即可观测 PrP^{Sc} 蛋白沉积。常用高压水解（121℃，双蒸水）10 min；或微波炉（高功率挡，双蒸水）3 次，每次 5 min；或用 4 mol/L 异硫氰酸胍浸泡 2 h（4℃），以达到充分破坏 PrP^{C} 并暴露 PrP^{Sc} 的作用。

由于标本组织来源不同，抗原含量不等，显色反应所需时间不可能完全一致。另外，即使是同一种抗体，由于产品批号不同，其效价亦有可能存在差异。因此，对新购进的抗体一定要进行预试验，找出最佳条件并进行记录。此外，组织浸液的温度，切片烘烤的温度、时间控制及实验操作过程中的室内温度等，都是影响免疫组化检测质量的重要因素。因此，耐心细致的工作态度，标准化、规范化的操作是完成实验的基本保证。

（三）人脑脊液的 14-3-3 检测的质量控制特点分析

信号转导蛋白 14-3-3 是一组高度保守的具有调节作用的蛋白质家族，目前认为有 7 个亚型，广泛分布于真核生物细胞内，在哺乳动物脑组织中含量为 13.3 $\mu g/mL$，约占脑蛋白总量的 3%，主要位于神经元。正常脑脊液中检测不到 14-3-3 蛋白，但在发生一些神经系统疾病时，神经元受到损伤，脑脊液中的 14-3-3 蛋白即可被检测到。据统计，85%～90% 的散发性克雅氏病患者的脑脊液中 14-3-3 蛋白可被检出。因此，脑脊液中检出 14-3-3 已成为克雅氏病临床诊断标准之一。该检测技术的基本原理为脑脊液样品的 Western blotting 检测，在 30 kD 左右出现特异性条带。其常规质量要求与 PrP^{Sc} 的 Western blotting 相同。但 14-3-3 的 Western blotting 对脑脊液样本的质量要求较高，患者应排除其他神经系统疾病，没有脑出血症状、脑脊液不能变黄、脑脊液不能出现红细胞和白细胞（RBC＞500 个/mL，WBC＞10 个/mL）。否则会出现假阳性结果，严重干扰诊断，甚至造成误诊。同时，应设置阳性对照，如使用 10% 的羊脑匀浆。

（四）血液的 PRNP 序列测定的质量控制特点分析

人朊病毒病除了散发性克雅氏病、变异型克雅氏病，还存在家族型朊病毒病，即朊蛋白基因发生特定区域或位点突变。就目前的研究结果显示，朊蛋白基因大约出现有 40 多种特异性位点突变而引起家族型朊病毒病。同时，也存在多种多态性变化如 129、219 位多态性变化。这些多态性与朊病毒的易感性密切相关。因此，朊蛋白基因检测是整个朊病毒病实验室检测技术的重要组成部分，同时，也是遗传型朊病毒病的确诊依据。目前，朊蛋白的检测即通过特异性的引物进行 PCR 扩增朊蛋白的开放阅读框，测序确定朊蛋白是否存在插入、缺失或点突变。PCR 反应的操作应严格按照四区划分的原则进行试剂分装、核酸提取、PCR 扩增和核酸电泳。在整个 PCR 扩增过程应防止 DNA 污染，如试管、加样吸头、手套等。不同区域的仪器设备及所用物品包括加样器、吸头、离心管、手套、工作服、实验室记录等不能混合使用。实验室日常应保持清洁，避免污染，非 PCR 实验室的人员严禁进入。使用紫外线照射法进行室内控制核酸污染，使用 1 mol/L 盐酸溶液随时处理操作过程中产生的废弃物。在 PCR 试验中设置阴性、阳性对照以监测 PCR 整个过程中可能出现的污染。

实验室检测的质量控制涉及多个环节，一般来说，影响实验室检测结果的因素包括人员、设备、设施与环境条件、样品、方法、溯源性及与结果有关的材料等，如将上述影响因素控制好，即可保证检测结果的准确、可靠。朊病毒为微小的蛋白感染颗粒，缺乏单元结构是朊病毒与其他病毒在超微结构上的一个重要区别。其自身特有的这些生物学特点，说明其实验室检测的质量要求也不同于其他传染病检测的质量要求。朊病毒检测实验室应采取合理有效的质量控制手段，监控实验室检测工作的全过程，预见到检测中可能出现问题的征兆并及时发现问题的存在，使实验室可有针对性地采取纠正措施或预防措施，保证检测结果的准确性。朊病毒实验室应积极组织参加实验室能力验证。利用多种手段，如对盲样检测、留样检测、人员比对、方法比对等验证检测工作的可靠性及稳定性进行确定，定期使用标准物质对检测结果进行重复检测。通过对标准物质的检测来完成仪器的期间核查，判断仪器是否处于正常状态并对其进行校准。实验室自身组织实验室间比对活动时，首先应选择一个性能稳定的样品作为比对样品，规定比对路径，确定比对方案及评价方法，然后按预先确定的方案实施，最后进行实验室比对结果的评价，编制评价报告（表 6-2）。

表 6-2 常见朊病毒病实验室诊断检测方法的质量控制关键环节比较

分类	检测目的	检测方法	检测意义	质量控制关键环节
脑组织 PrP^{Sc} 的 Western-blotting 检测	异常朊蛋白	Western-blotting	确诊诊断	蛋白酶 K 的浓度和消化时间
脑组织 PrP^{Sc} 的 IHC 检测	异常朊蛋白	IHC	确诊诊断	脑组织 PrP^{Sc} 的暴露和正常朊蛋白的去除
脑脊液的 14-3-3 检测	14-3-3 蛋白	Western-blotting	辅助诊断	脑脊液的质量
血液的朊蛋白序列测定	朊蛋白基因	PCR 和测序	家族型和多态性检测	核酸污染造成的假阳性

总之，相关检测人员可对本实验室检测工作中各环节进行有效的监督和管理，并对可能出现的异常结果进行识别、记录、报告和分析。根据所开展的实验室检验项目，有计划、有目的地开展实验室人员能力和方法的比对，定期维护仪器设备，稳定和提高实验室检测水平。

参考文献

Atarashi R I，Moore R A，Sim V L，et al. 2007. Ultrasensitive detection of scrapie prion protein using seeded conversion of recombinant prion protein [J]. Nat Methods. 2007 Aug；4（8）：645-50. Epub Jul 22.

BMBL. 2007. Section VIII-H. Prion Diseases. Biosafety in Microbiological and Biomedical Laboratories，5th ed. Centers for Disease Control and Prevention，National Institute of Health，U. S. Department of Health and Human Services.

Castilla J，Saá P，Morales R，et al. 2006. Protein misfolding cyclic amplification for diagnosis and prion propagation studies [J]. Methods Enzymol，412：3-21.

Makarava N，Savtchenko R，Baskakov I V. 2013. Selective amplification of classical and atypical prions using modified protein misfolding cyclic amplification [J]. J Biol Chem，Jan 4；288（1）：33-41.

Saborio G P，Permanne B，Soto C. 2001. Sensitive detection of pathological prion protein by cyclic amplification of protein misfolding [J]. Nature, Jun 14; 411 (6839): 810-813.

World Organisation for Animal Health (OIE). 2004. -Bovine Spongiform Encephal-opathy, Chapter 2.3.13. In Manual of Diagnostic Tests and Vaccines for Terrestrial Animals, Volumes I and II, 5th Ed. OIE, Paris.

World Organisation for Animal Health (OIE). 2006. -Evaluation of country's status for bovine spongiform encephalopathy.

第七章

流行病学
调查与监测

第一节　基本概念

　　兽医流行病学是研究疾病和卫生事件在动物群体中的分布情况、发生原因以及发展规律，制定防控措施、评估防控效果的一门学科。鉴于该学科典型的群体特征、多学科融合特征、实践特征和动态发展特征，有必要对有关概念加以简要介绍。

一、兽医流行病学中的基本概念

（一）流行病学单元与群

　　1. 流行病学单元（epidemiological unit）　是指具有明确的流行病学关系、暴露于某一病原的可能性大体相同的动物或动物群，如处于同一环境（如同一个圈舍、共用同一个草场）或饲养管理方式相同的动物。流行病学单元可以是单个动物个体，也可以是动物群体，但通常是指一个动物群。流行病学关系因疫病与疫病的不同、同一种疫病毒株（菌株）的不同而有差异。

　　2. 群（population）　是指处于同一环境内、相同生产阶段或相同生物安全管理措施下，面临相同感染风险的同一种动物总体。

　　（1）目标群（target population）　是指通过样本群的结果推断其特征的总体，通常很难予以清楚界定。如我们想掌握某个省处于保育阶段猪群的病死情况，则该省境内所有处于保育阶段的猪构成目标群。

　　（2）源群（source population）　是指从中抽取研究个体进行测量

的群。如对某省进行保育猪病死情况调查，对该省5个县境内的保育猪进行调查，则该5个县内的所有处于保育阶段的猪构成源群。

（3）研究群（study population）　又称样本群，是指从源群中抽取抽样单元构成的群体，是调查所针对的对象。如进行保育猪病死情况调查，从该省5个县内抽取60个猪场进行调查，这60个猪场内的保育猪构成研究群。

（二）测量术语

1. 患病数（disease count）　是指特定群体中某时点或观察期内的病例数或发病群数，包括时点患病数和期间患病数两种。时点患病数是观察时点群中所有病例数或发病群数。期间患病数等于观察期初始病例数或发病群数与观察期内新增病例数或发病群数之和。患病数不区分新旧病例，提供的是静态信息。

2. 发病数（incidence count）　是指特定时段内，所观察的群体中特定疫病新发病例数或新发病群数。通常用来描述群体中之前不存在的疫病的发生频率，如描述牛海绵状脑病，我们常说某个国家发生了12例牛海绵状脑病病例；人兽共患病中的人间病例常用发病数来描述，如人布鲁菌病、狂犬病发病人数等。对于疾病暴发，如果掌握发病过程中每个单位时间内新病例发生情况，可以根据发病数量来判断疫情形势或判断所采取措施的效果如何。在流行病学研究中，由于发病数是绝对数，从中看不到总体的情况，所以在流行病学研究中很少应用，但在做经济损失评估时很有用。

3. 流行率（prevalence）　是描述疫病存在情况的指标，又称现患率、患病率，是指特定时刻或时段，群体中患有某病的病例或具有某种属性的个体所占比例。可以通过两种不同的方式对流行率进行阐述，一种从概率的角度，如某奶牛群中，布鲁菌病的流行率为10%，从此群中随机挑出一头奶牛，这头奶牛感染布鲁菌病的可能性为10%；另一种从比例的角度，即此群中有10%的奶牛感染布鲁菌病。

$$流行率 = \frac{现有病例数}{动物总数}$$

影响流行率的因素包括新发病例数、疫病持续期、发病动物的调入或调出、健康动物的调入或调出、检测方法的改进、治愈率的提高等。

4. 表观流行率（apparent prevalence）　是指根据试验结果直接计算获得的流行率，是试验阳性结果数和检测动物总数的比例，可能大于、小于或等于真实流行率。如果试验的敏感性和特异性已知，那么真实流行率（P）计算公式如下：

$$P\,(\mathrm{D^+}) = \frac{AP - (1-Sp)}{1-\left[(1-Sp)+(1-Se)\right]} = \frac{AP + Sp - 1}{Se + Sp - 1}$$

式中：AP——表观流行率；

　　　Se——敏感性，取值范围 0～1；

　　　Sp——特异性，取值范围 0～1。

例如：随机从动物群中采集 600 份样品，用敏感性为 90％、特异性为 95％的某试验进行检测，90 份样品检测为阳性，动物群中该病表观流行率和真实流行率各为多少？根据公式可以求得：

表观流行率为 90/600＝15％

真实流行率为$\frac{AP+Sp-1}{Se+Sp-1}=$（15％＋95％－1）/（90％＋95％－1）

$$=11.8\%$$

可以看出，在检测方法不"完美"情况下得到的表观流行率与真实流行率之间的差异是明显的。

5. 发病风险（incidence risk）　又称累积发病（cumulative incidence），是指易感动物个体在特定时期内感染或发生某种疾病的可能性，即发生某种疾病的概率。发病风险作为描述疾病频率的度量方式，适用于封闭群体。由于风险是概率，所以没有单位，范围在 0～1。尽管风险没有单位，但在流行病学研究或实际工作中，发病风险所处的时间段必须明确。例如，奶牛下一年发生乳房炎的风险与下周发生乳房炎的风险很明显是不同的。

$$发病风险 = \frac{特定时间内的新发病例数}{风险群体的动物数量}$$

6. 发病率（incidence rate） 又称发病密度（incidence density），是指特定时段内，群体中每单位动物 - 时新发病例数。发病率有单位，为动物 - 时；取值可以大于1，没有上限，下限为0。流行病学研究中，发病率常用来确定哪种因素与疫病有关以及在疫病发生中所起的作用，常用于开放群和研究时段较长的情况。发病率计算基本公式：

$$发病率 = \frac{特定时段内新病例数}{同期风险动物-时数}$$

当考虑群体内风险动物发病、死亡、调入、调出，且发病动物不会恢复、淘汰或恢复后有免疫力等情况下，发病率近似计算公式为：

$$发病率 = \frac{新发病例数}{\left(初始风险动物数 - 1/2\,发病数 - \frac{1/2\,出栏}{或死亡数} + 1/2\,补栏数\right) \times 时间}$$

当动物可以重复发病且患病期短时，发病率近似计算公式为：

$$发病率 = \frac{新发病例数}{(初始风险动物数 - 1/2\,出栏或死亡数 + 1/2\,补栏数) \times 时间}$$

动物-时作为发病率的单位，是动物个体在群体中的存在与时间的结合。由于多数动物生长周期短、流动快，导致群体中的个体进出较为频繁，所以现实中的动物群多数是开放群，特别是研究时段比较长的动物群。动物个体只有在群体中时才被作为计算发病率的基数，离开以后对群体发病无贡献，需要从群体中剔除。为了解决动物在研究时段内进出对发病基数的影响，流行病学引入了动物-时这一概念。例如，观察4个健康动物30d内的发病情况，每个个体历史情况如下：

第1个动物没有发病；

第2个动物第10天发病；

第3个动物第20天发病；

第4个动物第15天卖出。

与动物调出一样，动物发病后会离开群体或不具有发病风险，不能作为计算发病率的基数，所以各个动物对群体的贡献为：

第 1 个动物没有发病　　　　　　　　　　1.00 动物-月；

第 2 个动物第 10 天发病　　　　　　　　0.33 动物-月；

第 3 个动物第 20 天发病　　　　　　　　0.67 动物-月；

第 4 个动物第 15 天卖出　　　　　　　　0.50 动物-月；

计算得出风险群体总数＝1.00＋0.33＋0.67＋0.50＝2.50 个动物-月，且 30d 内共有 2 个动物发病，所以发病率 I＝2/2.5＝0.8 个病例/动物-月。

7. 死亡率（mortality rate）　是指特定时段内，单位动物 - 时因各种原因造成的死亡动物数，是发病率的一个特例，这里关注的结果是死亡而非患病。

8. 特因死亡率（cause - specific mortality rate）　指特定时段内，单位动物 - 时内因某种特定疫病死亡的动物数。特因死亡率的分母既包括该病的现有病例（指患病但还未死亡的个体），也包括有患病风险的个体。

9. 病死率（case fatality rate）　是指特定时期内，患病的个体中因病死亡所占的比例。病死率反映了疫病病例的预后情况，测量的是发病动物死亡的概率，是一种"风险"度量，而不是"率"。病死率的大小与观察时段有关。

$$病死率＝\frac{死亡数}{发病动物数}$$

（三）试验特性

试验是指任何用于发现、定量描述动物的体征、组织变化或身体反应的手段或方法，是在已知某种事物时，为了解其性能或者结果而进行的操作。动物疫病防控中，许多问题的解决都离不开试验，如掌握疫病的分布、流行情况，证明无疫或检测疫病是否存在等。因此，理解、掌握试验评价和阐述的原则是许多动物防控活动的基础。流行病学分析研究中，试验是广义的，不仅仅是指实验室中的检测判定，常规检查、临床诊断、解剖诊断、群检测，以及利用调查或监测系统确定疫病状态等活动，均可看做是试验。

试验需符合两个重要标准：一是必须可以将感染动物准确检出；二是可以将健康动物准确检出。为了确定诊断试验的优劣，需要将其和金标准进行比较。金标准是绝对准确的试验或程序，可以诊断所有被检感染动物且没有一例误诊。样品用金标准试验和被评价试验进行检测时，利用流行病学研究中常用的 2×2 表格对试验进行定量评价（表 7-1）。

表 7-1　流行病学研究中常用的 2×2 表

	检测阳性	检测阴性	
感染发病	a	c	$a+c$
非感染发病	b	d	$b+d$
	$a+b$	$c+d$	N

其中，a 为感染发病且检测为阳性的动物数量或比例；b 为非感染发病但检测为阳性的动物数量或比例；c 为感染发病但检测为阴性的动物数量或比例；d 为没有感染发病且检测为阴性的动物数量或比例。

1. 筛检试验（screen test）　从用途上看，试验分为筛检试验和诊断试验。筛检试验针对的是健康群体，目的是发现那些未被识别的可疑个体，应用于大范围疫病调查或疫病根除。

2. 诊断试验（diagnostic test）　针对的是发病或感染个体，用于疫病确诊或分类。尽管筛检试验和诊断试验用途不同，但二者评价和阐述的原则是一致的。

3. 试验敏感性（sensitivity，Se）　是指感染或发病动物中，检测阳性动物所占比例。敏感的试验很少将感染动物误诊。敏感性是对预测事件准确性的测量。根据表 7-1，试验的敏感性可表示为：

$$Se = \frac{a}{a+c}$$

敏感性是：

- 动物感染或发病时，检测产生阳性结果的条件概率；

- 检测感染或发病动物时，出现阳性结果的可能性；
- 感染或发病动物中，试验检测阳性的动物所占比例。

感染或发病动物与实验室检测结果是否一致受多种因素影响，包括感染动物所处阶段、采样部位、运输保存条件、样品处理、实验室检测方法等。因此，评判实验室检测结果时，应充分考虑上述因素，以确定实验室检测结果与动物实际状态的一致性。

4. 试验特异性（specificity，Sp）　是指未感染或未发病动物中，检测阴性动物所占比例。高特异试验很少将非感染动物误诊。根据表7-1，试验的特异性可表示为：

$$Sp = \frac{d}{b+d}$$

上述为流行病学分析中的试验敏感性和特异性，不同于分析化学中检测方法的敏感性和特异性。分析化学中，试验敏感性是指这种试验能够检测到某种化学成分的最低浓度或含量，试验特异性是指试验仅对一种物质成分有反应的能力。

5. 群敏感性（herd Sensitivity，HSe）　是指感染或发病群进行检测时，产生阳性检测结果的概率。群敏感性推导过程如下：

群内流行率为 p，即随机从群中抽出 1 只动物，其感染的可能性为 p，那么

抽取单个动物没有感染的概率为：$1-p$

抽取 n 个动物均未感染的概率为：$(1-p)^n$

N 个动物中至少 1 个动物感染的概率为：$1-(1-p)^n$

对于阈值为 1，即只要有 1 只动物感染即认为该群感染，群敏感性表示为：

$$HSe = 1 - (1-p)^n$$

利用不"完美"试验进行检测，以结果阳性为感染或发病的条件下，群敏感性表示为：

$$HSe = 1 - (1-AP)^n \text{ 或}$$

$$HSe = 1 - (1 - P \times Se)^n$$

根据表观流行率和群敏感性公式，可以看出影响群敏感性的因素包括：①所用试验的敏感性和特异性；②检测时抽取样本量的大小；③判断群是否感染的阈值；④群内流行率。

6. 群特异性（herd specificity，HSp） 是指未感染或发病群进行检测时，产生阴性检测结果的概率。群特异性推导过程：

Sp：非感染或非发病群中单个动物检测为阴性的概率；

Sp^n：n 个动物检测均为阴性的概率为 $HSp = Sp^n$。

7. 混样检测时的群敏感性 实际工作中，为减少开支，或当不需要个体检测结果或没有办法获得个体样品时，通常采用混样方式进行检测。当流行率很低的时候，这种混样检测非常有效。影响混样检测的敏感性（PSe）和特异性（PSp）的因素很多，包括样品混合是否均匀、稀释作用、混样的动物本身特征以及混合样品中由于更多动物带来的外来交叉反应物质增加的可能性等。

在样本同质、均匀混合且稀释对检测没有影响的前提下，每 m 个动物样品混合为一个样品，检测 r 个混合样品，且假定 $PSe = Se$ 的条件下，其群体敏感性计算公式为：

$$HSe = 1 - \{ [1 - (1 - p)^m] \times (1 - PSe) + (1 - p)^m \times PSp \}^r$$

如果群内个体无感染或群内无疫，那么基于混样的群体特异性（HSp）为：

$$HSp = (PSp)^r$$

如果混样没有聚合反应，则：

$$PSp = Sp^m$$

因而，对一些无疫群进行混样检测后，可以获得群表观流行率（HAP）：

$$HAP = 1 - HSp = 1 - (PSp)^r$$

而反过来就可以算出未知的 PSp。与此相似，由于 $Sp = PSp^{1/m}$，当检测某群体内的个体时，群敏感性会随着 r 或 m 的增加而增加，而

群特异性随着 m 的增加而降低。如何选出最佳的 r 和 m，需要在逐例研究的基础上获得。

与对个体进行检测相似，通过混样检测获得的群体水平敏感性（HSe）会随着动物检测数量的增加而增加，而群体水平的特异性（HSp）则是降低的。

例如，假设通过培养混合粪便样品来检测牛群中的 Map（一种寄生虫），粪便样品培养法的 PSe 估计值为 0.647，PSp 为 0.981。假设将 5 头牛的粪便样本混合成一个样品，每个群体使用 6 个混合样，则 m ＝5，r＝6。如果群体为无疫群，则根据混样检测（假定混合均匀）的群体特异性为：

$$HSp= (PSp)^r = (Sp^m)^r = (0.981)^6 = 0.562$$

如果感染群体的真实患病率为 12%，且没有稀释效果，则群体敏感性为：

$$HSe = 1 - \{ [1 - (1 - 0.12)^5] (1 - 0.647) + (1 - 0.12)^5$$
$$\times 0.981^5 \}^6$$
$$= 1 - [(1 - 0.528) \times (0.353) + 0.528 \times 0.909]^6$$
$$= 1 - [0.167 + 0.480]^6$$
$$= 1 - 0.073 = 0.927$$

（四）检测结果的评价指标

敏感性与特异性描述的是试验特性，但并不能告诉我们用其检测疫病状况不明动物时的有效性。一旦决定使用某种试验，需要知道的是依据试验结果判断动物患病与否的可能性或概率。计算、掌握这些概率就是对试验结果进行分析、评价，其评价指标是预测值。预测值包括阳性预测值和阴性预测值。预测值不但与试验特性有关，而且还与群体中疫病的流行率有关。如果利用敏感性为 Se、特异性为 Sp 的试验，从流行率为 P 的群体中抽取 1 只动物进行检测，可以用下述 2×2 表（与表 3-1 相同）对检测结果进行评价：

	检测阳性	检测阴性	
感染发病	a	c	$a+c$
非感染发病	b	d	$b+d$
	$a+b$	$c+d$	N

其中：$a=P\times Se$；

$b=(1-P)\times(1-Sp)$；

$c=P\times(1-Se)$；

$d=(1-P)\times Sp$。

也可以用"情景树"法进行评价：

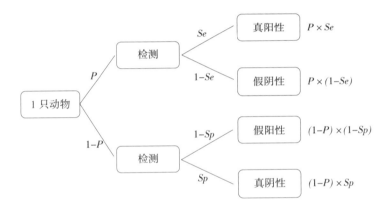

1. 阳性预测值（positive predictive value，PPV）　是指感染且检测阳性动物数在检测感染动物数中所占比例。即检测阳性条件下，动物实际感染的概率，表示为 P（D＋｜T＋）。根据上述 2×2 表或"情景树"，阳性预测值可表示为：

$$阳性预测值=\frac{真阳性}{真阳性+假阳性}=\frac{a}{a+b}=\frac{p\times Se}{P\times Se+(1-P)\times(1-Sp)}$$

从上述公式中可以看出被检测群体中的真实流行率对阳性预测值的影响。

阳性预测值是：

——试验结果阳性的预测值；

——是感染动物试验结果阳性的后验概率。

2. 阴性预测值（negative predictive value，NPV）　是指健康且检测结果阴性动物在检测感染动物中所占的比例。即检测阴性条件下，动物未感染的概率，表示为 P（D－｜T－）。根据上述 2×2 表或"情景树"，阴性预测值可表示为：

$$阴性预测值=\frac{真阴性}{真阴性+假阴性}=\frac{d}{c+d}$$
$$=\frac{(1-P)\times Sp}{P\times(1-Se)+(1-P)\times Sp}$$

阴性预测值是：

——试验结果阴性的预测值；

——是非感染动物试验结果阴性的后验概率。

预测值确定了试验结果正确反应特定动物真实状态的概率。估计预测值需要知道试验的敏感性、特异性和畜群中疫病的流行率。这里需要特别说明，即预测值用于说明个体动物层面的检测结果，不能用来比较试验。流行率对预测值的影响很大，例如，假设畜群疫病流行率30%，试验的敏感性为95%、特异性为90%，则检测阳性结果的预测值是80%，阴性结果的预测值为98%。如果畜群疫病流行率仅为3%，试验敏感性和特异性不变，则阳性结果的预测值是23%，阴性结果的预测值为99.8%。

检测试验的一般规则：

——敏感性和特异性通常与流行率无关；

——如果流行率上升，阳性预测值增加而阴性预测值减小；

——如果流行率降低，阳性预测值减小而阴性预测值增加；

——试验越敏感，阴性预测值越好；

——试验越特异，阳性预测值越好。

3. 群阳性预测值和群阴性预测值　群阳性预测值和群阴性预测值与针对个体的阳性预测值和阴性预测值的计算公式、含义一样，但群阳性预测值和群阴性预测值是群体水平预测值，其所对应的流行病学单元为群，即公式中的流行率为群流行率，敏感性和特异性为群敏感性和群特异性。群阳性预测值和群阴性预测值公式如下：

$$群阳性预测值 = \frac{HP \times HSe}{HP \times HSe + (1-HP) \times (1-HSp)}$$

$$群阴性预测值 = \frac{(1-HP) \times HSp}{HP \times (1-HSe) + (1-HP) \times HSp}$$

（五）流行病学调查监测中的病例定义

1. 病例定义的概念 流行病学调查监测活动中，首要问题是要找出群体中的"发病"动物，以此为基础开展相应的调查、分析和研究工作。什么是"发病"动物？需要明确的、确定动物"发病"与否的标准。病例定义就是指流行病学调查监测中，用于确定流行病学单元"发病"与否的一套标准。发病"病例"包括个体水平上的病例和群体水平上的病例两种。个体水平上的"病例"既可以是指感染而不出现临床症状的动物，也可以是感染且出现临床症状的动物，还可以是指出现临床症状且经过实验室诊断的动物。群体水平上的病例定义是指确定单个动物群体内是否存在疾病，如确定某个舍、场、村、乡镇等是否为感染或发病群，具体可根据调查监测的目的和实际需要来确定。例如，为掌握某地羊群布鲁菌菌病流行率，可以把一个村或共用一个牧场的羊作为一个群，只要群中有一只羊布鲁菌病平板凝集试验阳性就判断该群为阳性，由此构成了流行病学调查中群阳性的病例定义。

从以上论述可以看出，对于同一种疾病，由于控制目标不同，"发病"的标准也可能存在差异，从而产生不同标准的病例定义；且病例定义可以随着新信息的获得而改变，如对疫病特征认识的加深、实验室诊断方法的改进均可以导致病例定义的改变。对于不同动物疾病，由于疾病特征的差异，确定"发病"的标准是不一样的。病例定义很大程度上会影响流行病学调查监测活动的效能，特别是其敏感性和特异性。

长期以来，国内动物疫病防控中对病例定义这一环节不够重视，产生很多问题。例如，多数调查监测活动中，往往以实验室的检测结果作为动物"发病"与否的判断标准，不能把试验室确诊病例和流行病学活动中的确诊病例、疑似病例区分开来。同时，对于很多疫病而言，并没有给出应用于不同防控活动的、分层次的病例定义，在流行病学数据分析和形势判断中造成了一定程度的混乱。

2. 病例定义的构建　疾病病例可用多种方式描述，从根本上讲包括两个方面：一是从疾病识别标志上确定，即可以特定的临床症状或严重性，或特征性的剖检变化，或实验室检测结果确定为"发病"，也可以前述几种方式的结合综合判定发病与否，所以说病例定义并不完全等同于我们常说的实验室诊断。二是根据流行病学标准，即根据发病的时间、地点、发病动物本身特征，与其他病例的流行病学联系和相关风险因素来确定，特别是进行暴发调查时的病例定义。例如，在 2004 年发布的《高致病性禽流感疫情处置技术规范》中，所构建的病例定义既包括临床症状，又包括实验室诊断。其中，临床可疑病例仅以临床症状为标准，即禽群出现急性发病死亡，且出现脚鳞出血、鸡冠出血或发绀、头部水肿、肌肉和其他组织器官广泛性严重出血、明显的神经症状（适于水禽）等症状之一，即为可疑病例。疑似病例要求在可疑病例的基础上，非免疫禽检测结果符合血清学诊断阳性或特异性分子生物学诊断阳性。确诊病例则进一步要求符合高致病性禽流感疑似病例指标，且至少符合一项病原学诊断指标。在暴发调查中，还可以限定发病动物的种类、年龄、所在范围、发病时间等。例如，2012 年 4 月，A 县 B 镇 C 村发生疑似高致病性禽流感疫情，调查时病例定义可以限定为在 B 乡镇范围内，自 3 月 20 日以来家禽出现突然死亡，3d 内发病群死亡率超过 50％以上的禽群，定义为可疑病例群。

3. 病例定义的敏感性与特异性　病例定义是确定动物是否感染发病的标准。利用病例定义去确定动物发病与否就是流行病学意义上的试验，病例定义不可能是完美的，因此，存在敏感性和特异性问题。病例定义的敏感性是指利用这种病例定义能够发现的真实病例数量占所有真实病例数量的比例，是真实病例被准确判断的比例；特异性是利用这种病例能够发现的非病例占所有非病例的比例，是非病例被准确判定的比例。

　　高敏感度的病例定义会将其他很多疫病的病例包括在其中，而高度特异的病例定义会排除很多真实病例。病例定义的敏感性和特异性可因目标的不同而变化。病例定义可以有多个水平，根据用途和诊断依据的不同，病例定义可分为可疑病例、可能病例和确诊病例。确定可疑病例、可能病例和确诊病例的依据，对于不同的疫病可能是不相同的。一般而言，可疑病例是指根据临床症状、剖检变化为标准确定的病例；可能病例是在确定为可疑病例的基础上，加上流行病学因素或经过筛检试验诊断；确诊病例是在可能病例的基础上，加上确诊试验的诊断。可疑病例的病例定义敏感性高但特异性低，依据可疑病例的判断标准做出的诊断，其阳性预测值低，即假阳性的可能性大；确诊病例的病例定义特异性高但敏感性低，因此依据确诊病例的判断标准做出的诊断，其阴性预测值低，即假阴性的可能性大。图 7-1 描述了不同水平的病例定义的敏感性和特异性变化趋势。

　　4. 病例定义与流行病学调查监测活动敏感性的关系　在理解调查活动或监测活动敏感性之前，需要掌握动物流行病学研究中的群敏感性这一概念。群敏感性是指感染或发病群产生阳性群检测结果的概率，其计算公式为：

$$HSe = 1 - (1 - P \times Se)^n$$

　　式中：HSe——群敏感性；

　　　　　P——群内个体流行率；

　　　　　Se——试验的敏感性；

　　　　　n——样本大小。

　　从公式中可以看出，群敏感性的大小与群内疫病流行率、抽样数量、检测方法的敏感性等因素有关。在此基础上，如果把每个养殖场/户作为一个单元，一个区域内的所有养殖场/户作为一个群，对该区域内的养殖场/户进行调查、监测，就引申出了调查或监测活动的敏

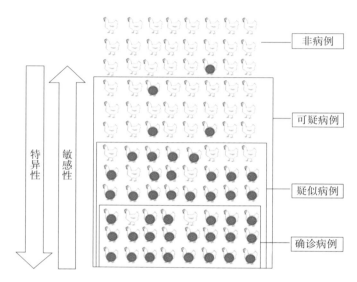

图 7-1   不同水平的病例定义的敏感性和特异性示意图
注：深色标记的为发病鸡，无标记的为健康鸡

感性。调查或监测活动或监测系统的敏感性是指如果群体中存在疫病，通过监测活动或监测系统的运行发现这种疫病的可能性。对于某种动物疫病，由于病例定义的不同，即病例定义的敏感性不同，对同一群动物进行调查或监测所得到的流行率是不同的。因此，可以看出采用不同的病例定义，调查或监测活动的敏感性是不同的。病例定义越宽泛，其敏感性越高，发现疫病的可能性越高，调查或监测活动的敏感性越高。

二、抽样调查中的基本概念

（一）总体与样本

总体和样本是统计学中的两个重要概念（图7-2）。由于流行病学抽样调查中所涉及的总体与样本的概念有其自身的特点，有必要加以解释。

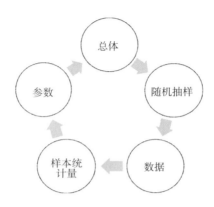

图 7-2　流行病学抽样调查示意图

1. 总体　流行病学调查监测中的观察单位称之为个体，是统计研究中的基本单位，也就流行病学研究中所说的流行病学单元。它可以是一个动物，也可以是一个群体（一栋禽舍、一个养殖场、一个自然村等）。总体是根据研究目的而确定的同质观察单位的全体，即调查对象的全体，也就是流行病学研究中所要研究的目标群。例如，需要掌握某县猪群猪瘟感染情况，那么该县境内所有猪构成调查的总体，也就是流行病学意义上的目标群。再如，调查某地区猪场生物安全防护措施，那么该地区所有养猪场构成所研究的总体。这些研究对象的同质基础是同一地区内的所有猪或猪场。另外，所研究个体的同质基础也可以是同一时间段、同一品种、同一养殖规模等。总体的限定是人为的，根据目的和关注范围的不同而不同，但调查对象必须明确而不能有丝毫的含混。

2. 样本　在流行病学研究中，为节省人力、物力、财力和时间，一般采取从总体中抽取样本，根据样本信息来推断总体特征的方法，即通过抽样研究的方法来实现。这种从总体中抽取部分观察单位的过程称为抽样。样本是总体的一部分，由按照一定程序从总体中抽取的那部分个体或抽样单元组成。和总体一样，样本也是一个集合。样本中包含的抽样单元数称为该样本的样本含量。样本量与总体中的总单元数之比称为抽样比。例如，可从某地区随机抽取 110 个养猪场，逐个调查每个猪场流行性腹泻情况，得到 110 个养猪场的流行性腹泻发病率，组成样本。应当强调的是，获取样本仅仅是手段，而通过样本信息来推断总体特征才是调查研究的目的。

（二）抽样单元与抽样框

1. 抽样单元（sampling unit） 是指构成总体的个体要素，也是构成抽样框的基本要素。抽样单元可以只包含一个个体，也可以是包括若干个个体的群体，抽样单元还可以分级。在抽样单元分级的情况下，总体由若干个较大规模的抽样单元组成，这些较大规模的抽样单元称为初级单元，每个初级单元中又可以包含若干规模较小的单元，称为二级单元。以此类推，可以定义三级、四级单元等。通常把接受调查的最小一级的抽样单元称为基本抽样单元。如通过抽样调查掌握某地区母猪猪瘟带毒情况，采用多阶段抽样，那么该地区的 278 乡镇可以看做是初级抽样单元，也就是一级抽样单元；养猪的 5 890 个自然村和 840 个规模猪场为二级单元；每个自然村和规模场内的母猪则为三级单元，由于母猪是最小一级的抽样单元，即为基本抽样单元。

2. 抽样框（sample unit） 是指在抽样前，为便于组织，在可能条件下编制的用来进行抽样的、记录或表明总体所有抽样单元的框架。在抽样框中，每个抽样单元都要编以号码。抽样框可以是一份名单（名单抽样框）、一张地图（区域抽样框）或数据包，具有目录性。在与实践有关的调查中，也可以按时间先后顺序排列总体中的单元，这样得到的抽样框称为时序抽样框。目录性清单中的每个目录项与实际总体的每个单元之间存在确定的对应关系，即根据一个目录项总可以找到实际总体中特定的一个或一些单元。无论抽样框采取何种形式，在抽样之后，调查者必须能够根据抽样框找到具体的抽样单元。

如前所述，由于抽样单元可以分级，于是就有了与之对应的不同级别的抽样框。抽样实践中，抽选哪个级的抽样单元，只需要有同级的抽样框即可。前述例子中，该地区的 278 个乡镇，每个乡镇冠以唯一的编号，就构成了抽取初级单元的抽样框。如果需要抽取 25 个乡镇进行调查，那么这 25 个乡镇各自辖区内的自然村和规模场构成了各自的抽样框。

（三）总体参数与样本估计量

1. 总体参数　每项调查都有其特定的内容和目的，通常调查的目标量都是由总体的某些指标来表示的。反应总体特征的指标称为总体参数（population parameter）。例如，在母猪养殖状况调查中，全国或某个地区经产母猪和后备母猪总数、母猪在整个猪群中所占比例、母猪年平均产仔数、母猪年淘汰率、母猪平均饲养周期及产窝数、母猪流产率等多个指标均属于调查目标量，它们都是描述总体特征的指标。常用的总体指标有以下几种：

（1）总体总量　是某种特征的总体总和。如后备母猪总数、经产母猪总数、流产母猪总数等。

（2）总体均值或总体平均数　是指某种总体特征的平均值。如母猪平均饲养周期及产窝数。

（3）总体比例　总体中具有某种特定特征的单元在总体中所占有的比例。如母猪流率、母猪猪瘟病毒带毒率等。

（4）总体比值　总体中两个不同指标的总和或均值之比。如经产母猪在存栏母猪中的比例。

2. 样本估计值　抽样调查的目的是通过样本特征来估计总体特征，通过样本的调查结果获得样本数据，然后构造适当的统计量作为总体指标的估计。这既是抽样调查一个必要的工作内容，也是数理统计的精髓所在。这种通过样本获得的、用以估计总体参数的值，称为样本估计值（sample estimation）。

（四）误差

由于个体变异、随机抽样、试验条件等造成的样本统计量与总体参数的差异，即实测值和真实值之间的差异，称为误差。根据其产生的原因、性质和特点的不同，抽样误差分为系统误差和随机误差两种。系统误差（systematic error）又称规律误差或偏倚，是指调查方法有缺陷、测量工具不准确等情况下，多次调查同一属性或特征时出现的误差，是由系统性问题引起的，具有方向性，其与真实值之差的绝对值和符号恒定。如猪传染性胃肠炎，各种年龄的猪均可感染，不同年龄猪的易感性有差异，仔猪、保育猪以及育肥早期的猪易感性高，感染发病率也高。如果我们想掌握一个地区猪传染性胃肠炎的流行率，只通过屠宰场抽样检测得出这个地区猪群猪传染性胃肠炎流行率，那么得出的流行率与猪群实际流行率会有何差别？很显然，进入屠宰阶段的猪为成年猪，通过屠宰场抽样检测获得的流行率必然低于实际流行率，这就是通过屠宰场调查猪传染性胃肠炎感染情况的偏倚。随机误差（random error）是指由随机因素引起的、不恒定的、随机变化的误差，是不可避免的，在大量重复测量中或抽样过程中，其值时大时小、时正时负。由于造成随机误差的影响因素太多、太复杂，所以无法掌握其具体规律。例如，假定群体中有 1 000 个动物，某病真实流行率为 10%。如果随机挑选 8 只动物，很可能 8 只动物均为健康动物，这意味着通过这个样本估计的流行率为 0%，即随机误差为 10%。如果对这个群随机抽取 300 个动物，而不是 8 只动物，那么 300 只动物均为健康动物的可能性要远低于 8 只动物均为健康动物的可能性，更有可能从中找出 30 只感染动物，但由于是随机抽样，抽到的确切感染动物数可能高于也可能低于 30。分析计算结果时，用围绕估计值的置信区间来衡量随机误差的大小。

1. 标准误 样本统计量的标准差称为标准误（standard error），表示样本指标误差大小，即样本统计量与总体参数的接近程度。标准误是统计推断可靠性的指标，是描述样本统计量抽样分布的离散程度及衡量样本统计量抽样误差大小的尺度，反映的是特定样本统计量之间的变异。标准误小，表明样本统计量与总体参数的值越接近，样本对总体越有代表性，用样本统计量推断总体参数的可靠度越大。标准误不是标准差，是多个样本平均数的标准差。

对于要测定的比例，标准误的计算公式如下：

$$\sigma=\sqrt{\frac{pq}{n}} \qquad (n/N<10\%)$$

$$\sigma=\sqrt{(1-\frac{n}{N})\ \frac{pq}{n}} \qquad (n/N>10\%)$$

式中：σ——标准误；

　　　p——观测到的比例值（在 0～1 之间）；

　　　q——补数（$1-p$）；

　　　n——抽样单位数量，即抽样规模；

　　　N——总体。

2. 置信水平与置信区间　置信水平（confidence level，CL）又称置信度、可信度，是指总体参数值落在样本统计值某一区间内的把握。在置信区间不变的情况下，样本量越多置信水平越高。置信区间（confidence interval，CI）是指在某一置信水平下，样本统计值与总体参数值间的误差范围。确切含义为：从固定样本含量的已知总体中进行重复随机抽样试验，根据每个样本可算得一个置信区间，则平均有 CI 的可信区间包含了总体参数，而不是总体参数落在该范围的可能性为 CI。置信区间越大，置信水平越高。在置信水平固定的情况下，样本量越多置信区间越窄。在样本量相同的情况下，置信水平越高置信区间越宽。

通过样本获得流行率的置信区间的公式：

$$CI=P\pm Z_{1-\alpha/2}\times\sqrt{\frac{p\times(1-p)}{n}}$$

式中：p——通过样本计算获得的流行率；

$Z_{1-\alpha/2}$——标准正太分布（$1-\alpha/2$）百分位点；

n——样本量。

例如，从 350 头奶牛群中随机抽取 70 头奶牛进行布鲁菌病血清学检测，检出 7 头布鲁菌病抗体阳性，该群奶牛布鲁菌病阳性率 95％的置信区间是多少？

$$p=70\div70=10\%或 0.1$$

$$90\%CI=0.1\pm1.96\times\sqrt{0.1\times（1-0.1）/70}$$

$$=0.03-0.17（或 3\%\sim17\%）$$

（五）准确度与精确度

1. 准确度（accuracy）　又称准确性，指在一定试验条件下多次测定的平均值与真实值相符合的程度。用来同时表示测量结果中系统误差和随机误差大小的程度。准确度只是一个定性概念而无定量表达。测量误差的绝对值大，其准确度低，但准确度不等于误差。

2. 精确度（precision）　又称精确性，是指重复抽样测量时，获得相同结果的能力，即测量结果的一致性。精确度只代表测量结果的稳定性和前后一致性，并不代表结果是否准确。关于抽样准确度和精确度的说明，见图 7-3。

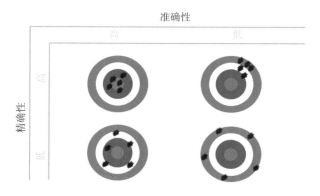

图 7-3　准确度和精确度示意图

（六）无放回抽样和放回抽样

1. 无放回抽样（sampling without replacement）　又称不重复抽样、不重置抽样，是指从抽样单元数为 N 的总体中随机抽选第一个样本单元后，将它的标志记录下来后不放回总体；再从 N－1 个单元中抽选第二个样本单元，将它的标志记录下来后也不放回总体；重复这个步骤，直到抽满 n 个样本单元为止。无放回抽样特点：①每次抽选时，总体中的单元数在逐渐减少；②各单元被抽中的可能性前后不断变化；③各单元没有被重复抽中的可能。

2. 放回抽样（sampling with replacement）　是指从抽样单元数为 N 的总体中随机抽选第一个样本单元后，将它的标志记录下来后放回总体再次参加抽选；重复这个步骤，直到抽满 n 个样本单元为止。放回抽样特点：①每次抽选时，总体中的单元数是不变的；②各单元被抽中的可能性前后相同；③各单元有重复抽中的可能。

无放回抽样时，当总体中单元数不太多时，由于每个单元被抽到的可能性是不断变化的，所以每次抽取的抽样单元被抽到的概率 P 都不相同，P 随抽样次数的变化而变化，因此不能视为独立重复试验。可用超几何分布对无放回抽样进行模拟。如果总体中的抽样单元数量大，抽取样品的个数远小于总体中的单元数，每个单元被抽到的可能性近似相等，这时就可以将无放回抽样近似地看成有放回抽样，即用二项分布对抽样过程进行模拟。

（七）设计效应

设计效应（design effect，Deff）是抽样调查设计中的一个重要概念，是指特定抽样设计（包括抽样方法以及对总体目标量的估计方法）所得估计量的方差与相同样本量下无放回简单随机抽样所得估计量的方差之比。设计效应有两个作用，①比较不同抽样设计的效率，当 Deff ＜1，表明所考虑的抽样设计的效率比简单随机抽样高；而 Deff＞1，则其效率比简单随机抽样低。②利用简单随机抽样设计的样本量，确定满足相同精度要求的复杂抽样设计所需样本量。设计效应的计算公式：

$$Deff = 1 + f \times (n-1)$$

式中：f——群内相关系数；

　　　n——每群平均大小。

如果某抽样设计的设计效应为 3，可以解释为利用该抽样设计所得样本统计量的方差是相同样本量条件下的简单随机抽样所得样本统计量方差的 3 倍。

第二节　流行病学调查与监测

流行病学调查和监测都是收集流行病学数据的基本手段，都属于描述流行病学的范畴，二者既有联系又有区别。

一、流行病学调查

流行病学调查（epidemiological investigation）是通过询问、信访、问卷填写、现场查看、测量和检测等多种手段，全面系统地收集与疾病事件有关的各种资料和数据，基于综合分析得出合乎逻辑的病因结论或病因假设的线索，提出疾病防控策略和措施建议的行为。

（一）目的

①疫病暴发时，对报告的疾病事件进行最初的核实，确定传染来源、传播途径和暴露因素，查明病原传播扩散和流行情况，以便采取有效措施防止疫情扩散；②在一定时间内，调查动物群体中的疾病事件和

疾病现象，描述动物群体的患病状况、疾病三间分布和动态过程，提供有关致病因子、环境和宿主因素的病因线索，为进一步研究病因因素、制定防控对策提供依据；③评估疾病防控措施实施效果及疫苗等生物制品使用效果等。

（二）分类

根据调查实施范围的不同，流行病学调查分为抽样调查、疫病普查。按调查研究时间顺序，可分为纵向调查、现况调查，其中纵向调查又分为回顾性调查和前瞻性调查两种。按工作性质的不同，分为个案调查（病例调查）、暴发调查、专题调查、常规流行病学调查。

个案调查和暴发调查在调查内容和程序等方面相似，是发生疫情后紧急开展的调查，属于紧急流行病学调查；抽样调查、疫病普查则是对特定时间内有关研究对象及其相关因素进行调查，收集的资料局限于特定的时间断面，又称横断面调查，属于现况调查。

（三）特点

流行病学调查的基本特点包括以下方面。

1. 系统性 流行病学调查从项目确立，到调查方案制定，到组织人力、物力实施调查获取数据，到各种数据的整理、分析、形成报告、提出措施建议，需要多方参与，并且这一过程具有一定的逻辑性，从而可以看出流行病学调查是一项复杂的系统工程。

2. 现场性 多数情况下，需要深入到养殖场户进行抽样检测、数据收集等调查活动。尤其是个案调查和暴发调查，需要到达发病现场，掌握发病情况和发病过程，经过分析判断，提出控制措施建议。

3. 多学科性 流行病学调查需要兽医学、现场诊断、实验室检测、概率论、统计分析、项目管理以及计算机应用等多学科的技术知识支持，具有多学科性。

4. 时段性 描述疫病状况的指标有时间要求，即不同时段所对应的指标值是不同的；研究疫病风险因素，多数情况下不同因素对疫病发生、传播风险的作用强度与时间长短有关，由此可以看出开展流行病学调查具有时段性。暴发调查更是如此。

二、流行病学监测

流行病学监测（epidemiological surveillance）是指系统地、不间断地收集、整理和分析与动物卫生有关的信息，并及时向需要获知该信息的人或单位传递以便其采取相应行动的行为。动物疫病监测包括 4 个部分：①采集、记录、传输数据；②整理、分析数据；③把通过分析获得的信息在不同范围内发送和公布；④根据获得的信息采取行动控制疫病。因此，需要特别指出的是，监测是与疫病预防控制紧密结合在一起的，不可分离。

（一）目的

动物疫病监测的目的包括两种状态下的 4 个方面。

1. 无疫状态下的监测目的　包括两方面：①探测、发现新发病、外来疾病及相关风险因素；②证明特定国家或地区的无疫或无感染状态。

2. 疫病存在状态下的监测目的　包括两方面：①确定疾病发生水平、分布状况；②评估疫病控制消灭计划的实施状况或效果。

（二）分类

根据目的、方式和范围等方面的不同。监测有多种分类。

1. 依据信息来源不同分类　分为主动监测（active surveillance）和被动监测（passive surveillance）。主动监测是指数据的主要使用者为获得有关疫病数据而设计实施的监测活动，这种活动是主动的，监测数据的使用者积极参与产生数据的过程。其显著特点是：整个活动是数据使用者设计的，因此，所收集数据的种类和质量能够满足使用者的要求。

被动监测是指所用数据已经收集、用于其他目的的监测活动，不管数据的使用者是否参与，这种数据已经产生。产地检疫、屠宰检疫是最明显的被动监测，因为产地检疫、屠宰检疫的目的是确保染病动物不会进入流通领域和屠宰环节，如果这个过程所产生的数据不用于监测，这种活动或行为也会继续进行。被动监测的主要优点是省钱，缺点是多数情况下获得的数据不能满足数据使用者的要求，数据质量很难控制。

2. 依据关注疫病范围不同分类　分为目标监测（target surveillance）和一般监测（general surveillance）。目标监测是指仅关注某特定动物疫病或病原的监测，如用玫瑰花环试验（RBT）检测布鲁菌病感染情况，依据试验结果可确定动物为 RBT 阳性和 RBT 阴性。而一个动物感染结核、口蹄疫或其他传染性疫病但没有感染布鲁菌病，将会界定为布鲁菌病阴性，因为其他病不是该监测活动所关注的。

一般监测不是针对某种特定动物疫病，而是用于发现任何疫病或病原。如疫病报告系统、产地检疫系统、屠宰检疫系统均为一般性监测，其所针对的疫病为多种。

3. 依据抽样方法不同分类　分为代表性监测（representative surveillance）和以风险为基础的监测（risk - based surveillance）。代表性监测是指按照抽样原理和要求开展的监测，抽样的数量能够代表所关注的全体。以风险为基础的监测是指在风险评估的基础上，对高风险群中进行抽样，即有意识地使抽样发生偏倚，主要用于证明无疫或发现疫病。

4. 依据监测对象不同分类　分为地方流行病监测、新发病和外来病监测、疫苗免疫效果监测、风险因素监测等。

（三）监测活动与监测系统

对于特定动物疫病而言，监测系统是指能够在动物群体中产生有关疫病状况信息的各种监测活动所组成的系统。监测活动又称监测系统组成，是指能够产生监测数据的活动，一种组成或活动可以看做是一种监测数据的来源。良好的监测活动和监测系统，评价指标包括群覆盖率、代表性、敏感性与特异性、数据类型、监测成本、时效性等。

三、流行病学调查与监测的区别与联系

如前所述，流行病学调查与监测均是在流行病学基本原理和方法指导下开展的数据收集活动，均属于描述流行病学的范畴。

1. 从功能方面看　通过监测可以掌握疾病的动态分布变化，发现动物疾病防控中存在的问题；而通过流行病学调查则可以找出引起这种变化的原因，提出解决监测中所发现问题的措施建议或方法。例如，动物疫病监测过程中发现某动物疫病的发病率或分布区域发生了变化，而要了解、掌握这种变化的原因进而制定合理的防控政策措施，则需要通过流行病学调查来完成。

2. 从时间方面看　监测是系统地、连续地收集数据，是长期的过程；流行病学调查的数据收集活动多是一次性的（但收集的数据可以是连续性数据），具有时段性或横断面性。

3. 从工作性质方面看　监测既包括主动监测又包括被动监测，而流行病学调查一定是为解决特定问题而实施的主动行为。

第三节　**抽样调查的设计**

动物疫病防控实践中，科学的抽样调查是一项逻辑性强、技术要求高、实施过程较为复杂的系统工程。即面对所要解决的问题，首先

确定调查对象和范围，根据实际情况确定抽样策略并计算样本量，实施调查并对调查结果进行分析，调查过程中应实施质量控制，尽量减少误差。

（一）确定调查目的和分析指标

确定调查目的就是明确所要解决的问题，是抽样调查的关键。明确所要解决的问题以后，需要确定说明问题的指标，如想要调查口蹄疫强制性免疫措施的实施效果，需要掌握疫苗副反应率、田间免疫抗体合格率、免疫动物所占百分比、疫苗免疫的接受程度以及实施免疫后动物的发病率、带毒率等指标。

（二）明确调查对象和范围

根据解决问题所需要的指标，明确调查的对象及其范围，即界定调查总体。如为掌握某地区禽群结构和卫生状况开展调查，那么调查的对象是谁，范围如何？掌握禽群结构，需要用规模化程度、不同养殖方式、不同种类、不同类型、不同品种在群体中所占比重、区域分布等指标予以说明，其调查对象为当地的畜牧业生产部门；掌握禽群卫生状况，需要各类禽的发病、死亡、免疫、生物安全防护等指标进行说明，需要调查的对象为养禽场户。

（三）确定抽样策略并计算样本量

根据调查对象的特征、分布特点等，确定需要采取的抽样策略，如采用非概率抽样，或者采取简单随机抽样、系统抽样、分层抽样、整群抽样、多阶段抽样或以风险为基础的抽样等抽样策略。结合所能提供的经费、时间限制、人力资源等实际问题，以及所需的科学性问题，如敏感性、特异性要求等，计算样本量。理论上讲，抽取的样本量越大，对总体的估计就越准确。但是样本量的大小直接关系到调查成本、费用、时间要求及人力资源，样本量越大，调查所需的时间、人力、物力等也越多。样本大小的确定需要综合考虑，既要考虑抽样的科学性，又要考虑现实的约束条件。

(四) 选择抽样框

确定抽样策略和计算出样本量后，需要编制总体抽样单元清单——抽样框。兽医流行病学调查与监测中常见的抽样框包括养殖场、村、户名册或屠宰场名录等。抽样框是否完整，关系到调查的代表性和调查结果的准确性。有了完整的抽样框才能保证每个单元被抽中的概率相等。但大规模抽样中，完整的抽样框通常难以编制。

(五) 抽取样本

按照确定的抽样对象、抽样策略、样本量取得所要调查的样本，调查获取所要的数据。

(六) 数据整理与分析

调查实施完成后，需要对原始数据进行整理、校对、分析。数据分析一方面根据确定的分析方法获得所要求的指标和内容，用于说明所要解决的问题；另一方面需要对抽样误差进行估计判断。

第四节　抽样策略与方式

按从群体中个体（流行病学单元）被抽取的可能性是否已知，抽样分为非概率抽样（non-probability sampling）和概率抽样（probability sampling）两种。非概率抽样是根据研究任务性质和研究对象的分析，主观选取样本；概率抽样遵循随机原则和严格的抽样程序，使总体中每个个体被抽取的概率已知。

一、非概率抽样

非概率抽样不是按照概率均等的原则，而是根据主观经验或其他条件来抽取样本。非概率抽样获取的样本的准确度往往较小，误差往往非常大，而且抽样误差无法估计。

非概率抽样中，每个个体被抽入样本的概率是未知的，很难排除调查者的主观印象，因而无法说明通过样本获得的参数是否反映了总体。

非概率抽样操作方便、省钱省力，如果能对调查总体和调查对象有较好的了解，非概率抽样也可获得相当高的准确率。

（一）便利抽样

1. 概念　便利抽样（convenient sampling）又称偶遇抽样、方便抽样，是指在抽取抽样单元时以方便为原则，以无目标、随意的方式进行。兽医流行病学调查中经常采取便利抽样。例如，为调查养猪场流行性腹泻发病情况，调查人员考虑交通不便而沿路况好的公路前行，碰到路边的养猪场户就下车调查，即为典型的便利调查。又如在对牛羊布鲁菌病进行抽样检测时，调查人员经常会选取最近的、最易抓到的牛和羊采样。

2. 特点与应用　便利抽样是非随机抽样中最简单的方法，能及时取得所需要的信息，省时省钱。该方法的最主要局限性是样本信息无法说明总体状况，无法根据样本信息对总体进行数量特征的推断，所以样本不适合描述性研究和因果关系研究。但比较适合探索性研究，即通过调查发现问题，产生想法和假设。也可以用于正式调查前的预调查。如果总体中抽样单元的同质性好，即抽样单元间差异不大时，采取便利抽样构成的样本也能很好地代表总体。

（二）判断抽样

1. 概念 判断抽样（judgmental sampling），又称目的抽样，是指在抽取样本时，调查人员依据调查目的和对调查对象情况的了解，人为地确定样本单元，即由调查人员有目的地抽选他认为"有代表性"的抽样单元入样。实践中确定样本通常有几种情况；一种是选择"平均型"或"众数型"的单元作为样本，目的是了解总体平均水平或大多数单元情况；还有一种是选择"特殊型"单元作为样本，如选择很好或很差的典型单元为样本，目的是分析造成这种异常的原因。

2. 特点与应用 由于判断抽样受调查人员倾向性的影响，如果这种倾向不准确，则调查结果会产生较大的偏差。判断抽样多适用于研究总体规模小、内部差异大的情况，以及总体边界无法确定或因研究者时间与人力、物力有限时的小规模调查。当调查人员对自己的研究领域十分熟悉、对研究总体比较了解时，采用这种抽样方法可获代表性较高的样本。例如，动物疫病防控人员为了初步判断是否有疫情出现，选取几个疫病多发的养殖场户进行调查。判断调查也适用于探索性研究。

（三）配额抽样

1. 概念 配额抽样也称"定额抽样"，是指调查人员将调查总体按一定特征分类或分层，确定各类（层）的样本数量，在配额内任意抽选样本的抽样方式。配额抽样和分层随机抽样既有相似之处，也有很大区别。相似的地方是事先都对总体中所有单元按其属性、特征分类。例如，按照养殖场的规模化程度、按照动物种类或不同生产阶段等进行分类、分层，然后按类或层分配样本数额。区别是分层抽样是按随机原则在层内抽选样本，而配额抽样则是由调查人员在配额内主观判断选定样本。

2. 特点和应用 配额抽样的优点是在调查者对总体有关特征具有一定了解的基础上，先分层（事先确定每层的样本量）、再判断（在每层中以判断抽样的方法选取抽样个体），费用不高，易于实施，能满足总体比例的要求。缺点是容易掩盖不可忽略的偏差。

二、概率抽样

概率抽样也称随机抽样，是指依据随机原则，按照某种事先设计的程序，从总体中抽取部分单元的抽样方法。概率抽样时，总体中每个抽样单元都有被抽中的可能，群体中任何一个研究对象被抽入样本的概率是已知的或可计算的，且不为零。概率抽样方法有统计的理论依据，可计算抽样误差，能客观地评价调查结果的精确度，在抽样设计时还能对调查误差加以控制。

需要注意的是，概率抽样与等概率抽样是两个不同的概率。当谈到概率抽样时，是指总体中的每个单元都有一定的非零概率被抽中，单元之间被抽中的概率可以相等也可以不等。若是概率相等，称为等概率抽样；若概率不相等，称为不等概率抽样。

常用的概率抽样方法包括简单随机抽样、系统抽样、分层抽样、整群抽样、多阶段抽样、按规模大小成比例抽样等。其中简单随机抽样、分层抽样和系统抽样可以直接从总体中抽取抽样单元；整群抽样和多阶段抽样需要对总体进行多次抽样，首先进行一级抽样，在得到了一级样本后再抽取基本抽样单元，或抽取下一级样本。

（一）简单随机抽样

1. 概念　简单随机抽样（simple random sampling）是按照等概率原则直接从含有 N 个单元的总体中抽取 n 个单元组成样本，是一种最简单的概率抽样方式，要求目标群中每一个个体被抽到的概率相等。为了保证每一个个体被抽到的概率相等，需要采取随机方式。即将目标群中所有抽样单元连续编号，形成完整的抽样框，然后通过随机数字表、抽签、掷骰子、电脑产生随机数字等方法进行随机抽取。简单随机抽样

是最基本的概率抽样方式，其他几种概率抽样方法都以简单随机抽样为
基础。

2. 特点与应用　简单随机抽样适用于总体规模不大或总体内个体
之间差异较小的情况。优点是比率及标准误的计算简便；缺点是当总体
中单元数量较多时，要对每个单元一一编号，比较麻烦，实际工作中多
数难以办到。

利用随机数字表进行简单随机抽样：①对群体中的抽样单元进行连
续编号；②根据最大编号的数字位数决定使用几位随机数和多少个随机
数字，随机数字的位数要大于等于编号的位数；③确定随机起点，在随
机数字表中，起始位置可以任意选择，简单的做法是不看随机数字表就
决定开始的行和列；④按一定的方向选取样本，方向可以任意选择，既
可以自上而下或自下而上，也可以从左向右或从右向左，做好逐行或逐
列，连续选取随机数字，且随机数字及随机数字的顺序一经确定就不能
改变。若所取数字位于样本编码范围内，则保留；若不在样本编码范围
内或者与之前所取数字重复，则舍去，直到取够所需样本量。例如，需
要从 500 头牛中随机抽取 5 头进行采样检测，首先将所有牛依次编号为
1～500，然后在随机数字表中随机选择一个数字作为开始，依次往后取
3 位数，将所取到的小于或等于 500 的数字保留，将大于 500 或与已取
到数字重复的数字舍去，直到取够 5 个数字。如果从图 7-4 中的 094 开
始，依次往下取 3 位数，则可以得到 094、302、334、422 和 144，选
出对应编号的牛进行检测即可。这种抽样为无重复抽样。

(二) 系统抽样

1. 概念　系统抽样（systematic sampling）也称为等距抽样，不需
要抽样框，只需要了解总体中的动物数量并确定其顺序即可。抽样间隔
通过总体中动物数量除以抽样数量计算获得。首个样本点在第一批研究
对象（按照确定的顺序，第一批研究对象个数等于抽样间隔数）中随机
选取，然后按照确定的间隔依次抽取，构成样本。如需要从一个 500 只

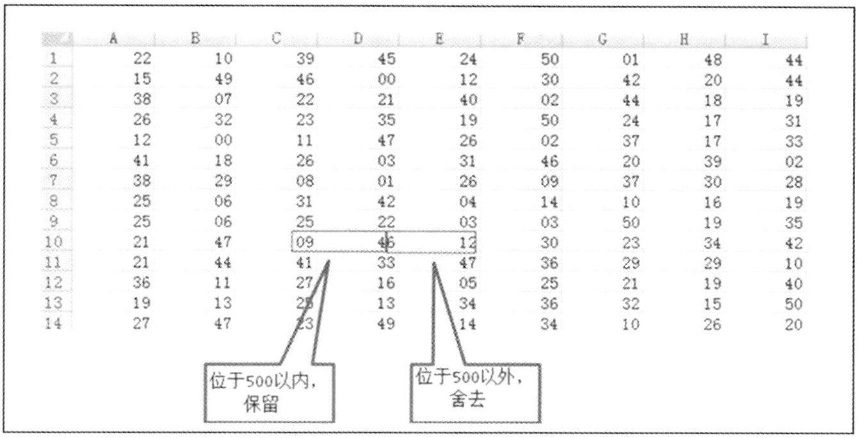

	A	B	C	D	E	F	G	H	I
1	22	10	39	45	24	50	01	48	44
2	15	49	46	00	12	30	42	20	44
3	38	07	22	21	40	02	44	18	19
4	26	32	23	35	19	50	24	17	31
5	12	00	11	47	26	02	37	17	33
6	41	18	26	03	31	46	20	39	02
7	38	29	08	01	26	09	37	30	28
8	25	06	31	42	04	14	10	16	19
9	25	06	25	22	03	03	50	19	35
10	21	47	09	46	12	30	23	34	42
11	21	44	41	33	47	36	29	29	10
12	36	11	27	16	05	25	21	19	40
13	19	13	25	13	34	36	32	15	50
14	27	47	23	49	14	34	10	26	20

图 7-4　利用随机数字表随机抽样图示

羊的羊群中抽取 50 个样本，其抽样间隔为 500÷50＝10，首先从 1 到 10 中随机选择一个数，假设随机选出的数字为 5。羊群中个体顺序，按照早上羊出圈门（圈门足够窄，一次只能通过 1 只羊）的先后顺序确定。我们首先抽取第 5 只通过圈门的羊作为第一个样本点，然后每隔 10 只羊抽取 1 只进入样本，依次抽取形成样本。

2. 特点与应用　系统抽样具有样本分布均匀、易于理解、简单易行的特点，同时容易得到一个按比例分配的样本，其抽样误差小于简单随机抽样。缺点是当总体中研究的因素有周期性或单调递增或单调递减趋势时，系统抽样能产生明显的偏差，也缺少代表性。

（三）分层抽样

1. 概念　分层抽样（stratified sampling）是指将总体中各单元按照某种特征或标志，划分为若干不同的层或亚群，然后在各层中分别进行简单随机抽样或系统抽样等概率抽样，最后将各子样本合并在一起构成样本。分层时，要使总体中的每一个个体仅属于某一个层，而不能同时属于其他的层。层的划分可以依据年龄、性别、区域、规模化程度、不同养殖阶段等标准进行。分层时要求层内个体之间差别小，层间个体之间差别大。

2. 特点和应用　分层抽样优点很多：一是可对各层的基本特征分别估计。把总体分层后，每一层分别成为一个独立的亚总体，进行抽样获得的结果不仅可以用来估计总体情况，还可以说明各层情况。如对猪群进行发病率调查，将调查对象按饲养阶段和用途分为仔猪（28 日龄以内）、保育猪（20 日龄至 10 周龄）、育肥猪（10 周龄以上）、母猪、种公猪共五个层分别进行抽样调查，调查结果不仅可以说明各层层内的发病率，还可以根据各层在总体中所占比例计算猪群总体发病率。二是样本代表性好，抽样精度高。分层抽样前，先根据特征差异对总体进行了分类，这使各类样本在总体中的分布比简单随机抽样更均匀，避免了样本分布不平衡的现象。同时，通过分层，使每一类内部个体间差异变小，即降低了层内方差，从而降低了标准误，提高了抽样的精度。

分层抽样作为应用广泛的抽样方法也有其缺点：①需要完整准确的抽样框，既要了解各层特征，又要准确掌握各层所占比例。②人力、物力、财力投入大。

当样本量确定以后，有两种方法确定各层单元数：①按比例分配，即每一层的抽样数与层中单元数呈比例；②最优分配，即同时按照各层单元数的多少和标准差的大小分配各层抽样单元数。每一层内，可采用简单随机抽样或系统抽样的方式进行抽样。

（四）整群抽样

1. 概念　整群抽样（cluster sampling）是把总体中单元按照一定形式分成若干部分，每一部分成为一个子群，然后从总体中随机抽取若干个子群，由所抽取子群内所有调查单元构成调查的样本。如果想了解某地奶牛布鲁菌病感染情况，随机抽取一定数量的奶牛场进行全群检测，即为整群抽样。整群抽样中对子群的抽取可采用简单随机抽样、系统抽样或分层抽样的方法进行抽样。整群抽样与前几种抽样的最大差别在于其抽样单元不是个体而是由个体组成的子群。

2. 特点和应用 整群抽样是实际抽样调查中常用的抽样方法，一般用于缺少抽样框的情况，便于组织，调查方便且成本小，容易控制调查质量。缺点是当样本含量一定时，其抽样误差一般大于单纯随机抽样的误差。应用整群抽样时，要求子群内抽样单元间差异大、子群间差异小。因此，在样本含量确定以后，应增加抽样的子群数而相应地减少群内的调查单元数，从而提高调查的精度。

（五）多阶段抽样

1. 概念 多阶段抽样（multiple-stage sampling）是整群抽样的特例，是指抽取样本不是一步完成的，而是通过两个或两个以上的阶段分步完成的抽样方法。即先从总体中抽取范围较大的单元，称为一级抽样单元，再从每个抽得的一级单元中抽取范围更小的二级单元，依此类推，最后抽取其中范围更小的单元作为调查单位。例如，为掌握某地区奶牛布鲁菌病感染情况，首先在该地区抽取养殖场、养殖小区或专业村，然后再在每个群中抽取奶牛个体采血检测，判断感染情况。

2. 特点与应用 多阶段抽样在实际应用中具有明显的优点。①能够简化抽样框的编制。当调查对象的数量巨大、分布范围广时，很难找到一个包含全体的抽样框。例如，全国奶牛布鲁菌病感染情况调查，显然不可能一次性对全国所有奶牛编号制成完整的抽样框。多阶段抽样通过分阶段、分级准备抽样框，即每次只需对被抽中的单元准备下一阶段抽样框。②节约人力和物力。从一个范围较大的总体中一次性抽取样本，抽到的个体比较分散，需要派人到各样本点去调查，会耗费大量的人力物力。③代表较好。多阶段抽样的样本分布比整群抽样的样本分布更均匀，样本代表性更好。

其缺点，①抽样较为复杂。抽样要分多阶段实施，较为烦琐。在运用样本数据估计总体特征值时，也要综合各阶段抽样结果，比较复杂。②级数越多误差越大。虽然在每一阶段都进行抽样可以降低抽样成本，但每一阶段都会带来误差，而且阶段数越多抽样误差越大，因此阶段不宜划分过多。

多阶段抽样适用于抽样调查面比较广的情况，应用于大型调查，可以相对节省调查费用，因此多数兽医流行病学调查与监测采用多阶段抽样。此外，在无法编制包括所有总体单位的抽样框、总体范围太大或无法一次性直接抽取样本时，通常也采用多阶段抽样。

（六）按规模大小成比例的概率抽样

1. 概念 按规模大小成比例的概率抽样（probability proportional to size sampling），简称为 PPS 抽样。其属于抽样方法中的不等概率抽样，是一种使用辅助信息（通常是规模的大小），从而使每个单位均有按其规模大小成比例被抽中的一种概率抽样方式。在多阶段抽样中，尤其是二阶段抽样中，初级抽样单位被抽中的概率取决于其初级抽样单位的规模大小，初级抽样单位规模越大被抽中的概率就越大，初级抽样单位规模越小被抽中的概率就越小。

2. 特点 PPS 抽样的主要优点是使用了辅助信息，总体中含量大的部分被抽中的概率也大，这样可以提高样本的代表性，减少抽样误差；主要缺点是对辅助信息要求较高，方差的估计较复杂等。

3. 按规模大小成比例抽样示例 假设要从某县 100 个养猪场存栏的 20 万头猪中，抽取 1 000 头猪进行调查，以便掌握猪瘟感染情况。采取多阶段抽样的方法，首先从 100 家养猪场中随机抽取若干家，如抽取 20 家；然后再从这 20 家养猪场中分别抽取 50 头（50×20＝1 000）构成样本。但是，这 100 家猪场的规模是不同的：最大的养猪场存栏猪 16 000 头，而最小的猪场存栏猪只有 200 头。如果这两家猪场都选入第一阶段的样本（即都进入 20 家猪场的样本），那么它们在第一阶段的入选概率是相同的，即都为 20÷100＝20％；但第二阶段从每家猪场中抽取样本时，这两家猪场中每头猪被抽中的概率却大不一样：前者的概率为 50÷16 000＝0.312 5％，而后者的概率为 50÷200＝25％。这样，规模大的猪场中每头猪被抽中的概率为 20％×0.312 5％＝0.062 5％，而规模小的猪场中每头猪被抽中的概率为 $20\% \times 25\% = 5\%$。规模大猪场中的猪相对于规模小猪场中的猪来说，被抽中的概率要小得多（后者是前者的 80 倍）。

为了解决这一问题，采用 PPS 方法首先将各个单元（即猪场）排列起来，然后写出其规模及其在总体规模中所占的比例；将它们的比例累计起来，并根据比例的累计数依次写出每一单元所对应的选择号码范围（该范围的大小等于该单元规模所占的比例，见表 7-2 第一、二、三、四列），然后采用随机数表的方法或系统抽样的方法选择号码，号码所对应的单元入选第一阶段样本（表 7-2 第五、六列）。最后再从所选样本中进行第二阶段抽样（即从每个被抽中的单元中抽取 50 头猪）。由于规模大的猪场其所对应的选样号码范围也大，而选样号码范围大时被抽中的概率也大（有些特别大的猪场可能抽到不止一个号码，如猪场 3 就抽到两个号码，那么在第二阶段抽样中就要从猪场 3 中抽取 $50 \times 2 = 100$ 头猪）。由于规模大的猪场在第一阶段抽样时被抽中的概率大于规模小的猪场，这样就补偿了第二阶段抽样时规模大的猪场中每头猪被抽中的概率小的情况，使得无论规模大还是规模小的猪场每头猪总的被抽中的概率都是相等的。所以，这种方法最终抽出的样本对总体的代表性也大。

表 7-2　PPS 方法抽取第一阶段抽样举例

序号	规模	所占比例（%）	累计（%）	选择号码范围	所选号码	入样单元
猪场 1	3 000	1.5	1.5	000～014	012	单元 1
猪场 2	2 000	1	2.5	015～024		
猪场 3	16 000	8	10.5	025～104	048、095	单元 2、3
猪场 4	200	0.1	10.6	105		
猪场 5	1 200	0.6	11.2	106～111		
猪场 6	6 000	3	14.2	112～141	133	单元 4
猪场 7	800	0.4	14.6	142～145		
猪场 8	600	0.3	14.9	146～148	148	单元 5
猪场 9	1 400	0.7	15.6	149～155		
猪场 10	4 200	2.1	17.7	156～176	171	单元 6

（续）

序号	规模	所占比例（%）	累计（%）	选择号码范围	所选号码	入样单元
…	…	…	…	…	…	…
猪场 98	400	0.2	98.8	978～987		
猪场 99	1 800	0.9	99.7	988～996	995	单元 20
猪场 100	600	0.3	100	997～999		

（七）以风险为基础的抽样

以风险为基础的抽样（risk-based sampling）就是有意抽取更容易感染或感染后更容易产生阳性检测结果的单元，用于证明无疫或发现疫病。如世界动物卫生组织《陆生动物卫生法典》中关于牛海绵状脑病的监测即为以风险为基础的抽样监测，根据不同类型的牛检测牛海绵状脑病阳性的可能性不同，即不同类型的牛所在亚群群内流行率不同，将检测对象分为 4 类：临床疑似牛、紧急屠宰牛、死牛和常规屠宰牛。其中，以临床疑似牛检出牛海绵状脑病阳性的可能性最大，同时将不同类的牛按年龄进行进一步细分，以 4～6 岁的牛检出牛海绵状脑病阳性的可能性最大。证明无疫或发现疫病时，通过优先抽取高风险亚群即临床疑似牛群，在抽取较少样本的条件下，取得与代表性抽样相同的效果。对于以风险为基础的抽样，应该确保对每一个亚群的抽样能够代表本亚群。代表性抽样是以风险为基础抽样的基础。

抽样方法很多，各有其特点，应用中可根据实际情况加以选择。

第五节　掌握流行率的抽样

如前面章节所述，流行率是反应特定时点或时段内群体中疫病存在情况的指标。掌握一个地区动物疫病流行情况，主要是为了掌握疫病的流行率。掌握流行率在动物疫病防控中主要起到以下作用：①动物疫病控制种类的选择。动物疫病防控规划制定过程中，首先需要确定优先控制动物疫病的种类。在确定是否要对某种疫病实施控制的基本标准中，除了要考虑其对人体健康可能造成的威胁之外，该病的流行现状及其发展趋势是首要关注的关键因素。②控制措施的选择。一旦选定了所要控制的动物疫病后，控制措施的选择同样也应该由该病的流行现状决定，即基于流行率的变化而定。如羊群布鲁菌病在流行率高于特定水平时（2％），应以免疫预防为主；低于这个水平时，可以考虑转为监测扑杀为主。③控制效果的评价。对于疫病控制计划实施效果的评估也需要掌握疫病状况及其发生趋势，如是否达到了控制目标？是否达到了预期收益-成本比？回答这些问题，最基本的条件是掌握动物疫病状况。

因此，可以看出，动物疫病防控中，确立防控目标、制定防控政策、评价实施效果等活动，均以掌握流行率以及流行率的变化为基础。掌握动物疫病基本状况，需要开展流行病学调查与监测活动，这就涉及抽样的样本量计算。

一、样本量的计算

按照抽样基本原理，实施代表性抽样，掌握流行率的抽样需要考虑4 个指标，置信水平、可接受误差、预期流行率和抽样群大小。

（一）简单随机抽样

1. 限群抽样数量计算 群内个体数量无限大或群内个体数量对抽样数量的影响可忽略不计时，计算流行率所需抽样数量的公式如下：

$$n = \frac{p(1-p) \times z^2}{e^2} \qquad (7-1)$$

式中：p——预期流行率；

z——来自标准正态分布 $1-\alpha/2$ 百分位点。对于每一个置信水平，都有一个相应的 z 值。生物学研究中，常用的置信水平为 90％、95％、99％，其对应的 z 值分别是 1.64、1.96、2.58，也可以选择其他不同的置信水平，其对应的 z 值可通过查表获得。

e——可接受的最大绝对误差。

2. 有限群抽样数量的校正 群内个体数量较少时，在计算出相同条件下无限群抽样数量的基础上，根据目标群内个体数量对所需抽样数量进行校正。校正公式如下：

$$n_a = \frac{n}{1 + \dfrac{n}{N}} \qquad (7\text{-}2)$$

式中：n——无限群的抽样数量；

N——目标群内的个体数。

一般当 n 与 N 之比大于等于 5％时，即抽样比大于等于 5％时，运用上述公式进行校正。

3. 考虑试验特异性和敏感性的样本量计算 通常情况下,开展流行病学调查或监测都会应用诊断试验来确定疫病,而诊断试验都不是百分之百的准确,即诊断试验的特异性和敏感性均少于100％,这样就会产生假阴性和假阳性的问题,由此得到的是表观流行率的估计,而不是真实流行率的估计。考虑试验的敏感性和特异性,针对无限群的抽样量计算公式为：

$$n = \frac{z^2}{e^2} \times \frac{\left[(Se \times P) + (1 - Sp)(1 - P)\right]\left[1 - Se \times P - (1 - Sp)(1 - P)\right]}{(Se + Sp - 1)^2}$$

$$(7\text{-}3)$$

式中：z——特定置信水平下来自标准正态分布的临界值；

e——可接受误差（绝对误差）；

Se——试验的敏感性；

Sp——试验的特异性；

P——预期流行率。

当群内个体数量较少时，考虑试验敏感性和特异性的抽样数量同样应用公式 7-2 进行校正。

例如，预期流行率为 30％，可接受的绝对误差为 5％，置信水平为 95％，诊断试验的敏感性和特异性分别为 90％、80％，即

$P=0.30$，

$z=1.96$，

$e=0.05$，

$Se=0.90$，

$Sp=0.80$。

需要抽取多少个体进行检测方能估计真实流行率？

将上述各参数代入公式 5-3，得出

$$n=\frac{z^2}{e^2}\times\frac{[(Se\times P)+(1-Sp)(1-P)][1-Se\times P-(1-Sp)(1-P)]}{(Se+Sp-1)^2}$$

$$=\frac{1.96^2}{0.05^2}\times\frac{[(0.9\times0.3)+(1-0.8)(1-0.3)][1-0.9\times0.3-(1-0.8)(1-0.3)]}{(0.9+0.8-1)^2}$$

$$=758.6$$

就是说需要抽取 759 只动物，而如果试验的敏感性、特异性均为 1，只要抽取 323 头动物。可以看出，抽样数量随着试验特异性和敏感性的降低而增加。

当群内个体数量较少时，考虑试验敏感性和特异性的抽样数量同样应用上述公式 7-2 进行校正。

（二）系统抽样

进行抽样调查时，假设认为系统抽样和简单随机抽样一样具有代表性是合理的，那么抽样量的计算可以根据上述简单随机抽样的样本量计算公式进行计算。但是，如果所调查的特征在抽样框中表现出周期性，应该应用相应的更复杂的公式进行计算。

（三）分层抽样

一般情况下，分层抽样按照简单随机抽样样本量计算公式计算样本

量，然后按各层在总体中所占的比例在各层中分配抽样数量。但是，如果采用更复杂的分配方法在各层中分配抽样数量，需要应用其他公式计算样本量。

（四）整群抽样

简单随机抽样中用于确定流行率的计算公式不能用于整群抽样的样本量计算，因为它没有考虑抽样单元之间的、潜在的变异。掌握流行率的简单随机抽样中，只需知道抽样单元感染与否即可，即通过抽样找出"感染"单元的数量而获得流行率。但整群抽样中，由于总体中的抽样单元——群有的感染有的没有感染，不同的感染群其群内流行率亦不相同，即群间存在变异。因此，计算整群抽样的样本量，需要考虑群与群之间的变异性，即首先需要掌握群间的方差分量 V_c（variance component），其是群内所有动物均被抽样检测（群内不存在抽样变异）情况下的群间变异性。如果之前有群样本数据，群间方差可用下述公式近似计算：

$$V_c = c \times \left[\frac{K_1 cV}{T^2(c-1)} - \frac{K_2 \hat{P}(1-\hat{P})}{T} \right]$$

其中

$$K_1 = \frac{C-c}{C}$$

$$K_2 = \frac{N-T}{N}$$

$$V = \hat{P}^2\left(\sum n^2\right) - 2\bar{P}\left(\sum nm\right) + \sum m^2$$

式中：c—— 样本中群的数量；

　　C—— 总体中群的数量；

　　T—— 抽样动物总数；

　　N—— 总体中动物总数；

　　$\hat{P}$—— 总体率的样本估计；

　　n—— 每个抽样群内的动物数；

m——每个抽样群中的发病动物数。

如果预期流行率与总体率的样本估计 $\hat{P}$ 不同，那么需要用下述公式进行校正：

$$V_{c校正}=\frac{V_c\times P_e\times（1-P_e）}{\hat{P}\times（1-\hat{P}）}$$

式中：P_e——预期流行率；

　　　$\hat{P}$——根据已有数据计算得到的总体率的样本估计；

　　　V_c——根据已有数据计算得到的群间方差。

计算抽样群数，当所选择的预期流行率与根据已有数据获得流行率不同时，需要把根据预期流行率校正的 $V_{c校正}$ 作为抽样计算时的 V_c。

整群抽样样本量近似计算公式为：

$$n_g=\frac{[n\times V_c+p（1-p）]\times z^2}{n\times e^2} \qquad (7\text{-}4)$$

式中：n_g——抽样群数；

　　　n——平均每群动物个体数；

　　　p——预期流行率；

　　　z——来自标准正态分布的临界值；

　　　e——可接受的最大绝对误差；

　　　V_c——群间方差。

公式 7-4 为总体中群数较大，可看做无限总体时的样本量计算公式。当总体中群数较少时，也用公式 7-2 进行校正。

（五）两阶段抽样

一般在同一阶段内各抽样单元间同质性好，即抽样单元间差异小的情况下，每个阶段所需样本量可根据各个阶段所给出的抽样参数，按照前述简单随机样本量计算公式 7-5 进行计算，然后综合计算所需的基本抽样单元数量。

$$n=\frac{p（1-p）\times z^2}{e^2} \qquad (7\text{-}5)$$

当我们知道两阶段抽样策略的设计效应时，可以根据工作中不同阶段的抽样成本，在不同阶段间调整相应的抽样数量。考虑设计效应的两阶段抽样量计算公式为：

$$n = \frac{p \times (1-p) \times z^2 \times D}{e^2 \times b} \qquad (7\text{-}6)$$

式中：p——预期流行率；

z——来自标准正态分布 $1\text{-}\alpha/2$ 百分位点，对于每一个置信水平，都有一个相应的 z 值；

e——可接受的最大绝对误差；

D——设计效应；

b——每群采样数量；

n——抽样群数。

不同大小的群体、不同预定流行率、不同可接受误差，置信水平分别为 90％、95％ 和 99％时，且总体中抽样单元数量较大（可看做是无限群）时，估计群体流行率所需样本量可直接查阅附录 2 获取。

二、抽样示例

采取何种抽样策略掌握某种动物疫病流行情况，受多种因素的影响，包括资金支持、人力资源、实验室工作能力、疫病流行病学特征、当地社会经济状况、畜牧业养殖状况，等等。针对不同地区、不同动物种类、不同饲养方式、不同养殖环境、不同疫病、不同社会环境，所采用的抽样策略可能是不一样的，没有绝对的适合所有情况的抽样策略和抽样方法。本节给出若干例子供参考。

（一）掌握流行率的简单随机抽样的抽样量计算

某奶牛养殖场想知道本场牛结核病流行情况，对本场奶牛进行结核病检测。该场有 1 230 头奶牛，之前没有做过结核病检测。需要抽取多少头奶牛进行检测？如果当地牛结核病的流行率在 20％左右，需要抽取多少样本？

这里确定可接受的误差为 5％（绝对误差），根据公式 7-7 和 7-8，即：

$$n = \frac{p(1-p) \times z^2}{e^2} \qquad (7\text{-}7)$$

$$n_a = \frac{n}{1 + \dfrac{n}{N}} \qquad (7\text{-}8)$$

计算出不同预期流行率、不同置信水平条件下的抽样数量，具体见表 7-3。当然，可接受误差也可以确定为 1％、2％、…、10％、…，可接受误差越小，抽样数量越大，置信水平确定、不同流行率、不同可接受误差条件下，针对无限群的抽样数量见 7-4。由于可接受误差对样本量影响大，可根据所能承受的财力、人力、物力等因素来调整可接受的误差，以便确定合适的样本量，但所确定的可接受误差不能大于所确定的预期流行率。

表 7-3　误差为 5％、不同流行率和置信水平条件下，1 230 头奶牛抽样数量

预期流行率（％）	置信水平		
	90％	95％	99％
10	90	125	201
15	124	170	267
20	152	205	317
25	174	234	356
30	191	256	385
35	205	273	406
40	214	284	421
45	219	291	430
50	221	293	432
55	219	291	430
60	214	284	421

（续）

预期流行率（%）	置信水平		
	90%	95%	99%
65	205	273	406
70	191	256	385
75	174	234	356
80	152	205	317
85	124	170	267
90	90	125	201

表 7-4　置信水平 95%、不同流行率、不同可接受误差条件下的抽样数量

预期流行率（%）	可接受误差								
	1%	2%	3%	4%	5%	6%	7%	8%	9%
10	908	508	293	184	125	90	67	52	42
15	984	614	378	246	170	123	93	73	58
20	1 025	684	440	293	205	150	114	90	72
25	1 051	731	485	330	234	173	132	104	83
30	1 068	765	519	358	256	190	146	115	93
35	1 079	787	543	379	273	203	156	123	100
40	1 086	803	559	393	284	212	164	129	105
45	1 090	811	569	401	291	218	168	133	108
50	1 091	814	572	404	293	220	170	134	109
55	1 090	811	569	401	291	218	168	133	108
60	1 086	803	559	393	284	212	164	129	105
65	1 079	787	543	379	273	203	156	123	100
70	1 068	765	519	358	256	190	146	115	93
75	1 051	731	485	330	234	173	132	104	83
80	1 025	684	440	293	205	150	114	90	72
85	984	614	378	246	170	123	93	73	58
90	908	508	293	184	125	90	67	52	42

　　当我们不知道群体中预定流行率时，一般情况下按最大抽样量计算样本量，即假定预定流行率为 50%。从表 7-3 中，可以查出不清楚预期

流行率情况下，置信水平分别为 90%、95%、99% 时的抽样数量相应为 221、293、432 头。当预期流行率为 20% 时，置信水平分别为 90%、95%、99% 时相应的抽样数量为 152、205、317。

（二）整群抽样获得流行率的样本量计算

某地为掌握当地奶牛某病流行率，拟采用整群抽样策略进行检测，经验认为当地奶牛该病的感染率约为 30%。当地之前曾开展过该病调查，从当地 856 户奶牛养殖场户中随机抽取 14 户，对抽取的养殖户进行全群检测，检测结果见表 7-5。在 95% 置信水平、可接受误差控制在 5% 的条件下，需要抽取多少养殖场户进行检测？

表 7-5　当地奶牛检测历史数据

养殖户编号	奶牛总数	感染动物数	群内流行率（%）
1	272	17	6.3
2	87	15	17.2
3	322	71	22.0
4	176	17	9.7
5	94	9	9.6
6	387	23	5.9
7	279	78	28.0
8	194	59	30.4
9	65	37	56.9
10	110	34	30.9
11	266	23	8.6
12	397	57	14.4
13	152	19	12.5
14	231	17	7.4
合计	3 032	476	15.7

表 7-5 中的数据可用来计算用于确定整群抽样参数之一的群间方差。举例中各参数如下：

$c = 14$

$C = 856$

$T = 3\ 032$

N 为总体中动物总数

$\hat{P} = 0.157$

$n = 272，87，322，176，94，387，279，194，65，110，266，397，152，231$

$m = 17，15，71，17，9，23，78，59，37，34，23，57，19，17$

这里需要注意的是，总体率的样本估计为发病数在检测总数中所占比例，即 $\hat{P} = 476/3032 = 0.157$，而不是各养殖场户流行率的平均值 $(0.063 + 0.172 + \cdots + 0.074)/14$。本例中，$c = 14$，$C = 856$，这样 K_1 可以近似等于 1，所以在计算样本量中可以省略。同样，N 同 T 比很大，所以 K_2 也近似等于 1 而省略。

$$\sum n^2 = 272^2 + 87^2 + \cdots + 231^2 = 811450$$
$$\sum mn = 272 \times 17 + 87 \times 15 + \cdots + 231 \times 17 = 116445$$
$$\sum m^2 = 17^2 + 15^2 + \cdots + 17^2 = 22972$$

计算得

$$V = \hat{P}^2 \ (\sum n^2) - 2\hat{P} \ (\sum nm) + \sum m^2$$
$$= 0.157^2 \times 811450 - 2 \times 0.157 \times 116445 + 22972$$
$$= 6409$$

将所需参数带入

$$V_c = c \times \left[\frac{K_1 cV}{T^2 \ (c-1)} - \frac{K_2 \hat{P} \ (1-\hat{P})}{T} \right]$$
$$= 14 \times \left[\frac{14 \times 6409}{3032^2 \times 13} - \frac{0.157 \times (1-0.157)}{3032} \right]$$
$$= 0.0099$$

根据已有数据所求出的 V_c 值是总体流行率的样本估计值为 0.157 时所对应的方差，但本题中的预期流行率 $P_e = 0.3$，所以需要用下述公式校正获得预期流行率为 0.3 时的 $V_{c校正}$：

$$V_{c校正}=\frac{V_c\times P_e\times（1-P_e）}{\hat{P}\times（1-\hat{P}）}$$

$$=\frac{0.0099\times0.3\times（1-0.3）}{0.157\times（1-0.157）}$$

$$=0.0157$$

（注：这个 $V_{c校正}$ 值刚巧是根据已有数据计算获得的流行率的十分之一，这是巧合）

整群抽样确定样本量的第一步是估计平均每群群内动物个体数，如果每群内平均动物个体数为 30，且可接受的绝对误差为 5%，即：

$n=30$

$P_e=0.3$

$e=0.05$

$V_c=0.0157$

$Z=1.96$

将上述参数带入公式 5-4 计算样本量得

$$n_g=\frac{[n\times V_c+p（1-p）]\times z^2}{n\times e^2}$$

$$=\frac{[30\times0.0157+0.3\times（1-0.3）]\times1.96^2}{30\times0.05^2}$$

$$=34.9$$

所以，需要抽取 35 个群进行检测。如果所抽样的总体中群数较少，可以根据前述公式 7-2 进行校正。例如需要从仅有 180 个群的总体中抽样，即

$$n_g=34.9$$

$$N_g=180$$

那么，

$$n_a=\frac{n_g}{1+\dfrac{n_g}{N_g}}$$

$$= \frac{34.9}{1+\frac{34.9}{180}}$$

$$= 29.2$$

即需要抽取 30 个群进行检测。

（三）两阶段抽样掌握流行率的抽样量计算

A 市准备对辖区内羊群某疫病实施控制计划，需要掌握该病流行情况。该市下辖 5 个县，各县羊存栏情况见表 7-6。之前有数据表明当地该病的群流行率在 30% 左右，感染群群内该病的流行率在 5% 左右。问如果保证置信水平在 95% 的情况下，场群抽样可接受误差控制在 10% 以内，个体抽样可接受误差控制在 2% 以下的情况下，如何进行抽样？需要抽取多少动物进行检测？

表 7-6　A 市羊存栏情况

县名	场群数	存栏数（万只）	平均存栏数（只）
FN	1 834	35.7	195
FY	1 186	31.5	266
WK	660	19.6	297
YC	1 316	21.96	167
HL	1 297	39.8	307
合计	6 293	148.56	236

采用两阶段抽样策略确定流行率，即随机抽取群，然后在抽取群内随机抽取个体。

1. 场群抽样量计算　将 A 市 5 个县所有场群作为总体进行抽样，各抽样参数如下：

$$N = 6239$$

$$Z = 1.96（95\% 的置信水平对应的 Z 值为 1.96）$$

$$p = 30\%$$

$$e = 10\%$$

根据公式 7-1，此条件下，无限群抽样数量 n 为

$$n = \frac{p\ (1-p)\ \times z^2}{e^2}$$

$$= \frac{0.3 \times\ (1-0.3)\ \times 1.96^2}{0.1^2}$$

$$= 81$$

根据公式 7-2，修正后的抽样数量 n_a 为

$$n_a = \frac{n}{1 + \dfrac{n}{N}}$$

$$= \frac{81}{1 + \dfrac{81}{6239}}$$

$$= 80$$

即 95% 置信水平、场群预期流行率 30%、抽样可接受误差控制在 10% 以内的条件下，抽取 80 个场群即可。表 7-7 列举了预期流行率为 30%、不同置信水平、不同可接受误差条件下的抽样群数。

表 7-7 预期流行率 30%、不同置信水平、不同可接受误差条件下的抽样群数

抽样误差	置信水平		
	90%	95%	99%
3%	571	784	1 244
4%	335	467	767
5%	219	307	514
6%	154	217	366
7%	114	161	273
8%	88	124	212
9%	69	99	168
10%	56	80	137
13%	34	48	82
15%	26	36	62

（续）

抽样误差	置信水平		
	90%	95%	99%
18%	18	25	43
20%	15	21	35
22%	12	17	29
25%	10	13	23
28%	8	11	18
30%	7	9	16

2. 群内个体抽样量计算　群内个体抽样的样本量计算各参数如下：

$Z=1.96$（95%的置信水平对应的 Z 值为 1.96）

$p=5\%$

$e=2\%$

根据公式 7-1 和公式 7-2，计算不同规模养殖场抽样数量结果见表 7-8。

表 7-8　95%置信水平、预期流行率为 5%、误差 2%条件下不同规模养殖场抽样数量

场群规模	抽样数量	场群规模	抽样数量	场群规模	抽样数量
80	68	170	124	280	174
85	72	180	129	290	177
90	75	190	134	300	181
95	79	200	139	330	191
100	82	210	144	350	198
110	89	220	148	380	207
120	95	230	153	420	219
130	101	240	157	460	229
140	107	250	161	500	239
150	113	260	166	600	259
160	118	270	170	700	276

（续）

场群规模	抽样数量	场群规模	抽样数量	场群规模	抽样数量
800	291	1 900	368	5 000	418
900	303	2 000	371	5 500	421
1 000	313	2 200	378	6 000	424
1 200	331	2 400	383	6 500	426
1 300	338	2 600	388	7 000	428
1 400	344	2 800	392	8 000	432
1 500	350	3 000	396	9 000	434
1 600	355	3 500	404	10 000	436
1 700	360	4 000	409	15 000	443
1 800	364	4 500	414	20 000	446

第六节　证明无疫或发现疫病的抽样

一、概述

（一）无疫的含义

证明无疫或发现疫病的目的是确定一个群或一个地区是否存在感染，只要检测到一例动物感染，就可以证明这个地区疫病的存在。如果想确定一个群体中是否存在疫病感染，最好的方法是进行全群检测，但这种做法往往是不可行的。通常情况下，对于多数动物疫病而言，如果群中存在这种疫病，其流行率将会等于或高于某个最小流行率，即疫病在群体中流行有一个"阈值"。因此，可以以这个最小流行率为基础，计算出达到特定置信水平时，至少能够检测到一只阳性动物或群所需要的样本数，即可证明无疫或没有发现疫病。

（二）预定流行率意义与确定

抽样时所需要的预定流行率（design prevalence）并不是疫病在动物群中的实际流行率，是在证明无疫或发现疫病时确定样本含量的指标，是根据疫病流行病学特征、经验、专家观点以及可接受的动物卫生保护水平等所确定的最低流行率。从理论上讲，当流行率低于所设的流行率时，疫病不会在群内传播流行。预定流行率是证明无疫或发现疫病时，疫病是否在群体中存在、流行的阈值。

（三）相对无疫与绝对无疫

"无疫"有两种解读方式，一是绝对无疫，二是相对无疫。前述以预定流行率为基础计算至少能够检测到一只感染发病动物的样本数，且检测没有发现感染发病动物，我们说群体中该病的流行率低于所设定的预定流行率，即"无疫"，此是相对无疫。绝对无疫，是指群体中没有该病病原体的存在。对于区域内"无疫"而言，是指区域内所有易感动物群内不存在病原。

二、样本量的计算

同获得流行率的抽样一样，"无限"群（即总体数量大，对样本量计算无影响）和"有限"群抽样所用公式不同，适用于"有限"群抽样的公式也适用于"无限"群抽样的样本量计算。

（一）证明无疫或发现疫病的样本量计算

当调查群体为有限群时，证明无疫或发现疫病的样本量计算公式为：

$$n = \left[1 - (1 - CL)^{\frac{1}{D}} \right]\left(N - \frac{D-1}{2} \right) \qquad (7\text{-}9)$$

式中：n——抽样个数；

　　　CL——置信水平；

　　　D——群中的阳性动物数，等于群内个体数与预定流行率的乘积，即 $D = N \times p$；

　　　N——群内个体数。

在动物疫病防控实践中，证明无疫或发现疫病通常是通过实验室检测实现的，采用实验室检测就应该考试检测方法的敏感性，即检测到阳性动物。考虑检测试验敏感性的计算公式为：

$$n = \frac{\left[1 - (1 - CL)^{\frac{1}{D}} \right]\left(N - \frac{D \times Se - 1}{2} \right)}{Se} \qquad (7\text{-}10)$$

式中：Se——检测方法的敏感性；

　　　n——抽样个数；

　　　CL——置信水平；

　　　D——群中的阳性动物数，等于群内个体数与预定流行率的乘积，即 $D = N \times p$；

　　　N——群内个体数。

公式 7-9 和公式 7-10 同样也适用于"无限"群的抽样。当前大多数流行病学抽样软件证明无疫的抽样均采用这两个公式。

(二) 无限群证明无疫的样本量计算

当源群中个体数量大可看做是无限群时，证明无疫或发现疫病的抽样量计算公式为：

$$n = \frac{\ln(\alpha)}{\ln(1-p)} \qquad (7\text{-}11)$$

式中：α——可接受误差，等于 1－置信水平；

p——预定流行率。

此为不考虑诊断试验的情况下抽样数量的计算。考虑诊断试验敏感性时，抽样数量计算公式为：

$$n = \frac{\ln(\alpha)}{\ln(1 - p * Se)} \qquad (7\text{-}12)$$

式中：Se——诊断试验的敏感性。

证明无限群无疫的公式来自群敏感性（herd sensitivity）计算公式：$HSe = 1 - (1 - p)^n$。此公式是阈值为 1，即只要有 1 只动物感染即认为该群感染的群敏感性计算公式。将此公式反推，即可得到特定流行率条件下达到特定置信水平的抽样量。

（三）利用负二项分布进行抽样

负二项分布是二项过程中描述取得 s 次成功试验之前试验失败次数的分布，由 2 个参数描述其特征，即成功数（s）和成功概率（p）。运用负二项分布可以估算取得了 s 次成功试验之前实施的试验数 n，其中 n 等于成功数 s 和失败数 Negbin（x, p）之和。

$$n = s + \text{Negbin}(s, p) \qquad (7\text{-}13)$$

证明无疫，只要在群体中发现 1 只感染即可把无疫状态推翻。因此，在确保能够发现 1 个"病例"的抽样量中没有发现病例，我们就说群体无疫。这里成功的次数为 1。例如，确定抽到 1 只感染动物之前需要从流行率为 10% 的感染畜群中抽取多少动物。在这个例子中，因为只需要知道抽到第 1 只感染动物之前抽取了多少只未感染动物数（"失败"的次数），所以公式表示为 Negbin（1, 0.1）（图 7-5）。如果需要知道抽到第 1 只感染动物时一共抽取了多少动物，那么公式表示为：1+Negbin（1, 0.1）。

可以用 Excel、@Risk、ModelRisk、Poptool 等软件中的负二项分布直接计算样本量。

不同大小的群体、不同预定流行率、95% 置信水平、诊断试验敏感

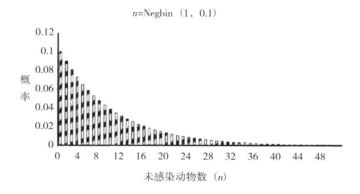

$n=\text{Negbin}\ (1,\ 0.1)$

图 7-5　从发病率为 10％的畜群中抽到 1 只感染动物时
已经抽出的未感染动物只数的负二项分布

性 100％情况下，证明无疫或发现疫病所需样本量可直接查阅附录 4
获取。

三、抽样示例

简单随机抽样是所有抽样的基础，在举例说明简单随机抽样证明无疫的基础上，本节还将举例说明多阶段抽样证明无疫。

（一）简单随机抽样证明无疫的样本量计算

例题 1：应用某敏感性为 100％的试验，确保有 95％的把握在有 100 头动物、流行率≥10％的畜群中发现疫病，需抽取多少动物？如果畜群有 300 头动物，应抽取多少样本？如果所选用的试验敏感性为 90％，又该抽取多少样本？如果流行率≥5％，抽样数量如何？

1. 流行率≥10％的样本量计算

（1）应用敏感性为 100％的试验，100 头动物中至少检出 10 头感染发病，那么抽样量为：

$$n = \left[1 - (1 - CL)^{\frac{1}{D}}\right]\left(N - \frac{D-1}{2}\right)$$

$$=\left[1-(1-0.95)^{\frac{1}{10}}\right]\left(100-\frac{10-1}{2}\right)$$

$$=25$$

即应用某敏感性为 100％的试验进行检测，确保有 95％的把握在 100 头动物、流行率≥10％的畜群中发现疫病，需要抽取 25 头动物。如果畜群中有 300 头动物，根据上述公式，需要抽取 28 头。

（2）应用敏感性为 90％的试验，100 头动物中至少 10 头感染发病，只能检出 9 头，那么抽样量为：

$$n=\frac{\left[1-(1-CL)^{\frac{1}{D}}\right]\left(N-\frac{D\times Se-1}{2}\right)}{Se}$$

$$=\frac{\left[1-(1-0.95)^{\frac{1}{10}}\right]\left(100-\frac{10\times0.9-1}{2}\right)}{0.9}$$

$$=28$$

可以看出，畜群中有 100 头动物时，应用敏感性为 90％的试验进行检测，需要抽取 28 头动物。如果畜群中有 300 头动物，根据上述公式需要抽取 31 头动物。

2. 流行率≥5％时的样本量计算

（1）应用敏感性为 100％的试验，根据公式 6-2，100 头动物需要抽取 45 头，300 头动物需要抽取 54 头。

（2）应用敏感性为 90％的试验，根据公式 6-2，100 头动物需要抽取 50 头，300 头动物需要抽取 60 头。

例题 2：某地区有 10 000 个畜群，检测过程保证群敏感性接近 100％。如果感染畜群的比例小于 1％，则该地区可以视为无疫，应检测多少畜群？如果该检测过程的群敏感性为 90％，检测的畜群数量还是一样吗？

该案例的抽样单元为群，当不考虑试验敏感性时，抽样数量计算和抽样对象为个体动物时一样。当考虑试验敏感性时，计算抽样量所用的敏感性为群敏感性，抽样计算公式是一致的。案例中的抽样量计算参数：

$$N = 10000$$

$$CL \text{ 确定为 } 95\%$$

$$P* = 1\%$$

$$D = 10000 \times 0.01 = 100$$

1. 群敏感性为 100% 的抽样量

$$n = \left[1 - (1 - CL)^{\frac{1}{D}}\right]\left(N - \frac{D-1}{2}\right)$$

$$= \left[1 - (1 - 0.95)^{\frac{1}{100}}\right]\left(100 - \frac{100-1}{2}\right)$$

$$= 294$$

2. 群敏感性为 90% 的抽样量

$$n = \frac{\left[1 - (1 - CL)^{\frac{1}{D}}\right]\left(N - \frac{D \times Se - 1}{2}\right)}{Se}$$

$$= \frac{\left[1 - (1 - 0.95)^{\frac{1}{100}}\right]\left(100 - \frac{100 \times 0.9 - 1}{2}\right)}{0.9}$$

$$= 327$$

（二）多阶段抽样证明无疫的样本量计算

某县一直坚持开展羊群布鲁菌病监测，近两年来没有发现布鲁菌病感染阳性，想证明当地无羊布鲁菌病。当地羊养殖与分布情况见表 7-9。假定无布鲁菌病的群预定流行率和个体流行率分别为 1% 和 0.5%，即如果群流行率低于 1%，认为该地无羊布鲁菌病；群内个体流行率低于 0.5%，认为该群为无疫群。那么该县如何抽样？在置信水平为 95% 的情况下，需要抽取多少个群、多少个体？

表 7-9 某地区羊养殖与分布情况

乡镇	场群数	存栏数（万只）	平均存栏数（只）
CL	131	6.7	511

（续）

乡镇	场群数	存栏数（万只）	平均存栏数（只）
QA	83	3.6	434
NJ	58	2.8	483
FY	38	2.2	579
QG	63	3.8	603
合计	373	19.1	512

为了证明该县无疫，可采用多阶段抽样。有两种多阶段抽样方式进行抽样，一是采用两阶段抽样，即将全县所有场群作为第一阶段的抽样总体，然后每个场群抽取个体进行检测；另一种考虑与动物疫病防控机构相适应的、便于实际操作的三阶段抽样，即每个乡镇均进行抽样作为第一阶段，然后以每个乡镇的场群为总体进行第二阶段抽样，最后从每个场群抽取个体。这里需要注意的是，如果按照既定的抽样策略和样本量抽样，检测后没有在羊群中发现布鲁菌病感染阳性，通过两种方式获得的无疫信息是不一样的。

1. 采用两阶段抽样策略　计算样本量的各参数如下：

$N_{群} = 373$

$N_{个体} = 512$

$P_{群} = 1\%$

$P_{个体} = 0.5\%$

$CL = 95\%$

根据公式7-9，在置信水平为95％的条件下，全县373个场群需要抽样206个，平均每个场群抽样353只，全县共需要抽样72 718只。表7-10列举了不同置信水平条件下的抽样群数和抽样个体数。

表7-10　不同置信水平抽样群数和抽样个体数

置信水平（％）	抽样场数	抽样个体数
99	264	427

（续）

置信水平（%）	抽样场数	抽样个体数
98	242	401
97	227	382
96	215	366
95	206	353
94	197	341
93	190	331
92	183	321
91	177	312
90	172	304

　　根据表 7-10，抽样场数和抽样个体数可以根据各自所对应不同的置信水平分别选择，相互组合计算得出不同的、最后的抽样个体数。

　　2. 采用三阶段抽样策略　根据公式 7-9，各乡镇抽样数量及全县抽样总量见表 7-11。

表 7-11　三阶段抽样各乡镇抽样数量及全县抽样总量

乡镇	场群数	存栏数（万只）	每场（群）存栏数（只）	场群抽样数	每场（群）抽样数（只）	抽样总数（只）
CL	131	6.7	511	131	353	46 243
QA	83	3.6	434	81	325	26 325
NJ	58	2.8	483	58	343	19 894
FY	38	2.2	579	38	373	14 174
QG	63	3.8	603	63	380	23 940
合计	373	19.1	512	371	1 774	130 576

第七节　以风险为基础的抽样

　　以风险为基础的抽样就是有意抽取更容易感染或感染后更容易产生

阳性检测结果的单元，用于证明无疫或发现疫病。如世界动物卫生组织
《陆生动物卫生法典》中关于牛海绵状脑病的监测即为以风险为基础的
抽样监测，根据不同类型的牛检测牛海绵状脑病阳性的可能性不同，即
不同类型的牛所在亚群群内流行率不同，将检测对象分为四类，临床疑
似牛、紧急屠宰牛、死牛和常规屠宰牛，其中以临床疑似牛检出牛海绵
状脑病阳性的可能性最大，同时将不同类的牛按年龄进行进一步细分，
以 4~6 岁的牛检出牛海绵状脑病阳性的可能性最大。通过优先抽取高
风险亚群，在抽取较少样本的条件下，证明无疫或发现疫病时取得与代
表性抽样相同的效果。对于以风险为基础的抽样，应该确保对每一个亚
群的抽样能够代表本亚群。代表性抽样是以风险为基础抽样的基础。

　　如前所述，以风险为基础的抽样主要用于证明无疫或发现疫病，即
有意抽取更容易感染或感染后更容易产生阳性检测结果的单元。以风险
为基础的抽样，也可以用于确定疫病的流行率，但需要对疫病的流行病
学特征非常清楚，并且根据已有的流行病学数据建立相应的点值系统，
通过点值系统结合根据抽样原理获得的数据，推导出流行率。由于较为
复杂，本章对此不予介绍。

　　以风险为基础的抽样，过程和代表性调查抽样一样，但考虑到需要
优先抽取高风险单元，需要校正抽样过程中的预定流行率、样本大小、
系统敏感性。为了达到这一目的，需要获得两个额外的参数，即不同亚
群间的相对风险及其在总群中所占的比例。

一、校正疫病风险

　　证明无疫或发现疫病抽样的关键指标之一是确定预定流行率。考虑
到不同亚群感染风险不同，为了不会人为改变预定流行率，用下述公式
校正相对风险值：

$$AR_i = RR_i / \sum (RR_i \times PPr_i) \qquad (7\text{-}14)$$

　　式中：AR_i——各个亚群校正的风险值；

　　　　RR_i——各亚群的相对风险值；

　　　　PPr_i——各亚群在目标群中所占比例。

　　$\sum(RR_i \times PPr_i)$ 为每一个风险群的相对风险与该风险群在目标群中所占比例乘机之和。这样对于每一个风险群均可产生一个校正的风险估计值，用这个风险估计值乘以预定流行率，可以得到这个群校正后的感染概率。例如，根据研究结果或已有的资料分析，认为大群的布鲁菌病感染风险（$RR=3$）是小群的 3 倍（$RR=1$），目标群中大群占 10%，那么大群校正的风险为 $3/(3\times0.1+1\times0.9)=2.5$，小群的校正风险为 $1/(3\times0.1+1\times0.9)=0.833$。

二、计算各风险群预定流行率

　　根据其相对风险大小及在目标群中所占比例计算出校正风险后，可根据下述公式计算出风险群 i 的预定流行率：

$$P_i^* = AR_i \times P^* \tag{7-15}$$

　　式中：AR_i——风险群 i 校正的风险值；

　　　　P^*——总预定流行率。

　　继续前面例题，如果预定流行率 $P^*=0.02$，那么大群校正的感染概率（流行率）为 $P_H^* = AR_H \times P^* = 2.5 \times 0.02 = 0.05$，小群校正的感染概率（流行率）为 $P_L^* = AR_L \times P^* = 0.833 \times 0.02 = 0.017$。所有计算的关键是保持群的总预定流行率不变：$0.05 \times 0.1 + 0.017 \times 0.9 = 0.02$，达到此目的，需要在不同风险群中重新分配预定流行率。

三、根据比例计算抽样预定流行率

　　对于以风险为基础的抽样，需要用根据比例加权（根据样本中各风险群所占比例加权）后的预定流行率 P_a^* 代替 P^*，表示如下：

$$P_a^* = Pr_H \times P_H^* + Pr_L \times P_L^* \tag{7-16}$$

式中：Pr_H——样本中高风险单元所占比例；

Pr_L——样本中低风险单元所占比例；

P_H^*——修正后的高风险单元感染的概率；

P_L^*——修正后的低风险单元感染的概率。

四、计算样本量

对于代表性抽样，计算群敏感性的抽样量是由群敏感性计算公式反推出来的（目标群中抽样单元数量大，看做无限群），表示如下：

$$n=\ln\ (1-HSe)\ /\ln\ (1-P^*\times Se) \qquad (7\text{-}17)$$

将样本中经过修正的预定流行率 P_a^* 代替 P^*，以风险为基础的抽样公式为：

$$n=\ln\ (1-HSe)\ /\ln\ [1-\ (Pr_H\times P_H^*+Pr_L\times P_L^*)\ \times Se]$$

$$(7\text{-}18)$$

可以看出，计算以风险为基础的抽样样本量，首先需要确定样本中高风险单元和低风险单元各自所占的比例，以及高风险单元和低风险单元各自修正的预定流行率。继续之前关于布鲁菌病的例子，如果我们计划样本中高风险群的比例占 60%，低风险群占 40%，所用检测试验的敏感性为 80%，为了保证系统的敏感性为 95%，我们需要检测多少个群？根据公式 7-5：

$$N=\ln\ (1-0.95)\ /\ln\ [1-0.8\times\ (0.6\times0.05+0.4\times0.017)]$$

$$=100.3$$

$$\approx101$$

可以看出，需要抽取 101 个样本，其中 61 个高风险群，40 个低风险群。如果群内抽样也采取以风险为基础的策略，可以使用上述相同的过程来确定每个群中的抽样数量。

上述为无限群证明无疫的抽样，如果目标群为有限群，即数量较少，求出加权修正的预定流行率后，带入代表性证明无疫样本量计算公式：

$$n = \frac{\left[1-(1-CL)^{\frac{1}{D}}\right]\left(N-\dfrac{D \times Se-1}{2}\right)}{Se} \qquad (7\text{-}19)$$

计算出抽样量，然后再在高风险群和低风险群之间分配。

参考文献

陈继明，黄保续 . 2009. 重大动物疫病流行病学调查指南［M］. 北京：中国农业科学技术出版社 .

方积乾，孙振球 . 2008. 卫生统计学［M］. 6 版 . 北京：人民卫生出版社 .

黄保续 . 2010. 兽医流行病学［M］. 北京：中国农业出版社 .

加里·T. 亨利 . 2008. 实用抽样方法［M］. 沈崇麟，译 . 重庆：重庆大学出版社 .

金勇进，杜子芳，蒋妍 . 2008. 抽样技术［M］. 2 版 . 北京：人民大学出版社 .

寇洪财 . 2005. 新版抽样检测国家标准［M］. 北京：中国标准出版社 .

李立明，詹思延 . 2006. 流行病学研究实例［M］. 北京：人民卫生出版社 .

李晓林 . 2008. 风险统计模型［M］. 北京：中国财政经济出版社 .

里斯托·雷同能，厄尔基·帕金能 . 2008. 复杂调查设计与分析的实用方法［M］. 王天夫，译 . 重庆：重庆大学出版社 .

陆守曾 . 2002. 医学统计学［M］. 北京：中国统计出版社 .

陆元鸿 . 2005. 数理统计非法［M］. 上海：华东理工大学出版社 .

罗德纳·扎加，约翰尼·布莱尔 . 2007. 抽样调查设计导论［M］. 沈崇麟，译 . 重庆：重庆大学出版社 .

S. 伯恩斯坦，R. 伯恩斯坦 . 2004. 统计学原理［M］. 2 版 . 史道济，译 . 北京：科学出版社 .

孙向东，刘拥军，王幼明 . 2010. 兽医流行病学调查与监测抽样设计［M］. 北京：中国农业出版社 .

孙振球 . 2010. 医学统计学［M］. 北京：人民卫生出版社 .

王劲峰，姜成晟，李连发，胡茂桂 . 2009. 空间抽样与统计推断［M］. 北京：科学

出版社 .

严士健，刘秀芳，徐承彝 .1993. 概率论与数理统计［M］. 北京：高等教育出版社 .

余松林 .2002. 医学统计学［M］. 北京：人民卫生出版社 .

宇传华 .2007. SPSS 与统计分析［M］. 北京：电子工业出版社 .

宇传华 .2009. Excel 统计分析与电脑实验［M］. 北京：电子工业出版社 .

张忠占，徐兴忠 .2008. 应用数理统计［M］. 北京：机械工业出版社 .

Cameron A. 1999. Survey Toolbox - A Practical Manual and Software Package for Active Surveillance of Livestock Diseases in Developing Countries［J］. ACIAR Monograph，No. 54.

Cameron AR and Baldock FC. 1998. A new probability formula for surveys to substantiate freedom from disease. Prev Vet Med，34（1）：1-17.

Cameron AR and Baldock FC. 1998. Two-stage sampling in surveys to substantiate freedom from disease［J］. Prev Vet Med，34（1）：19-30.

Cannon R M. 2001. Sense and sensitivity--designing surveys based on an imperfect test［J］. Prev Vet Med，49，141-163.

Cannon R M. 2002. Demonstrating disease freedom-combining confidence levels［J］. Prev Vet Med，52，227-249.

Christensen J，Gardner I A. 2000. Herd-level interpretation of test results for epidemiologic studies of animal diseases［J］. Prev Vet Med，45：83-106.

Cowling DW，Gardner IA，Johnson WO. 1999. Comparison of methods for estimation of individual-level prevalence based on pooled samples［J］. Prev. Vet. Med，39：211-225.

Dohoo I，Martin W and Stryhn H. 2010. Veterinary Epidemiologic Research［J］. VER Inc，Charlottetown，PEI，Canada.

Drewe J A，Hoinville L J，Cook A J，et al. 2012. Evaluation of animal and public health surveillance systems：a systematic review. Epidemiol Infect，140，575-590.

Fleiss JL，Levin B，Paik MC. 2003. Statistical methods for rates and proportions［M］. New York：John Wiley and Sons.

Gardner IA. 2000. Application of diagnostic tests in epidemiologic studies［J］.

Prev. Vet. Med，45：43-59.

Gardner IA，Stryhn H，Lind P，et al. 2000. Conditional dependence between tests affects the diagnosis and surveillance of animal diseases [J]. Prev. Vet. Med，45：107-122.

Greiner M，Pfeiffer D and Smith RD. 2000. Principles and practical application of the receiver-operating characteristic analysis for diagmostic tests [J]. Prev. Vet. Med，45：23-41.

Gustafson L，Klotins K，Tomlinson S. 2010. Combining surveillance and expert evidence of viral hemorrhagic septicemia freedom：a decision science approach [J]. Prev Vet Med，94，140-153.

Humphry R W，Cameron A，Gunn G J. 2004. A practical approach to calculate sample size for herd prevalence surveys. Prev Vet Med，65，173-188.

Jordan D，McEwen SA. 1998. Herd-level test performance based on uncertain estimates of individual test performance，individual true prevalence and herd true prevalence [J]. Prev. Vet. Med，3：187-209.

Joseph L，Gyorkos TW，Coupal L. 1995. Bayesian estimation of disease prevalence and the parameters of diagnostic tests in the absence of a gold standard [J]. Am. J. Epidemiol，141：263-272.

Levy P and Lemeshow S. 1991. Sampling of Populations：Methods and applications [M]. New York：John Wiley & Sons.

Martin P A，Cameron A R，Barfod K，et al. 2007a. Demonstrating freedom from disease using multiple complex data sources 2：case study--classical swine fever in Denmark [J]. Prev Vet Med，79，98-115.

Martin P A，Cameron A R，Greiner M. 2007b. Demonstrating freedom from disease using multiple complex data sources 1：a new methodology based on scenario trees [J]. Prev Vet Med，79，71-97.

Mendoza-Blanco JR，Tu XM，et al. 1996. Bayesian inference on prevalence using a missing-data approach with simulation-based techniques：applications to HIV screening [J]. Stat. Med，15：2161-2176.

Messam LLMcV，Branscum AJ，Collins MT，et al. 2008. Frequentist and Bayesian approaches to prevalence estimation using examples from Johne's disease [J]. Animal Health Research Reviews, 9: 1-23.

Pfeiffer D. 2010. Veterinary Epidemiology: An Introduction. John Wiley and Sons Ltd. West Sussex, UK.

Rogan W J, Gladen B. 1978. Estimating prevalence from the results of a screening test [J]. Am J Epidemiol, 107, 71-76.

Sacks J M, Bolin S, Crowder S V. 1989. Prevalence estimation from pooled samples [J]. Am. J. Vet. Res, 50: 205-206.

Sergeant ESG. 2009. Epitools epidemiological calculators [Web Page]. Available at http: //epitools. ausvet. com. au/.

Sergeant E and Toribio J A. 2004. Estimation of animal level prevalence of from testing pooled samples. Aus Vet Animal Health Services, PO Box 3180, South Brisbane, QLD 4101, Australia.

Stevenson M. 2008. An Introduction to Veterinary Epidemiology. EpiCentre, Massesy University, New Zealand.

Suess EA, Gardner IA, Johnson WO. 2002. Hierarchical Bayesian model for prevalence inferences and determination of a country's status for an animal pathogen [J]. Prev. Vet. Med, 55: 155-171.

Toma B, Dufour B, Sanaa M, et al. 1999. Applied Veterinary Epidemiology and the Control of Disease in Populations [C]. AAEMA, France.

Vose D. 2000. Risk Analysis - A quantitative guide [M]. 2nd edition. Chichester, England: John Wiley and Sons Ltd. .

Williams CJ, Moffitt CM. 2001. A critique of methods of sampling and reporting pathogens in populations of fish [J]. Journal of Aquatic Animal Health, 13: 300-309.

Worlund DD, Taylor G. 1983. Estimation of disease incidence in fish populations[J]. Canadian Journal of Fisheries and Aquatic Sciences, 40: 2194-2197.

第八章

预防与控制

第一节　防控策略

　　根据英国的牛海绵状脑病控制经验、牛海绵状脑病的科学研究进展
和世界动物卫生组织（Office International des Epizooties，OIE）关于
牛海绵状脑病风险评估时考虑的因素，目前预防和控制牛海绵状脑病主
要有以下几个策略：牛海绵状脑病病例申报和感染牛的扑杀、销毁政
策；牛海绵状脑病的监测；饲料禁令；牛废弃物的炼制；特定风险物质
的管理；牛和牛产品的进口政策。

第二节　综合防控措施

一、牛海绵状脑病病例申报和感染牛的扑杀、销毁政策

　　英国在1988年6月规定牛海绵状脑病为必须申报的法定传染病，
从而使向主管兽医机构通报可疑的牛海绵状脑病病例成为法律要求，7
月Southwood委员会对牛海绵状脑病感染病畜予以扑杀并焚化其尸体
和对屠宰政策予以立法的建议也被采纳，后来又对政府给予一定的补偿
进行了立法。1988年开始，英国政府对被处理的病牛给予50％的补偿，
从1990年起给予100％。从1988—1996年，英国农业、渔业和食品部

(Ministry of Agriculture，Fisheries and Food，MAFF）仅牛海绵状脑病赔偿的费用就超过 1.35 亿英镑。这项赔偿现在仍在进行中。英国控制牛海绵状脑病的经验表明，牛海绵状脑病病例申报和对可疑牛的屠宰和焚化法律化是有效控制该病的重大举措，将可疑病牛在官方监控之下进行处置，避免了可疑牛在屠宰厂被屠宰，减小了感染组织进入人群食物链和反刍动物饲料链的机会。可疑病例报告的法律化和足够的补偿加强了整个兽医行业对牛海绵状脑病的认知意识，调动了兽医人员注意可疑牛只的积极性，是检测到牛海绵状脑病病例非常有效的途径。随后美国于 1987 年 11 月、加拿大于 1990 年 1 月、欧盟于 1990 年 4 月分别规定牛海绵状脑病为必须申报的法定传染病。我国于 1992 年 2 月规定牛海绵状脑病为必须申报的法定传染病。

二、牛海绵状脑病的监测

虽然可疑病例的法定报告是检测到牛海绵状脑病的有效途径，但由于有些牛海绵状脑病病例并没有显著的临床症状，而目前又没有有效的牛海绵状脑病活体检测方法，可疑病例的法定报告有可能会错过一些潜临床症状的牛海绵状脑病感染牛，这就有必要对整个牛群进行系统的监测，来综合评估牛海绵状脑病的发生率。牛海绵状脑病的监测是指对该病发生和发展做长期、系统的观察，以掌握其发生、发展和分布规律，确定其变动趋势，为控制牛海绵状脑病制定措施提供依据，也是有目的地按计划收集、整理资料，分析疫病在牛群中的分布和趋势及其各种影响因素，从中提取概括性结论和重要信息的依据。监测是牛海绵状脑病预防工作的重要组成部分，所有的国家均应根据世界动物卫生组织的建议，建立长期的监测方案。因为没有监测资料，一个国家的牛海绵状脑病即将处于"未知"状况，监测计划应由一个国家的牛海绵状脑病风险评估结果来确定，并与这个国家的风险水平相称。监测计划包括被动监测和主动监测。

（一）被动监测

被动监测依赖于农场主、兽医以及相关操作人员报告给兽医机关的临床可疑病例，同时还必须考虑以下因素：①牛海绵状脑病为必须申报的疫病。②疫病宣传，每个人（包括农场主、兽医）必须能够识别出牛海绵状脑病的临床症状。③自愿报告，如果证明一个农场有牛海绵状脑病阳性牛，对这个农场的负面影响必须非常小，保证这项措施的可行性。④赔偿方案，淘汰牛的费用必须得到合理补偿。⑤检测能力，胜任的实验室检测能力。

（二）主动监测

牛海绵状脑病快速检测技术的研制使得对大量牛脑组织进行牛海绵状脑病检测变得简单而快速，且能够在潜伏期的最后阶段检测到感染动物，为实施主动监测奠定了技术基础。1999 年瑞士以 Prionics 公司研制的蛋白免疫印迹试验作为牛海绵状脑病筛选方法进行了系统的目标监测计划，并将在定义牛群中进行的主动监测的牛海绵状脑病发病情况和报告的临床可疑发病情况做了比较。这些定义牛群包括 24 月龄以上的倒地牛、紧急屠宰牛和正常屠宰牛。检测头 9 个月的结果表明目标监测识别出大量的潜伏期后期牛海绵状脑病病例或临床病例，尤其是在倒地牛中检测到了大量牛海绵状脑病病例，在监测到的 18 例中，有 12 例是在倒地牛中发现，4 例在紧急屠宰牛中发现，2 例在正常屠宰牛中发现。这表明典型的临床症状并不总是在临床阶段表现，尤其是早期临床阶段，在发病率很低的国家想找到临床病例是很困难的。在紧接着的 2000 年同类的研究表明，在 1999 年和 2000 年检测到的牛海绵状脑病病例可能性中，紧急屠宰牛和倒地牛的可能性比通过临床可疑报道检测到牛海绵状脑病的可能性至少要高 40 倍。当然，这种风险在所有牛海绵状脑病感染的国家是不一样的，但说明了目标监测的好处。2001 年随着风险牛群的目标监测的推广，欧盟的许多国家和欧盟外的一些国家

（共 12 个国家，奥地利、捷克、芬兰、德国、希腊、以色列、意大利、日本、波兰、斯洛伐克、斯洛文尼亚和西班牙）都检测到了他们的第一例本土牛海绵状脑病。不同的国家监测的方法有所不同，如欧盟和瑞士检测所有 24 月龄以上的整个风险牛群，另外在欧盟所有 30 月龄以上的正常屠宰牛也要进行牛海绵状脑病检测，瑞士是按约 5％ 的比例随机取样。日本则检测所有屠宰牛。我国于 2001 年开始主动监测，每年的牛海绵状脑病检测数量约 4 000 头份，虽然这个数量符合 OIE 的规定要求，但从目前的形势来看还远远不够。我国养牛业发达地区主要是在西北、东北和华北地区，因而有必要加强这些地区牛海绵状脑病监测和主动检测的力度。另外，可以考虑采用组建牛海绵状脑病小组的方式，定期在这些地区进行牛海绵状脑病的调查和询问，彻底摸清这些地区的牛海绵状脑病情况。

三、饲料禁令

最初的牛海绵状脑病流行病学研究表明肉骨粉（meat and bone meal，MBM）是最可能的感染媒介，无论牛海绵状脑病的起源是什么，很明显这种病原以感染牛胴体废弃物的形式被循环和增殖，这种废弃物被加工成肉骨粉而混合到商品化的复合牛饲料中。因此，禁止饲喂肉骨粉给反刍动物是控制牛再次感染的重要途径。几乎所有的国家都实施了饲料禁令，但不同的国家"饲料禁令"又有不同的内涵，大多数国家禁止饲喂含反刍动物肉骨粉的饲料，有些国家禁止饲喂含哺乳动物肉骨粉的饲料，还有些国家禁止饲喂所有动物蛋白（包括哺乳动物肉骨粉、鱼粉、禽肉粉）；禁止饲喂的范围也有不同，有的禁止给反刍动物饲喂，有的禁止给家畜饲喂，更严格的还有禁止给所有饲养动物饲喂。在一些国家第一步先禁止给反刍动物饲喂反刍动物肉骨粉，后来由于很难区分反刍动物来源的肉骨粉和其他哺乳动物来源的肉骨粉，就把禁令扩展到哺乳动物肉骨粉，这样比较容易控制和实施饲料禁令。即使在牛饲料中没有被有意添加肉骨粉，在饲料厂和混养的农场还存在通过交叉污染循环病原的风险。经验表明饲料中少量的肉骨粉就足以感染牛，这些微量的肉骨粉是由于含有肉骨粉的猪饲料或禽饲料交叉污染了不含肉骨粉的牛饲料。例如，有些饲料厂用同一生产线既生产猪或禽饲料，也生产牛饲料；有些饲料厂的运输车既运猪或禽的饲料也运输牛的饲料。因此只要给农场的其他动物饲喂肉骨粉，就很难消除肉骨粉交叉污染牛饲料的可能性。目前，在大多数欧洲国家已经禁止给所有的饲养动物喂肉骨粉。美国与加拿大从 1997 年开始禁止将哺乳动物蛋白饲喂给反刍动物，日本和我国从 2001 年开始禁止给反刍动物饲喂哺乳动物蛋白。

最早进行立法防止这种感染循环是在 1988 年 7 月，英国禁止给反刍动物饲喂反刍动物蛋白，这项措施对防止被感染肉骨粉进入牛饲料从而控制牛海绵状脑病至关重要，其实施效果从图 8-1 可看出。

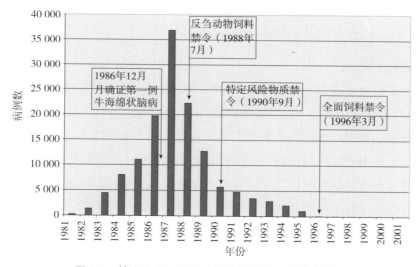

图 8-1　按出生年份绘制的牛海绵状脑病确诊病例图

英国从 1988 年 7 月实行反刍动物饲料禁令，到 1990 年 9 月禁止在动物饲料中使用特定风险物质（specified risk materials，SRM），这期间出生的牛有 27 000 头感染牛海绵状脑病。于是英国从 1990 年 9 月禁止在所有动物饲料中使用特定牛下水，也就是 SRM（6 月龄以上牛的

脑、脊髓、脾脏、胸腺、扁桃体、小肠）。然而出生在 1990 年 9 月到
1996 年 3 月期间的牛中，检测到16 000头牛海绵状脑病病例。英国随
后得到结论：仅仅禁止在所有动物饲料中禁止脑等 SRM 是不能有效阻
止牛海绵状脑病传播的，因此从 1996 年 3 月英国禁止使用所有哺乳动
物蛋白饲喂饲养的食品动物。

四、牛废弃物的炼制

牛废弃物也就是在屠宰场丢弃的牛组织被炼制成肉骨粉然后饲喂反
刍动物，导致了病原的循环和扩增。这些废弃物如果经过恰当的炼制，
感染性将会大大降低。已经确定每批废弃物在颗粒小于 50mm、133℃、
30 万 Pa、20min 炼制能有效降低感染性。这些炼制参数并不能绝对保
证肉骨粉无感染性，尤其对于牛海绵状脑病感染性高的组织。此条件已
被 OIE 推荐，目前大多数国家特别是发生牛海绵状脑病的国家都基本
达到此要求。我国在这方面目前还没有相关规定。

五、特定风险物质的定义和屠宰中的去除

（一）特定风险物质的定义

试验研究表明：病牛的大脑、头骨（包括脑和眼）、三叉神经、扁
桃体、脊髓、坐骨神经和回肠有较高的感染性，为牛海绵状脑病高风险
物质，通常称为牛特定风险物质。SRM 的感染性量占 1 头病牛总感染
性量的 99％。这些物质不准进入人群食物链，在大多数情况下也不能
进入动物饲料链。如果这些物质在屠宰场被去除掉并被焚烧，那么牛海
绵状脑病病原循环的风险就大大降低。发生牛海绵状脑病的国家都规定
上述组织为 SRM，但规定中存在动物年龄的差异，有些国家规定为 12
月龄以上牛的上述组织为 SRM，而另一些国家规定为 30 月龄以上牛的

上述组织为 SRM。对于何种年龄动物的上述组织可确定为 SRM，必须首先严格按照世界动物卫生组织（OIE）的有关规定，确定国家的牛海绵状脑病风险水平，根据国家的风险水平界定牛 SRM 的范围。另外，为了进一步防止感染性物质进入饲料链，高风险牛如倒地牛的胴体也应当做 SRM 处理（表 8-1）。

表 8-1　主要牛海绵状脑病国家对 SRM 定义列表

种属和组织	欧盟	英国和葡萄牙	瑞士	美国
牛	年龄			
头骨（包括脑、眼睛）	大于 12 月龄	—	大于 6 月龄	大于 30 月龄
整个头，不包括舌	—	大于 6 月龄	大于 30 月龄	—
扁桃体	所有月龄	所有月龄	所有月龄	
脊髓	大于 12 月龄	大约 6 月龄	大于 6 月龄	大于 30 月龄
脊柱（包括背根神经不包括尾椎，不包括腰椎和胸椎的横突）	大于 12 月龄	大于 30 月龄	大于 30 月龄（包括尾）	大于 30 月龄
肠和肠系膜	所有月龄	所有月龄	大于 6 月龄	—
脾脏	—	大于 6 月龄	大于 6 月龄	—
胸腺	—	大于 6 月龄	大于 6 月龄	—
可视淋巴结和神经组织	—	—	所有月龄	

（二）屠宰中的去除措施

宰杀动物前使用射枪（captive bolt guns）击昏装置时和采取压缩空气或气体冲击颅腔方法击晕动物，可以导致脑组织进入到血液中，从而散布到胴体中，因此空气栓击晕和穿刺脊髓致死的方法在许多国家被禁止。

去除头部时，势必切断脊髓，刀具将被脊髓污染。如果去除头部的刀具用来处理胴体或其他组织，如颈部肌肉，胴体或其他组织将被脊髓污染。由于大脑和延髓具有很高滴度的病毒，剔除牛角过程应视为高风险过程，牛角剔除后暴露的脑组织可散播到大脑的其他部位。冲洗头部时，冲洗液将污染周围环境。分割舌肌前摘除扁桃体可能导致牛海绵状脑病致病因子自切口散播的风险。

胴体劈半过程将导致劈半刀锯污染，同时导致脊髓飞溅，含有脊柱骨和脊髓的锯屑随着刀锯的运行进入动物的胸、腹腔，并可能污染胴体。劈半后剔除脊髓的过程，无论采用真空吸取方法还是用刀具剔除，或是两者同时使用，都无法避免脊髓在脊柱中残留并污染背部肌肉。用水冲洗残留脊髓的效果并不可靠。如果未按脊柱中线劈半，脊髓残留在脊柱及半胴体上的可能性更大。避免发生脊髓污染现象的最好方法是在劈半前真空吸取脊髓。

采用机械分割肉装置（advanced meat recovery，AMR）的企业，导致 SRM 污染的风险极大。机械回收肉（mechanically recovered meat，MRM）是胴体碎块经过压榨，除去不可食用的组织后剩下肉糊，这些碎片包括骨头和带有脊髓及背根神经结的脊柱。因此，机械回收肉被 SRM 特别是脊髓污染的风险很大。

六、牛及牛产品的进口政策

控制从牛海绵状脑病国家或有牛海绵状脑病风险的国家进口某些有风险的产品，是防止牛海绵状脑病传入最有效的途径。大多数国家直到输出国报道第一例牛海绵状脑病后才禁止进口其有潜在感染性的产品，这经常太晚了，因为在检测到第一例牛海绵状脑病前风险就已经存在了。因此，牛及牛产品的进口政策对于一个国家的牛海绵状脑病防控至关重要，尤其对于没有发生该病的国家；同时牛及牛产品的进口政策也是一个国家牛海绵状脑病防疫的一个难点。

2004 年以前（包括 2004 年），在禁止进口的动物、动物产品种类方面，大多数国家都全面禁止从所有发生牛海绵状脑病的国家进口活牛羊、牛羊肉及其制品、肉骨粉等相关产品。有的国家将禁止进口动物种类扩大至所有的反刍动物。日本等国家将精液也列入禁止进口的范围，还禁止使用来自发生牛海绵状脑病国家的反刍动物成分如胎盘和明胶生产的药品和化妆品，包括护发液、护肤液和唇膏。日本的规定最为严格，不仅禁止来自发生牛海绵状脑病国家还禁止来自有较大发病危险的国家（总共达 29 个国家）的上述成分。但也有的国家仅禁止部分相关产品，如沙特阿拉伯、卡塔尔和巴林等海湾国家，只对欧洲国家生产的动物饲料和牛肉制品颁布了禁令。

在禁止进口国家名单方面，多数国家都禁止从所有发生牛海绵状脑病的国家进口。有的国家将禁止进口国家的名单扩大至所有欧盟国家，如日本禁止进口欧盟各国和瑞士、列支敦士登等 17 个国家产的肉骨粉、牛精液、牛受精卵和牛卵子等。有一些国家则扩大至那些虽然没有发生牛海绵状脑病，但曾经从欧洲、特别是英国进口过种牛羊、牛羊肉或肉骨粉，发生牛海绵状脑病的可能性较大的国家，例如，阿拉伯联合酋长国全面禁止从所有欧盟成员国，以及东欧和斯堪的纳维亚国家进口活牛、冷冻牛肉、牛肉制品和动物饲料；澳大利亚和新西兰暂停从 30 个欧洲国家进口牛肉和牛肉制品；同属北美自由贸易区的加拿大、美国和墨西哥，同时暂停进口巴西牛肉和牛肉制品；而波兰则禁止进口全世界所有国家的肉粉和肉骨粉。不过，也有的国家仅禁止部分发生牛海绵状脑病国家的产品进口，如俄罗斯只禁止从英国、爱尔兰、葡萄牙、瑞士以及法国的部分地区进口牛肉。

2004 年，OIE 将牛海绵状脑病风险水平国家分类由原来的五类（即无牛海绵状脑病国家和地区、暂时无牛海绵状脑病国家和地区、最低牛海绵状脑病风险国家和地区、中等牛海绵状脑病风险国家和地区、高牛海绵状脑病风险国家和地区）改变为目前的三类（即风险可忽略国家、风险可控制国家、风险不确定国家），2005 年 OIE 法典牛海绵状脑病章节将 30 月龄以下的剔骨牛肉列为不考虑牛海绵状脑病风险的产品，之后，各国有关牛海绵状脑病的牛产品进口政策有一定的变化。目前大多数国家认为进口哺乳动物来源的肉粉（包括肉骨粉和其他蛋白粉）、含肉骨粉的饲料、活牛、下水有较高风险，进口食用的牛肉、牛肉产品包括加工牛肉产品、整个牛胴体和带骨牛肉应严格控制管理，尤其是要去掉 SRM，而进口剔骨牛肉、尤其是 30 月龄以下的剔骨牛肉风险不大。

 第三节 国外主要国家牛海绵状脑病防控措施

一、欧盟

（一）欧盟成员国牛海绵状脑病发生情况

1986 年英国发现世界第一例牛海绵状脑病病例，此后逐渐蔓延到其他欧洲国家，爱尔兰、葡萄牙、法国、比利时、丹麦等国相继出现该病病例。进入 21 世纪，牛海绵状脑病开始蔓延到欧洲以外的地区，亚洲的日本（2001 年）、以色列（2002 年）和北美的加拿大（2003 年）、美国（2005 年）相继发现本土病例。截至目前，全球共有欧、亚、北美、南美四大洲的 26 个国家发现牛海绵状脑病病例，总病例数达187 626例。

在全球发现牛海绵状脑病病例的 26 个国家中，包括 19 个欧盟成员国，分别是奥地利、比利时、捷克、丹麦、芬兰、法国、德国、希腊、爱尔兰、意大利、卢森堡、荷兰、波兰、葡萄牙、斯洛伐克、斯洛文尼亚、西班牙、瑞典和英国，这 19 个欧盟成员国共报告牛海绵状脑病病例187 101例，占全球病例数的 99.7%。其中英国的病例最多，达181 651例，分别占全球和欧盟的 96.82% 和97.09%。此外，匈牙利、马耳他、塞浦路斯、爱沙尼亚、拉脱维亚、立陶宛、罗马尼亚和保加利亚 8 个欧盟成员国未发现牛海绵状脑病病例。自 2001 年采取全面饲料禁令以来，欧盟的牛海绵状脑病病例数迅速下降，从 2001 年的2 167例下降到 2012 年的 21 例；同时每年发现的牛海绵状脑病病例平均年龄逐渐上升，从 2001 年的 74 月龄提高到 2010 年的 152 月龄。之后，仅在德国（2 例，分别为 28 和 29 月龄）和波兰（28 月龄）发现了 3 例 30 月龄以下的牛海绵状脑病病例。

（二）欧盟成员国牛海绵状脑病风险状况

欧盟成员国除保加利亚和罗马尼亚外，其余 25 个成员国都获得了 OIE 可忽略或已控制牛海绵状脑病风险国家认证。其中，奥地利、比利时、丹麦、芬兰、冰岛、意大利、荷兰、挪威、斯洛文尼亚和瑞典 10 个国家被 OIE 认可为可忽略牛海绵状脑病风险国家；英国、法国等 13 个欧盟成员国被 OIE 认可为已控制牛海绵状脑病风险国家。

（三）牛海绵状脑病防控措施

自牛海绵状脑病发生后，欧盟开始采取一系列措施控制牛海绵状脑病的蔓延，并在 1989 年颁布了专门针对牛海绵状脑病的法规，此后不断修订更新，到 2009 年欧盟共发布了涉及牛海绵状脑病的法规（指令、决议、条例等）120 多个。最初这些法规都是针对具体的发病国家（如 1989 年发布的 89/469/EEC 决议是关于限制从英国进口活牛的决议），此后对法规不断修改更新和完善，并在 2001 年将所有有关牛海绵状脑病的法规整合为欧盟 999/2001 号条例（关于牛海绵状脑病的预防、控制和扑灭条例），并在随后对其进行修订和完善。目前，欧盟以 999/2001 号条例为基础，并结合一些科研进展和修订法规情况，制定了传染性海绵状脑病路线图 1（The TSE Roadmap-1,

2005—2009）和传染性海绵状脑病路线图 2（The TSE Roadmap 2，2010—2015）两个五年规划。目前，欧盟的牛海绵状脑病控制措施主要来源于前述文件。欧盟的这些牛海绵状脑病防控法规以风险分析为基础，结合科研成果和成本效益情况，从预防角度出发，规定了牛海绵状脑病防控的有关措施，并不断修订完善。总体来看，欧盟牛海绵状脑病防控的具体措施如下。

1. 发布并严格实施饲料禁令　饲喂反刍动物肉骨粉是牛海绵状脑病传播的基本途径，因而实施饲料禁令是预防和控制牛海绵状脑病的主要措施。1994 年 7 月，欧盟禁止用哺乳动物蛋白饲喂反刍动物；2001 年 1 月，欧盟引入完全饲料禁令，禁止加工动物蛋白（PAP）饲喂农场饲养动物（除毛皮动物外），但用于非反刍动物饲料的鱼粉除外。但蛋和奶制品、非反刍动物源性明胶、非反刍动物源水解蛋白、来自反刍动物皮毛的水解蛋白、非反刍动物血液制品仍然可以饲喂所有农场饲养的动物。某些特殊情况下可以饲喂特定蛋白，如未断奶反刍动物可以饲喂鱼粉等。宠物食品不在饲喂禁令范围之内。2013 年 1 月 24 日发布第 2013/56/EU 号规定，修订了"预防、控制和消灭一些传染性海绵状脑病的法规"（2001/999/EC），允许非反刍类动物加工蛋白（PAP）在严格避免种内自食的前提下，可用于加工饲料。

2. 剔除特殊风险物质　预防和控制牛海绵状脑病的另一个主要措施是剔除特殊风险物质（SRM）。2001 年 10 月起，欧盟要求剔除和销毁 SRM，不准其进入食品和饲料链。SRM 的范围根据科学知识和预防原则确定。目前，欧盟规定牛科动物的 SRM 包括：12 月龄以上动物的颅骨（不包括下颌骨）、脑、眼睛和脊髓，30 月龄以上动物的脊柱（背根神经节），以及所有年龄动物的扁桃体、肠（从十二指肠到直肠）及肠系膜；SRM 应在屠宰场、授权的分割厂和肉店由专业人员使用专用设备进行剔除；剔除 SRM 时必须防止交叉污染；所有 SRM 必须由授权公司用防漏容器或工具从屠宰场或加工厂运输到焚烧厂销毁，不能进入食品和饲料链。

3. 开展牛海绵状脑病监测　监测是成功发现、控制和扑灭传染性海绵状脑病的基础。1990 年 3 月，牛海绵状脑病成为欧盟必须申报的疫病；1998 年 5 月，欧盟开始对牛海绵状脑病进行监测，每个成员必须执行传染性海绵状脑病年度监测计划，包括对牛、绵羊和山羊的主动监测和被动监测；2001 年 6 月，欧盟建立全面监测体系，包括对 24 月龄以上的所有风险动物（死牛、临床疑似牛和紧急屠宰牛）以及 30 月龄以上的健康屠宰牛进行监测。从 2009 年起，欧盟将风险牛和正常屠宰牛的监测年龄都提高到 48 月龄以上；2011 年 7 月 1 日后，把正常屠宰牛监测年龄提高到 72 月龄以上。2013 年欧盟取消了部分成员国（包括匈牙利）对常规屠宰牛的监测要求。

4. 流行病学调查及扑杀销毁　从 2001 年 7 月 1 日起，欧盟要求确诊牛海绵状脑病病例后，要扑杀和完全销毁牛海绵状脑病病例的同群牛，在牛海绵状脑病病例为母性时同群牛包括牛海绵状脑病病例的后代（出生同群牛）以及 1 岁时与牛海绵状脑病病例饲喂了相同饲料的牛（饲料同群牛），根据流行病学及其追溯情况表明有必要扑杀的其他牛科动物也应进行扑杀和销毁。

5. 禁止动物及有关产品贸易　英国发生牛海绵状脑病后，欧盟开始制定针对牛海绵状脑病的动物流动的法规，禁止牛海绵状脑病发病国家的活牛进入其他成员国。1998/256/EC 规定，禁止英国的活牛（30 月龄以下牛除外）及其产品（去骨牛肉除外）进入其他欧盟成员国或第三国；2006 年 3 月 8 日，欧盟决定解除因牛海绵状脑病对英国牛肉出口实施的长达 10 年之久的禁令。

6. 严格屠宰加工等要求　欧盟要求，在屠宰过程中禁止采用向颅腔内注射空气的击昏或者类似的方法，食用的产品不得受到特殊风险物质的污染；同时对牛肉等食用牛产品生产过程中剔除可见的神经和淋巴组织。如果在屠宰场常规检测中发现阳性病例，阳性牛的整个胴体及屠宰线上位于阳性牛前 1 个牛的胴体和后 2 个牛的胴体都要销毁，并对阳性牛的源群实施严格的根除措施。

二、加拿大

2003 年发生首例本土牛海绵状脑病病例后，加拿大对牛海绵状脑病的防控措施做了一些调整，包括饲喂禁令、牛海绵状脑病监测等，在财政上也予以大力的支持。

（一）进口限制措施

加拿大历史上曾从牛海绵状脑病国家进口过牛、动物蛋白等牛海绵状脑病高风险物质。从 1990 年起，加拿大禁止从牛海绵状脑病感染国进口活牛。从 1978 年起，因为口蹄疫的原因没有从英国和欧洲进口过肉骨粉。到 1991 年，禁止从所有牛海绵状脑病国家进口牛肉产品。1997 年，加拿大决定仅从评估为无牛海绵状脑病的国家进口牛和牛产品。

根据加拿大牛海绵状脑病风险评估报告，2000 年后加拿大的进口政策是：对任何向加拿大输出反刍动物的国家进行风险评估；只允许从无牛海绵状脑病的国家进口反刍动物，牛、绵羊和山羊胚胎，反刍动物肉及其制品（包括食用油脂），加工的动物蛋白，反刍动物特殊风险物质，动物血液，含有牛、羊成分的兽用疫苗；有条件地允许从牛海绵状脑病国家进口牛胚胎、无蛋白油脂；牛、羊的精液和奶、皮、明胶等不受牛海绵状脑病限制。

2005 年年底，加拿大再次修订其进口政策，基本内容是：

——将国家的牛海绵状脑病风险划分为 3 类：风险可忽略、风险可控制、风险不确定，分类标准几乎与 OIE 2005 年《陆生动物卫生法典》一致。

——禁止从风险不确定国家进口活牛、反刍动物肉骨粉（ruminant meat and bone meal，RMBM）及含有 RMBM 成分的产品、油脂（无蛋白油脂除外）、含蛋白或脂肪的磷酸二钙。

——允许从风险可控制国家进口满足一定条件的下列动物和动物产品：活牛、油脂（无蛋白油脂除外）、含蛋白或脂肪的磷酸二钙、

——允许从风险可控制国家及风险不确定国家进口满足一定条件的下列动物产品：肉和肉制品（不包括 OIE 规定的无牛海绵状脑病风险的剔骨骨骼肌）、骨明胶和胶原蛋白、油脂衍生物、经过萃取和净化等严格加工工艺的产品、宠物饲料、生物制品、细胞系。

——允许 OIE 规定的可以不考虑牛海绵状脑病风险的商品进口。

（二）饲料禁令及其实施情况

1997 年，根据 WHO 1996 年提出的反刍动物不得食用反刍动物源性饲料的建议（同时美国 FDA 也实行了同样的饲料禁令，该措施也是北美地区执行的第二项控制牛海绵状脑病的措施），加拿大颁布了反刍动物不得食用反刍动物源性蛋白质的饲料禁令（牛、绵羊、山羊、鹿等哺乳动物源性的蛋白质不得饲喂给反刍动物，这些蛋白质被定义为禁止性物质（prohibited material），对特殊风险性物质未做特殊的定义。猪和马的蛋白质除外，各种动物的奶、血液、明胶和动物脂肪也除外。饲料禁令要求化制、饲料生产、使用者、动物蛋白质的卖主和饲养员、饲喂过程等要有详细的记录，并能够证明：禁止性动物蛋白质没有进入反刍动物饲料或没有发生交叉污染；标签上注明禁止性蛋白质不许饲喂反刍动物；蛋白质和饲料的分发记录可追溯整个动物饲料和动物生产链。

考虑到 2003 年加拿大发生牛海绵状脑病以及加拿大食品检验局（Canadian Food Inspection Agency，FZA）对牛海绵状脑病病例的研究经验、国际动物卫生专家的建议、贸易伙伴的要求，加拿大于 2006 年 7 月 12 日修改了饲料禁令，以进一步保护动物健康和加快消灭加拿大的牛海绵状脑病。2007 年 7 月 12 日正式实施新的饲料禁令，涉及对肉类检验法规、动物卫生法规、饲料法规、肥料法规的修改。

2007 年实施饲料禁令的主要内容是：在陆生动物、水生动物饲料

链、宠物食品和肥料中禁止使用 SRM；严防 SRM 通过其他途径传播牛海绵状脑病。SRM 名单与 2003 年规定的人食物链中提出的 SRM 一致（即全 SRM 饲料禁令）：来自于所有年龄牛的回肠末端、30 月龄及其以上牛的头骨（包括脑、三叉神经和眼）、扁桃体、脊髓、背根神经结（去除尾椎、胸椎及腰椎横突和骶骨翼的脊柱）；禁止使用从健康屠宰牛、死亡牛和处死牛上去除的 SRM（如果没有取出 SRM，整头牛将被视为 SRM）。新的饲料禁令要求从源头到终点控制 SRM，以防其进入人和动物的食物链。具体要求包括隔离并用颜色标明倒地牛和宰前检验不合格牛的畜体，对收集、运输、接收、处理、使用、出口、限制和销毁 SRM 和病死牛实行许可制度，对化制厂的生产线、设备和运输工具严格检查和控制，严防 SRM 污染饲料，CFIA 负责进行监控和监督落实。受此规定影响最大的是收集和运输 SRM 的企业、化制企业和死畜收集企业。新的饲料禁令要求所涉及的记录保存期为 2～10 年；如果将含有禁用物质的饲料饲喂给牛、羊、鹿或其他反刍动物，将受到法律的处罚；肥料及其补充物也要求有明确的标签，表明含有禁用物质的不能用于牧场或其他反刍动物饲养场；要求建立产品召回制度；出口的化制产品要求官方证明。

CFIA 对新的饲料禁令实行监控和监督落实的主要工作内容有：SRM 被隔离、涂色，存放于专门的防渗漏的容器中，加贴 SRM 标志；操作工或设施具有有效的许可证；记录保存完好；使用专门的车辆运输 SRM，并用 CFIA 指定的方法清洗消毒，清洗产生的组织固体物当作 SRM 处理；SRM 在专门的化制厂或专门的生产线处理；含有 SRM 的肥料，只能在 CFIA 同意的地点使用；保留焚烧或掩埋 SRM 的参数记录。

CFIA 利用各种方法促进饲料禁令的有效实施：利用各种机会将饲料禁令告知有关人员；通过检验活动评估执行情况（特别是现场检验化制厂和饲料厂，防止生产、运输、使用过程中的交叉污染）；CFIA 日常检验以证明饲料禁令实施取得了较好的结果。

加拿大化制厂（rendering plants）风险分类（risk category）（传播牛海绵状脑病的风险由高到低依次为）：Ⅰ类，联合加工 SRM 及禁止性物质和/或非禁止性物质的化制厂（Process SRM in combination with PM and/or non‐PM）；Ⅱ类，只加工 SRM 的化制厂（Process SRM）；Ⅲ类，联合加工非禁用性物质和禁用性物质的化制厂（Manufacture BOTH non-Prohibited and Prohibited Material）；Ⅳ类，只生产禁用性物质的化制厂（Manufacture only Prohibited Material）；Ⅴ类，只生产非禁用性物质的化制厂（Manufacture only non-Prohibited Material）只有完全遵守饲料禁令要求的化制厂，才能取得年度许可证。

加拿大商品化饲料生产厂牛海绵状脑病风险分类（传播牛海绵状脑病的风险由高到低依次为）：Ⅰ类，生产含有禁用性物质饲料和反刍动物饲料的饲料厂（加拿大共有这类饲料厂 55～60 个，对每个厂每年检查 3 次或 2 次）；Ⅱ类，没有牛海绵状脑病传播风险的饲料厂（加拿大共有这类饲料厂 490～495 个，每个厂每年被检查 2 次或 1 次）。

（三）牛海绵状脑病疫情监测

加拿大从 1992 年起就根据 OIE 标准实行了牛海绵状脑病国家监测计划，主要针对表现有牛海绵状脑病类似临床症状的牛，目的是确定牛海绵状脑病的发病率是否为百万分之一，到 2003 年前共监测了 10 500 头牛。1989 年开始实行强制性申报制度，1990 年起对所有牛海绵状脑病可疑病例进行研究。1993 年发现一例牛海绵状脑病牛，该牛是从英国进口的。为此，对所有进口牛进行了监测，对 1993 年进口的所有牛进行了销毁。2003 年在加拿大本地出生的牛中发现了牛海绵状脑病病例。

为了获取更加准确的加拿大牛群中牛海绵状脑病水平信息，确定 1997 年的饲料禁令的有效性，加拿大从 2003 年起进一步加强了监测工作，对 30 月龄以上的下列牛进行牛海绵状脑病监测：临床可疑牛、农场死亡牛、因伤病屠宰的牛（不能行走的牛、因病紧急屠宰的牛、宰前检验发现有病的牛）。2004 年至 2013 年 2 月，对上述各种牛共监测 34.993 7 万头，共计发现牛海绵状脑病病例 18 例，其中 12 例是在农场监测中发现的。

根据 OIE 的规定，加拿大实施了牛海绵状脑病 A 类监测计划。加拿大共有 600 万头牛，检测累积点数应该为 30 万点，加拿大的检测累积点数已经大大超过了 OIE 的规定。

（四）SRM 的范围和剔除政策

加拿大规定的 SRM 范围包括：30 月龄以上牛的头骨、大脑、三叉神经节、眼睛、扁桃体、脊髓和背根神经节（去除尾椎、胸椎和腰椎横突和骶骨翼的脊柱）；以及所有年龄牛的回肠末端。

自 2003 年以后所有这些风险物质都不能进入人的食物链。在屠宰和切割/剔骨过程中剔除，防止与可食用肉交叉污染；屠宰时不能采取脊髓穿刺法或向颅腔内注射压缩空气或气体等击晕方式；30 月龄以上牛的脊柱不能用于生产机械分割肉或精加工肉；1997 年饲料禁令规定 SRM 不能进入反刍动物饲料链，2007 年以后不能进入所有陆生和水生动物饲料链。

（五）动物追溯体系和动物流动的管理

2001 年 1 月，加拿大颁布有关法规，强制执行牛身份识别系统，要求动物离开原农场时必须加施标识（耳标），动物在屠宰或出口时应读取标识号码，并在国家数据库存档，该标识上具有条形码。该规定自 2001 年 6 月 1 日起实施。CFIA 在屠宰场、交易市场、标识分发商、批准的标识加施场所、死亡动物收集场所、进出口口岸、炼油场等场所检查动物标识。检查结果：在联邦注册的屠宰场和交易市场，遵守标识规定的情况达到 95%～99%；在非联邦注册的屠宰场，遵守标识规定的情况达到 90%～99%。为进一步完善动物追踪体系，加拿大牛身份鉴定机构（Canadian Cattle Identification Agency，CCIA）建立起射频标识（Radio Frequency Identification，RFID）耳标体系，该体系 2002 年在魁北克实施，2004 年 1 月在奶牛业实施，2005 年 1 月在肉牛业实施，2007 年全面实施。该体系旨在加强动物追踪管理。只要动物饲养管理人员登陆体系信息数据库输入有关牛的出生日期，通过该体系也可获得牛的出生日期，便于屠宰企业即时获取有关信息。CFIA 建议强制性将动物出生日期输入体系数据库。

（六）实验室检测能力

目前加拿大有 4 个联邦政府牛海绵状脑病实验室，负责完成联邦政府牛海绵状脑病监测计划，均经过国际标准化组织（International Standardization Organization，ISO）认证。其中牛海绵状脑病国家参考实验室对全国开展牛海绵状脑病检测的实验室进行评估，开展水平测试。加拿大食品检验局（CFIA）所属实验室 3 个，分别是阿尔伯塔 LITHBRIDGE 实验室、渥太华 FALLOWFIELD 实验室、魁北克 St. Hyacinthe 实验室。省级实验室分别在哥伦比亚省、阿尔伯塔省、萨斯卡敦省、魁北克省。大学实验室 2 个，分别在安大略省和大西洋省。省级实验室和大学兽医学院的实验室共同完成本省牛海绵状脑病检测工作。

在 CFIA 实验室，牛海绵状脑病的筛选方法用免疫印迹筛选试验。省级实验室的筛选方法用 BIO-RAD 公司生产的 ELISA 方法。确诊实验用免疫组织化学法（IHC）和 OIE 规定的免疫印迹试验（SAF Western blotting）。由 CFIA 倡导，成立了 TSE 兽医实验室工作网，统一检测方法。牛海绵状脑病监测的试验步骤一般分三阶段，包括初步筛选、重复试验和确证试验。由于筛选试验的敏感性很强，偶尔会出现牛海绵状脑病假阳性现象，这时需要重复试验。首次试验出现阳性反应的样品被称之为"非阴性样品"，需要在筛选实验室进行平行的重复试验。如果重复试验仍出现阳性反应，那么样品被称做牛海绵状脑病"疑似样品"，动物的组织样品将被送到加拿大国家牛海绵状脑病参考实验室进行最后的确证试验。牛海绵状脑病确证试验采用两种国际上认可的牛海绵状脑病确证试验方法，即 IHC 和 SAF Western blotting。其中 IHC 测试规程提供可以实现的最高灵敏度，至少使用 10 种不同的单克隆抗体，检查 30～40 个组织切片；此外，通过组织病理学方法检查 5～10 个不同级别的脑闩（脑干）连续切片。

（七）财政保障

除了以上政策，加拿大在财政上也给予了大力的支持。加拿大法律规定，根据市场价格，国家向因疫病扑杀的动物所有者给予赔偿，赔偿价格不超过该动物品种的最高价。1993—2002 年加拿大用于牛海绵状脑病补偿的支出分别为 1993—1994 年 671 191 加元，1994—1995 年 44 420 加元，1996—1997 年 2 000 加元，2000—2001 年 8 101 加元，2001—2002 年 18 500 加元，2002—2003 年 97 885 元。通过弥补一部分与样本采集和畜体处置相关的成本支出，促进了适当监测对象的确认和提交：生产者（74 加元）、兽医（100 加元）、死畜/提炼加工业（75 加元），某些省份推出了额外的经济赔偿措施，阿尔伯达省向生产者提供额外的 100 加元赔偿，因此赔偿总额达 225 加元。从而使生产者在合适的监测对象上能够得到比他们出售还高的收益。加拿大用于牛海绵状脑病检测的费用支出不清楚。

三、美国

（一）牛海绵状脑病病例情况

美国至今共发现 4 个牛海绵状脑病病例，第一例 2003 年 12 月发现于华盛顿州，是从加拿大进口的奶牛，为典型病例；第二例 2005 年 6 月发现于德克萨斯州，为肉牛；第三例 2006 年发现于阿拉巴马州，为肉牛；第四例 2012 年 10 月发现于加利福尼亚州，为奶牛。

（二）监测情况

1990 年 5 月开始实行牛海绵状脑病主动监测，目的是检测本国是否存在牛海绵状脑病。自 2004 年 6 月至 2006 年 8 月开始执行加强监测，对高危目标牛群进行了尽可能多的取样检测，共检测了约 80 万份样品。2006 年 8 月以后恢复正常检测，也就是持续监测，每年检测约 40 000 份样品，强调从最有可能发现牛海绵状脑病的牛群中收集样品，监测范围主要是临床疑似牛和大于 30 月龄不能走动或不健康的牛或死牛。2013 年 5 月，美国牛海绵状脑病风险状况由牛海绵状脑病风险可控升级为牛海绵状脑病风险可忽略。OIE 法典规定的牛海绵状脑病的监测分为两类，即 A 类监测和 B 类监测。A 类监测设计，即按照置信水平为 95%、预定流行率为十万分之一（1/100 000）条件下发现 1 个病例的标准确定抽样数量，监测分值达到 30 万即可。B 类监测设计，即按照置信水平为 95%、预定流行率为五万分之一（1/50 000）条件下发现 1 个病例的标准确定抽样数量，监测分值达到 15 万即可。OIE 对监测的目标牛群分为四类：即临床疑似牛、倒地牛和紧急屠宰牛、死牛、常规屠宰牛。

美国重点监测前三类，采样的地点有农场、屠宰厂、动物油脂化制厂、公共卫生及兽医诊断实验室和活牛拍卖场所。采样的部位是脑干的脑闩，样品送牛海绵状脑病实验室，先用 ELISA 方法进行筛选，可疑样品送国家兽医服务实验室（National Veterinary Services Laboratories，NVSL）用免疫组化法和 Western-blotting 确诊。美国的牛海绵状脑病检测实验室有国家兽医服务实验室及 6 个州立牛海绵状脑病诊断实验室（佐治亚大学兽医院实验室、加利福尼亚大学戴维斯分校动物卫生与食品安全实验室、科罗拉多州立大学兽医实验室、得克萨斯兽医诊断实验室、华盛顿州立大学动物疫病诊断实验室、威斯康星大学兽医诊断实验室）。州立牛海绵状脑病诊断实验室均获得了美国官方的资质认可。从 2006 年 9 月 1 日到 2013 年 12 月 31 日共采集和检测

307 162份符合监测标准的样品，持续性监测总分值为7 896 027，持续性监测能够确定百万分之一感染的牛，美国牛海绵状脑病监测分值超过OIE要求的分值目标。

（三）对SRM去除、分离和处置

根据美国法规食品安全监督服务局（Food Safety and Inspection Service，FSIS）定义的SRMs是：30月龄及以上牛的脑、头骨、眼、三叉神经节、脊髓和脊柱（不包括尾椎、胸椎和腰椎的横突、骶骨翼）、背根神经节，任何年龄牛的扁桃体和回肠末端。SRMs不可食用并禁止在食品中使用。FSIS制定了SRM去除、分离和处置的相关验证指南，包括确定年龄，卫生程序，扁桃体和回肠末端的去除、分离和处置，禁止注射空气击晕，禁止机械分离肉。要求屠宰加工厂在食品安全管理体系（HACCP）、卫生标准操作程序（SSOP）或前提方案中制定、实施并维持分离、去除和处置的书面程序，检查员通过审查记录、观察工厂人员的操作、定期的亲自实际年龄检查、每两周一次的验证工作、终产品的检验来验证实施情况。

（四）饲料禁令

1997年8月4日，美国正式实施"禁止在反刍动物饲料中使用哺乳动物蛋白"的饲料禁令法规，但允许奶和奶制品、血液和血液制品、明胶、纯猪和马的蛋白以及餐馆废弃物用于反刍动物饲料。纯家禽蛋白也允许给反刍动物使用。禁令要求，生产、加工、分销反刍动物蛋白饲料的企业保存生产原料记录，并在标签上注明"不可喂牛和其他反刍动物"。并要求原料收集，加工和销售记录保存1年，以备检查。为了防止交叉污染，要求加工反刍动物蛋白要有独立的厂房或设备和满足GMP规程。

2008年4月25日美国食品和药品管理局（Food and Drug Administration，FDA）提出禁止牛原料进入动物饲料的最终法案，并于 2009 年 4 月 27 日正式实施，此法规主要是为了加强 1997 年的饲料法规。一方面在禁止反刍动物饲料中使用的动物蛋白中增加了不包括"含不溶杂质少于 0.15％的牛油或牛油衍生物"，另一方面规定了在动物食物或饲料中为防止牛海绵状脑病传播而禁止使用的牛原料（CMPAF）：①30 月龄以上牛的牛脑及脊髓；②未去除牛脑及脊髓，不适于人食用的 30 月龄以上的畜体；③整个牛海绵状脑病阳性牛胴体，包括油脂；④来自上述禁用材料的机械分离肉；⑤来自上述禁用材料的牛油脂（含有不溶性杂质超过 0.15％）。同时，采取使用单独设备、单独容器；用显著的方法标注禁用产品"不能饲喂动物"；用一种指示剂来标记禁用物以便检查时容易发现；建立和维持足够的记录以跟踪这样的原料没有用于动物饲料，记录供 FDA 检查和复制等，防止禁止使用的牛原料的交叉污染。

美国对饲料禁令执行情况的检查，主要是由 FDA 和州政府的有关部门进行的，FDA 总部和田间调查员约 350 人，州政府检查员约 400 人。从 1997 年以来到 2013 年 5 月共进行了约 10 万次检查，其中州部门担负了 75％的检查工作。目前美国的化制厂、饲料厂和蛋白混合厂共 6 604 家，其中化制厂 284 家，123 家化制禁用物质（反刍动物源性物质）；饲料厂 6 279 家，296 家生产禁用物质。

四、巴西

（一）巴西牛海绵状脑病病例

2010 年 12 月 19 日从一头死牛采样，12 月 22 日巴拉那州 CDME 实验室狂犬病检测为阴性；2011 年 1 月 5 日样品被送到米纳斯吉拉斯州 IMA 研究所实验室进行传染性海绵状脑病组织病理学检查，4 月 11 日牛海绵状脑病组织病理学检测为阴性；2012 年 6 月 6 日样品提交给 LANAGRO／PE 国家实验室用免疫组化检测牛海绵状脑病；6 月 15 日

LANAGRO/PE 检出结果为阳性；12 月 1 日将样品送到英国韦布里奇动物卫生和兽医实验室机构（AHVLA）进行确认，12 月 6 日 AHVLA 用免疫组化试验确诊；12 月 7 日巴西正式通报 OIE。12 月 14 日 AHVLA 出具报告，由于样品质量差，无法用蛋白免疫印迹试验确定其为非典型牛海绵状脑病属于哪个型（有可能属于非典型牛海绵状脑病病原 H 型）。

(二) 牛海绵状脑病检测实验室能力

巴西负责 TSE 检测的实验室有 4 个，属于公共机构，它们是：

- 国家实验室 AGROPECUARIO（Lanagro-PE），Recife-PE；
- IMA，Belo Horizonte-MG；
- IB，São Paulo-SP；
- CDME，Curitiba-PR。

待测的 TSE 样品由农业、畜牧业和食品供应部（MAPA）认可的三大实验室之一或政府实验室（Lanagro‑PE）进行病理组织学技术处理。样品（石蜡块和切片）的一部分送到 Lanagro‑PE，进行免疫组化试验检测。Lanagro‑PE 为官方 MAPA 实验室，收到样品后进行组织病理学和免疫组织化学检查。

(三) 巴西牛只身份识别和追溯体系

2002 年巴西农业、畜牧和食品供应部建立了牛身份识别计划，随后又进行了几次改进，目前实行的是该部 2006 年 7 月 13 日发布的 17 号标准指令。该指令规定，牛和水牛的种牛是否采用身份识别系统是可选择的；对于出口到有追溯要求的市场和从牛海绵状脑病风险国家进口的牛，身份识别和追溯要求是强制性的。现在巴西的动物生产链追溯系统（SISBOV）仅覆盖 2.5％的巴西牛和 0.2％养牛生产者。对于其余的种属，如羊、猪、山羊和野生动物，没有官方身份识别计划。

SISBOV 批准的每个农村农场须由负责认证的实体定期检查，至少每 6 个月一次。要使用的标识装置可以是耳标、微芯片、瘤胃内胶囊、在养牛协会注册牛的纹身、带有个体号码伴有耳标或其他受 MAPA 批准注册的烙印。在 SISBOV 批准的农村农场，第一次身份识别应在断奶阶段或第一次移动之前完成，但应在 10 月龄之前。

根据国家布鲁菌病和结核病根除计划要求，在牛脸的左侧标记接种 B19 与 V 的奶牛和接种年份的最终号码。布鲁菌病和结核病诊断测试反应阳性的牛脸右侧标记一个 P，包含在直径为 8cm 的圆中。

（四）饲料禁令

1996 年 7 月 3 日巴西颁布第 365 号法令，该法令禁止在反刍动物饲料中使用反刍动物肉骨粉。1997 年 7 月 19 日巴西颁布的行政法令第 290 号，撤销 1996 年 7 月 3 日颁布的行政法令第 365 号，禁止在反刍动物饲料中使用动物蛋白（牛奶蛋白和煅烧肉骨粉除外），也禁止进口这类饲料。2001 年 7 月 17 日巴西标准指令第 15 号禁止在反刍动物饲料中使用哺乳动物的蛋白质和脂肪。

现行有效的是 2004 年 3 月 25 日发布的第 8 号标准指令，即禁止在反刍动物饲料使用任何含有动物来源的蛋白质或脂肪的产品［牛奶、奶制品、煅烧骨粉（不含蛋白质和脂肪）、来自皮张的明胶和胶原蛋白除外］。用于非反刍动物饲料的必须标示"禁止用于反刍动物饲料"和"饲料用于反刍动物食用要受到检查，以确定动物蛋白污染"。

2003 年 2 月 13 日巴西颁布了针对动物饲料生产的第 01 号标准指令，提出了批准生产动物饲料的卫生条件和良好生产规范方面技术的规范要求，制定了避免交叉污染的一般要求。2007 年 2 月 23 日颁布的第 4 号标准指令，撤销了 2003 年 2 月 13 日的第 1 号标准指令。该指令是对饲料厂生产动物饲料卫生条件和良好生产规范方面更广泛的技术法规，避免在整个过程中的交叉污染，并制定了不同的原料和最终产品应分开运输和存储。

2008 年 4 月 7 日颁布的第 17 号标准指令是目前有效的指令，禁止在同一饲料厂生产反刍动物饲料和非反刍动物饲料，除非遵循一定的条件，例如，从成分接收到混合单独的生产线；执行 GMP；交叉污染的控制；至少 10 ％反刍动物饲料批次的实验室分析，等等。

巴西生产的肉骨粉大多数用于家禽、猪和宠物饲料，少量出口或用作有机肥料。

为了减少反刍动物饲料链中的牛海绵状脑病风险，禁止在反刍动物饲料生产、贸易和使用某些动物源性产品，除了奶制品、牛脂、煅烧骨粉、来自皮张的明胶和胶原蛋白（法规指令 08 ／ 2004）。为了减少对反刍动物饲料的污染风险，对以下场所采取的措施为：动物饲料生产场需防止反刍动物饲料中禁用的产品污染反刍动物饲料；动物副产品的处理（化制厂）要执行良好操作规范并在一定的温度/时间/压力（133℃、20min，30 万 Pa）条件下处理。这是 OIE 建议在反刍动物肉骨粉中降低最终牛海绵状脑病感染性的条件（法规指令 34/2008）；为剔除牛海绵状脑病特殊风险物质（SRM），禁止将 SRM 加工处理为肉骨粉（备忘录 DIPOA 01 ／ 2007）用于饲料。

（五）特定风险物质的定义及处理

2005 年巴西颁布了首部在屠宰场去除特定风险物质（SRM）的立法，2007 年 1 月 23 日的第 1 号通告规定了所有反刍动物屠宰厂（奶牛、水牛、绵羊和山羊）要执行的剔除、分离、处置 SRM 的准则。SRM 包括脑、眼睛、扁桃腺、脊髓和回肠远端70cm。化制厂必须证明这些组织作为动物饲料的肉骨粉经高温高压处理（133℃、30 万 Pa、20min），无 SRM。在饲料厂检查期间要核实此证明。所有剔除的 SRM 要在屠宰场销毁，或者在突发事件的情况下，在进入化制厂之前即销毁。

（六）牛海绵状脑病的监测

高风险牛群的流行病学监测：自 1997 年起强制性申报反刍动物中

的神经症状疑似牛，对特定牛群进行监测。例如，24 月龄以上的神经退行性疾病牛或农场死亡牛；狂犬病检测为阴性的 24 月龄以上的牛，12 月龄以上的山羊和绵羊；36 月龄以上的紧急屠宰牛，在运输过程中或在屠宰场发现的死牛；从牛海绵状脑病风险国家进口的牛；牛海绵状脑病事件流行病学相关牛（同群牛）。从上述牛群采集的样品要送至 MAPA 授权的 TSE 诊断实验室。样品要经组织病理学方法和免疫组化法检测。

巴西最近 3 年监测分值：2010—2011 年195 047.8，2011—2012 年91 322.5，2012—2013 年206 026.6。

(七) 巴西牛饲养模式

巴西领土面积较大（约 850 万 km²），具有良好的气候和地理条件，具有粗放型养牛和牧场饲养的优势，近 98% 的巴西牛群以粗放型模式饲养。巴西有 2.1 亿头牛，其中有大约 21% 的奶牛和 79% 的肉牛。巴西农业研究公司（EMBRAPA，2005）进行的研究表明，生产牛奶的奶牛场约 89.5% 为粗放型养殖，奶牛年平均生产牛奶量低于1 200L。奶牛在牧场饲养，只接受矿物质补充，在巴西 61.8% 的奶牛都以此方式饲养。半集约化方式也常见于巴西，8.9% 的奶牛场和 27.2% 的奶牛在此模式下饲养，其特点是平均每头每年生产1 200～2 000L 牛奶。奶牛在牧场饲养，只在旱季补充饲喂。最常使用商品化饲料补充剂，一些养殖场使用简单的成分，如玉米、棉籽皮和小麦粉。有 1.6% 的农场和10.1% 的奶牛以集约方式饲养，每头每年平均产奶量为2 001～4 500L。农场主使用化肥和灌溉草场，在干旱季节使用一些青贮。虽然一些农民使用高品质的原料，如玉米、豆粕和棉花种子的混合物，但商品牛饲料是首选；有时也用加工业残渣如稻糠、麦麸、柑橘和番茄酱、啤酒糟等。有 1.00% 的奶牛和 0.1% 的奶牛场是散栏模式饲养，每头每年平均产量超过4 500L。在这个系统中，饲养牛只一年四季在围栏里面，它们在整个泌乳期饲喂青贮饲料和牛饲料。商业饲料是最常用的，但一些农民在农场混合了高品质的植物成分，如玉米、豆粕、棉籽及现有的加工业残渣。在使用牛饲料的奶牛场（密集型系统或散栏系统）都有兽医的协助，这些牛通常在 8 岁以上淘汰。大量执业兽医已接受了以防止牛海绵状脑病、特别是涉及与动物来源的蛋白质喂养牛的禁令的培训。

干旱季节在牧场进行饲料补充和在饲养场饲养的牛占整个牛群的2%，这些牛在 24～36 月龄时在联邦监管的屠宰场屠宰。牛产品通常是即食食品和注册食品，这意味着它们被提交给官方以控制产品质量和配料。另外，在巴西，大多数猪和家禽在高技术标准下饲养，这些动物养在专门的农场，有适用的生物安全措施，不允许与其他动物接触，每个农场被认为是一个流行病学单元。在巴西，家禽和猪主要以一体化系统育肥饲养，每个农户收到足够数量的、已经准备好的动物饲料来喂动物，直到屠宰前或更换。巴西家禽和猪占最大的饲料消耗，集成的系统使农民不可能用这些饲料喂养其他动物或给其他农场。而且，根据2004 年 3 月 25 日的标准指令 No.8，即禁止反刍动物饲料厂使用含有动物来源的蛋白质或脂肪的规定，用于非反刍动物的必须标示："禁止用于反刍动物饲料"，以提醒客户。此外，兽医部门进行卫生现场检查时，提供对牛海绵状脑病的预防和饲料禁令的信息。

（八）巴西进口活牛情况

巴西农业、畜牧和食品供应部（MAPA）的动物卫生局（DSA）是巴西负责预防牛海绵状脑病的部门。其中由 DSA 制定预防牛海绵状脑病病原传入并协调监测和风险减缓措施。为了预防牛海绵状脑病病原的传入，DSA 根据现有有关的牛海绵状脑病世界各地的流行病学情况及相关知识，制定了进口卫生必要条件并进行了立法。

在巴西有关牛海绵状脑病的首部立法是 1990 年颁布的第 1 号办事指令，禁止从有牛海绵状脑病病例或牛海绵状脑病疑似病例的国家进口活牛。

2001 年 7 月 17 日 MAPA 颁布了第 15 号标准指令，禁止从已记录有本土牛海绵状脑病病例的国家进口活牛。2003年加拿大报告了第一例牛海绵状脑病，MAPA2003年7月21日公布了第58号标准指令，禁止从加拿大进口活牛、反刍动物产品及胚胎。

后来又在立法中制定了以下程序：①跟踪和监控从牛海绵状脑病国家进口的牛；②根据牛海绵状脑病风险，列出禁止进口活牛和产品到巴西的国家名单；③临床可疑牛海绵状脑病的定义。

2004年，由于越来越多的国家通报牛海绵状脑病病例，MAPA于3月17日公布了第07号标准指令，禁止从报告本土牛海绵状脑病病例的国家和视为牛海绵状脑病风险的国家进口反刍动物及其产品和副产品，以及含有反刍动物蛋白质的兽医产品。同年4月6日MAPA颁布第25号标准指令，制定了进口活牛和含有反刍动物蛋白质产品有风险的国家名单。自2003年7月30日颁布第59号标准指令后，进口活牛的注册和监控，强制性纳入巴西动物生产链追溯系统（SISBOV）的数据库。2008年9月15日DSA公布了第49号标准指令，由MAPA采用世界动物卫生组织对牛海绵状脑病风险国家进行风险分类。考虑到出口国的风险类别和产品，该标准指令还建立了进口许可的决策模型。对于活牛，必须是被世界动物卫生组织归类为可忽略风险或可控制风险的，已经立法禁止使用动物蛋白和监控系统来检测疾病的发生。2004年以来未从风险国家进口牛。

（九）巴西进口肉骨粉情况

巴西动物健康部（DSA）和动物进口检验署（DFIP）是动物饲料中使用动物源性产品进口审批的主管机关。国际农业监测系统（VIGIAGRO）负责动物源产品的进口入关检查。他们是动物和植物健康检验的MAPA秘书处（SDA）的一部分。进口要求基于标准指令2008/49。自1991年以来一直禁止从有牛海绵状脑病风险的国家进口含有反刍动物蛋白的肉骨粉，该法规禁止进口用于饲养牛的肉骨粉和含有反刍动物的蛋白质饲料。所有肉骨粉进口需批准，只有源于非牛海绵状脑病风险国家的肉骨粉可在非反刍动物饲料中使用。

参考文献

Aldridge Susan. 2001. Novel BSE test systems [J]. Genetic engeneering news，21 (6)：1.

Anon. 1996. The WHO recommendations on BSE：what they mean to the United States [J]. Journal of the American Veterinary Medical Association，208 (11)：1771-1772.

Anon. 1996. Bovine spongiform encephalopathy--mad cow disease′ [J]. Nutrition Reviews，54 (7)：208-210.

Atarashi R，Moore R A，Sim V L，et al. 2007. Ultrasensitive detection of scrapie prion protein using seeded conversion of recombinant prion protein [J]. Nat. Methods，4：645-650.

Austin A R，Hawkins S A C，Kelay N S，et al. 1994. New observations on the clinical signs of BSE and scrapie[J]. European Commission Agriculture，347-358.

Austin A R，Pawson L，Meek S，et al. 1997. Abnormalities of heart rate and rhythm in bovine spongiform encephalopathy [J]. Vet . Rec，141：352-357.

B W，Brunelle，A N，Hamir，T Baron，et al. 2007. Polymorphisms of the prion gene promoter region that influence classical bovine spongiform encephalopathy susceptibility are not applicable to other transmissible spongiform encephalopathies in cattle American Society of Animal Science [J]. J. Anim Sci，85：3142-3147.

Bankamp A，Schad L R. 2003. Comparison of TSE，TGSE，and CPMG measurement techniques for MR polymer gel dosimetry [J]. Magnetic Resonance Imaging，21：929-939.

Beeks M，Baldauf E，Casens S，et al. 1995. Western blot mapping of disease-specific amyloid in various animal species and humans with transmissible spongiform encephalopathies using a high - yield purification method [J]. J. Gen. Virol，76：2567-2576.

Belay E, Gambetti P, Schonberger L, et al. 2001. Creutzfeldt-Jakob disease in unusually young patients who consumed venison [J] Arch Neurol, 58: 1673-1678.

Belay, E D, R A Maddox, E S Williams, et al. 2004. Chronic wasting disease and potential transmission to humans [J]. Emerg Infect Dis, 10: 977-984.

Bieschke J, Giese A, Schulz-Schaeffer, et al. 2000. Ultrasensitivedetection of pathological prion protein aggregates by dual-color scanning for in-Tensely fluorescent targets [J]. Proc NatlA cad Sci USA, 97 (10): 5468-5473.

Billinis C, V Psychas, L Leontides, et al. 2004. Prion protein gene polymorphisms in healthy and scrapie-affected sheep in Greece [J]. J Gen Virol, 85: 547-554.

Bradley R and J W Wilesmith. 1991. Epidemiology and control of bovine spongiform encephalopathy (BSE) [J]. Br Med Bull, 49: 912-959.

Breithaup H. 2002. Mad deer-The North American version of prion disease [J]. EMBO Rep, 3: 1117-1119.

Briant KN. 2002. It's mad cow: a review of analytical methodology for detecting BSE/TSE [J]. Trends in analytical chemistry, 21 (2): 82-89.

Bruce M E, Will R G, Ironside J W, et al. 1997. Transmissions to mice indicate that 'new variant' CJD is caused by the BSE agent [J]. Nature, 389, 498-501.

Caughey, Byron. 2000. Prion protein interconversions and TSE diseases [J]. Neurobiology of Aging, 21: 209.

Caughey, Byron, Chesebro, et al. 1997. Prion protein and the transmissible spongiform encephalopathies [J]. Trends in Cell Biology, 7, 2: 56-62.

Chazot G, Broussole E, Lapras C I, et al. 1996. New variant of creutzfeldt-Jakob disease in a 26-year-old French man [J]. The Lancet, 347: 1181.

Collinge J, Sidle K C L, Mesds J, et al. 1996. Molecular analysis of prion strain variation and the aetiology of 'new variant' CJD [J]. Nature, 383, 685-690.

Collins, Prof Steven J, Lawson, et al. 2004. Transmissible spongiform encephalopathies [J]. The Lancet, 363, 9402: 51-61.

Comegna E. 2001. New regulations to contain BSE [J]. Informatore Agrario, 57: 34, 19-20.

Cooley WA, Clark JK, Ryder SJ. 2001. Evaluation of a rapid western immunoblotting procedure for the diagnosis of bovine spongiform encephalopathy (BSE) in the UK [J]. J Comp Pathol, 125 (1): 64.

Dawson M. 1991. Bovine spongiform encephalopathy: a review of the UK situation [J]. Bulletin of the International Dairy Federation, No. 257, 26-28.

Dealler SF, Lacey RW. 1990. Transmissible spongiform encephalopathies: the threat of BSE to man [J]. Food Microbiology, 7: 4, 253-279.

Deleault N R, Harris B T, Rees J R, et al. 2007. From the cover: formation of native prions from minimal components in vitro [J]. Proc. Natl. Acad. Sci. USA, 104: 9741-9746.

Deslys J P, A Jaegly, J Huillard d' Aignaux, et al. 1998. Genotype at codon 129 and susceptibility to Creutzfeldt-Jakob disease [J]. Lancet, 351: 1251-1254.

Diringer H, Beekes M, Ozel M, et al. 1997. Higtly infectious purified preparations of disease-specific amyloid of transmissible spongiform encephalopathies are not devoid of nucleic acids of viral size [J]. Intervirology, 40: 238-246.

Dormont. 2002. Prions, BSE and food [J]. International Journal of Food Microbiology, 78: 181-189.

Engling F P, Jorgenson J S, Paradies Severin I, et al. 2000. Evidence of animal meal in feeds [J]. Kraftfutter Feed Magazine, 1: 14-17.

GARCIA A F, HEINDL P, VOIGT H, et al. 2005. Dual nature of the infectious prion protein revealed by high pressure [J]. J Biol Chem, 280 (11): 9842-9847.

Ghani AC, Donnelly CA, Ferguson NM, et al. 2002. Updated projec- scrapie cases and cull sheep from scrapie-affected farms in tions of future vCJD deaths in the UK [J]. J Comp Pathol, 127: 264-733: 1-4

Goldmann W, Hunter N, Martin T, et al. 1991. Different forms of the bovine PrP gene have five or six copies of a short G C rich element within the protein coding exon [J]. Journal of General Virology, 72: 1, 201-204.

Grassi J, Comoy E, Simon S, et al. 2001. Rapid test for the preclinical post-mortem diagnosis of BSE in central nervous system tissue [J]. Vet Rec, 149 (19): 577.

Green A J. 2002. Cerebrospinal fluid brain-derived proteins in the diagnosis of

Alzheimer's disease and Creutzfeldt-Jakobdisease [J]. Neuropathol Appl Neurobiol, 28 (6): 427-440.

Gregori, Luisa, McCombie, et al. 2004. Effectiveness of leucoreduction for removal of infectivity of transmissible spongiform encephalopathies from blood [J]. The Lancet, 9433: 529-531.

GriffinJ K and Cashman N R. 2005. Progress in prion vaccines and immunotherapies [J]. Expert Opin Biol ther, 5 (1): 97-110.

Haberman A M, Shlomchik M J. 2003. Reassessing the function of immune-complex retention by follicular dendritic cells [J]. Nature Rev. Immunol, (3): 757-764.

Hamir A N, J M Miller, R A Kunkle, et al. 2007. Susceptibility of cattle to first - passage intracerebral inoculation with chronic wasting disease agent from whitetailed deer [J]. Vet. Pathol, 44: 487-493.

Harman JL, Silva CJ. 2009. Bovine spongiform encephalopathy [J]. Journal American Veterinary Medical Association, 234 (1): 59-72.

Harris D. 2004. Mad COW disease and related spongiform encephalopathies [M]. Springer-verlag Berlin, New York: Heidelberg press.

Heaton M P, K A Leymaster, et al. 2003. Prion gene sequence variation within diverse groups of U. S. sheep, beef cattle, and deer [J]. Mamm Genome, 14: 765-777.

Heppner FL, Aguzzi A. 2004. Recent developments in prion immunotherapy [J]. Current Opinion in Immunology, 16 (5): 594-598.

Hill A F, M Desbruslais, et al. 1997. The same prion strain causes nvCJD and BSE [J]. Nature, 389: 448-450.

Hoyle R. 1997. The link between Creutzfeldt Jakob disease and BSE [J]. Nature Biotechnology, 15 (4): 295

Hunter N, W Goldmann, E Marshall, et al. 2000. Sheep and goats: natural and experimental TSEs and factors influencing incidence of disease [J]. Arch Virol, 16: 181-188.

Ironside JW. 1998. Prion disease in man [J]. J Pathol, 186: 227.

J W Wilesmith, J B M Ryan, et al. 2010. Descriptive epidemiological features of cases of bovine spongiform encephalopathy born after July 31，1996 in Great Britain [J]. Veterinary Record，167：279-286.

Johnson C，Johnson J，Clayton M，et al. 2003. Prion protein gene heterogeneity in free-ranging white-tailed deer within the chronic wasting disease affected region ofWisconsin [J]. J Wildl Dis，39：576-581.

Kurt Giles，David V，Glidden. 2008. Resistance of Bovine Spongiform Encephalopathy (BSE) Prions to Inactivation[J]. Plos Pathogen，Nov；4(11)：e1000206. doi：10. 1371

Lacey R W. 1994. Mad cow disease: the history of BSE in Britain [M]. St. Helier (United Kingdom)：Cypsela Publications，215 .

Laffiing AJ，Baird A，Birkett CR，et al. 2001. A monoclonal antibody that enables specific immunohistological detection of prion protein in bovine spongiform encephalopathy cases [J]. Neurosci Lett，300 (2)：99.

Laurent M. 1997. Autocatalytic processes in cooperative mechanisms of prion diseases [J]. FEBS Letters，407 (1)：1-6 .

M E Arnold，J B M Ryan. 2007. Estimating the temporal relationship between PrP^{Sc} detection and incubation period in experimental bovine spongiform encephalopathy of cattle [J]. Journal General Virology，(88)：3198-3208.

Ma J，Wollnann R，Lindquist S. 2002. Neurotoxicity and neurodi-generation: when PrP accumulates in the cytosol [J]. Science，298：1781-1785.

MacKnight C. 2001. Clinical implications of bovine spongiform encephalopathy [J]. Clinical Infectious Diseases，32：12，1726-1731；37ref.

Madeiros CA. 1989. BSE safety precautions [J]. Veterinary Record，125：3，73.

McCracken RM，McIlroy SG，Denny GO，et al. 1990. Epidemiological studies of bovine spongiform encephalopathy in Great Britain and Northern Ireland [A]. Proceedings of a meeting held at the Queen's University，Belfast on April 4th，5th and 6th 1990，84-100.

Moon H W. 1996. Bovine spongiform encephalopathy: hypothetical risk of emergence as a zoonotic foodborne epidemic [J]. Journal of Food Protection，59 (10)：1106-1111.

Newgard JR，Rouse GC M，cVicker JK，et al. 2002. Novel method for detecting bovine immunoglobulin G in dried porcine plasma as an indicator of bovine plasmacontam ination [J]. J Agric Food Chem, 50 (11): 3094.

Nielsen K, Widdison J, Balachandran A, et al. 2002. Failure to demonstrate involvement of antibodies to Acinetobacter calcoaceticus in transmissible spongiform encephalopathies of animals [J]. Veterinary Immunology and Immunopathology, 89: 97-205.

Nielsen K, Widdison J, Balachandran A, et al. 2002. Failure to demonstrate involvement of antibodies to Acinetobacter calcoaceticus in transmissible spongiform encephalopathies of animals [J]. Veterinary Immunology and Immunopathology, 89: 197-205.

Parveen I, Moorby J, Allison G, et al. 2005. The use of non-prion biomarkers for the diagnosis of transmissible spongiform encephalopathies in the live animal [J]. Vet. Res, 36: 665-683.

Patrik Brundin, Ronald Melki and Ron Kopito. 2010. Prion-like transmission of protein aggregates in neurodegenerative diseases [J]. Nat Rev Mol Cell Biol, April , 11 (4): 301-307.

Pattison IH. 1991. Origins of BSE [J]. Veterinary Record, 128: 11, 262-263.

Prusiner S B. 1996. Molecular biology and pathogenesis of prion diseases. Trends in Biochemical Sciences, 21 (12): 482-487.

Prusiner S B. 1998. Prions [J]. Proc Natl Acad Sci USA, 95: 13363-13383.

Qingzhong Kong, Mengjie Zheng. 2008. Evaluation of the Human Transmission Risk of an Atypical Bovine Spongiform Encephalopathy Prion Strain [J]. Journal of Virology, (82): 3697-3701.

Rasmussen SB. 1989. Bovine spongiform encephalopathy [J]. Dansk Veterinaertidsskrift, 72: 11, 637-640.

Raymond G J, A Bossers, et al. 2000. Evidence of a molecular barrier limiting susceptibility of humans, cattle and sheep to chronic wasting disease [J]. The EMBO J, 19: 4425-4430.

Saa P, Castilla J, Soto C. 2006. Ultra-efficient replication of infectious prions by automated protein misfolding cyclic amplification [J]. J. Biol. Chem, 281:

35245-35252.

Saborio G P，Bruno P. 2001. Claudio Soto. Sensitive detection of pathological prion protein by cyclic amplification of protein misfolding ［J］. Nature，411：810-813.

Saborio G P，Permanne B，Soto C. 2001. Sensitive detection of pathological prion protein by cyclic amplification of protein misfolding ［J］. Nature，411：810-813.

Schmerr MJ，Jenny A. 1998. A diagnostic test for scrapie infected sheep using a capillary electrophoresis immunoassay with fluorescent-labeledpeptides ［J］. Electro Phoresis，19（3）：409-414.

Schrnerr MJ，Jenny A，Cutlip RC. 1997. Use of capillary sodium dodecyl sulfategel electrophoresis to detect the prion protein extracted from scrapie infected sheep ［J］. J Chromatogr Biomed Sci App，1，12，697（122）：223-229.

附　录

附录一　　　　传染性海绵状脑病编年表

时间	事件
1772 年	首次报道羊痒病
1898 年	Besnoit 发现在患有羊痒病的绵羊脑内神经元发生空泡变性
1918 年	发现羊痒病在自然条件下具有传染性
1920—1923 年	首次发现人克雅氏病
1936—1938 年	Cuille 和 Chelle 证实羊痒病不具有传染性
1947 年	首次发现传染性水貂脑病
1955—1957 年	Zigas 发现在巴布亚岛新几内亚的一个部落中流传着一种传染病，称其为"库鲁病"
1957 年	Gajdusek 加入到研究库鲁病的行列中； Klatzo 指出库鲁病与克雅氏病具有相似的神经病理变化
1959 年	Hadlow 指出库鲁病和羊痒病具有相似性
1961 年	Pattison 和 Millson 鉴定出了羊痒病具有多个毒株； Chandler 成功地利用羊痒病病原因子感染小鼠，并首次对病原因子进行定量
1963 年	Gibbs 和 Gajdusek 采取死于库鲁病的病人脑组织对黑猩猩进行了接种感染试验
1966 年	Gajdusek 利用库鲁病病原感染黑猩猩成功； Alper 和同事们发现痒病的病原因子具有很强的抗离子辐射强度和抗紫外照射能力
1967 年	J. Griffith 提出假说对蛋白质具有传染性进行解释； 首次发现鹿慢性消耗性疾病
1968 年	J. Griffith 假说中认为的羊痒病在绵羊中能够传播这一点被肯定，像库鲁病一样，克雅氏病也能传染给黑猩猩； 克雅氏病和绵羊痒病都被描述成一种亚急性的传染性海绵状脑病（TSEs）； 英国的研究者确定了与鼠感染羊痒病易感性有关的一个基因
1976 年	Gajdusek 因在库鲁病研究中所做的突出贡献被授予诺贝尔奖
1979 年	每年克雅氏病的发病率是百万分之一，这与绵羊痒病的发病率和地理分布无关

（续）

时间	事　件
1982 年	Hadlow 和同事们进一步找到羊痒病能够自然传播的证据，而且很可能是经口传播的； 痒病病原因子被确认具有部分抗蛋白酶水解功能； Prusiner 将其命名为朊蛋白
1985 年	Weissmann、Prusiner 及同事们证实朊蛋白基因在所有哺乳动物中都存在；发现第一例牛海绵状脑病
1986 年	确诊第一例牛海绵状脑病
1989 年	科学家们首次发现遗传性克雅氏病是由朊蛋白基因变异造成的； 首次发现猫海绵状脑病
1989—1990 年	Weissmann 和 Prusiner 研究 "死亡之吻"：朊病毒感染会使得自身的正常细胞型朊蛋白发生构象转变
1992—1993 年	Weissmann、Prusiner 及同事证实朊病毒基因失活可以对抗痒病因子的感染，朊蛋白是感染因子的主要成分
1993 年	Cohen、Prusiner 及同事发现了正常朊蛋白（富含螺旋）及病理性朊蛋白（富含折叠）在二级结构上的差异
1994 年	首次对不同痒病病原毒株的结构差异进行讨论，研究人员发现体外正常蛋白酶 K 敏感的朊蛋白能够转变成蛋白酶 K 抗性蛋白，但并未证明转变之后的蛋白同样具有传染性； 首次发现新型克雅氏病； 全欧盟禁止将哺乳动物蛋白饲喂给反刍动物
1996—1997 年	Wuthrich、Glockshuber 及同事对正常朊蛋白的三级结构进行了描述； 1997 年 Prusiner 被授予诺贝尔奖
1997—2000 年	研究人员对朊病毒病中病原因子由胃肠道到脑部传播过程中淋巴系统所发挥的作用进行了描述
2001 年	Soto 建议将朊蛋白是否具有蛋白酶 K 抗性作为诊断标准； Soto 等首次利用 PMCA 技术在体外将 PrP^c（正常朊蛋白）高效转变成 PrP^{sc}（病理性朊蛋白）
2004 年	科学家首次利用体外重组蛋白致使不同酵母朊蛋白在体内增殖
2005 年	Joaquín Castilla 等首次利用 PMCA 技术在感染羊痒病的仓鼠血液中检测到 PrP^{sc}，预示 PMCA 技术已可以高效应用到体内器官 PrP^{sc} 分布检测中
2008 年	Joaquín Castilla、Claudio soto 等首次利用 PMCA 技术在体外扩增 PrP^{sc} 使其跨越种间屏障传播

（续）

时间	事　件
2010 年	Rachel C. Angers 等利用 CWD 毒株通过实验提出朊病毒毒株的突变是由其一级结构以及空间构象决定的理论
2010 年	Jiyan Ma 首次利用鼠科朊蛋白原核表达产生重组蛋白，并感染小鼠成功，获得人工毒株

OIE 关于牛海绵状脑病防控的标准

　　OIE 在对待牛海绵状脑病问题的战略措施主要包括：早期检测、预警系统、地方性防控以及制定快速反应措施和机制。

- 定向监管临床神经性疾病的发生。
- 加强监管工程。
- 对常规屠宰进行筛选试验。
- 提高牛海绵状脑病病例汇报的透明度。
- 根据 OIE 陆地生物标准，对进口的反刍动物以及其产品施行安全措施。
- 在屠宰以及尸体处理其间，一定要去除特殊风险物质（SRM）（大脑、脊髓等）。
- 在动物饲料中禁止加入特殊风险物质（SRM），以降低食物链被污染的风险。
- 对暴露于污染饲料的可疑动物以及易感动物要人工销毁。
- 合理处理用于生产的动物尸体。
- 对种群进行登记以便于有效的监控，并对可疑种群进行追踪管理。

可疑具有传染性海绵状脑病感染性的反刍动物组织

来源和类型	组织原料	牛	小反刍动物
神经系统	脑 brain	+	+
	脑垂体 pituitary	−	+
	脊髓 spinal cord	+	+
	眼/视网膜 eye/retina	+	+
	视神经 optic nerve	−	
	神经节 nodose ganglia	−	+
	脊背神经节 dorsal root ganglia	+	+
	星形神经节 stellate ganglia	−	
	三叉神经节 trigeminal ganglia	+	+
	脑脊髓液 cerebrospinal fluid	−	+
	腹腔肠系膜神经节 cenliaco-mesent. ganglion		+
	马尾神经 cauda equina	−	
	坐骨神经 sciatic nerve	−	+
	胫骨神经 tibial nerve	−	
	内脏神经 splanchnic nerve	−	
	面神经 facial nerve	−	
	横膈膜神经 phrenic nerve	−	
	桡骨神经 radial nerve	−	
	迷走神经 vagus nerve		+
	脾脏 spleen	−	+
	扁桃体 tonsil	+	+
淋巴网状组织	股前淋巴结：prefemoral LN	−	
	肠系膜淋巴结：mesenteric LN	−	+
	咽后淋巴结：retropharyngeal LN	−	+
	颌下淋巴结：submandibular LN	−	+

（续）

来源和类型	组织原料	牛	小反刍动物
淋巴网状 组织	淋巴结 lymph node（RP/MP）		+
	纵隔淋巴结：mediastinal LN		+
	支气管纵隔淋巴结：broncho-mediastinal LN	−	+
	肝淋巴结：hepatic LN	−	
	肩胛骨上部淋巴：prescapular LN	−	+
	腘淋巴结：popliteal LN	−	
	LN：（PS/PF）		+
	乳房上淋巴结：supra-mammary LN		+
	回盲肠淋巴结：ileocecal LN		+
	派伊尔氏淋巴结 peyer's patch LN	+	+
	胸腺 thymus	−	+
消化道	食管 oesophagus	−	+
	网状组织 reticulum	−	+
	瘤胃 rumen（pillar）	−	
	瘤胃 rumen		+
	瘤胃食管部 rumen（oesophag. groove）	−	
	前胃 forestomaches		+
	重瓣胃 omasum	−	+
	皱胃 abomasum	−	+
	十二指肠 duodenum	−	+
	近端小肠 proximal small intestine	−	
	回肠 ileum		+
	近端结肠 proximal colon	−	+
	远端结肠 distal colon	−	+
	远端回肠 distal ileum	+	+
	回肠近端 ileum-proximal		+
	盲肠 caecum		+
	螺旋结肠 spiral colon	−	+
	直肠末梢 rectum-distal		+
	直肠 rectum	−	
	肠 intestine（NOS）		+

（续）

来源和类型	组织原料	牛	小反刍动物
生殖系统	睾丸 testis	—	＋
	前列腺 prostate	—	
	附睾 epididymis	—	
	精囊 seminal vesicle	—	—
	精液 semen	—	
	卵巢 ovary	—	
	牛奶 milk	—	—
	初乳 colostrum		—
	子宫肉阜 uterine caruncle	—	
	子宫 uterus		—
	胎盘子叶 placental cotyledon	—	
	胎盘液：羊水 placental fluids：amniotic	—	
	胎盘液：尿囊液 placental fluids：allantoic	—	
	胎盘 placenta		＋
	乳房 udder	—	
	乳腺 mammary gland		—
	胎儿 foetus	—	
	胚胎 embryos	—	
骨	大腿骨骨干 femur（diaphysis）	—	
肌肉	半腱肌：semitendinous muscle	—	
	膈肌：diaphragm muscle	—	
	背最长肌：longissimus dorsi muscle	—	
	胸骨头肌：sternocephalicus muscle	—	
	三头肌：triceps muscle	—	
	嚼肌：masseter muscle	—	
	骨骼肌：skeletal muscle	—	
	舌 tongue	—	
	心肌 heart	—	—

（续）

来源和类型	组织原料	牛	小反刍动物
血液	血液淡黄色层 blood：buffy coat	—	＋
	血凝块 blood：clotted	—	
	胎儿血 blood：foetal calf	—	
	血清 blood：serum	—	—
	全血 whole blood		＋
其他器官组织	肺 lung	—	—
	骨髓 bone marrow	—	＋
	胸骨骨髓 bone marrow（sternum）	＋	
	肾周围的脂肪 fat（midrum / perirenal）	—	
	脂肪 fats	—	—
	心包膜脂肪 pericardium	—	
	二尖瓣脂肪 mitral valve	—	
	大动脉 aorta	—	
	肾 kidney	—	—
	肝 liver	—	＋
	胰腺 pancreas	—	＋
	甲状腺 thyroid	—	—
	肾上腺 adrenal		＋
	鼻黏膜 nasal mucosa	—	＋
	唾液腺 salivary glands	—	—
	唾液 saliva	—	—
	瞬膜 nictitating membrane	—	＋
	皮肤 skin	—	
	气管 trachea	—	
	跟腱胶原质 collagen（achilles tendon）	—	
	尿 urine	—	
	粪便 faeces	—	—